Franz-Peter Heider
Detlef Kraus
Michael Welschenbach

Mathematische Methoden der Kryptoanalyse

DuD-Fachbeiträge

herausgegeben von Karl Rihaczek, Paul Schmitz, Herbert Meister

Franz-Peter Heider
Detlef Kraus
Michael Welschenbach

Mathematische Methoden der Kryptoanalyse

Springer Fachmedien Wiesbaden GmbH

CIP-Kurztitelaufnahme der Deutschen Bibliothek

Heider, Franz-Peter:
Mathematische Methoden der Kryptoanalyse /
Franz-Peter Heider; Detlef Kraus; Michael
Welschenbach.

(DuD-Fachbeiträge; 8)
ISBN 978-3-528-03601-0   ISBN 978-3-663-14034-4 (eBook)
DOI 10.1007/978-3-663-14034-4

NE: Kraus, Detlef:; Welschenbach, Michael:; GT

1985

ISBN 978-3-528-03601-0

Vorwort

Die rasante Entwicklung der Kommunikationstechnologien im
letzten Jahrzehnt hat den weltweiten Austausch von Daten zu
privaten und kommerziellen Zwecken ermöglicht. Vor allem durch
Übertragung in öffentlich zugänglichen Netzen sind sensitive
Daten und Nachrichten vielfältigen Gefahren ausgesetzt. Dies
gilt sowohl für Nachrichten, die zwischen Kommunikations-
partnern ausgetauscht werden, als auch für Daten, die in Daten-
banken und Rechnersystemen gespeichert oder verarbeitet werden.
Prinzipiell sind alle derartigen Systeme physikalischen wie
EDV-technischen Zugriffen ausgesetzt. Gefährdungen bestehen
z.B. in

- möglichen Zugriffen auf Informationen durch unberechtigte
  Personen oder Systeme

- Versuchen zur Herstellung unberechtigter Verbindungen

- Modifikationen der Authentizität, Integrität und Anordnung
  von Nachrichtenströmen

- Wiedereinspielen authentischer Nachrichten

- Versuchen zur Systemblockierung und dergleichen...

Der Ruf nach sicheren Datenschutztechniken ist zwar allent-
halben zu hören, Schwerpunkte der öffentlichen Diskussion
sind organisatorische und juristische Datensicherungsmaßnahmen.
Die meisten Datensicherheitsprobleme gestatten mathematische
Lösungen. Kryptographie ist ein Weg zu sicherer Kommunikation,
zum Verbergen von Nachrichteninhalten und zur Gewährleistung
authentisierbaren Nachrichtenaustauschs. Ein weiteres
schwieriges Problem taucht auf. Elektronische Kommunikationssysteme sind für *viele* Benutzer entwickelt worden. Bei der
gegenseitigen Kommunikation unter Verwendung eines kryptographischen Systems müssen zunächst unter den Teilnehmern
Schlüssel ausgetauscht werden. Ein Schlüssel dient dazu, ein
allgemeines Verschlüsselungsverfahren zu spezialisieren. Denkt
man an die vielen Kunden einer Bank und ferner daran, daß man

in einem System wie Btx auch noch mit anderen öffentlichen
Einrichtungen (Kaufhäuser, Verwaltung, etc.) kommunizieren
kann, so ist klar, welche enorme Anzahl von Schlüsseln verteilt
und verwaltet werden muß. Bei konventionellen Kryptosystemen
muß der Schlüsselaustausch über einen sicheren Kanal erfolgen
(sicher bedeutet hier, daß niemand außer den beiden Partnern
den Schlüssel erfährt), da mit der Kenntnis des Schlüssels
für jeden Lauscher jegliche Konversation zwischen den Partnern
verständlich wird. Diese Problematik machte die Entwicklung
neuer Techniken notwendig, die in irgendeiner Weise den Austausch von Schlüsseln über einen unsicheren Kanal erlauben
oder sogar ein öffentliches Schlüsselregister aller Teilnehmer-
schlüssel gestatten.

Leider hat das jahrhundertealte staatliche Forschungsmonopol
auf dem Gebiet der Verschlüsselung die gezielte zivile Anwendung kryptographischer Techniken in Computer- und
Kommunikationssystemen behindert. Eine Trendwende fand erst
Mitte der 70er Jahre, von den USA ausgehend, statt, seit der
Kryptographie zu einem eigenständigen öffentlichen Forschungs-
gebiet wurde. Sie ist gekennzeichnet durch die Anbindung
kryptographischer Verfahren an mathematische Berechnungsprobleme und die Entdeckung der asymmetrischen Verschlüsselungsverfahren.

Eine 1982 am Mathematischen Institut der Universität zu Köln
gebildete Arbeitsgemeinschaft hatte sich das Ziel gesetzt,
die grundlegenden mathematischen Ideen und Methoden der Kryptographie zu verstehen und auf ihre Nutzbarkeit in praktischen
Systemen zu untersuchen. Wir haben versucht, aus dem umfangreichen erarbeiteten Material die zum Verständnis krypto-
logischer Prinzipien und Methoden grundlegenden mathematischen
Methoden herauszupräparieren und zusammenzufassen.

Ein Problem allein der Behandlung der rein mathematischen
Aspekte der Kryptographie besteht in der Vielzahl der verwendeten mathematischen Disziplinen, die eine homogene Darstellung des Stoffes für Leser unterschiedlicher Vorkenntnisse
erschwert. Grundkenntnisse etwa

- der Zahlentheorie
- der Algebra
- der Wahrscheinlichkeitstheorie und Statistik
- der Informationstheorie
- der Theorie der Berechenbarkeit
- der Theorie der endlichen Automaten und
  formalen Sprachen

müssen wir an der einen Stelle mehr, an der anderen Stelle
weniger dem Leser zumuten, um ein zusammenhängendes Thema zu
entwickeln.
Zur Erleichterung des Verständnisses haben wir im ersten
Kapitel die klassischen Grundideen der Datenverschlüsselung
in nicht-mathematischer Form zusammengestellt, und beginnen
erst im Anschluß daran mit einer systematischen Darstellung.
Um den Mangel an Übungsaufgaben auszugleichen, werden gelegentlich Anreize zur Implementation von Algorithmen auf
Mikrocomputern gegeben. Alle gestellten Aufgaben sind lösbar.
An keiner Stelle des Buches wird Vollständigkeit angestrebt.
Die Darlegung der Denkweisen ist uns wichtiger als die Ergebnisse, die Wege zur Lösung klassischer Chiffriermaschinen
sind interessanter als die Lösungen selbst. Der Einsatz eines
mathematischen Instrumentariums zur Untersuchung eines kryptographischen Systems steht im Vordergrund, nicht die Instrumente.
Wir verstehen Kryptoanalyse nicht als "Code-Knacken", sondern
als mathematische Systemanalyse, die ihre Hauptaufgabe vor
allem in der Entwicklung zuverlässiger und schließlich nach-
weislich sicherer kryptographischer Systeme sieht. Zu diesem
Zweck analysieren wir einige Systeme recht detailliert, wie
das DES- und das RSA-System, andererseits müssen deshalb
andere nicht minder interessante Systeme, wie etwa das DIFFIE-
HELLMAN-System (vgl. Kap. I.1.10), unberücksichtigt bleiben.
Mit einem kompletten 6502-ASSEMBLER-Listing des DES wollen wir
dem Leser ein echtes modernes System zur experimentellen Behandlung an die Hand geben.
Wir hoffen, dem Leser durch dieses Buch ein Gefühl für qualitativ gutes Design kryptographischer Systeme vermitteln zu
können. Aus diesen und anderen Gründen haben wir selbst keine
expliziten Anleitungen zur Erstellung sicherer Systeme gegeben.

Aus Platzgründen mußte an dieser Stelle auf weitere mathematische Untersuchungen z.B. der Problematik von Signaturen, Authentifizierungsfragen, Schlüssel-Verteilungsprotokollen oder Schlüssel-Verwaltungs-Mechanismen in asymmetrischen Systemen verzichtet werden. Eine angemessene Darstellung dieser Themen schien uns nur in einem Folgeband möglich. Ebenso fehlt jeder Hinweis auf den praktischen Einsatz von Verschlüsselungsalgorithmen in Kommunikationssystemen. Für den Einsatz von kryptographischen Verfahren in der Datenverarbeitung verweisen wir auf das Buch von HERDA und RYSKA.

Wir danken Herrn Prof. Dr. W. Jehne, der uns die Bildung der Arbeitsgemeinschaft an seinem Lehrstuhl ermöglicht hat, dem Rechenzentrum der Universität zu Köln für die Bereitstellung von Rechenzeit für die umfangreichen Tests auf der CDC CYBER 76, Frau M. Kraus für die Erstellung des Manuskriptes sowie Herrn Dr. H. Keuser von der GEI für seine Hilfe bei der Korrektur.

F.-P. H.
D. K.
M. W.

"Bei dem großen Reichtum unserer Sprachen
findet sich doch oft der denkende Kopf
wegen des Ausdrucks verlegen,
der seinem Begriffe genau anpaßt,
und in dessen Ermangelung er weder andern,
noch so gar sich selbst so recht
verständlich werden kann."

I. KANT, Kritik der reinen Vernunft

"Die besten Traktate über Kryptographie
sind Werke ungläubiger Gelehrter."

U. ECO, Der Name der Rose

Inhaltsverzeichnis

"Bei dem großen Reichtum unserer Sprachen
findet sich doch oft der denkende Kopf
wegen des Ausdrucks verlegen,
der seinem Begriffe genau anpaßt,
und in dessen Ermangelung er weder andern,
noch so gar sich selbst so recht
verständlich werden kann."

I. KANT, Kritik der reinen Vernunft

"Die besten Traktate über Kryptographie
sind Werke ungläubiger Gelehrter."

U. ECO, Der Name der Rose

Inhaltsverzeichnis

I Kryptographische Grundideen

I.1 Eine Exemplarische Einführung

Jeder Leser wird bereits von Methoden der Textverschlüsselung
gehört haben, oder (vielleicht aus beruflichen Gründen?) sich
selbst daran versucht haben,einen Text zu verschlüsseln, oder
einen verschlüsselten Text zu *entziffern*. Dieses Wort wurde
mit Bedacht gewählt, da es in umgangssprachlicher Form eine
Verbindung zwischen Verschlüsselung und mathematischen Objekten,
den Zahlen, herstellt. Alle bekannten Verschlüsselungsmethoden
sind durch mathematische Prinzipien beschreibbar. Indem man
die Buchstaben oder Zeichen durch mathematische Operationen
auf Mengen passender Objekte erklärt, nimmt man Identifizie-
rungen vor. Diese gestatten es, Verschlüsselungssysteme in
mathematische Theorien einzubinden, innerhalb derer sowohl
ihre *algorithmische Beschreibung* als auch ihre *Analyse*
möglich sind. Dies wird im folgenden durch einige klassische
Beispiele veranschaulicht, die wir aufgrund ihres einführenden
Charakters ausgewählt haben. Wir erhalten erste Hinweise auf
verschiedene methodische Prinzipien, die für die im zweiten
Abschnitt dieses Kapitels begründete Theorie der Kryptosysteme
richtunggebend sind.

I.1.1 Begriffliche Grundlagen

Wir präzisieren zunächst den teilweise aus der Informationstheorie bekannten Sprachgebrauch für unsere Zwecke. Jede
endliche Menge A mit $\#A \geq 2$ wird als *Alphabet* bezeichnet. Die
Elemente eines Alphabetes heißen *Zeichen* oder *Buchstaben*. Es
steht uns frei, auf einem gegebenen Alphabet eine Ordnung zu
erklären. Ein natürliches Beispiel ist die Reihenfolge der
Buchstaben im lateinischen Alphabet $\{A,B,\ldots,Z\}$.
Wir bezeichnen jede endliche Kette von Buchstaben aus einem
Alphabet A als *Nachricht* oder *Wort über A*.

Ist $k = a_1 \ldots a_n$ eine Nachricht über A, so bezeichnet
$\ell(k) = n$ die *Länge von* k als Anzahl der Buchstaben. Wir fassen
die Nachrichten über A einer bestimmten Länge d jeweils in
einer Menge $\Omega_d(A) := \{k = a_1 \ldots a_d \mid a_i \in A\}$ zusammen, und definieren
den *Nachrichtenraum $\Omega(A)$ über A* durch

$$\Omega(A) := \bigcup_{d=0}^{\infty} \Omega_d(A) \ .$$

Auf $\Omega(A)$ führen wir die Hintereinanderschreibung von Zeichenketten als Verknüpfung ein. Nimmt man die Leerkette mit der
Länge d = 0 als neutrales Element hinzu, so ist $\Omega(A)$ gerade
die von A erzeugte freie Halbgruppe mit Einselement. Besondere
Beachtung verdient die Teilmenge K aller "sinnvollen" Nachrichten von $\Omega(A)$; K heißt *Klartextraum über* A. Um einen Klartext zu *verschlüsseln*, benötigt man einen *Schlüssel*. Mögliche
Schlüssel werden in einer Menge S, einem *Schlüsselraum*,
zusammengefaßt. S wird immer als endliche Menge angenommen.
Es seien nun zwei Alphabete E und A gegeben; das *Eingabe-
alphabet* E und das *Ausgabealphabet* A. Eine Verschlüsselung
eines Klartextes $k \in K \cap \Omega(E)$ mit Schlüssel $s \in S$ wird erklärt
als Zuordnung

$$v(\ ,s) := K \to \Omega(A)$$
$$k \mapsto v(k,s).$$

In $\Omega(A)$ liegt als Teilmenge der *Kryptogrammraum*
$C = \{v(k,s) \in \Omega(A) \mid k \in K, s \in S\}$. Allgemeiner betrachten wir nun
die Abbildung $v : K \times S \to C$, und bezeichnen $\mathcal{R} := (K,S,C,v)$ als
geheimes Kommunikationssystem oder *Kryptosystem*, wenn für
alle $s \in S$ die Abbildung $v_s := v(\ ,s) : K \to C$ ein linksinverses
e_s besitzt, so daß für alle $k \in K$ gilt $k = e_s \circ v_s(k,s)$.
Eine allgemeine abstrakte Definition wird in Kap. I.2
gegeben.

Die klassische Systematik von Kryptosystemen unterscheidet
Substitutionssysteme und *Transpositionssysteme* (FRIEDMAN).
Bei den ersteren werden die Buchstaben ersetzt ohne Verände-
rung der Plazierungen. Letztere verändern die Folge von Buch-
staben innerhalb einer Nachricht. Wir werden sehen, daß diese
Klassifizierung viel zu grob ist, da die wenigsten Systeme ihr

genügen. An passender Stelle wird eine subtilere Einteilung
gegeben.

"You are well aware that chemical preparations
exist, and have existed time out of mind, by
means of which it is possible to write on either
paper or vellum, so that the characters shall
become visible only when subjected to the action
of fire. Zaffre, digested in aqua regia, and
diluted with four times its weight of water,
is sometimes employed; a green tint results.
The regulus of cobalt, dissolved in spirit of
nitre, gives a red. These colors disappear at
longer or shorter intervals after the material
on cools, but again become apparent upon the
reapplication of heat."

E.A.POE   The Gold Bug

Dieses Feld enthält eine Anweisung für die Konstruktion eines absolut sicheren Kryptosystems.
Um Mißbrauch auszuschließen, wurde die Druckfarbe
nach einem der oben genannten Rezepte hergestellt.

I.1.2 Monoalphabetische Substitutionen

> *"Quotiens ante per notam scribit b pro a*
> *c pro b ac deinceps eadem ratione*
> *sequentes literas ponet. Pro x autem*
> *duplex a."*
> *AULUS GELLIUS, XII,9*

Zu zwei Alphabeten E und A mit $\#E = \#A$ sei $S=Bij(E,A)$ die Menge aller Bijektionen von E auf A. Es sei $K \subset \Omega(E)$ der Klartextraum über E. Für $k=k_1 \ldots k_t \in K \cap \Omega_t(E)$ und $s \in S$ heißt die Abbildung $v(k,s):=s(k_1) \ldots s(k_t)$ eine *monoalphabetische Substitution*. Entschlüsselung eines Kryptogramms $c=c_1 \ldots c_t \in C \cap \Omega_t(A)$ erfolgt durch die Abbildung $e(c,s):=s^{-1}(c_1) \ldots s^{-1}(c_t)$. Im Falle $E = A$ ist $S=\Upsilon(A)$ die *symmetrische Gruppe*; die Elemente von $\Upsilon(A)$ heißen *Permutationen* von A.

Monoalphabetische Substitutionen liegen beispielsweise vor, wenn wir das lateinische Alphabet mit anderen Alphabeten gleicher Länge identifizieren. Wir können auf ein Alphabet die Arithmetik einer passenden endlichen abelschen Gruppe durch Identifizierung mit dieser Gruppe übertragen. Dies ermöglicht in vielen Fällen eine einfache Notation.Zur Erläuterung geben wir ein berühmtes Beispiel einer monoalphabetischen Substitution:

Wir wählen als Alphabet eine Restklassengruppe $E=A=\mathbb{Z}/_{m\mathbb{Z}}=:\mathbb{Z}_m$.

Zu $j \in \{0,\ldots,m-1\}$ ist durch $j^*:\mathbb{Z}_m \to \mathbb{Z}_m, x+m\mathbb{Z} \mapsto x+j+m\mathbb{Z}$ eine Bijektion auf $\mathbb{Z}_m$ definiert; j^* ist ein Element der symmetrischen Gruppe $\Upsilon(\mathbb{Z}_m)$. Als Schlüsselraum definieren wir $S:=\{j^* \in \Upsilon(\mathbb{Z}_m)| j \in \{0,\ldots,m-1\}\}$. Für $k=k_1 \ldots k_t \in K \cap \Omega_t(A)$ und $s \in S$ ist durch $v(k,s)=s(k_1) \ldots s(k_t)$ die sogenannte *Caesar-Substitution* erklärt. Ist $s=j^* \in S$, so bildet die Caesar-Substitution den i-ten Buchstaben des Alphabetes auf den (i+j)-ten Buchstaben ab (bei fester Reihenfolge der Buchstaben), wobei zyklisch abgezählt wird. Die Caesar-Substitution spielt in vielen Verschlüsselungssystemen eine Rolle. In den meisten Fällen ist eine andere häufig verwendete Notation von Vorteil:

Wir beschreiben die Restklassengruppe $\mathbb{Z}_m$ durch das vollständige Restsystem $A=\{0,\ldots,m-1\}$.

Die Addition in $\mathbb{Z}_m$ wird in A ausgeführt durch modulare
Addition der Vertreter: $a\oplus b:=a+b \bmod m$, wobei z mod m den Rest
bei Division von z durch m bezeichnet. Nun bewirkt die Abbildung $C:A \to A$, $a \mapsto a+1 \bmod m$ eine Caesar-Substitution, bei der
um einen Buchstaben verschoben wird. Jede andere Caesar-Substitution erhält man durch Hintereinanderausführung; offenbar
ist $C_m:=\{C^i:A \to A, a \mapsto a+i \bmod m \mid 0\leq i<m\}$ eine kommutative Untergruppe von $\mathcal{T}(A)$. G. Julius Caesar, dessen Namen diese Substitution trägt, soll eine Verschiebung um drei Buchstaben bevor-
zugt haben (vgl. SUETON, Caes. LVI, und AULUS GELLIUS, XII,9).
Ist der Klartextraum K Teilmenge einer natürlichen Sprache, so
ist jede monoalphabetische Substitution bei hinreichend langem
Chiffretext lösbar. Natürliche Sprachen besitzen starke struk-
turelle und statistische Charakteristika, wie

 Buchstabenhäufigkeiten

 n-Gramm-Häufigkeiten (Häufigkeiten von Ketten mit n
       Buchstaben)

 Häufigkeiten von Anfangs- und Endbuchstaben

 Worthäufigkeiten

 Wortlängenhäufigkeiten

 Wortstruktur-Muster.

Diese Eigenschaften sind nur schwach kontextabhängig, so daß
bei ausreichender Länge eines monoalphabetisch substituierten
Chiffretextes der zugehörige Klartext ohne Kenntnis des
Schlüssels gewonnen werden kann. Zur Lösung betrachten wir den
Vektor $(\Phi_x)_{x \in E}$ der *relativen Buchstabenhäufigkeiten* in
$K \subset \Omega(E)$. Relative Buchstabenhäufigkeiten vieler natürlicher
Sprachen sind in der Literatur erfaßt (ebenso die übrigen
Charakteristika wie Worthäufigkeiten, n-Gramm-Häufigkeiten
usw.)((SACCO),(SINKOV),(KULLBACK)). Ein Blick in eine solche
Häufigkeitstabelle läßt die zusätzliche Annahme vernünftig
erscheinen, daß für alle $x \in E$ die relativen Häufigkeiten Φ_x
paarweise verschieden sind (vgl. etwa App. C in (SINKOV)). Es
sei nun $c=c_1...c_t=s(k_1)...s(k_t)$ ein monoalphabetisch substi-
tuierter Chiffretext zum Klartext $k=k_1...k_t \in K\cap\Omega_t(E)$ und
Schlüssel s. Für $x \in A$ sei $f_x:=\#\{i\leq t \mid c_i=x\}/t$ die relative Häufigkeit von x im Kryptogramm c. Für $t \gg \#E$ gilt $f_x \simeq \Phi_{s^{-1}(x)}$, und
damit ist s aufgrund unserer Annahme bekannt. Die Kenntnis von
s erlaubt die Entschlüsselung von c. Aufgrund des Bedarfs an

Chiffretext ist diese Analyse in der Praxis nur möglich, wenn $\#E$ "klein" ist. Um konkret zu sein, "klein" bezeichnet hier eine Größenordnung etwa von $\#E \simeq 26$, "groß" von $\#E \simeq 2^{64}$, $\#E \simeq 2^{128}$ (vgl. Kap. I.1.9).

I.1.3 Polyalphabetische Substitution

Wir verwenden als Ein- und Ausgabealphabet wieder eine endlich abelsche Gruppe A. Es sei S eine endliche Menge, und jedem $s \in S$ sei eindeutig eine Folge $(a_i^{(s)})_i$ in A zugeordnet. Dann heißt die Folge $(a_i^{(s)})_i$ der *von s erzeugte Schlüsselstrom in A*. Für eine Nachricht $k=k_1 \ldots k_t \in \Omega_t(A)$ bezeichnen wir $c_i := k_i + a_i^{(s)}$ $(i=1,\ldots,t)$ als die *VIGENERE-VERNAM-Verschlüsselung von k zum Schlüssel s*. Entschlüsselt wird durch Addition des inversen Schlüsselstromes: $k_i = c_i - a_i^{(s)}$ $(i=1,\ldots,t)$. Dieses Prinzip ist benannt nach B. VIGENERE (1585) und G. VERNAM (1917), die es beide in ihren Chiffresystemen verwendet haben. Wir werden sehen, daß der wesentliche Unterschied in der Erzeugung des Schlüsselstromes liegt. Eine Variante des VIGENERE-VERNAM-Prinzips stellt die *BEAUFORT-Verschlüsselung* dar, nach dem englichen Admiral BEAUFORT (1774-1857) benannt. Verschlüsselung erfolgt hierbei durch $c_i = a_i^{(s)} - k_i$ $(i=1,\ldots,t)$ mit den Komponenten des VIGENERE-VERNAM-Prinzips. Die so erklärte Verschlüsselungsfunktion ist zu sich selbst invers. Die folgenden Beobachtungen für das VIGENERE-VERNAM-Prinzip gelten in analoger Weise auch für das BEAUFORT-Prinzip, ohne daß wir darauf explizit eingehen. Als nächstes Beispiel betrachten wir das VIGENERE-System. Dazu wählen wir $A = \mathbb{Z}_m$ als Ein- und Ausgabealphabet, und als Schlüssel ein Wort $s = s_0 \ldots s_{d-1} \in \Omega_d(A)$ der Länge d. Durch periodische Fortsetzung von s erhalten wir den Schlüsselstrom $a_i^{(s)} = s_{i \bmod d}$. Verschlüsselt wird nach dem VIGENERE-VERNAM-Prinzip. Mit zunehmender Länge d wird hierdurch gegenüber der monoalphabetischen Substitution eine "Glättung" der Buchstabenhäufigkeiten erreicht (falls die s_i nicht alle gleich sind).

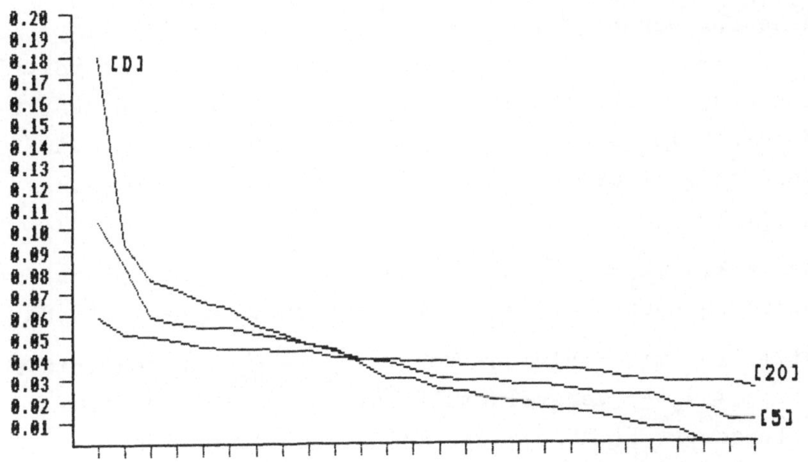

Durchschnittliche Glättung der Buchstabenhäufigkeiten
der deutschen Sprache durch polyalphabetische Substitution
mit Schlüssellängen 5 und 20. (D) zeigt die relativen
Häufigkeiten bei monoalphabetischer Substitution.

Einer einfachen Überlegung zufolge kann man jedoch eine
VIGENERE-Substitution der Periode d in d monoalphabetische
Substitutionen auflösen, die bis auf die endgültige Zusammensetzung des Klartextes unabhängig voneinander gelöst werden
können. Dazu schreibt man den Chiffretext in Blöcken der Länge
d untereinander zu einem rechteckigen Schema. Dann sind offenbar die entstehenden Spalten monoalphabetisch substituiert,
und zwar die j-te Spalte mit Schlüssel $s_j \in A$; es gilt
$c_{(i-1)d+j} = k_{(i-1)d+j} + s_j$, $1 \leq j \leq d$. Um die Spaltensubstitutionen zu
lösen, muß die Gesamtlänge des Chiffretextes das d-fache der
Länge betragen, die zur Lösung einer monoalphabetischen Substitution notwendig ist. Das eigentliche Problem lautet nun:
Wie erhält man d? Dazu bedient man sich statistischer Hilfen.
Zu gegebenem Chiffretext $c = c_1 \ldots c_t \in \Omega_t(A)$ und $x \in A$ sei $h(x)$
die (absolute) Häufigkeit des Buchstabens x in c. Man bezeich-
net die Statistik

$$IC(c) = \frac{1}{t(t-1)} \cdot \sum_{x \in A} h(x) \cdot (h(x)-1)$$

als *Koinzidenz-Index von* c. Mit dem Häufigkeitsmuster $(\Phi_x)_{x \in A}$
einer Sprache heißt entsprechend

$$IC_{Spr} = \sum_{x \in A} \Phi_x^2$$

der *Koinzidenz-Index der Sprache*. Dieser hängt nur von der

Sprache ab; wegen $\sum_{x \in A} \Phi_x = 1$ und der Annahme $\Phi_x \neq \Phi_y$ ($x \neq y$) gilt $IC_{Spr} > 1/\#A$. Mit dem Koinzidenz-Index lassen sich polyalphabetische von monoalphabetischen Substitutionen trennen, mehr noch, der Koinzidenz-Index enthält Information über die Periode d, denn es gilt der

<u>Satz 1:</u>

Es sei $k = k_1 \ldots k_t \in K \cap \Omega_t(A)$ ein Klartext in einer Sprache mit Koinzidenz-Index $IC_{Spr} = \sum_{x \in A} \Phi_x^2$, der durch eine VIGENERE-Substitution mit Schlüssel $s = s_0 \ldots s_{d-1} \in \Omega_d(A)$ in den Chiffretext $c = c_1 \ldots c_t \in \Omega_t(A)$ verschlüsselt sei. Dann gilt für den Erwartungswert $E(IC(c))$ des Koinzidenz-Index von c

$$E(IC(c)) = \frac{1}{d} \cdot \frac{t-d}{t-1} \cdot IC_{Spr} + \frac{d-1}{d} \cdot \frac{t}{t-1} \cdot (1/\#A) .$$

Den <u>Beweis</u> des Satzes bleiben wir an dieser Stelle schuldig und verweisen hierzu auf Kap. II.2.2. Da die Aussage des Satzes von statistischer Art ist, benötigt man sehr große t, um verläßliche Aussagen über d zu erhalten. In der Praxis verfährt man deshalb anders.

Man schreibt c in Blöcken der Länge $\delta = 1, 2, 3, \ldots$ untereinander und berechnet spaltenweise den Koinzidenz-Index, und zu jedem δ das arithmetische Mittel I_δ der Spaltenindizes. Für ausreichend langen Chiffretext ist mit hoher Wahrscheinlichkeit $I_d = \max_\delta I_\delta$.

Die Länge d des Schlüssels ist somit bekannt. Zur Lösung der d monoalphabetischen Spalten-Substitution kann man statt der Methode des "scharfen Hinsehens" aus dem vorigen Beispiel erneut statistische Hilfsmittel wie z.B. die *Jensen'sche Ungleichung* heranziehen.

<u>Lemma 1:</u>

Es sei $\mathcal{H}_n := \{(p_1, \ldots, p_n) \in \mathbb{R}^n \mid p_i \geq 0, \sum_{i=1}^{n} p_i = 1\}$. Dann gilt für alle $(p_1, \ldots, p_n) \in \mathcal{H}_n$, $(q_1, \ldots, q_n) \in \mathcal{H}_n, q_i > 0$ ($i = 1, \ldots, n$)

$$-\sum_{i=1}^{n} p_i \log p_i \leq -\sum_{i=1}^{n} p_i \log q_i$$

mit Gleichheit genau dann, wenn $p_i = q_i$ für alle $i = 1, \ldots, n$.

<u>Beweis:</u>

Für alle $x \in R^+$ gilt $\log x \leq x-1$, mit Gleichheit genau dann, wenn $x=1$. Sind alle $p_i > 0$ $(i=1,\ldots,n)$, so gilt daher gliedweise

$$- \sum_{i=1}^{n} p_i \log \frac{q_i}{p_i} \geq \sum_{i=1}^{n} (q_i - p_i) = 0 \text{ mit Gleichheit genau dann, wenn}$$

$\frac{q_i}{p_i} = 1$ $(i=1,\ldots,n)$. Sind einige der $p_i = 0$, so sei o.E. angenommen, daß $p_i > 0$ für $i=1,\ldots,l<n$, $p_{l+1} = \ldots = p_n = 0$. Setze

$$q := \sum_{i=1}^{l} q_i \, , \quad q_i' := \frac{q_i}{q} (i=1,\ldots,l). \text{ Dann gilt } 0<q<1,$$

$$\sum_{i=1}^{l} p_i = \sum_{i=1}^{l} q_i' = 1, \text{ und man erhält } - \sum_{i=1}^{l} p_i \log p_i \leq - \sum_{i=1}^{l} p_i \log q_i'$$

$$< - \sum_{i=1}^{n} p_i \log q_i. \quad \blacksquare$$

Es seien nun $(f_x)_{x \in A}$ die relativen Buchstabenhäufigkeiten in der j-ten Spalte. Hier gilt für alle $x \in A$ $f_{x+s_j} \approx \Phi_x$. Nun berechnet man für alle $y \in A$ den *Entropie-Index* $H_y := - \sum_{x \in A} f_{x+y} \log \Phi_x$ mit der Erwartung, daß H_y für $y = s_j$ entsprechend der Jensen'schen Ungleichung minimal wird.

Der Entropie-Begriff wird in Kap. II im Rahmen informationstheoretischer Betrachtungen erklärt, und kann erst dort seine volle Würdigung erfahren. Das Verfahren zur Lösung von VIGENERE-Substitutionen ist leicht für einen Mikrocomputer programmierbar; dies wird als Übung empfohlen.

In einer natürlichen Sprache genügen ca. 15 - 20 Buchstaben in jeder Spalte, um die korrekte Verschiebung gegenüber dem natürlichen Buchstaben-Spektrum zu ermitteln.

I.1.4 AUTOKEY - SYSTEME

Es sei $k = k_1 \ldots k_n \in \Omega_n(A)$ ein Klartext über einem Alphabet A, und $s = s_1 \ldots s_d \in \Omega_d(A)$ ein Wort der Länge d. In einem Autokey-System wird s als (*Primär-*)Schlüssel verwendet, indem ein Schlüsselstrom erzeugt wird durch

$$\sigma_i^{(s)} = \begin{cases} s_i & \text{für } i=1,\ldots,n \\ c_{i-n} & \text{für } i > n \ . \end{cases}$$

Dabei gelte $c_j = v(k_j, \sigma_j^{(s)})$ mit einer Verschlüsselungsfunktion $v : A \times A \rightarrow A$. Der so erzeugte Schlüsselstrom ist nicht periodisch, somit ist die wesentliche Regelmäßigkeit des VIGENERE-Systems ausgemerzt, und es ist eine effektivere Glättung der Buchstabenhäufigkeiten zu erwarten. Die Analyse zeigt, daß dies für die Sicherheit des Autokey-Systems bedeutungslos ist, da keine statistischen Methoden zur Lösung verwendet werden. Man entschlüsselt mit einem Chiffretextblock der ersten m Zeichen nacheinander in jeder Position des Kryptogramms, bis sinnvoller Text erscheint. Diese Position gibt die Länge des Schlüssels an, und man hat die Synchronisation zwischen Chiffretext und Schlüsselstrom hergestellt. Die offensichtliche Schwäche dieses Systems liegt in der Tatsache, daß bis auf den Primärschlüssel mit dem Chiffretext auch der Schlüsselstrom bekannt ist, und deren Synchronisierung zur Analyse genügt.

I.1.5 LAUFTEXTVERSCHLÜSSELUNGEN

Die Verwendung eines fortlaufenden Textes als Schlüsselstrom unter einer VIGENERE-VERNAM-Verschlüsselung ist als *Lauftextverschlüsselung* bekannt. Wird ein solcher Lauftext einem bestimmten Buch entnommen, so wäre ein möglicher Schlüssel die Angabe von Seite, Zeile und Spalte des ersten Buchstabens. Wer hat noch nie einen Agentenfilm gesehen, dessen Dramaturgie durch die erfolgreiche Analyse einer Lauftextverschlüsselung bereichert wurde?
Zwar ist der Schlüsselstrom jetzt aperiodisch, die "Methode der wahrscheinlichen Wörter" ist jedoch ein sehr effizienter Analyse-Ansatz: Man subtrahiert ein im Klar- oder Schlüsseltext wahrscheinlich vorkommendes Wort an jeder Stelle des Chiffretextes, bis sinnvoller Text erscheint. Einmal gefundene Klartext- und Schlüsselstromsegmente lassen sich im allgemeinen mit wenigen Alternativen nach links und rechts erweitern, und solche Erweiterungen können durch Entschlüsselung sofort

verifiziert oder verworfen werden, weil sie ihrerseits sinnvollen Text liefern müssen. Wir empfehlen dem Leser, auch dieses
Verfahren übungshalber auf einem Mikrocomputer zu implementieren.
Zur Auffindung wahrscheinlicher Wortfragmente kann man selbst
wieder statistische Hilfen heranziehen. Zu einem hohen Prozent-
satz gehören beide Buchstaben eines Lösungspaares $(k_\tau, a_\tau^{(s)})$
der Verschlüsselungsgleichungen

$$c_\tau = k_\tau + a_\tau^{(s)}$$

zur Gruppe der häufig vorkommenden Buchstaben. Man beginnt
die Analyse deshalb mit der Hypothese, daß alle Chiffretext-
buchstaben aus Paaren von 2 "häufigen" Buchstaben entstehen.
Die Anzahl "wahrscheinlicher" Paare von n-Grammen, die zu
einem bestimmten Chiffretext-n-Gramm führen, wird dadurch stark
eingeschränkt. Durch Vergleich mit einer n-Gramm-Häufigkeits-
tabelle kann man die Anzahl der wahrscheinlichen Lösungs-n-
Gramme weiter einschränken bzw. die Hypothese etwas modifi-
zieren und das Verfahren wiederholen.

Die Tatsache, daß Lauftextverschlüsselungen in der beschriebenen Weise lösbar sind, zeigt, daß die jeweilig zugrundeliegende Sprache eine *Redundanz* (vgl. Kap. II) von mindestens 50%
besitzt, da im Falle einer solchen Lösung aus einem Chiffretext
von n Buchstaben zwei sinnhafte Klartexte von insgesamt 2n
Buchstaben rekonstruiert werden können.
Aus dieser Beobachtung hat Shannon ((SHANNON), 1949, p. 701)
eine bemerkenswerte, jedoch selten beachtete Tatsache abge-
leitet: Durch mehrfach hintereinander ausgeführte Lauftextverschlüsselung (mit verschiedenen Lauftexten) kann eine Analyse
erschwert bzw. verhindert werden. Die statistisch ermittelte
Redundanz z.B. der deutschen Sprache beträgt etwa 70 Prozent,
demnach bietet eine vierfache Lauftextverschlüsselung unbedingte Sicherheit gegen jede Art statistischer Analyse. Denn
falls aus dem resultierenden Chiffretext der Klartext rekonstruierbar wäre, so wären aufgrund von Symmetrieargumenten
ebenso alle vier Lauftexte rekonstruierbar, und die zugrundeliegende Sprache hätte eine Redundanz von mindestens 80 Prozent.

I.1.6 Transpositionschiffren

In Transpositionssystemen werden die Klartextbuchstaben nicht durch andere ersetzt, sondern lediglich ihre Stellung innerhalb der Nachricht nach einem festen Muster verändert. Mathematisch gesprochen: je N viele Buchstaben werden einer Permutation $\sigma \in \gamma_N$ unterworfen. Wir betrachten als Beispiel den Titel des Buches und wählen

$$\sigma = \begin{pmatrix} 1 & 2 & 3 & 4 & 5 & 6 & 7 & 8 \\ 5 & 3 & 6 & 1 & 7 & 4 & 8 & 2 \end{pmatrix} \in \gamma_8.$$

Der Klartext wird in Blöcke von je 8 Buchstaben bzw. Leerzeichen unterteilt und auf diese wird σ angewendet:

    HTAMMTEAHES ICEMDDHNTOE KTRYE RPAEAYONLS

Diese Art der Chiffrierung wird auch als *Block-Transposition* bezeichnet. Eine weitere Möglichkeit besteht darin, den Klartext in ein Rechteck mit N Spalten zu schreiben, diese zu permutieren und den Chiffretext spaltenweise abzulesen. Dadurch wird der Chiffretext zu obigem Beispiel aus dem Rechteck

```
4 8 2 6 1 3 5 7
H T A M M T E A
H E S   I C E M
D D H N T O E
K T R Y E   R P
A E A Y O N L S
```

bestimmt, so daß er letztendlich

    HHDKA TEDTE ASHRA M_NYY MITEO TCO_N EEERL AM_PS

lautet. Man nennt dies *Spalten-Transposition*. Als Schlüssel wird hierbei zwischen den Partnern die Permutation σ vereinbart oder aber, aus mnemotechnischen Gründen, ein Schlüsselwort. Ein Wort stellt eine Permutation dar, wenn man die Buchstaben aus denen es gebildet ist, in alphabetische Reihenfolge bringt und die neue Position der Buchstaben mit den alten vergleicht. Wir betrachten als Beispiel das Wort "PAROLE". Schreibt man über das Wort die Buchstaben in alphabetischer Reihenfolge

$$\begin{pmatrix} A & E & L & O & P & R \\ P & A & R & O & L & E \end{pmatrix}$$

so erkennt man unschwer, daß damit die Permutation

$$\sigma = \begin{pmatrix} 1 & 2 & 3 & 4 & 5 & 6 \\ 5 & 1 & 6 & 4 & 3 & 2 \end{pmatrix}$$

gemeint ist.

Eine Verschärfung der Spalten-Transposition wird durch die sogenannte *doppelte Spalten-Transposition* erreicht. Hierbei verfährt man mit dem aus der Spalten-Transposition erhaltenen Chiffretext wie mit einem Klartext und wendet darauf erneut eine Permutation an – möglichst mit unterschiedlichem Schlüssel. An Stelle der oben verwendeten Rechteckform sind andere geometrische Figuren denkbar. Es ist ferner nicht notwendig, daß der Klartext diese Formen vollständig ausfüllt; für die Kryptoanalyse bedeutet dies keine wesentliche Erschwernis. Bei hinreichend langem Chiffretext ist eine Analyse der Transpositionssysteme, aufgrund der "inneren Zusammenhänge" einer natürlichen Sprache möglich. Man verwendet dabei vorwiegend Kenntnisse über Bi- bzw. Trigrammhäufigkeiten der verwendeten Sprache.

Den oben eingeführten Koinzidenz-Index kann man dazu benutzen, Transpositionssysteme von polyalphabetischen Substitutionen zu unterscheiden, denn in einem Transpositionssystem werden die individuellen Buchstabenhäufigkeiten nicht verändert, so daß sich als Koinzidenz-Index der der natürlichen Sprache einstellen muß. Durch Vergleich der relativen Buchstabenhäufigkeiten mit denen natürlicher Sprachen wird man i.a. dann auch schnell zwischen einer monoalphabetischen Substitution und einem Transpositionssystem unterscheiden können.

Ein Transpositionssystem löst insbesondere die Bigramm-, Trigramm-, usw.-Bindungen innerhalb eines Klartextes auf. Das Ziel der Kryptoanalyse ist es, diese wieder herzustellen. Am Beispiel der Spalten-Transposition wollen wir demonstrieren, wie auch hier statistische Ideen eingesetzt werden können. Sei $c = c_1 \ldots c_t \in \Omega_t(A)$ der gegebene Chiffretext. Man beginnt mit einer groben Schätzung l der Spaltenlänge. Dann greift man eine beliebige Teilkette $c_1 \ldots c_l$ der Länge l aus c heraus und betrachtet für jeden möglichen Anfangspunkt i die Bigramm-Folgen $c_1 c_i, c_2 c_{i+1}, \ldots, c_l c_{i+l-1}$ bzw. $c_i c_1, \ldots, c_{i+l-1} c_l$.

14

Jeder solchen Bigramm-Folge $a_1b_1,\ldots,a_lb_l$ kann man als statistische Meßgröße den Wert

$$\mu_l = - \sum_{j=1}^{l} \log\Phi_{a_j,b_j}$$

zuordnen, worin jeweils $\Phi_{x,y}$ die relative Häufigkeit des Bigramms xy bezeichnet. Für Folgen von Klartext-Bigrammen sind die µ-Werte erheblich größer als für gleichlange Folgen von zufällig gewählten Buchstaben-Paaren. Die i's mit deutlich erhöhtem µ-Wert sind also exzellente Kandidaten für die Rekonstruktion der Klartext-Bigramme. Dieses Verfahren setzt man nun mit der Kette $c_i\ldots c_{i+l-1}$ statt $c_1\ldots c_l$ fort. Durch die Verwendung von Trigramm-Häufigkeiten und/oder wahrscheinlichen Wörtern kommt man rasch zum Ziel.
Eine ausführliche Behandlung von Transpositionschiffren findet man in (SINKOV) und (SACCO).
Darüber hinaus macht schon diese kurze Analyse deutlich, daß jede Block-Transposition i.a. leicht gelöst werden kann: Ein Feind, welcher mindestens zwei Chiffretextblöcke aufgefangen hat, schreibt diese untereinander und versucht wie oben beschrieben zwei aufeinanderfolgende Spalten zu finden. So fortfahrend ergeben sich zeilenweise Klartextfragmente, die zu beiden Seiten (ähnlich wie bei der Analyse der Lauftextverschlüsselung) fortgesetzt werden können. Weil auf diese Weise alle Chiffretexte unabhängig von der verwendeten Transpositionsmethode gebrochen werden können, ist die mehrfache Verwendung <u>eines</u> Schlüssels zu vermeiden.

1.1.7 ONE - TIME - TAPES

Alle bisher vorgestellten Systeme sind mit mehr oder weniger Bedarf an Chiffretext, Umfang der Berechnungen und notwendigen zusätzlichen Informationen lösbar. Wie wir gesehen haben, gelingt die Analyse in allen Fällen aufgrund statistischer Eigenschaften von Sprachen, sowie besonderer Schwächen in der Erzeugung von Schlüsselströmen wie beim Autokey-System. So erhöht die Glättung der Buchstabenhäufigkeiten in polyalphabetischen Substitutionssystemen zwar den analytischen Aufwand gegenüber monoalphabetischen Substitutionen,

kann jedoch die Analyse nicht prinzipiell verhindern. Bei
Transpositionschiffren können entscheidend die Kenntnisse über
Digramm - und höhere Bindungen ausgenützt werden. Bei Lauftextverschlüsselungen erlaubt die sprachliche Redundanz eine
Analyse. Man kann jedoch bereits hier die Frage beantworten, ob
überhaupt ein sicheres System existiert, in dem Sinn, daß nur
derjenige, der im Besitz des Schlüssels ist, eine Nachricht
entschlüsseln kann, und darüber hinaus eine Analyse grundsätzlich unmöglich ist. Ein solches *unbedingt sicheres System*
wollen wir nun beschreiben. Es wurde 1917 von G. VERNAM vorgestellt, und ist in seiner Theorie von genialer Einfachheit.
Das Prinzip beruht auf der folgenden Überlegung: Es sei $S=A=\mathbb{F}_2$
der endliche Körper mit zwei Elementen 0 und 1. Für den Klartext k=0 oder k=1 und $s \in S$ ist durch

$$k \quad \oplus \quad s \quad = \quad c$$

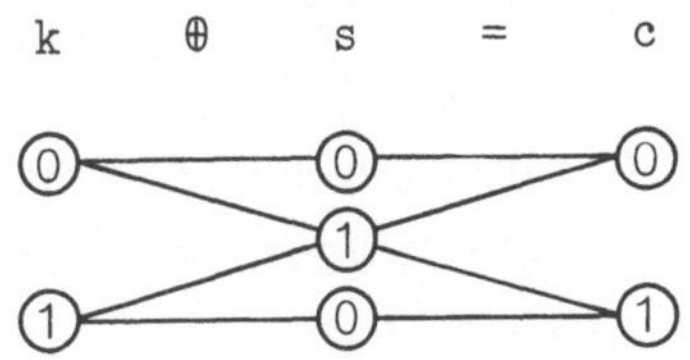

ein nicht zu brechendes System skizziert. Der Schlüssel $s \in \mathbb{F}_2$
wird mit einer Wahrscheinlichkeit von p = 1/2 gewählt,
also etwa dann, wenn man s durch ein Münzwurfexperiment mit
einer idealen Münze bestimmt. Ein Feind besitzt keine andere
Möglichkeit, als den Schlüssel auf entsprechende Weise zu raten
mit einer Trefferwahrscheinlichkeit p=1/2. Diese Erkenntnis
führt zu der Verwendung sogenannter *One-Time-Tapes*. Zur Verschlüsselung einer Nachricht von n Bits Länge wird eine binäre
Zufallsfolge gleicher Länge durch Realisierung eines

Münzwurfexperimentes vom Umfang n mit Trefferwahr -
scheinlichkeit p = 1/2 erzeugt und einmalig verwendet.
Eine solche Folge wird in ihrer Gesamtheit als Schlüssel
bezeichnet.Ohne Kenntnis des Schlüssels bleibt allenfalls
die Erzeugung aller 2^n Schlüssel, woraus man die Menge
aller 2^n möglichen Klartexte gewinnt. Diese sind jedoch
a priori bekannt, so daß ein Chiffretext im Hinblick
auf eine Analyse außer seiner Länge n keinerlei neue

Informationen bietet.

Notwendige Voraussetzung für die Sicherheit ist die einmalige Verwendung der Schlüssel. Denn sind zwei Klartexte $k=k_1\ldots k_n$ und $k'=k'_1\ldots k'_n$ mit dem gleichen Schlüssel $s=s_1\ldots s_n$ verschlüsselt durch $c_i=k_i\oplus s_i$, $c'_i=k'_i\oplus s_i$ $(i=1,\ldots,n)$, so erhält man mit $c''_i=c_i\oplus c'_i=k_i\oplus k'_i$ eine lösbare Lauftextverschlüsselung.

Solche Situationen treten bei Kryptosystemen dann ein, wenn mehr Klartexte existieren als Schlüssel, also wenn $\#K>\#S$ ist. Vorsicht ist angebracht, wenn $\#K\leq\#S$ gilt, denn es besteht eine positive Wahrscheinlichkeit, daß "aus Versehen" zu verschiedenen Gelegenheiten unabhängig voneinander die gleichen Schlüssel gewählt werden, wenn man diese zufällig aus dem Schlüsselraum S zieht. Dahinter steckt das sogenannte *Geburtstagsphänomen*.

<u>Satz 2:</u>

Gegeben seien $N\gg 1$ Objekte. q sei die Wahrscheinlichkeit, daß bei n Ziehungen (mit Zurücklegen) mindestens eines der Objekte zweimal oder öfter gezogen wird. Falls $n\gtrsim\sqrt{2N\cdot\ln 2}$ ist, wird $q\gtrsim\frac{1}{2}$.

<u>Beweis:</u>

Es gilt $q=1-p$ mit

$$p = \frac{n!\cdot\binom{N}{n}}{N^n} = (1-\tfrac{1}{N})\cdots(1-\tfrac{n-1}{N}).$$

Logarithmieren ergibt
$$\ln p = \sum_{i=1}^{n-1} \ln(1-\tfrac{i}{N})$$

Für $\frac{n-1}{N}\ll 1$ gilt
$$\ln p \simeq -\sum_{i=1}^{n-1} \frac{i}{N} = -\frac{n(n-1)}{2N}.$$

Mit $n\gg 1$ folgt $p\simeq\exp(-n^2/(2N))$, also $q>1/2$ für $n>\sqrt{2N\cdot\ln 2}$. ∎

Die Wahrscheinlichkeit für doppelt gezogene Schlüssel ist vernachlässigbar klein, wenn der Schlüsselraum groß ist. Anderenfalls müssen bereits verwendete Schlüssel durch Buchführung ausgeschlossen werden. Die Darstellung von Nachrichten als Binärketten entspricht der Informationsdarstellung in Rechnersystemen. One-Time-Tapes können auch über anderen Alphabeten verwendet werden. Die Erzeugung von Schlüsseln

erfolgt dann durch Realisierung entsprechender statistischer
Prozesse, wobei alle Zeichen mit gleicher Wahrscheinlichkeit
auftreten (Gleichverteilung von Zufallsfolgen). Für die
praktische Verwendung allerdings ist gerade die aufwendige
Schlüsselerzeugung der entscheidende Nachteil von One-Time-
Tapes. Der Schlüsselaufwand soll zum Wert der zu schätzenden
Nachricht in vernünftigem Verhältnis stehen, da die Durchführung von Zufallsexperimenten umständlich, langsam und teuer
ist. Als Ausweg erscheint die Möglichkeit, mit Hilfe von
Computern sogenannte *Pseudo-Zufallsfolgen* schnell und kostengünstig durch geeignete Algorithmen zu erzeugen. Dies sind
deterministische Zahlenfolgen, die in ihren statistischen Eigenschaften Realisierungen stochastischer Prozesse ähnlich
sind. Sie sind im Unterschied zu diesen jedoch reproduzierbar.
Wenn man sich auch damit abfinden muß, daß durch endliche
Algorithmen keine nichtdeterministischen Zahlenfolgen erzeugt
werden können (CHAITIN), (MARTIN-LÖF), so wird man doch versuchen, One-Time-Tapes durch Pseudo-Zufallsfolgen zu
"approximieren", um möglichst effiziente Simulationen des
VERNAM-Systems zu erhalten. Das Grundprinzip dieser sogenannten
Stromsysteme entnimmt man folgender Skizze

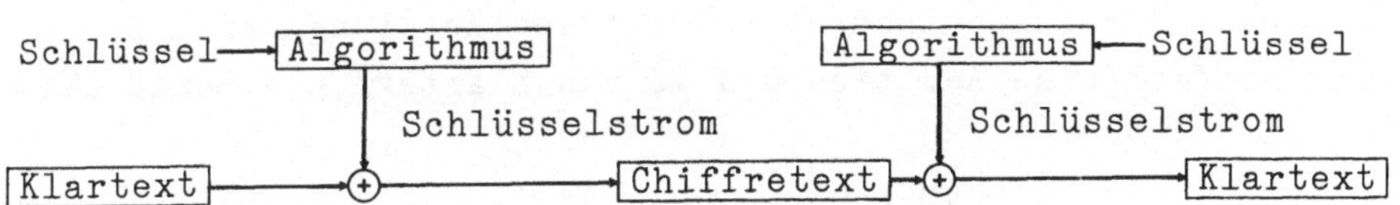

Pseudo-Zufallsfolgen finden vielfältige Verwendung im Zu-
sammenhang mit Monte-Carlo-Methoden, etwa bei der Computer-
Simulation natürlicher Phänomene, bei Simulationen von Stich-
proben oder ähnlichen Anwendungen. Die erzielbaren Ergebnisse
hängen stark von den statistischen Eigenschaften der Folgen ab.
Seit der Entwicklung des ersten Konzepts für die algorithmische
Erzeugung von Pseudo-Zufallszahlen-Folgen durch John von
NEUMANN (1946) wurden vielfältige Anstrengungen zur Entwick-
lung statistisch zufriedenstellender Methoden unternommen.
Die Voraus- oder Rückwärtsbestimmung von Folgenwerten aus einer
Menge von gegebenen Werten ist aufgrund der algorithmischen

Abhängigkeiten innerhalb von Pseudo-Zufallsfolgen möglich.
Mit dem nötigen Aufwand für solche Berechnungen wächst die
Sicherheit eines Systems. Hier sind also sorgfältige Studien
angebracht. Wir werden hierauf in Kapitel IV genauer eingehen.
Im folgenden Beispiel wird die Erzeugung von Zufallszahlen-
folgen durch *lineare Kongruenzen* betrachtet.

I.1.8 ALGORITHMISCHE ERZEUGUNG VON FOLGEN DURCH LINEARE KONGRUENZEN

Es sei $m \in \mathbb{N}$ und $R = \{0,\dots,m-1\}$ ein vollständiges Restsystem
modulo m; durch die Wahl von $a,b,x_0 \in R$ ist die *lineare
Kongruenzenfolge (LKF)*

$$x_{i+1} = (ax_i + b) \bmod m$$

in R für $i \geq 0$ festgelegt. Die Eigenschaften einer LKF hängen
wesentlich von der Wahl der Parameter a,b,m und x_0 ab (vgl.
Kap. IV). Es gibt mehrere Möglichkeiten, eine LKF als
Schlüsselstrom eines VIGENERE-VERNAM-Systems zu verwenden.
Eine davon wird im folgenden näher studiert. Zum besseren Verständnis wählen wir statt einer binären allerdings eine
dezimale Textdarstellung mit den Ziffern $\{0,1,2,3,4,5,6,7,8,9\}$
als Ein- und Ausgabealphabet. Die Verschlüsselung erfolgt
durch ziffernweise Addition mod 10 von Klartext und Schlüsselstrom.
Das lateinische Alphabet wird durch ASCII-Darstellung
(<u>A</u>merican <u>S</u>tandard <u>C</u>ode for <u>I</u>nformation <u>I</u>nterchange, vgl.
Kap. II) repräsentiert, so daß je zwei Buchstaben eine vier-
stellige Dezimalzahl bilden. Die Folgenglieder x_i $(i \geq 0)$
der LKF (x_0,a,b,m) sind höchstens $1 + \lfloor \log_{10} m \rfloor$-stellige
Dezimalzahlen. Die Grundidee der Kryptoanalyse dieses
Systems erläutern wir anhand des Chiffretextes:

23120 85624 77132 21292 37901 32474 24248 21779 82415 97984
38874 90953 81565 40024 23324 98586 24042 96079 18824 46587
83129 23854 71449 13242 29094 54607 66065 34204 74875 81906
65891 09258 42240 19796 71012 64552 80283 03112 01202 22555

Es sei bekannt, daß der Klartext die Wörter "KOENIGIN" und
"SCHOTTLAND" in der 47. bzw. 58. Position enthält, und daß
m <10000 ist. Mit diesen Informationen kann man zuerst 2 Segmente des Schlüsselstromes rekonstruieren:

Chiffretext:		8244 6587 8312 9238
Klartext:	KOENIGIN	7579 6978 7371 7378
Schlüsselstromsegment:		1775 0619 1041 2960

Chiffretext:		3242 2909 4546 0766	
Klartext:	SCHOTTLAND=83	6772 7984 8476 6578	68
Schlüsselstromsegment:		7570 5025 6170 4298	

Allgemein bezeichne $(y_i)_i$ die Folge $y_i = x_i - x_{i-1}$. Für alle $i \geq 1$
gilt dann

$$y_{i+1} \equiv ay_i \bmod m \tag{1}$$

Angenommen, es sind vier Werte von (x_0, a, b, m) bekannt, o.E.
seien diese x_0, x_1, x_2, x_3. Aus den Kongruenzen

$$y_2 \equiv ay_1 \bmod m \qquad , \qquad y_3 \equiv ay_2 \bmod m \tag{2}$$

folgt

$$y_2^2 \equiv ay_1y_2 \bmod m \qquad , \qquad y_1y_3 \equiv ay_1y_2 \bmod m \tag{3}$$

und hieraus

$$y_2^2 - y_1y_3 \equiv 0 \bmod m. \tag{4}$$

Falls $y_2^2 - y_1y_3 \neq 0$, so erhalten wir mit $\hat{m} = |y_2^2 - y_1y_3|$ eine erste
"Näherung" für m. Für kleine $\hat{m}$ ist es möglich, m durch Faktorisierung von $\hat{m}$ in akzeptabler Zeit zu ermitteln, etwa durch
Ausprobieren aller Teiler von $\hat{m}$. Hat man m gefunden, so kann
aus (1) a bestimmt werden. Aus $x_1 - ay_0 \equiv b \bmod m$ erhalten wir
b. Kennt man mehrere solche 4-Tupel $(x_j, x_{j+1}, x_{j+2}, x_{j+3})$, so
kommt man schnell zum Ziel, indem man den <u>größten</u> <u>gemeinsamen</u>

Teiler (ggT) aller gefundenen $\hat{m}$ bestimmt. Dieser ist durch
m teilbar. Es gilt der folgende
<u>Satz 3:</u> (CESARO)

Für Zufallszahlen $u, v \in \mathbb{N}$ ist der Erwartungswert der Zufallsvariablen, welche die Anzahl der gemeinsamen positiven Teiler
von u und v angibt, gegeben durch $\pi^2/6$.

Den <u>Beweis</u> findet man bei (KNUTH 2), p. 595 .
Wir finden also mit hoher Wahrscheinlichkeit das gesuchte m
schon als ggT zweier verschiedener Werte $\hat{m}$.
Im obigen Beispiel wurde

$$x_{21} = 1775 \qquad y_{22} = -1156 \qquad\qquad x_{27} = 7570 \qquad y_{28} = -2545$$
$$x_{22} = 0619 \qquad y_{23} = 422 \qquad\qquad x_{28} = 5025 \qquad y_{29} = 1145$$
$$x_{23} = 1041 \qquad y_{24} = 1919 \qquad\text{und}\qquad x_{29} = 6170 \qquad y_{30} = -1872$$
$$x_{30} = 4298 \qquad\qquad\qquad\qquad\qquad x_{30} = 4298$$

gefunden. Mit $u_1 := y_{23}^2 - y_{22}\, y_{24} = 2396448$,

$$u_2 := y_{29}^2 - y_{28}\, y_{30} = -3453215$$

gilt

$$\hat{m} = ggT(u_1, u_2) = 53 \cdot 157 = 8321.$$

Wegen

$$ggT(y_{22}, \hat{m}) = 1 = 3779 \cdot y_{22} + 525 \cdot \hat{m}$$

erhält man mit

$$y_{22}^{-1} \bmod \hat{m} = 3779$$

aus (2) ein zu $\hat{m}$ passendes $\hat{a} := 5427$, und aus (1) $\hat{b} := 3412$.

Da $ggT(a, \hat{m}) = 1$, kann man sukzessive die Kongruenzen
$x_{i-1}\hat{a} \equiv x_i - \hat{b} \bmod \hat{m}$ $(i = 21, \ldots, 1)$ jeweils für x_{i-1} eindeutig
lösen. Man erhält $x_0 = 5253$.
Probeweise wird der Text mit der LKF $(x_0, \hat{a}, \hat{b}, \hat{m})$ entschlüsselt.
Es folgt

GEHEI MEBRI EFEHA TMANI HMVER TRAUT INZIF FERNF UERDI EKOEN
IGINV ONSCH OTTLA NDDIE ERMIT TREUE RHAND UNSUE BERLI EFERT

Hieraus erkennt man unschwer den Text:

> *"Geheime Briefe hat man ihm vertraut,*
> *In Ziffern, für die Königin von Schottland,*
> *Die er mit treuer Hand uns überliefert."*

> (F. SCHILLER, Maria Stuart)

und es kann angenommen werden, daß $\hat{m}=m$, $\hat{a}=a$ und $\hat{b}=b$ gilt
(tatsächlich ist dies hier der Fall).

Diese Analyse wirft ein schlechtes Licht auf die kryptographischen Eigenschaften linearer Kongruenzenfolgen. Die Schwäche liegt in der Linearität der erzeugenden Rekursion. Aus wenigen bekannten Elementen der Folge können die erzeugende Funktion und jeder beliebige weitere Folgenwert bestimmt werden. Wir werden neben einer genaueren Analyse linearer Kongruenzen noch weitere lineare Rekursionen untersuchen, und dabei ähnliche Schwächen feststellen, so daß generell die Verwendung nichtlinearer Algorithmen vorzuziehen ist (vgl. Kap. IV).

I.1.9 BLOCKSYSTEME

Neben den bisher beschriebenen *Stromsystemen* gibt es eine weitere Klasse kryptographischer Verfahren, die eine Analyse durch Häufigkeitsmuster unmöglich machen soll: die sogenannten *Blocksysteme*. Hierbei werden üblicherweise binäre Eingabeblöcke einer bestimmten Länge in Ausgabeblöcke von ebenfalls fester Länge transformiert. Es wird also ein bestimmter Klartextblock bei jedem Auftreten in denselben Chiffretextblock überführt. Deshalb handelt es sich bei Blockchiffren lediglich um einfache (monoalphabetische) Substitutionssysteme. Um einer Analyse durch Vergleich der Häufigkeitsmuster zu widerstehen, muß das Alphabet notwendigerweise möglichst groß sein. Die Blockgröße des DATA ENCRYPTION STANDARD z.B. beträgt 64 Bits. Er repräsentiert daher ein Alphabet von 2^{64} Zeichen. (vgl. Kap. V zur näheren Beschreibung und Analyse). Für die Ver- und Entschlüsselungsfunktion wird ferner gefordert, daß jedes Bit des Ausgabeblocks von allen Bits des Eingabeblocks und des Schlüssels abhängt. Diese Eigenschaft widerspricht wesentlich derjenigen, die man bei fehlerkorri-

gierenden Codes für wünschenswert hält. Ferner darf kein Bit
des Klartextes jemals direkt im Chiffretext wieder auftreten.
Außerdem soll die Änderung eines einzelnen Bits im Klartext
oder Schlüssel bewirken, daß sich ungefähr 50 % der Bits im
Chiffretext ändern. Diese *Fehlerpropagation* macht es einem
Gegner unmöglich, Modifikationen an verschlüsselten Daten
vorzunehmen, ohne nicht den gesamten Schlüssel zu kennen.
Anders gesprochen: die Kenntnis eines "approximativen"
Schlüssels ist für den Gegner in keiner Weise lohnenswert.

Ein Beispiel für ein Blocksystem ist das von L. S. HILL vor-
geschlagene Verfahren, welches wir wie folgt beschreiben:
Als Ein- und Ausgabealphabet wählt man den N-dimensionalen
Vektorraum $\mathbb{F}_q^N$ über einem endlichen Körper $\mathbb{F}_q$ (N>1, im Fall
q = 2 entspricht dem gerade die Menge aller Binärketten der
Länge N). Den Schlüsselraum bildet die Menge GL $(N,\mathbb{F}_q)$ aller
invertierbaren N×N Matrizen über $\mathbb{F}_q$.
Die Verschlüsselungsfunktion v sei definiert durch

$$v_\sigma(\underline{\varepsilon}) = \sigma\cdot\underline{\varepsilon} \quad \text{für } \underline{\varepsilon} \in \mathbb{F}_q^N \text{ und alle } \sigma \in GL(N,\mathbb{F}_q)$$

Die Mächtigkeit des Schlüsselraums kann wegen

$$\#GL(N,\mathbb{F}_q) = \prod_{i=0}^{N-1} (q^N - q^i)$$

(vgl. (HUPPERT)) so groß gewählt werden, daß sich eine direkte
Suche nach dem verwendeten Schlüssel für einen Kryptoanalytiker als wenig sinnvoll erweist. Zur Veranschaulichung
betrachte man folgendes kleine Beispiel:
Es sei q = 2 und N = 10. Als Ein- bzw. Ausgabealphabet kann
man sich nun den 5Bit-BAUDOT-Code denken. Zur Verschlüsselung
des Wortes "HILLSYSTEM" mit dem Schlüssel

$$\sigma = \begin{pmatrix} 1000001000 \\ 0101010100 \\ 1001101111 \\ 1110000001 \\ 1000100010 \\ 0110010101 \\ 0111001100 \\ 0011110011 \\ 0110111000 \\ 1011110101 \end{pmatrix} \quad \in \quad GL(10,\mathbb{F}_2)$$

stellt man zunächst jeden Buchstaben im BAUDOT-Code dar und
faßt stets zwei der entstehenden Binärketten der Länge 5 als
einen Spaltenvektor auf. Diese faßt man zu einer Matrix zusammen und bildet dann

$$\sigma \circ \begin{pmatrix} HLSSE \\ ILYTM \end{pmatrix} = \sigma \circ \begin{pmatrix} 00111 \\ 01000 \\ 10110 \\ 00000 \\ 11000 \\ 00100 \\ 11000 \\ 10101 \\ 00001 \\ 01111 \end{pmatrix} = \begin{pmatrix} 11111 \\ 11001 \\ 11100 \\ 10110 \\ 11110 \\ 00000 \\ 10011 \\ 00100 \\ 11010 \\ 10111 \end{pmatrix} = \gamma$$

Die Spalten der Matrix γ interpretiert man wieder als BAUDOT-
codierte Buchstaben. Die Entschlüsselung geschieht durch
Multiplikation mit der inversen Matrix σ^{-1}. An diesem kleinen
Beispiel fällt auf, daß die doppelt vorkommenden Klartextbuchstaben in verschiedene Zeichen verschlüsselt wurden. Eine
simple Frequenzanalyse kann offenbar nicht mehr angewendet
werden. Bei wachsender Blockgröße verschwinden die Differenzen
in der n-Gramm-Häufigkeitsverteilung fast völlig, wie es in
einem guten Verschlüsselungssystem zu erwarten ist. Dennoch
ist das HILL-System keineswegs als sicher zu betrachten. Solange dem Kryptoanalytiker nur Chiffretext zur Verfügung steht,
mag eine Lösung schwer sein; kennt er $2 \cdot N$ zueinandergehörige
Klar- und Chiffretextbuchstaben, kann er i.a.   durch die
Lösung des Gleichungssystems

$$\sum_{j=1}^{N} \sigma_{1,j} \cdot k_{j,h} = c_{1,h}$$

$$\vdots \qquad\qquad \vdots \qquad\qquad \text{für alle } h=1,\ldots,N$$

$$\sum_{j=1}^{N} \sigma_{N,j} \cdot k_{j,h} = c_{N,h}$$

σ bestimmen. Hierbei bezeichnet $(\sigma_{ij})_{\substack{i=1,\ldots,N \\ j=1,\ldots,N}}$ die Komponenten

der Matrix , $(k_{ij})_{\substack{i=1,\ldots,N \\ j=1,\ldots,N}}$ und $(c_{ij})_{\substack{i=1,\ldots,N \\ j=1,\ldots,N}}$ die der Klar-

bzw. Chiffretextmatrix. Diese Überlegungen machen deutlich,
daß man bei der Analyse eines Kryptosystems sein Augenmerk
nicht nur auf solche Punkte richten soll, zu deren Vermeidung
das System entworfen wurde. Auf eine nähere Klassifizierung
von Kryptosystemen im Hinblick auf ihre Sicherheit gehen wir
im Abschnitt I.3 ein. Zunächst soll eine neuere Idee
erklärt werden.

I.1.10 VERFAHREN MIT ÖFFENTLICH BEKANNTEN SCHLÜSSELN

Bild 1 zeigt den Informationsfluß in einem konventionellen
Kryptosystem, so wie man es zur privaten Kommunikation benutzen
kann. Der Sender überträgt eine Nachricht k

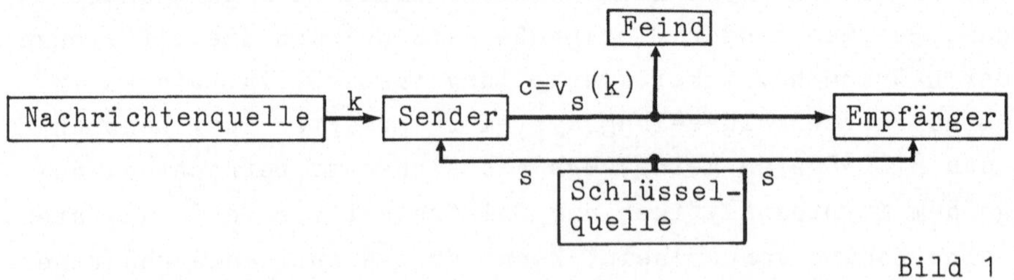

Bild 1

über einen "unsicheren" Kanal, d.h. einem Feind bereitet es
keine großen Schwierigkeiten, die Übertragungssignale aufzu-
fangen. Damit der Feind aber nichts über den Inhalt von k erfährt, bildet der Sender die Chiffre $c=v_s(k)$. Hierbei wird ein
Schlüssel s benötigt, den sowohl der Sender als auch der legi-
timierte Empfänger über einen "sicheren" Kanal erhalten.

Der Empfänger kann dann mit Hilfe von s den Klartext

$$v_s^{-1}(c) = v_s^{-1}(v_s(k)) = k$$

bestimmen. Aus Zeitgründen ist es oft nicht möglich, die
Nachricht direkt über den sicheren Kanal zu senden, z.B.
durch einen wöchentlich zwischen den Teilnehmern verkehrenden
Kurier, sondern über einen unsicheren Kanal - etwa die Telefon-
leitung. Theoretisch ist es möglich, dieses Verfahren in dem
Sinn zu verallgemeinern, daß mehr als zwei Teilnehmer über
unsichere Kanäle Nachrichten austauschen können - so wie im
bestehenden Telefonnetz jeder jeden anrufen kann. Praktisch
wird jedoch bei der Nutzung in kommerziellen Kommunikations-
netzwerken sofort das Problem der Schlüsselverteilung
augenfällig. Im Gegensatz zur Vergabe von je einer Telefon-
nummer pro Teilnehmer müßte hier an jede mögliche Kombination
von Paaren ein anderer Schlüssel verteilt werden. Bei
n Benutzern würde dies $\binom{n}{2}$ verschiedene Schlüssel erfordern.
Die Kosten für die Schlüsselerstellung und -verteilung ver-
bieten ein solches System.
Wie kann nun der Schlüsselaufwand minimiert und die Schlüsselverteilung kostengünstig geregelt werden? Die grundlegenden
Ideen zur Beantwortung dieser Frage stammen von W. DIFFIE und
M. HELLMAN. Sie vermuteten 1976, daß es möglich sei, ein
Kryptosystem zu entwickeln, welches ohne vorherige Absprache
zwischen Sender und Empfänger eine sichere Kommunikation über
einen unsicheren Kanal erlaubt. Die wesentlichste Änderung
gegenüber konventionellen Kryptosystemen ist in Bild 2 zu
erkennen. Zwischen den beiden Schlüsseln besteht keine direkte
Verbindung.

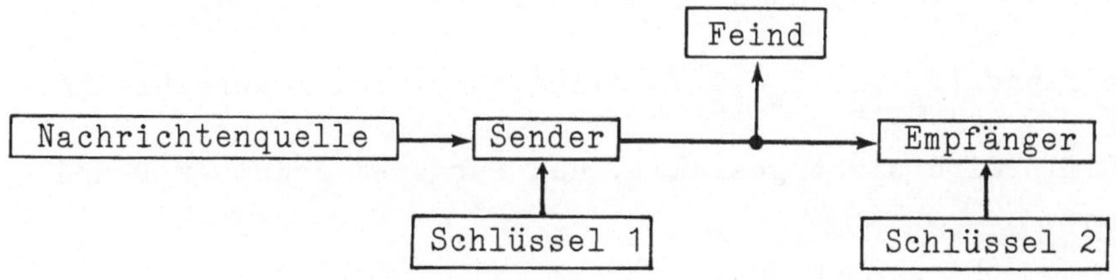

Bild 2

In herkömmlichen Systemen war dies nicht möglich, weil mit
Hilfe des einen Schlüssels Ver- und Entschlüsselung vorgenommen wurde. Deshalb werden sie auch als *symmetrische* Verfahren bezeichnet. Trennt man Ver- und Entschlüsselungsfunktion
derart, daß aus der Kenntnis der einen die andere nicht, oder
nur unter erheblichem Aufwand berechnet werden kann, dann
wird Geheimhaltung erreicht, selbst wenn der Schlüssel, oder
ein Teil davon, öffentlich bekannt ist. Konkret: Man betrachte
eine Verschlüsselungsfunktion $v: K \times S \rightarrow C$, deren Schlüsselraum
eine Zerlegung $S = S_1 \times S_2$ besitzt. Für jeden Schlüssel
$s = (s_1, s_2) \in S$ sollen folgende Bedingungen gelten:

    a) $v(\ . \ , s)$ hängt nur von der Komponente s_1 ab

    b) Es existiert eine Entschlüsselungsfunktion $e(., s)$
       die nur von s_2 abhängt; also

$$V_{s_1} := v(.,s) \quad \text{und} \quad E_{s_2} := e_s \ .$$

Um den eingangs erwähnten Forderungen zu genügen, muß das
Kryptosystem zumindest die folgenden Eigenschaften erfüllen:

$\alpha)$ $\qquad (E_{s_2} \circ V_{s_1})(k) = k \quad$ für alle Klartexte $k \in K$

Damit läuft ein Kommunikationsvorgang zwischen einem Sender A
und Empfänger B mit dem Schlüssel $(s_1(B), s_2(B))$ so ab, daß A
den Klartext k mittels $V_{s_1(B)}(k) = c$ verschlüsselt. Wegen der

Eigenschaft $\alpha)$ kann B den Klartext k rekonstruieren. Außerdem
kann jeder Sender A so verfahren und der Schlüsselaufwand in
der Größenordnung der Teilnehmerzahl gehalten werden. Die wesentliche Idee beruht darauf, $s_1(B)$ zu veröffentlichen.

$\beta)$ Alle Paare $(V_{s_1(B)}, E_{s_1(B)})$ sollen voneinander verschieden

sein. Damit wird sichergestellt, daß für zwei Benutzer B und
B´ stets

$$(E_{s_2(B')} \circ V_{s_1(B)})(k) \neq k$$

gilt für alle $k \in K$.

γ) $E_{s_2(B)}$ darf nicht, oder nur sehr "schwer" aus dem öffentlichen $s_1(B)$ ableitbar sein. Auf keinen Fall sollte es "leichter" fallen, als die Bestimmung von k aus c auf irgendeinem anderen Wege. Funktionen, die dieses leisten, nennt man *Einweg-Funktionen*.

δ) Sowohl Ver- als auch Entschlüsselungsfunktion sollen "leicht" berechenbar sein.

Die Begriffe "leicht" und "schwer" sind hierbei im komplexitätstheoretischen Sinn zu verstehen. Ist ein Algorithmus bekannt, der in polynomialer Laufzeit das Gewünschte leistet, so spricht man von einer leichten Berechenbarkeit, andernfalls von einer schweren. Eine exakte Erläuterung der Begriffe wird in Kapitel V vorgenommen. Aufgrund der Trennung des Schlüssels und der Eigenschaft γ bezeichnet man Kryptosysteme, die diese Bedingung erfüllen als *asymmetrische* oder *BS*-Systeme (Bekannter Schlüssel). Am Beispiel des im letzten Abschnitt vorgestellten HILL-Systems erläutern wir, daß bei der Verwendung der Begriffe "leicht" und "schwer" Vorsicht angebracht ist. Wenn man die (N×N)-Verschlüsselungsmatrix mit V bezeichnet, einen Klartext k in Blöcke $k_1,\ldots,k_t$ passender Länge zerlegt, so ist ein Chiffretextblock durch $c_i = v \cdot k_i$ i=1...t bestimmt. Das Verschlüsseln ist in $O(N^2)$ vielen arithmetischen Operationen möglich. Die Inversion einer Matrix, also die Berechnung von $E = V^{-1}$ mit dem GAUSS'schen Eliminationsverfahren erfordert dagegen $O(N^3)$ viele Rechenschritte. Das Verhältnis von benötigter Zeit zur Kryptoanalyse zu der Ver- und Entschlüsselungszeit beträgt N. Es müßten also schon enorme Blockgrößen gewählt werden, so daß dieser Wert etwa 10^6 übersteigt.
DIFFIE und HELLMAN schlugen in Annäherung an obige Forderungen zunächst einmal ein öffentliches Schlüsselverteilungsverfahren zur Verwendung mit irgendeinem Kryptosystem vor. Dieses macht Gebrauch von der Schwierigkeit, sogenannte Indizes über endlichen Körpern zu bestimmen. Sei $\mathbb{F}_q$ ein endlicher Körper, q eine Primzahl. Die Multiplikationsgruppe $\mathbb{F}_q^{\times}$ ist eine

zyklische Gruppe, $\xi \in \mathbb{F}_q^{\times}$ sei ein fest gewähltes erzeugendes Element hiervon, eine "primitive Einheitswurzel". Jedes Element $Y \in \mathbb{F}_q$ hat eine eindeutige Darstellung

$$Y \equiv \xi^X \bmod q,$$

in der man X als den Index von Y zur Basis ξ mod q bezeichnet:

$$X \equiv \mathrm{ind}_{\xi,q}(Y).$$

Die Berechnung von Y aus X ist in O(ln X) vielen Multiplikationen und Divisionen möglich. Sie ist polynomial in der binären Stellenzahl von X. Zur Bestimmung von X aus Y benötigt der schnellste bislang bekannte Algorithmus $O(\exp(\sqrt{c \cdot \ln q \cdot \ln(\ln q)}))$-viele arithmetische Operationen. Jeder Benutzer wählt nun z.B. mit Hilfe eines physikalischen Zufallszahlengenerators aus $\mathbb{F}_q$ einen Wert X_A aus. Diesen hält er geheim, veröffentlicht aber

$$Y_A \equiv \xi^{X_A} \bmod q$$

zusammen mit seinem Namen und seiner Adresse.
Zur gegenseitigen Kommunikation verwenden A und B den Schlüssel

$$s_{AB} \equiv \xi^{X_A X_B} \bmod q.$$

B erhält den Schlüssel, indem er Y_A dem öffentlichen Verzeichnis entnimmt und

$$(Y_A)^{X_B} \equiv \xi^{X_A X_B} \bmod q \equiv {:=} s_{AB}$$

berechnet. Analog verfährt A.
Das System kann sofort gebrochen werden, wenn es leicht wird, Indizes modulo q zu berechnen, denn ein Feind kann

$$Y_A^{\mathrm{ind} Y_B} \equiv s_{AB} \bmod q$$

bestimmen. Dafür gibt es aber keine Indizien.

Ein konkretes asymmetrisches Verschlüsselungsverfahren, welches
den Forderungen α, β, δ und vermutlich auch γ genügt, wurde am
M.I.T. (Mass.Inst.of Techn.) von R. $\underline{R}$IVEST, A. $\underline{S}$HAMIR und
L. $\underline{A}$DLEMAN entwickelt. Nach den Anfangsbuchstaben der Erfinder
ist es als RSA-Verfahren bekannt. Es beruht auf folgender Idee:

Man wählt zunächst 3 Primzahlen p, q, e von je ca. 100 Stellen
Länge mit p<q<e. Ferner berechnet man $n = p \cdot q$ und eine Zahl v,
welche der Bedingung $v \cdot e \equiv 1 \bmod (p-1) \cdot (q-1)$ genügt. Dies ist
wegen ggT $((p-1) \cdot (q-1), e) = 1$ möglich. Jeder Teilnehmer A veröffentlicht nur sein Tupel (v_A, n_A), alle anderen Daten hält er
geheim. Will jemand A eine Nachricht übermitteln, so teilt er
den Klartext in Blöcke $k_1, \ldots, k_r$ auf, so daß jeweils $k_i < n$ ist.
Die Verschlüsselung $V(k_i)$ ist dann wie folgt definiert

$$c_i := V(k_i) = k_i^{v_A} \bmod n_A \qquad (i=1, \ldots, r) .$$

A ermittelt den Klartext, indem er

$$E(c_i) := c_i^{e_A} \bmod n_A$$

errechnet, wie man aus der Konstruktion der Parameter e und v
erkennt. Die Sicherheit des RSA-Verfahrens ist verknüpft mit
dem zahlentheoretischen Problem, die Faktorisierung der Zahl n
explizit zu berechnen. Asymmetrische Verschlüsselungsverfahren
erlauben zusätzlich, die Echtheit einer Nachricht im Hinblick
auf den Urheber ind Inhalt zu überprüfen. Dazu sei V_A die
öffentliche Verschlüsselungsfunktion von A und E_A die "geheime"
Entschlüsselungsfunktion: Die entsprechenden Funktionen von
B sind mit B indiziert. Man wendet nun eine Modifikation des
normalen Verfahrens an. Zunächst bildet A mit dem Klartext k
das Kryptogramm $c' = E_A(k)$ und schickt dann an B die Chiffre

$$c = V_B(c') = V_B(E_A(k)) ,$$

welche aus c' durch Anwendung des von B öffentlich hinter-
legten Schlüssels V_B entsteht. B bildet nun durch sein geheimes E_B zunächst einmal

$$c' = E_B(c) = E_B(V_B((E_A(k)))) .$$

Da A vorgibt, den Absender der Botschaft zu sein, sucht B das öffentlich hinterlegte V_A und wendet dies auf c' an. Dies liefert B den Klartext k.

Diese Verfahrensweise hat zwei Vorteile:

(1) B kann später nicht behaupten, A habe die Botschaft $k'(\neq k)$ geschickt. Denn dann müßte B in der Lage sein, $V_B(E_A(k'))$ zu bilden, was aber B wegen des geheimen E_A nichtkann.

(2) Da aber niemand außer A dieses E_A kennt und damit niemand außer A das Kryptogramm c bilden kann, hat B seinerseits einen Beweis dafür, daß niemand anderer als A die Botschaft k gesandt hat. Ferner kann A nicht leugnen, daß k von ihm stammt.

"Das wird nächstens schon besser gehen,
Wenn Ihr lernt alles reduzieren
Und gehörig klassifizieren."

J.W.v.GOETHE, Faust, Erster Teil

I.2 Allgemeine Definition und Klassifikation von Chiffresystemen

Für die weiteren mathematischen Untersuchungen ist eine Formalisierung der Begriffsbildungen von Kap. I.1 grundlegend. Ausgangspunkt ist die Definition der *nicht-deterministischen Kryptosysteme*. Ein nicht-deterministisches Kryptosystem ist ein Quintupel $\Re = (E,A,S,\mathfrak{L},v)$ bestehend aus

    (1) einem Eingabe-Alphabet E

    (2) einem Ausgabe-Alphabet A

    (3) einer Sprache $\mathfrak{L}$ über E

    (4) einer endlichen Menge S und

    (5) einer Funktion $v : \mathfrak{L} \times S \to \mathfrak{P}(\Omega(A))$

mit folgenden Eigenschaften:

    (NK 1) Für alle $w \in \mathfrak{L}$ und alle $s \in S$ ist $1 \leq \#v(w,s) < \infty$

    (NK 2) Zu jedem $s \in S$ gibt es eine Teilmenge $C_s \subseteq \Omega(A)$ und einer Funktion $e_s : C_s \to \Omega(E)$, so daß für jedes w und jedes $c \in v(w,s)$

$$e_s(c) = w$$

    gilt.

Die Elemente $w \in \mathfrak{L}$ sind die *Klartexte*, S ist die Menge der *Schlüssel* von $\Re$. Ein Element $c \in v(w,s)$ ist ein *Chiffretext* oder *Kryptogramm* des Klartextes w zum Schlüssel $s \in S$.
Gilt in (NK 1) $\#v(w,s) = 1$ für alle $(w,s) \in \mathfrak{L} \times S$, so heißt ein *deterministisches Kryptosystem* oder einfach Kryptosystem. In diesem Fall fassen wir v stets als Funktion

$$v : \mathfrak{L} \times S \to \Omega(A)$$

auf. Die partielle Funktion $v_s := v(\ ,s) : \mathfrak{L} \to \Omega(A)$ heißt *Verschlüsselungsfunktion zum Schlüssel* $s \in S$. Eine Funktion e_s mit der Eigenschaft (NK 2) ist hier links-invers zu v_s, d.h. es gilt

    (K) $e_s \circ v_s(w) = w$ für alle $w \in \mathfrak{L}$.

e_s ist eine *Entschlüsselungsfunktion zum Schlüssel* $s \in S$.

Ein *nicht-deterministischer endlicher Automat* ist ein
Quintupel $\mathfrak{A} = (E,A,Z,t,z_0)$ bestehend aus

 (1) einem Eingabe-Alphabet E

 (2) einem Ausgabe-Alphabet A

 (3) einer endlichen *Menge Z von Zuständen*

 (4) einem Anfangszustand $z_0 \in Z$ und

 (5) einer Übergangsfunktion $t : E \times Z \to \mathfrak{P}(A \times Z)$
   mit der Eigenschaft $1 \leq \# t(\varepsilon,\zeta) < \infty$ für alle $\varepsilon \in E$
   und $\zeta \in Z$.

Der Automat $\mathfrak{A}$ definiert eine Abbildung $f_{\mathfrak{A}} : \Omega(E) \to \mathfrak{P}(\Omega(A))$
auf folgende Weise:
Für eine Zeichenkette $w = \varepsilon_1 \ldots \varepsilon_d \in \Omega_d(E)$ ist $f_{\mathfrak{A}}(w)$ die Menge
aller Zeichenketten $w' = \alpha_1 \ldots \alpha_d \in \Omega_d(A)$, zu denen es eine
Folge $z_1, \ldots, z_n$ von Zuständen in Z mit

$$(\alpha_i, z_i) \in t(\varepsilon_i, z_{i-1}) \quad \text{für } i=1, \ldots, d$$

gibt. Offenbar ist stets

$$1 \leq \# f_{\mathfrak{A}}(w) < \infty.$$

Als *nicht-deterministisches Chiffresystem* bezeichnet man ein
nicht-deterministisches Kryptosystem $\mathfrak{K} = (E,A,S,\mathfrak{L},v)$, wenn es
eine endliche Menge Z, eine Funktion $\sigma : S \to Z$ und eine
Funktion $t : E \times Z \to \mathfrak{P}(A \times Z)$ gibt, so daß

 (NCS 1) $\mathfrak{A}_s := (E,A,Z,t,\sigma(s))$ ein nicht-deterministischer
    endlicher Automat und

 (NCS 2) $v(w,s) = f_{\mathfrak{A}_s}(w)$ für alle $w \in \mathfrak{L}$ und $s \in S$ ist.

Mit der entsprechenden Terminologie nennt man $\mathfrak{A}$ einen *deterministischen endlichen Automat* oder einfach *endlichen Automat*,
wenn $\# t(\varepsilon,\zeta) = 1$ für alle $(\varepsilon,\zeta) \in E \times Z$ gilt. In diesem Fall
fassen wir t stets als Funktion $t : E \times Z \to A \times Z$ auf. Auf natürliche Weise erhält man dann eine Funktion $f_{\mathfrak{A}} : \Omega(E) \to \Omega(A)$
mittels

$$f_{\mathfrak{A}}(\varepsilon_1 \ldots \varepsilon_d) = \alpha_1 \ldots \alpha_d, \text{ wobei } (\alpha_i z_i) = t(\varepsilon_i, z_{i-1}) \quad (i=1 \ldots d)$$

ist.

Ein Kryptosystem $\Re = (E,A,S,\mathfrak{L},v)$ heißt einfach *Chiffresystem*, wenn es eine endliche Menge Z, eine Funktion $\sigma: S \to Z$ und eine Funktion $t : E{\times}Z \to A{\times}Z$ gibt, so daß

> (CS 1) $\mathfrak{A}_s := (E,A,Z,t,\sigma(s))$ ein endlicher Automat ist und

> (CS 2) $v(w,s) = f_{\mathfrak{A}_s}(w)$ für alle $w \in \mathfrak{L}$ und $s \in S$ gilt.

Ein(nicht-deterministisches)Kryptosystem heißt *(nicht-deterministisches)Codesystem*, wenn es kein(nicht-deterministisches) Chiffriersystem ist.
Eine weitere wichtige Einteilung betrifft die(nicht-deterministischen)Chiffriersysteme.

Definition 1: (Blocksysteme)

Ein(nicht-deterministisches)Chiffriersystem $\Re = (E,A,S, \mathfrak{L} ,v)$ mit Zustandsmenge Z, Übergangsfunktion $t : E{\times}Z \to \mathfrak{P}(A{\times}Z)$ und $\sigma : S \to Z$ heißt ein(*nicht-deterministisches*)*Blocksystem*, wenn für jedes $s \in S$ die folgende Bedingung erfüllt ist:

> (B) Für alle $\varepsilon \in E$ und alle $(\alpha,\zeta) \in t(\varepsilon,\sigma(s))$ gilt $\zeta=\sigma(s)$.

Erfüllt ein(nicht-deterministisches) Chiffriersystem die Bedingung (B) nicht, so wird es als *(nicht-deterministisches) Stromsystem* bezeichnet.
Da im weiteren Verlauf Chiffriersysteme eine wichtige Rolle spielen, werden wir im folgenden noch kurz auf einige wichtigste Eigenschaften eingehen.
Sei also $\Re = (E,A,S,\mathfrak{L},v)$ ein Chiffriersystem mit Zustandsmenge Z, Übergangsfunktion $t : E{\times}Z \to A{\times}Z$ und Initialisierung $\sigma: S \to Z$.
Wir setzen $t_2 := pr_2 \circ t : E{\times}Z \to Z$ mit der Projektion pr_2 von $A{\times}Z$ auf die zweite Komponente.
$\Re$ heißt ein *synchrones Chiffriersystem*, falls es entweder ein Blocksystem oder ein Stromsystem mit der Eigenschaft

> (SC) $t_2(\varepsilon_1, \zeta) = t_2(\varepsilon_2, \zeta)$ für alle $\varepsilon_1, \varepsilon_2 \in E$ und $\zeta \in Z$

ist. Alle anderen Chiffriersysteme heißen *asynchron*.

Unter den im vorangegangenen Kapitel vorgestellten Stromsystemen zählen die polyalphabetische Substitution, die Lauftextver-

schlüsselung, das One-Time-Tape und das VIGENERE-VERNAM-Prinzip
zu den synchronen Chiffriersystemen. Die synchrone Erzeugung
der Schlüsselströme bei Sender und Empfänger ist die notwendige Voraussetzung für die Funktionsfähigkeit eines solchen
Systems in der Praxis. Jeder Verlust auch nur eines einzigen
Kryptogrammbuchstabens (etwa durch einen im Kanal aufgetretenen
Übertragungsfehler) führt zum Verlust der Synchronisation.
Dann ist für alle nachfolgenden Buchstaben eine korrekte Entschlüsselung unmöglich geworden. Anders ist dies bei der
Autokey-Chiffrierung; sie ist *selbstsynchronisierend*: Bezeich-
net $k = k_1 \ldots k_d \ldots$ einen Klartext, $\sigma_i^{(s)}$ den rekursiv bestimm-
baren Schlüsselstrom mit $s \in \Omega_d(A)$, $c = c_1 \ldots c_d \ldots$ den Chiffretext und $v(k_i, \sigma_i^{(s)}) = c_i$ die Verschlüsselungsfunktion, so
produziert ein Fehler im Kryptogramm nur eine feste Anzahl
von Fehlern im entschlüsselten Text und liefert danach wieder
wieder Klartext. Der Fehler kann hierbei im Verlust eines
Chiffretextbuchstabens bestehen. Falls etwa der l-te Chiffre-
textbuchstabe falsch ist, werden die ersten l-1 Klartextbuchstaben durch v^{-1} ohne Fehler reproduziert, in den nächsten
d aufeinanderfolgenden Schritten liefert die Berechnung von

$$\tilde{k}_l := v^{-1}(c_{l+1}, \sigma_l^{(s)})$$

$$\tilde{k}_{l+1} := v^{-1}(c_{l+2}, \sigma_{l+1}^{(s)})$$

$$\cdot$$
$$\cdot$$
$$\cdot$$

$$\tilde{k}_{l+d-1} := v^{-1}(c_{l+d}, \sigma_{l+d-1}^{(s)})$$

nicht notwendig die entsprechenden Klartextbuchstaben zurück.
Der nächste Schritt und damit alle folgenden führen jedoch
wieder zum richtigen Klartext, denn es gilt

$$\tilde{k}_{l+d} := v^{-1}(c_{l+d+1}, \sigma_{l+d}^{(s)}) = v^{-1}(c_{l+d+1}, c_{l+1}) = k_{l+d}$$

Die Identität $\sigma_{l+d}^{(s)} = c_{l+1}$ gilt gerade deshalb, weil der ursprüngliche Wert von c_l für den Empfänger unbekannt ist. Tritt
bei der Übertragung lediglich eine Veränderung von c_l zu $\tilde{c}_l$
auf, so werden im allgemeinen zwei Fehler, nämlich

$$\hat{k}_1 := v^{-1}(\tilde{c}_1, \sigma_1^{(s)}) \text{ und}$$

$$\hat{k}_{1+d} := v^{-1}(c_{1+d}, \sigma_{1+d}^{(s)}) = v^{-1}(c_{1+d}, \tilde{c}_1)$$

beim Dechiffrieren durch den Empfänger gemacht.

Zu jedem Wort $w \in \Omega_{i-1}(E)$ $(i \geq 1)$ und jedem Schlüssel $s \in S$ betrachten wir die Funktion $\Phi_i(s,w) : E \to A$, welche zu einem beliebigen $\varepsilon \in E$ gerade den i-ten Buchstaben von $f_{\mathfrak{A}_s}(w\varepsilon)$ angibt. Die Bedeutung dieser Funktion für (nicht-deterministische) Chiffriersysteme zeigt sich in den folgenden Lemmata.

<u>Lemma 1:</u>

In einem synchronen Chiffriersystem ist $\Phi_i(s,w)$ von w unabhängig. In einem Blocksystem hängt überdies $\Phi_i(s,w)$ auch nicht von i ab.

<u>Beweis:</u>

$w = \varepsilon_1 \ldots \varepsilon_{i-1}$ und $w' = \varepsilon'_1 \ldots \varepsilon'_{i-1}$ seien Wörter der Länge $i-1$ über E, und es sei mit

$$z_0 = \sigma(s) = z'_0 : \quad (\alpha_i, z_j) = t(\varepsilon_j, z_{j-1}) \ (1 \leq j \leq i-1) \text{ und } (\alpha_i, z_i) = t(\varepsilon, z_{i-1})$$

$$(\alpha'_j, z'_j) = t(\varepsilon'_j, z'_{j-1}) \ (1 \leq j \leq i-1) \text{ und } (\alpha'_i, z'_i) = t(\varepsilon, z'_{i-1}).$$

In einem synchronen System folgt rekursiv $z_j = z'_j$ für $j = 0, \ldots, i-1$; für $j = 0$ ist dies klar, und $z_j = t_2(\varepsilon_j, z_{j-1}) = t_2(\varepsilon'_j, z'_{j-1}) = z'_j$ für $j \geq 1$. Somit ist $z_{i-1} = z'_{i-1}$, also $\Phi_i(s,w)(\varepsilon) = \alpha_i = \alpha'_i = \Phi_i(s,w')(\varepsilon)$ was zu zeigen war. Die Aussage über die Blocksysteme ist trivial. ∎

<u>Lemma 2:</u>

Falls E und A die gleiche Buchstabenanzahl haben, sind alle Funktionen $\Phi_i(s,w)$ bijektiv.

<u>Beweis:</u>

Da E und A die gleiche Buchstabenanzahl haben genügt es, die Injektivität von $\phi_i(s,w)$ zu zeigen. Sind ε_1 und ε_2 Buchstaben in E mit $\phi_i(s,w)(\varepsilon_1) = \phi_i(s,w)(\varepsilon_2)$, so folgt $f_{\mathfrak{A}_s}(w\varepsilon_1) = f_{\mathfrak{A}_s}(w\varepsilon_2)$ aus der Definition von $f_{\mathfrak{A}_s}$. Wählt man nun eine beliebige Entschlüsselungsfunktion e_s, so folgt aus (CS 2):

$$w\varepsilon_1 = e_s \circ f_{\mathfrak{A}_s}(w\varepsilon_1) = e_s \circ f_{\mathfrak{A}_s}(w\varepsilon_2) = w\varepsilon_2.$$

Daraus schließt man $\varepsilon_1 = \varepsilon_2$. ∎

Jeder Schlüssel $s \in S$ in einem synchronen Chiffriersystem erzeugt somit eine Folge $\Phi(s) := (\phi_i(s))_{i \geq 1}$ von Abbildungen $E \to A$. Für ein Blocksystem ist diese Folge sogar konstant. Man bezeichnet $\Phi(s)$ als den *Schlüsselstrom* zum Schlüssel s.

Falls die Buchstabenanzahl von E und A übereinstimmt, kann man beide Alphabete miteinander identifizieren, da die konkrete Identität eines Buchstabens für uns ohne Belang ist. Alle Abbildungen $\phi_i(s,w)$ sind dann Permutationen (oder Substitutionen) von A, also Elemente der symmetrischen Gruppe $\mathcal{S}(A)$ über der Menge A. Jede Menge $\phi_i(s,w)(A)$ ist wieder ein Alphabet; die Blocksysteme nannten wir deswegen den üblichen Konventionen folgend im vorangehenden Abschnitt *monoalphabetische Substitutionssysteme*, die Stromsysteme *polyalphabetische Substitutionssysteme*.

I.3 KRYPTOANALYTISCHE ANGRIFFE

An den Beispielen in Kap. I.1 haben wir gesehen, daß die
Kryptoanalyse eines Systems an verschiedenen Punkten ansetzen
kann; sie hängt wesentlich von den Resourcen wie der Rechen-
kapazität und den Fähigkeiten des Kryptoanalytikers ab.
Die kryptoanalytischen Angriffe lassen sich im allgemeinen
in drei Niveaus einteilen, wobei als Unterscheidungskriterium
das Maß an Vorab-Information zu sehen ist, welches dem
Kryptoanalytiker zur Verfügung steht. Für ihn tritt der
schlechteste Fall ein, wenn er nichts anderes als aufgefange-
nen Chiffretext, sowie den allgemeinen Verschlüsselungsalgorithmus und möglicherweise die zugrundeliegende Sprache kennt.
Ein System, welches durch einen solchen *Chiffretext* - bzw.
CT-Angriff erfolgreich analysiert werden kann, ist nach aller
Erfahrung völlig unbrauchbar. Einfachste Beispiele hierfür
sind die CAESAR-Substitution, bei genügend viel vorhandenem
Chiffretext die polyalphabetische Substitution, aber auch
Chiffriermaschinen des zweiten Weltkrieges sind unter CT-
Angriffen lösbar (vgl. Kap. II.3.3 und III.2).

Sind dem Kryptoanalytiker darüber hinaus Teile korrespon-
dierenden Klar- und Chiffretextes bekannt, so spricht man
von einem Angriff mit *bekanntem Klartext*, oder kurz *BK -
Angriff*. Die starre Struktur formaler Sprachen, wie z.B.
höhere Programmiersprachen oder die Verarbeitung und Präsen-
tation von Geschäfts- oder Vertragsdaten von Firmen, liefern
a priori Kenntnisse von Klartext, die die Basis eines BK-
Angriffs bilden können. Das HILL-System widersteht zwar einem
CT-Angriff, nicht aber einem BK-Angriff. Obwohl der BK-Angriff
nicht immer praktisch durchführbar ist, tritt die Ausgangssituation so häufig auf, daß es besser ist, Kryptosysteme zu
verwenden, die auch gegen diese Angriffe sicher sind.
Verfügt der Analytiker für jeden Schlüssel und zu jedem beliebigen Klartext über den zugehörigen Chiffretext und umgekehrt, so besitzt er zweifellos die meisten Informationen,
um das System zu brechen.

Während die beiden zuerst beschriebenen Situationen von einem
"passiven" Angriff auf das Kryptosystem ausgehen, bei dem
irgendwie abgehörte chiffrierte Nachrichten ausgewertet werden,
kann der im folgenden beschriebene Angriff auch zu aktiven
Eingriffen, bei denen Nachrichten modifiziert werden, verwendet werden. Sie bilden große Gefahrenherde da, wo sehr
viele Teilnehmer das gleiche Kryptosystem zur Kommunikations-
Sicherung einsetzen. Es handelt sich hierbei um den sogenannten VG-Angriff, bei dem der Kryptoanalytiker die verschlüsselte Version von ihm selbst beliebig gewählter Klartexte erhalten kann, so daß ihm in Prinzip eine Black-Box-
Version des Entschlüsselungsverfahrens zur Verfügung steht.

Die Bezeichnung *VG-Angriff* erinnert daran, daß zu jedem
Schlüssel der *vollständige Graph* der Verschlüsselungsfunktion
bekannt ist. In der Praxis ist ein VG-Angriff zur Bestimmung
des Schlüssels schwer auszuführen, sofern ein konventionelles
Kryptosystem benutzt wird. Ein Verschlüsselungsverfahren mit
öffentlich bekanntem Schlüssel bietet ohne ein geeignetes
Kommunikationsprotokoll jedoch jederzeit die Möglichkeit, zu
beliebigem Klartext den Chiffretext zu bestimmen, selbst wenn
der Verschlüsselungsalgorithmus an sich unangreifbar ist.

Selbst mit dem RSA-Algorithmus, dessen Sicherheit außer Frage
steht (vgl. Kap. VI), kann ein schlecht gewähltes Kommunikationsprotokoll katastrophale Folgen haben. Wenn die Netz-
teilnehmer unbesehen Nachrichten signieren können und
dürfen, ist folgender VG-Angriff eines Teilnehmers A auf den
Teilnehmer B möglich. A wählt einen beliebigen Block X und
verschlüsselt diesen mit dem ÖFFENTLICHEN Schlüssel von B
zu $Y \equiv X^{v_B} \mod R_B$. Er erhält zum Klartextblock N den zugehörigen Chiffretextblock in B's GEHEIMEN Schlüssel, in dem er
den Block NY von B signieren läßt, d.h. B gibt den Block
$Z \equiv (NY)^{e_B} \mod R_B$ an A zurück. Daraus kann A wegen

$$Y^{e_B} \equiv X^{e_B v_B} \equiv X \mod R_B \text{ aber den Block } N^{e_B} \mod R_B = E_B(N)$$

erhalten (vgl. (DENNING)).

Der Konstrukteur eines Systems hat immer die Möglichkeit, die Verletzbarkeit unter einem VG-Angriff zu prüfen,und sollte sich deshalb bei der Analyse seines Verfahrens auf den Standpunkt eines Feindes stellen, der sich die entsprechende Information beschaffen kann. Man sieht, daß die in großen Kommunikationsnetzen verwendbaren Kryptosysteme einem VG-Angriff standhalten müssen und können. Dies ist in dem praktischen Sinne zu verstehen, daß Aufwand und Kosten der Durchführung des Angriffs den Wert der zu schützenden Information um ein Vielfaches übersteigen müssen.
Praktische Kryptosysteme wie der DES sind unter Annahme eines VG-Angriffs zu zertifizieren, bevor sie eingesetzt werden.

Zum Abschluß geben wir noch eine formale Definition dieser drei Typen von Angriffen an:

Definition:

Es sei $\Re = (E,A,S,\mathfrak{L},v)$ ein Chiffresystem, und zu $s \in S$ sei $G_s := \{(k,v_s(k)) \mid k \in \Omega(E)\}$ und $C_s := \{c \mid c \in v_s(k), k \in \Omega(E)\}$.
Ein kryptoanalytischer Angriff heißt

(i) CT-Angriff : $\displaystyle\bigvee_{\emptyset \neq \tilde{S} \subseteq S} : \bigwedge_{s \in \tilde{S}} \bigvee_{\emptyset \neq C \subseteq C_s}$ (C ist bekannt).

(ii) BK-Angriff : $\displaystyle\bigvee_{s \in S} \bigvee_{\emptyset \neq G \subset G_s}$: (G ist bekannt).

(iii) VG-Angriff : $\displaystyle\bigwedge_{s \in S}$ (G_s ist bekannt).

Hierbei ist dem Kryptoanalytiker natürlich i.a. keine *konstruktive* Vorschrift zur Berechnung der zweiten Komponente eines Paares $(k,c) \in G_s$ aus der ersten bekannt!

Die Bedeutung des Begriffs "konstruktiv" kann auf verschiedene
Weise präzisiert werden. Während im klassischen Sinne die
Konstruierbarkeit bei beliebig hohem Rechenaufwand gemeint
ist, verwendet man den Begriff im modernen Sinn in der
schwächeren Form, daß der erforderliche Rechenaufwand
innerhalb eines machbaren Maßes liegt.
Bei den BS-Systemen wird gerade dieser schwächere Begriff
verwendet, im Gegensatz zum One-Time-Tape, welches im absoluten
Sinne sicher, also nicht rekonstruierbar ist.

II Kryptoanalyse auf der Grundlage von Wahrscheinlichkeitstheorie und Statistik

II.1 INFORMATIONSTHEORETISCHE MODELLE REALER KRYPTOSYSTEME

> *"Le langage est source*
> *de malentendû."*
> A. DE ST. EXUPERY,
> *Le Petit Prince*

Die Beispiele in Kapitel I haben den großen Einfluß der statistischen Regelmäßigkeiten natürlicher Sprachen auf die Sicherheit von Kryptosystemen deutlich gemacht. Es liegt nahe, nach mathematischen Strukturen zu suchen, die solche statistischen Eigenschaften natürlicher Sprachen zumindest qualitativ gut modellieren. Im Rahmen eines derartigen mathematischen Modells kann man dann die statistischen Prozesse beim Ver- und Entschlüsseln studieren mit dem Ziel, theoretische Kriterien für die Sicherheit des Modells zu finden. Der grundlegende methodische Ansatz dieser Art stammt von (C. SHANNON, 1949), einige neue Aspekte gehen auf (M. HELLMAN, 1975) zurück.

II.1.1 WAHRSCHEINLICHKEIT - ENTROPIE - ÄQUIVOKATION

SHANNON's Ideen beruhen auf der Wahrscheinlichkeitstheorie, deren Grundbegriffe wir im folgenden in Erinnerung rufen wollen.

Eine σ-*Algebra* $\mathfrak{B}$ über einer nicht-leeren Menge W ist eine Teilmenge der Potenzmenge von W mit den Eigenschaften

   σ1:   Die leere Menge gehört zu $\mathfrak{B}$.

   σ2:   Mit jeder Menge V in $\mathfrak{B}$ liegt auch ihr Komplement W$\smallsetminus$V in $\mathfrak{B}$.

   σ3:   Für jede abzählbare Folge $(V_i)_{i \in I}$ in $\mathfrak{B}$ ist die Vereinigung $\bigcup\limits_{i \in I} V_i$ in $\mathfrak{B}$ enthalten.

Zu jeder Teilmenge $\mathfrak{A}$ in $\mathfrak{P}$(W) gibt es eine kleinste σ-Algebra $\sigma(\mathfrak{A})$ über W, welche $\mathfrak{A}$ umfaßt: weil bereits $\mathfrak{P}$(W) selbst eine $\mathfrak{A}$ umfassende σ-Algebra über W ist, ist die Gesamtheit aller dieser σ-Algebren nicht-leer, und man überzeugt sich leicht, daß der Durchschnitt $\sigma(\mathfrak{U})$ über diese Gesamtheit die gesuchte σ-Algebra ist.

Ein *Wahrscheinlichkeitsraum* ist ein Tripel $(W,\mathfrak{B},P)$ bestehend aus einer nicht-leeren Menge W, einer σ-Algebra $\mathfrak{B}$ über W und einer Wahrscheinlichkeitsfunktion $P:\mathfrak{B} \to [0,1]$ mit den Eigenschaften

W1: $P(W) = 1$

W2:   Für jede abzählbare Folge $(V_i)_{i \in I}$ paarweise disjunkter
        Mengen V_i in $\mathfrak{B}$ gilt

$$P(\bigcup_{i \in I} V_i) = \sum_{i \in I} P(V_i)$$

Im folgenden betrachten wir nur zwei einfache Typen von Wahrscheinlichkeitsräumen, nämlich endliche Wahrscheinlichkeitsräume und Nachrichtenquellen.

Dabei ist ein *endlicher Wahrscheinlichkeitsraum* von der Form $(W,\mathfrak{P}(W),P)$ mit einer endlichen Menge W.

Zur Definition einer Nachrichtenquelle gehen wir von einem (endlichen) Alphabet A aus und setzen $W = A^{\mathbb{N}}$ für die Menge aller Folgen über A. Zu $d \geq 1$, $t \geq 0$ und $a_1,\ldots,a_d$ bilden wir die Menge

$$W_{d,t}(a_1,\ldots,a_d) := \{(w_i) \in W \mid \bigwedge_{\delta=1}^{d} x_{t+\delta}=a_\delta\}.$$

Es werde jetzt

$$\mathfrak{U} := \{W_{d,t}(\underline{a}) \subset W \mid d \geq 1, t \geq 0, \underline{a} \in A^d\}$$

gesetzt und $\mathfrak{B}_A := \sigma(\mathfrak{U})$. $T:W \to W$ sei der Verschiebungsoperator, d.h. $T((x_i))=(x_{i+1})$. Eine *Nachrichtenquelle* $N(A,P)$ ist nun ein Wahrscheinlichkeitsraum vom Typ $(W,\mathfrak{B}_A,P)$, wobei

ST: $P(T(V)) = P(V)$ für alle $V \in \mathfrak{B}_A$ ("Stationarität")

erfüllt ist.

Zu jedem $d \geq 1$ und $t \geq 0$ induziert eine Nachrichtenquelle $N(A,P)$ auf der Menge $W_{d,t} := \{W_{d,t}(\underline{a}) \mid \underline{a} \in A^d\}$ zusammen mit der Beschränkung $P\big|_{W_{d,t}}$ die Struktur eines endlichen Wahrscheinlichkeitsraumes.

Sei $(W,\mathfrak{P}(W),P)$ ein fest vorgegebener endlicher Wahrscheinlichkeitsraum. Unter einer *Partition* $X=\{E_1,\ldots,E_n\}$ dieses Raumes versteht man eine disjunkte Zerlegung von W:

$$W = \bigcup_{i=1}^{n} {}^{\bullet} E_i .$$

Die *Entropie* der Partition X ist die nicht-negative Zahl

$$H(X) := - \sum_{i=1}^{n} {}' P(E_i) \cdot \mathrm{ld}\, P(E_i),$$

worin Σ' bedeutet, daß nur über die i mit $P(E_i)>0$ zu summieren ist. Ist $Y=\{F_1,\ldots,F_m\}$ eine weitere Partition des Wahrscheinlichkeitsraumes, so heißt die nicht-negative Zahl

$$H(X|Y) = - \sum_{i,j} {}' P(E_i \cap F_j) \cdot \mathrm{ld} \frac{P(E_i \cap F_j)}{P(F_j)}$$

Äquivokation von X bei Y, hierbei erstrecken sich die Summen nur über die Indizes i,j mit $P(E_i)>0$ und $P(F_j)>0$.

Die Partition X heißt *gleichverteilt*, wenn $P(E_1)=\ldots=P(E_n)=\frac{1}{n}$ ist. Die Partitionen X und Y heißen *unabhängig voneinander*, wenn $P(E_i \cap F_j)=P(E_i)P(F_j)$ für alle Indizes i,j gilt.

Mit X und Y ist auch $Z=\{E_i \cap F_j \mid 1\leq i\leq n, 1\leq j\leq m\}$ eine Partition des Wahrscheinlichkeitsraumes; man schreibt üblicherweise (X,Y) für die Partition Z. Entsprechend erhält man zu einer Folge $X_1,\ldots,X_d$ von Partitionen die Partition $(X_1,\ldots,X_d)$. Die Bedeutung der Begriffsbildungen "Entropie" und "Äquivokation" rührt aus dem

<u>Satz 1</u>:

Sind $X=\{E_1,\ldots,E_n\}$ und $Y=\{F_1,\ldots,F_m\}$ Partitionen des endlichen Wahrscheinlichkeitsraumes $(W,\mathfrak{P}(W),P)$, so gilt:

(i) $H(X)=0$ dann und nur dann, wenn $P(E_i)=1$ für ein $1\leq i\leq n$ ist.

(ii) $H(X)\leq \mathrm{ld}\, n$, und Gleichheit liegt dann und nur dann vor, wenn X gleichverteilt ist.

(iii) $H(X|Y)=0$ dann und nur dann, wenn für jedes Indexpaar (i,j) $P(E_i \cap F_j)=0$ oder $P(E_i \cap F_j)=P(F_j)$ ist.

(iv) $H(X,Y)=H(Y)+H(X|Y)$

(v) $H(X,Y) \leq H(X)+H(Y)$ und Gleichheit liegt dann und nur dann vor, wenn X und Y unabhängig voneinander sind.

(vi) $H(X|Y) \leq H(X)$ und Gleichheit liegt dann und nur dann vor, wenn X und Y unabhängig voneinander sind.

<u>Beweis:</u>

(i) und (iii) folgen sofort aus der Definition. (ii) erhält man aus der JENSEN'schen Ungleichung (vergl. I.1.3) mit $p_\nu = P(E_\nu)$ und $q_\nu = \frac{1}{n}$.

Es ist $H(X,Y) = - \sum_{i,j}' P(E_i \cap F_j) \operatorname{ld} P(E_i \cap F_J)$

$$= - \sum_{i,j}' P(E_i \cap F_j) \operatorname{ld} P(F_j) + \left(- \sum_{i,j}' P(E_i \cap F_j) \operatorname{ld} \frac{P(E_i \cap F_j)}{P(F_j)} \right),$$

worin über die (i,j) mit $P(E_i \cap F_j) \neq 0$ zu summieren ist. Der zweite Term auf der rechten Seite ist also $H(X|Y)$. Unter Verwendung der Konvention $0 \cdot \operatorname{ld} 0 = 0$ und $\sum_i P(E_i \cap F_j) = P(F_j)$ berechnet sich der erste Term zu $H(Y)$.

(v) folgt aus der JENSEN'schen Ungleichung mit $p_\nu = P(E_i \cap F_j)$ und $q_\nu = P(E_i)P(F_j)$, denn, wie gerade bemerkt, kann man

$H(X)+H(Y) = - \sum_{i,j} P(E_i \cap F_j)(\operatorname{ld} P(E_i) + \operatorname{ld} P(F_j))$ schreiben. Durch

Kombination von (iv) und (v) ergibt sich (vi). ∎

Die Größe $I(X;Y) := H(X) - H(X|Y)$ bezeichnet man als den Informationsgewinn über X nach der Beobachtung von Y. Sie ist stets ≥ 0 und verschwindet dann und nur dann, wenn X und Y unabhängig voneinander sind, nach Aussage (vi).

Mittels der Entropie und Äquivokation für endliche Wahrscheinlichkeitsräume führt man nun einen Entropie-Begriff für eine fest vorgegebene Nachrichtenquelle $N(A,P)$ ein. $t \geq 0$ sei im weiteren fest. Zu $d \geq 1$ hat man d viele Projektionen

$\underline{X}_{\delta,t} : W_{d,t} \to A$ auf die $(\delta+t)$-te Komponente:

$$\underline{X}_{\delta,t}(W_{d,t}(a_1, \ldots, a_d)) = a_\delta \qquad (\delta = 1, \ldots, d) \ .$$

Jede solche Projektion induziert eine Partition
$X_{\delta,t} \quad (\delta = 1, \ldots, d)$ von $W_{d,t}$ nach dem folgenden Vorgang.

Zu einer beliebigen Funktion $\underline{X}:W \to M$ von einem endlichen Wahrscheinlichkeitsraum W in eine nicht-leere Menge M, einer sogenannten *Zufallsvariablen* $\underline{X}$, ist $X=\{\underline{X}^{-1}(m)\,|\,m \in \underline{X}(W)\}$ eine Partition von W.

Induktiv erhält man aus Satz 1 (iv) für $d\geq 2$ die Formel

$$(1) \quad H((X_{1,t},\ldots,X_{d,t}))=H(X_{1,t})+\sum_{\delta=2}^{d} H(X_{\delta,t}\,(X_{1,t},\ldots,X_{\delta-1,t})).$$

Aus dem Stationaritäts-Axiom ST folgt, daß keine der in (1) vorkommenden Entropien und Äquivokationen von t abhängt. Deshalb wird der Index t ab jetzt in der Notation weggelassen! Nach Satz 1 (vi) gilt $0\leq H(X_d\,|\,(X_1,\ldots,X_{d-1}))\leq H(X_d\,|\,(X_2,\ldots,X_{d-1}))$. Aus ST folgt aber $H(X_d\,|\,(X_2,\ldots,X_{d-1}))=H(X_{d-1}\,|\,(X_1,\ldots,X_{d-2}))$, so daß $(H(X_d\,|\,(X_1,\ldots,X_{d-1}))_{d\in\mathbb{N}}$ eine monoton fallende Folge positiver reeller Zahlen ist, und als solche einen Grenzwert besitzt. Man nennt $H(N(A,P)):=\lim_{d\to\infty} H(X_d\,|\,(X_1,\ldots,X_{d-1}))$ die

Entropie der Nachrichtenquelle $N(A,P)$; $H_d(N(A,P)):=H((X_1,\ldots,X_d))$ ist die d-Gramm-Entropie der Quelle.

<u>Satz 2</u>:

$$H(N(A,P))=\lim_{d\to\infty}\frac{H_d(N(A,P))}{d}$$

<u>Beweis</u>:

Wir setzen $h_d:=H(X_d\,|\,(X_1,\ldots,X_{d-1}))$ und wählen $\varepsilon>0$ beliebig.

Dann existiert ein $d_0\in\mathbb{N}$ mit $0\leq h_d-H(N(A,P))<\frac{\varepsilon}{2}$ für alle $d\geq d_0$.

Jetzt wählt man $d_1>d_0$, so daß

$$0\leq (h_1+\ldots+h_{d_0}-d_0 H(N(A,P)))/d<\varepsilon/2 \text{ für alle } d\geq d_1 \text{ ist.}$$

Die Formel (1) schreiben wir für $d\geq d_1$ in der Form

$$\frac{H_d(N(A,P))}{d}=$$

$$= \frac{h_1 + \ldots + h_{d_0} - d_0 H(N(A,P))}{d} + \frac{1}{d} \sum_{\delta=d_0+1}^{d} (h_\delta - H(N(A,P)) + H(N(A,P))$$

und erhalten

$$0 \leq \frac{H_d(N(A,P))}{d} - H(N(A,P)) < \frac{\varepsilon}{2} + (1 - \frac{d_0}{d})\frac{\varepsilon}{2} \leq \varepsilon \qquad \text{für } d \geq d_1 \, . \quad \blacksquare$$

Nach Satz 1 (v) und (ii) gilt $0 \leq H_d(N(A,P)) \leq d \cdot \text{ld } A$. Man nennt

$$R_d(N(A,P)) = 1 - \frac{H_d(N(A,P))}{d \cdot \text{ld } A} \in [0,1] \quad \text{die } d\text{-}Gramm\text{-}Redundanz$$

der Quelle.

<u>Korollar:</u>

Der Limes $R(N(A,P)) = \lim\limits_{d \to \infty} R_d(N(A,P))$ existiert - er heißt

Redundanz der Quelle $N(A,P)$.

II.1.2 MARKOFF - QUELLEN UND NATÜRLICHE SPRACHEN

Wie wir im ersten Kapitel gesehen haben, liegt die Ursache für
die Lösbarkeit vieler klassischer Kryptosysteme in der be-
merkenswerten Konstanz der relativen Häufigkeiten, mit der
Buchstaben, Bigramme etc. in hinreichend langen Textpassagen
natürlicher Sprachen vorkommen.
Den einfachsten nicht-trivialen Typ von Nachrichtenquellen,
der diese Eigenheiten mathematisch erfaßt, bilden die sogenannten MARKOFF'schen Nachrichtenquellen. Hierbei soll sich
die Quelle jeweils in einem von n Zuständen aus einem Zustands-
Alphabet $A = \{\alpha_1, \ldots, \alpha_n\}$ befinden, etwa in dem Zustand α_i, aus
dem sie mit einer Wahrscheinlichkeit p_{ij} in einen Folgezustand
α_j übergeht.
Zur Formalisierung dieser Idee betrachtet man zunächst eine
n-reihige *MARKOFF-Matrix* $M = (p_{ij})$, d.h. eine $(n \times n)$-Matrix mit
reellen Koeffizienten $p_{ij} \geq 0$, deren n Zeilensummen

$$\sum_{j=1}^{n} p_{ij} = 1 \qquad (1 \leq i \leq n)$$

sind.

Eine Nachrichtenquelle $N(A,P)$ mit dem Alphabet $A=\{\alpha_1,\ldots,\alpha_n\}$ heißt nun *MARKOFF'sche Nachrichtenquelle* zur Markoff-Matrix M, wenn

$$\text{M:}\quad P(W_{d,t}(\alpha_{i_1},\ldots,\alpha_{i_d}))=P(W_{1,t}(\alpha_{i_1}))\prod_{\delta=1}^{d-1}p_{i_\delta\,i_{\delta+1}}\quad\text{für alle }d\geq 1$$

und $t\geq 0$ gilt.

<u>Satz 3</u>:

Die Entropie einer MARKOFF-Quelle $N(A,P)$ mit Markoff-Matrix M ist

$$H(N(A,P))=-\sum_{i,j=1}^{n}p_i p_{ij}\log p_{ij},$$

worin zur Abkürzung $p_i:=P(W_{1,t}(\alpha_i))$ $(1\leq i\leq n)$ gesetzt wurde.

Die d-Gramm-Entropie ist $H_d(N(A,P))=H_1(N(A,P))+(d-1)H(N(A,P))$.

<u>Beweis</u>:

Das Axiom M schreibt sich auch als $P(W_{2,t}(\alpha_i,\alpha_j))=p_i p_{ij}$ für $1\leq i,j\leq n$. Induktiv folgt daraus mit der Zeilensummen-Eigenschaft der Matrix M

$$P(W_{2,t+d-1}(\alpha_i,\alpha_j))=\sum_{k_1,\ldots,k_{d-1}}P(W_{d+1,t}(\alpha_{k_1},\ldots,\alpha_{k_{d-1}},\alpha_i,\alpha_j))$$

für $d\geq 2$. Beachtet man

$$W_{d+1,t}(\alpha_{k_1},\ldots,\alpha_{k_d},\alpha_j)=W_{d,t}(\alpha_{k_1},\ldots,\alpha_{k_d})\cap W_{1,t+d}(\alpha_j),$$

so folgt für $d\geq 1$

$$H(X_{d+1,t}\mid(X_{1,t},\ldots,X_{d,t}))=$$
$$=-\sum_{k_1,\ldots,k_d=1}^{n}\sum_{j=1}^{n}P(W_{d+1,t}(\alpha_{k_1},\ldots,\alpha_{k_d},\alpha_j))\log\frac{P(W_{d+1,t}(\alpha_{k_1},\ldots,\alpha_{k_d},\alpha_j))}{P(W_{d,t}(\alpha_{k_1},\ldots,\alpha_{k_d}))}$$

$$=-\sum_{i,j=1}^{n}\log p_{ij}\left(\sum_{k_1,\ldots,k_d=1}^{n}P(W_{d+1,t}(\alpha_{k_1},\ldots,\alpha_{k_{d-1}},\alpha_i,\alpha_j))\right)$$

$$=-\sum_{i,j=1}^{n}\log p_{ij}\cdot P(W_{2,t+d-1}(\alpha_i,\alpha_j))=-\sum_{i,j=1}^{n}p_i p_{ij}\log p_{ij}\;.$$

Die erste Behauptung folgt jetzt aus der Definition der Quellen-Entropie, die zweite ergibt sich aus (1). ∎

Die Quelle habe nun gerade den Buchstaben α_i gesendet - wie groß ist die Wahrscheinlichkeit,daß dann nach r weiteren Schritten der Buchstabe α_j erzeugt wird? In dem obigen mathematischen Modell ist diese Wahrscheinlichkeit gerade die (i,j)-te Komponente der Matrix M^r.Wir untersuchen deswegen die Matrizenfolge $(M^r)_{r \in \mathbb{N}}$

Eine Matrix $A=(a_{ij}) \in M_n(\mathbb{C})$ heißt *Grenzmatrix* der Folge $(A_r)_{r \in \mathbb{N}}$ von Matrizen $A_r=(a_{ij}^{(r)}) \in M_n(\mathbb{C})$, wenn in jeder Komponente

$$a_{ij} = \lim_{r \to \infty} a_{ij}^{(r)}$$

ist. Eine Matrizenfolge kann höchstens eine Grenz - matrix besitzen.Der folgende Satz charakterisiert diejenigen Markoff-Matrizen M, für die die Folge $(M^r)_{r \in \mathbb{N}}$ eine Grenz - matrix besitzt.

Zuvor bemerken wir, daß für jede Markoff-Matrix M das Maximum der Eigenwertbeträge gleich 1 ist, denn einerseits ist 1 ein Eigenwert zum Eigenvektor $(1,\ldots,1)$ und andererseits gilt für einen beliebigen Eigenwert λ zum Eigenvektor $\underline{x}=(x_i)$ von M:

$$|\lambda| \cdot ||\underline{x}||_\infty = ||\lambda\underline{x}||_\infty = ||M\underline{x}||_\infty \leq \max_{i=1}^{n} \sum_{j=1}^{n} p_{ij}|x_j| \leq ||\underline{x}||_\infty$$

wegen der Zeilensummeneigenschaft.

<u>Satz 4</u>:

Für eine Markoff-Matrix $M \in M_n(\mathbb{R})$ sind die folgenden Aussagen äquivalent:

  (i)   Jeder Eigenwert $\lambda \neq 1$ von M ist betraglich kleiner als 1.

  (ii) Die Matrizenfolge $(M^r)_{r \in \mathbb{N}}$ besitzt eine Grenzmatrix M^*.

<u>Beweis</u>:

Das Minimalpolynom g der Matrix M über $\mathbb{R}$ hat 1 als Nullstelle. Angenommen, 1 wäre eine mehrfache Nullstelle, etwa

$$g(X) = (X-1)^\omega g_1(X) \text{ mit } \omega \geq 2 \text{ und einem Polynom } g_1(X) \text{ mit } g_1(1) \neq 0.$$

Darm ist aber $(M-I)^{\omega-1} g_1(M)$ nicht die Nullmatrix, und es existiert ein Vektor $\underline{x} \neq 0$ mit $(M-I)^{\omega-1} g_1(M)\underline{x} \neq 0$. Somit ist

$$\underline{v}:=(M-I)^{\omega-2}g_1(M)\underline{x} \neq 0 \text{ mit } (M-I)^2\underline{v} = 0.$$

Aus dieser Beziehung schließt man sukzessive für $r \in \mathbb{N}$

$$(M-I)\underline{v} = M(M-I)\underline{v} = \ldots = M^r(M-I)\underline{v} \text{ , und damit}$$

$$(M-I)\underline{v} = \frac{I+M+\ldots+M^r}{r} \cdot (M-I)\underline{v} = \frac{1}{r}(M^{r+1}\underline{v} - \underline{v}) \text{ .}$$

Daraus folgt

$$\|M\underline{v} - \underline{v}\|_\infty = \frac{1}{r}\|M^{r+1}\underline{v} - \underline{v}\|_\infty \leq \frac{1}{r}(\|M^{r+1}\underline{v}\|_\infty + \|\underline{v}\|_\infty) \leq \frac{2}{r}\|\underline{v}\|_\infty \text{ ,}$$

wenn man die für jeden Vektor $\underline{y}$ gültige Abschätzung
$\|M\underline{y}\|_\infty \leq \|\underline{y}\|_\infty$ verwendet. Für $r \to \infty$ ergibt sich der Widerspruch

$$0 = M\underline{v} - \underline{v} = (M-I)^{\omega-1}g_1(M)\underline{x} \neq 0.$$

Damit ist gezeigt, daß $\lambda_1=1$ eine einfache Nullstelle von g ist;
$\lambda_2,\ldots,\lambda_m$ seien die übrigen (verschiedenen) Nullstellen von g.
M besitzt jetzt eine Darstellung der Form

$$M = \sum_{\mu=1}^{m} (\lambda_\mu F_\mu + N_\mu)$$

mit idempotenten Matrizen F_μ, den FROBENIUS'schen Kovarianten,
und nilpotenten Matrizen N_μ mit folgenden Eigenschaften:

1) $N_\mu^{\alpha_\mu} = 0$ und $N_\mu^{\alpha_\mu-1} \neq 0$ für die algebraische Vielfachheit

$$(\alpha_\mu \text{ von } \lambda_\mu)$$

2) $N_\mu F_\mu = F_\mu N_\mu = N_\mu$ für $\mu=1,\ldots,m$

3) $N_\mu F_{\mu'} = F_{\mu'} N_\mu = N_\mu N_{\mu'} = 0$ für $\mu \neq \mu'$

(vgl.(GRÖBNER)). Oben wurde $\alpha_1=0$, also $N_1=0$ gezeigt.
Damit kommt

$$M^r = \sum_{\mu=1}^{m} (\lambda_\mu F_\mu + N_\mu)^r =$$

$$= F_1 + \sum_{\mu=2}^{m} (\lambda_\mu^r F_\mu + \binom{r}{1}\lambda_\mu^{r-1}N_\mu + \ldots + \binom{r}{\alpha_\mu-1}\lambda_\mu^{r-\alpha_\mu+1}N_\mu^{\alpha_\mu-1})$$

für $r > \max\{\alpha_\mu\}$. Die Aussage (ii) ist mithin dazu äquivalent,
daß

$$(ii') \lim_{r\to\infty} \binom{r}{\rho}\lambda_\mu^{r-\rho} = 0 \text{ für alle } \mu=2,\ldots,m \text{ und } 1\leq\rho\leq\alpha_\mu \text{ ist.}$$

Im Falle (i) gilt $0\leq\binom{r}{\rho}|\lambda_\mu|^{r-\rho}\leq r^\rho|\lambda_\mu|^{r-\rho}$, woraus unter Beachtung von $\lim_{r\to\infty} (r^\rho)/(e^{a\rho}) = 0$ für a>0 und $\rho\in\mathbb{N}$ bereits (ii')
folgt. Die Umkehrung ist trivial. ∎

Eine Markoff-Matrix der in Satz 4 vorkommenden Art nennt man
schwach-regulär.

<u>Lemma</u>:

Die Spalten der Grenzmatrix M^* zu einer schwach-regulären
Markoff-Matrix M sind Eigenvektoren zum Eigenwert 1 von M.

<u>Beweis</u>:

Dies folgt durch Grenzübergang aus der Identität $M^r - MM^{r-1} = \mathcal{O}$. ∎

Eine besondere Rolle spielen die schwach-regulären
Markoff-Matrizen, bei denen der Eigenwert 1 die geometrische
Vielfachheit 1 hat. Diese nennt man *reguläre* Markoff-Matrizen.
Die Grenzmatrix zu einer regulären Markoff-Matrix hat n
gleiche Zeilen, denn da 1 die geometrische Vielfachheit 1 hat,
erzeugt der Eigenvektor $(1,\ldots,1)$ zu 1 den ganzen Eigenraum.
Der Zeilenvektor $(p_1,\ldots,p_n)$ von M^* ergibt sich als
$p_j = \lim\limits_{r \to \infty} p_{ij}^{(r)}$ $(1 \leq j \leq n)$, wobei letzteres unabhängig von i ist. Wir

notieren die offensichtlichen Eigenschaften

$$p_j \geq 0 \text{ für } j=1,\ldots,n \text{ und } \sum_{j=1}^{n} p_j = 1.$$

In der obigen Interpretation bedeutet diese Eigenschaft von
M^*, daß die Wahrscheinlichkeit, nach r Schritten in einem
Ausgabe-Zustand α_j zu sein, nahezu unabhängig vom Anfangszustand α_i ist für große r.

<u>Satz 5</u>:

Bei einer Markoff schen Nachrichtenquelle $N(A,P)$ mit regu -
lärer Markoff-Matrix gilt

$$p_j = P(W_{1,t}(\alpha_j)) \qquad j=1,\ldots,n \ , \ t \geq 0$$

für "den" Zeilenvektor $(p_1,\ldots,p_n)$ von M^*.

<u>Beweis</u>:

Nach dem Axiom **M** ist $P(W_{2,t}(\alpha_i,\alpha_j)) = P(W_{1,t}(\alpha_j))p_{ij}$, also

$$\sum_{i=1}^{n} P(W_{1,t}(\alpha_i))p_{ij} = \sum_{i=1}^{n} P(W_{2,t}(\alpha_i,\alpha_j)) = P(W_{1,t+1}(\alpha_j)) = P(W_{1,t}(\alpha_j)),$$

denn $W_{1,t+1}(\alpha_j) = \overset{n}{\underset{i=1}{\dot{\bigcup}}} W_{2,t}(\alpha_i,\alpha_j)$.

Für den Zeilenvektor $\underline{q}=(q_1,\ldots,q_n)$ mit $q_i=P(W_{1,t}(\alpha_i))$ ist

somit $\underline{q}M=\underline{q}$ gezeigt. Dies gibt $\underline{q}M^r=\underline{q}$ für $r\in\mathbb{N}$, also $\underline{q}M^*=\underline{q}$.

Letzteres bedeutet $q_i=\sum\limits_{i=1}^{n} q_j p_i = p_i$ für $1\leq i\leq n$. ∎

In einer *regulären MARKOFF'schen Nachrichtenquelle*, d.h. in
einer MARKOFF-Quelle mit regulärer MARKOFF-Matrix lassen sich
die Wahrscheinlichkeiten $P(W_{d,t}(\underline{a}))$ für $\underline{a}\in A^d$ tatsächlich
durch die relative Häufigkeit des d-Gramms $\underline{a}$ in einer hinreichend langen Buchstabenkette approximieren. Mit den regulären MARKOFF'schen Nachrichtenquellen haben wir daher ein
mathematisches Modell gefunden, welches unsere einfachen Vorstellungen über die statistische Struktur natürlicher Sprachen
qualitativ gut beschreibt.
Zur präzisen Formulierung der obigen Aussage führt man zu
jedem d-Gramm $\underline{a}=(a_1,\ldots,a_d)\in A^d$ und $n\in\mathbb{N}$ die Funktion

$\nu_{\underline{a},n}:W=A^{\mathbb{N}}\to\mathbb{N}$ mit $\nu_{\underline{a},n}((x_i))=\#\{1\leq i\leq n-d+1\mid\bigwedge\limits_{\delta=1}^{d} X_{i+\delta}=a_\delta\}$ ein.

<u>Schwaches Gesetz der großen Zahl</u>:
Zu jedem d-Gramm $\underline{a}$ einer regulären MARKOFF'schen Nachrichtenquelle $N(A,P)$ gibt es zu jedem $\varepsilon>0$ und jedem $\delta>0$ eine natürliche Zahl $n_0\geq d$, so daß

$$P(\{w\in W\mid\left|\frac{\nu_{\underline{a},n}(w)}{n}-P(W_{d,t}(\underline{a}))\right|<\delta\})\geq 1-\varepsilon$$

für alle $n\geq n_0$ und $t\geq 0$ ist.

Einen Beweis dieses Satzes liefert der Beweis von Theorem
6.6.2 in (ASH).
Der Appendix A in [SINKOV] enthält eine Tabelle der Bigramme
der englichen Sprache. Durch Division der Komponenten durch
die jeweiligen Zeilensummen erhält man eine reguläre MARKOFF-
Matrix $M_{engl.}$. Modelliert man nun die englische Sprache als
MARKOFF-Quelle mit MARKOFF-Matrix $M_{engl.}$, so bekommt man
(durch den Zeilenvektor von $M^*_{engl.}$) eine quantitative Vorhersage über die Buchstabenhäufigkeiten. Diese sind im folgenden
Bild mit dem tatsächlichen, experimentell bestimmten Häufigkeitsmuster verglichen (vgl. Appendix C in (SINKOV)). Die
Übereinstimmung ist erstaunlich gut.

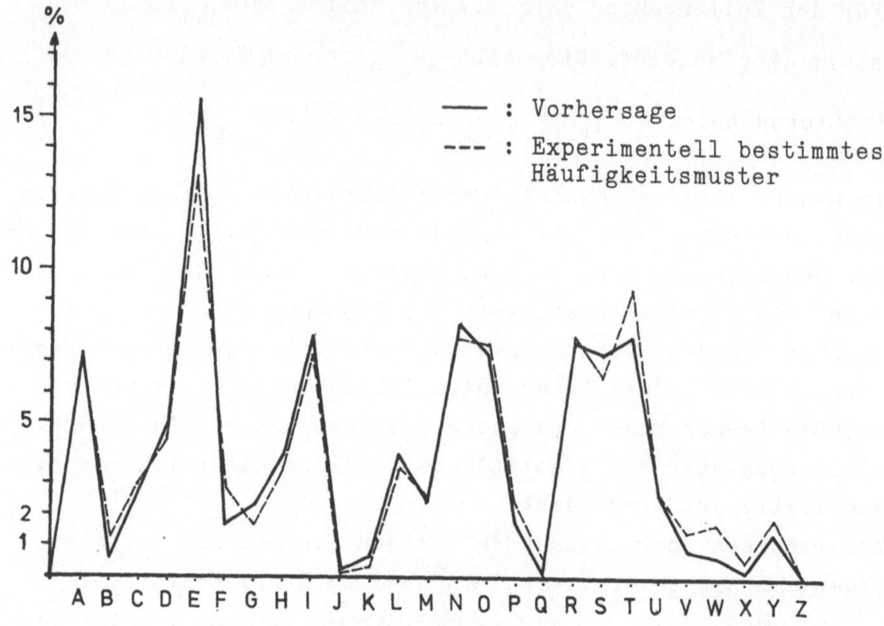

Mit dem schwachen Gesetz der großen Zahlen kann man Aussagen
über die Größe der Wahrscheinlichkeit $P(W_{d,t}(\underline{a}))$ gewinnen, die
man als relative Häufigkeit für das Auftreten des d-Gramms $\underline{a}$
deuten kann.

$\underline{\underline{Satz\ 6}}$:

$N(A,P)$ sei eine reguläre MARKOFF'sche Nachrichtenquelle. Zu
jedem $\varepsilon > 0$ und jedem $\delta > 0$ gibt es eine natürliche Zahl d_0, so
daß für jedes $d \geq d_0$ die Menge der d-Gramme über A eine dis-
junkte Zerlegung $A^d = \mathfrak{S}_d \cup \mathfrak{A}_d$ mit folgenden beiden Eigenschaften
besitzt:

$$(i) \quad \left| \frac{\log P(W_{d,t}(\underline{a}))}{d} + H(N(A,P)) \right| < \varepsilon \quad \text{für alle } \underline{a} \in \mathfrak{S}_d$$

$$(ii) \quad \sum_{\underline{a} \in \mathfrak{A}_d} P(W_{d,t}(\underline{a})) < \delta \qquad \text{mit beliebigem } t \geq 0.$$

$\underline{Beweis}$:

Sei $M = (p_{ij})$ die zur Quelle gehörende MARKOFF-Matrix. Für
$1 \leq i,j \leq n$ und $\underline{a} = (a_1, \ldots, a_d) \in A^d$ definieren wir

$$\nu_{i,j}(\underline{a}) = \#\{1 \leq \delta \leq d-1 \mid a_\delta = \alpha_i, a_{\delta+1} = \alpha_j\}.$$

Zu $\varepsilon>0$ wähle man $\eta>0$ so, daß $\eta\cdot\sum\limits_{i,j=1}^{n}{}'\,|\log p_{ij}|<\frac{\varepsilon}{2}$ ist; hierbei

ist wieder nur über die Paare (i,j) mit $p_{ij}>0$ zu summieren.

Setzt man $W_{i,j}(d)=\{w\in W\mid\left|\dfrac{\nu_{(\alpha_i,\alpha_j),d}(w)}{d}-P(W_{2,t}(\alpha_i,\alpha_j))\right|\le\eta\}$,

so gibt es nach dem schwachen Gesetz der großen Zahl ein

$d_1\in\mathbb{N}$, so daß $P(W_{i,j}(d))<\delta/\eta^2$ für alle $d\ge d_1$ und alle $1\le i,j\le n$

ist.

Andererseits gibt es ein $d_2\in\mathbb{N}$, so daß

$\max\{-\log P(W_{1,t}(\alpha))\mid\alpha\in A\wedge P(W_{1,t}(\alpha))>0\}<\varepsilon d/2$ für alle $d\ge d_2$

ist. Wir setzen $d_0:=\max\{d_1,d_2\}$.

Für $P(W_{d,t}(\underline{a}))>0$ gilt nach Axiom $\mathbb{M}$

$$P(W_{d,t}(\underline{a}))=P(W_{1,t}(a_1))\prod\limits_{i,j=1}^{n}{}'\,p_{ij}^{\nu_{i,j}(\underline{a})},$$

wobei das Produkt nur über die $p_{ij}>0$ zu nehmen ist; insbeson-

dere ist auch $P(W_{1,t}(a_1))>0$. Nach Satz 3 erhält man

$$\frac{\log P(W_{d,t}(\underline{a}))}{d}+H(\mathcal{N}(A,P))=$$

$$=\frac{\log P(W_{1,t}(a_1))}{d}+\sum\limits_{i,j=1}^{n}{}'\,(\frac{\nu_{i,j}(\underline{a})}{d}-P(W_{2,t}(\alpha_i,\alpha_j)))\log p_{ij}.$$

Mit der Definition

$$\mathfrak{S}_d:=\{\underline{a}\in A^d\mid P(W_{d,t}(\underline{a}))>0\wedge\bigwedge\limits_{i,j=1}^{n}{}'\,|\frac{\nu_{i,j}(\underline{a})}{d}-P(W_{2,t}(\alpha_i,\alpha_j))|<\eta\}$$

und den obigen Setzungen ist (i) daraus für alle $d\ge d_0$

offenbar.

Es sei $\mathfrak{A}_d:=A^d\setminus\mathfrak{S}_d$ und $\tilde{\mathfrak{A}}_d:=\{\underline{a}\in\mathfrak{A}_d\mid P(W_{d,t}(\underline{a}))>0\}$. Zu jedem $\underline{a}\in\tilde{\mathfrak{A}}_d$

gibt es ein Paar i_0,j_0 mit

$$|\frac{\nu_{i_0,j_0}(\underline{a})}{d}-P(W_{2,t}(\alpha_{i_0},\alpha_{j_0}))|\ge\delta.$$

Da für $w\in W_{d,0}(\underline{a})$ stets $\nu_{(\alpha_{i_0},\alpha_{j_0}),d}(w)=\nu_{i_0,j_0}(\underline{a})$ ist, folgt

$W_{d,0}(\underline{a})\subset W_{i_0,j_0}(d)\subset\bigcup\limits_{i,j=1}^{n}W_{i,j}(d)$, also

$$\bigcupdot_{\underline{a} \in \tilde{\mathfrak{A}}_d} W_{d,0}(\underline{a}) \subset \bigcup_{i,j=1}^{n} W_{i,j}(d).$$ Damit erhält man

$$\sum_{\underline{a} \in \mathfrak{A}_d} P(W_{d,t}(\underline{a})) = \sum_{a \in \tilde{\mathfrak{A}}_d} P(W_{d,0}(\underline{a})) \leq \sum_{i,j=1}^{n} P(W_{i,j}(d)) < n^2 \cdot \frac{\delta}{n^2} = \delta$$

für $d \geq d_0$. ∎

$\mathfrak{S}_d$ bezeichnet man in suggestiver Weise als Menge der *sinn-vollen* d-Gramme und $\mathfrak{A}_d$ als Menge der *sinnlosen* d-Gramme.
Die sinnvollen d-Gramme haben alle die nahezu gleiche Wahr-
scheinlichkeit $2^{-d \cdot H(N(A,P))}$, jedes sinnlose d-Gramm hat nahezu
die Wahrscheinlichkeit O.Aus der Bedingung $\sum_{a \in A^d} P(W_{d,t}(\underline{a})) = 1$

folgt, daß näherungsweise $\mathfrak{S}_d \approx 2^{d \cdot H(N(A,P))}$ ist, so daß die
relative Häufigkeit der sinnvollen d-Gramme für $d \to \infty$ gegen Null
geht.Die vorstehenden Überlegungen bleiben in viel allgemeineren mathematischen Modellen richtig, Satz 6 gilt z.B. auch
für beliebige *ergodische* Nachrichtenquellen $N(A,P)$, d.h.
solche bei denen für jede unter der Verschiebung T invariante
Menge $X \in \mathfrak{B}_A$ entweder $P(X)=0$ oder $P(X)=1$ ist.Die regulären
MARKOFF-Quellen sind ergodische Quellen (vgl. [FEINSTEIN]).

II.1.3   DAS SHANNON - HELLMAN - MODELL

Der vorige Abschnitt hat einige Konsequenzen gezeigt, die ein
Kryptoanalytiker aufgrund eines geeigneten mathemathischen Modells über die statistischen Verhältnisse natürlicher Sprachen
gewinnen kann.Jetzt soll untersucht werden, welche Rück -
schlüsse solche Erkenntnisse auf die Sicherheit eines gege -
benen Kryptosystems zulassen.
Dazu seien drei nicht-leere endliche Mengen K, S, C und eine
Funktion $v:K \times S \to C$ mit der Eigenschaft
        (*) $v(.,s):K \to C$ ist für jedes $s \in S$ bijektiv
gegeben, $G := \{(k,s,c) \in K \times S \times C \mid v(k,s)=c\}$ bezeichne den Graph
von v.
Üblicherweise unterstellt man dem Kryptoanalytiker gewisse
statistische a-priori - Information über die Klartext-,

Schlüssel- und Chiffretext-Erzeugung. Dies modellieren wir
mathematisch im folgenden

$\underline{\text{Satz 7:}}$

(W,P) sei ein endlicher Wahrscheinlichkeitsraum und W $\to$ G eine
Zufallsvariable. Deren Projektionen auf die Komponenten K, S
und C induzieren Partitionen $\underline{K}$, $\underline{S}$ und $\underline{C}$ von W. Wenn $\underline{K}$ und $\underline{S}$
unabhängig sind, gilt

$$(i) \qquad H(\underline{S}|\underline{C}) = H(\underline{S})-H(\underline{C})+H(\underline{K})$$
$$(ii) \qquad H(\underline{S}|(\underline{C},\underline{K})) = H(\underline{S})-H(\underline{C}|\underline{K})$$
$$(iii) \qquad H(\underline{K}|\underline{C}) = H(\underline{S}|\underline{C})-H(\underline{S}|(\underline{C},\underline{K}))$$

$\underline{\text{Beweis:}}$

Aus der Unabhängigkeit von $\underline{K}$ und $\underline{S}$ folgt

$$H(\underline{K},\underline{S}) = H(\underline{K})+H(\underline{S}). \qquad\qquad (1)$$

Aus Satz 1 (iv) folgt

$$H(\underline{S}|\underline{C})+H(\underline{C}) = H(\underline{S},\underline{C}) = H(\underline{C},\underline{S}). \qquad\qquad (2)$$

Zum Beweis von (i) genügt es daher die Gleichheit

$$H(\underline{C},\underline{S}) = H(\underline{K},\underline{S}) \qquad\qquad (3)$$

zu verifizieren. Weil alle partiellen Funktionen v(,s) injektiv sind, folgt für alle (k,s) $\in$ K×S

$$\{w \in W| \underline{K}(w)=k \wedge \underline{S}(w)=s\} = \{w \in W| \underline{C}(w)=v(k,s) \wedge \underline{S}(w)=s\}.$$

Da andererseits diese partiellen Funktionen surjektiv sind,
ist die Abbildung K×S $\to$ C×S vermöge (k,s) $\mapsto$ (v(k,s),s) bijektiv. Diese induziert dann eine Bijektion

$$\{\{w \in W| \underline{K}(w)=k \wedge \underline{S}(w)=s\} | (k,s) \in K×X\} \;\tilde{\to}$$
$$\{\{w \in W| \underline{C}(w)=c \wedge \underline{S}(w)=s\} | (c,s) \in C×S\},$$

aus der mittels der Definition der Entropie die Formel (3)
folgt. Satz 1 (iv) liefert ebenfalls die Gleichung.

$$H(\underline{S}|(\underline{C},\underline{K}))+H(\underline{C},\underline{K}) = H(\underline{C},\underline{K},\underline{S}) = H(\underline{C}|(\underline{K},\underline{S}))+H(\underline{K},\underline{S}) \quad (4)$$

Darin ist $H(\underline{C}|(\underline{K},\underline{S})) = 0$, denn nach (*) ist

$$\{w \in W| \underline{K}(w)=k \wedge \underline{S}(w)=s \wedge \underline{C}(w)=c\} = \begin{cases} W & v(k,s) = c \\ & \text{falls} \\ \emptyset & \text{sonst} \end{cases}$$

woraus mit Satz 1 (iii) die Behauptung folgt. Durch Einsetzen
von (1) in (4) folgt $H(\underline{S}|(\underline{C},\underline{K})) = H(\underline{S})-(H(\underline{C},\underline{K})-H(\underline{K}))$, also
(ii) mit Satz 1 (iv).

Unter Berücksichtigung von $H(\underline{K},\underline{S}) = H(\underline{C},\underline{S}) = H(\underline{S},\underline{C})$ und
$H(\underline{C}|(\underline{K},\underline{S})) = 0$ ergibt sich in analoger Weise
$H(\underline{S}|(\underline{C},\underline{K})) + H(\underline{C},\underline{K}) = H(\underline{S},\underline{C})$. Durch Subtraktion von $H(\underline{C})$ auf
beiden Seiten folgt (iii) aus Satz 1 (iv). ∎

Die Voraussetzung der Unabhängigkeit von $\underline{K}$ und $\underline{S}$ drückt die
intuitive Vorstellung aus, daß Klartext und Schlüssel unab-
hängig voneinander erzeugt werden. In dieser Interpretation
sind die Äquivokationen aus dem Satz 7 Maße für die:

Ungewißheit über den Schlüssel bei gegebenem Chiffretext,
Ungewißheit über den Schlüssel bei Vorliegen von zusammen-
gehörenden Klar- und Chiffretext,
Ungewißheit über den Klartext bei gegebenem Chiffretext.

Notwendig für die Sicherheit ist also das Nichtverschwinden
dieser Äquivokationen. Der nächste Schritt der mathematischen
Modellierung soll eine Vorstellung der numerischen Größenordnung der Äquivokationen vermitteln.
Dazu orientieren wir uns an den Ergebnissen von Kap. II.1.2 und
setzen voraus, daß K eine disjunkte Zerlegung $K = \mathfrak{S} \,\dot{\cup}\, \mathfrak{A}$
besitzt, so daß

$$P(\{w \in W \mid \underline{K}(w)=k\}) = \begin{cases} 1/\#\mathfrak{S} & k \in \mathfrak{S} \\ & \text{für} \\ 0 & k \in \mathfrak{A} \end{cases}$$

ist. Ferner gelte

$$P(\{w \in W \mid \underline{S}(w)=s\}) = 1/\#S \quad \text{für alle } s \in S.$$

Durch $p(c) := P(\{w \in W \mid \underline{C}(w)=c\})$ wird eine Wahrscheinlichkeitsfunktion p auf C induziert, so daß (C,p) ein endlicher Wahrscheinlichkeitsraum ist. Offenbar gilt

$$\{w \in W \mid \underline{C}(w)=c\} = \bigcup_{v(k,s)=c} \{w \in W \mid \underline{K}(w)=k \wedge \underline{S}(w)=s\},$$

und wegen der Unabhängigkeit von $\underline{K}$ und $\underline{S}$ gilt
$$P(\{w \in W \mid \underline{K}(w)=k \wedge \underline{S}(w)=s\}) =$$

$$= P(\{w \in W \mid \underline{K}(w)=k\})(1/\#S) = \begin{cases} 1/(\#\mathfrak{S} \cdot \#S) & k \in \mathfrak{S} \\ & \text{für} \\ 0 & \text{sonst.} \end{cases}$$

Insgesamt kommt $p(c) = \lambda(c)/(\#\mathfrak{S} \cdot \#S)$

mit
$$\lambda(c) = \#\{(k,s) \in K_0 \times S \mid v(k,s) = c\} \;.$$

Durch $\sigma(c) := \max\{0, \lambda(c)-1\}$ ist eine Zufallsvariable $\sigma : C \to \mathbb{N}$
definiert, deren Erwartungswert wir abschätzen. Sei c
ein "Kryptogramm", welches mit dem Schlüssel s^* hergestellt
wurde aus einem Klartext, dann ist

$$\sigma(c) = \#\{s \in S \smallsetminus \{s^*\} \mid \bigvee_{k \in \mathfrak{S}} v(k,s)=c\}$$

die Anzahl aller falschen(!) Schlüssel, die c in einen sinnvollen Klartext entziffern.

<u>Satz 8</u>:

(i) $E(\sigma) \geq (\#\mathfrak{S} \cdot \#S)/\#C - 1$

(ii) $p(\{c \in C \mid \sigma(c) \leq m-1\}) \leq m \cdot \#C /(\#\mathfrak{S} \cdot \#S)$

<u>Beweis</u>:

Wegen $\sigma(c) \geq \lambda(c)-1$ folgt aus der Definition des Erwartungswertes zusammen mit der Identität $\sum\limits_{c \in C} \lambda(c) = \#\mathfrak{S} \cdot \#S$ die

Abschätzung

$$E(\sigma) = \sum\limits_{c \in C} p(c)\sigma(c) = \frac{1}{\#\mathfrak{S} \#S} \sum\limits_{c \in C} \lambda(c)\sigma(c) \geq \left(\frac{1}{\#\mathfrak{S} \#S} \sum\limits_{c \in C} \lambda(c)^2\right) - 1.$$

Allgemein gilt

$$\sum\limits_{i=1}^{r} x_i^2 = \sum\limits_{i=1}^{r} (\bar{x}+(x_i-\bar{x}))^2 \geq \sum\limits_{i=1}^{r} \bar{x}^2 \text{ für } \bar{x} = \frac{1}{r}\sum\limits_{i=1}^{r} x_i, \text{ also speziell}$$

$$\sum\limits_{c \in C} \lambda(c)^2 \geq \frac{1}{\#C} (\#\mathfrak{S} \cdot \#S)^2,$$

woraus (i) folgt.

Es ist $p(\{c \in C \mid \sigma(c) \leq m-1\}) = \sum\limits_{\lambda(c) \leq m} p(c) = \sum\limits_{\lambda(c) \leq m} \frac{\lambda(c)}{\#\mathfrak{S} \#S} \leq$

$$\leq \frac{1}{\#\mathfrak{S} \cdot \#S} \sum\limits_{\lambda(c) \leq m} m \leq m \frac{\#C}{\#\mathfrak{S} \cdot \#S} \quad .$$

Man rechnet leicht $H(\underline{K}) = \log\#\mathfrak{S}$ und $H(\underline{S}) = \log\#S$ nach. Mit
$H(\underline{C}) \leq \log\#C$ und Satz 7 (i) finden wir $H(\underline{S}|\underline{C}) \geq \log(\#\mathfrak{S} \cdot \#S)/\#C$.
Folgt man der durch die suggestiven Bezeichnungsweisen nahe-
gelegten Interpretation, so ist die Größe des Ausdrucks
$(\#\mathfrak{S} \cdot \#S)/\#C$ von entscheidender Bedeutung für die Sicherheit des
Kryptosystems $\mathfrak{K} = (K,S,C,v)$: Für große Werte von $(\#\mathfrak{S} \cdot \#S)/\#C$
wird die Äquivokation $H(\underline{S}|\underline{C})$, die Ungewißheit über den
Schlüssel bei gegebenem Chiffretext also, groß sein. Selbst
wenn der Kryptoanalytiker alle Schlüssel sukzessiv erzeugen
kann, wird die mittlere Anzahl von Schlüsseln, die ein gegebenes Kryptogramm in sinnvollen Klartext entschlüsseln, groß
sein, und die Wahrscheinlichkeit für große Abweichungen von
dieser Regel ist dann klein. Die Qualität der Abschätzung (i)
aus Satz 8 und die Bedeutung von $(\#\mathfrak{S} \cdot \#S)/\#C$ kann man auch
durch ein ganz anderes mathematisches Modell beleuchten.

Dazu geht man aus von einer disjunkten Zerlegung $K = \mathfrak{S} \,\dot\cup\, \mathfrak{A}$,
einer Teilmenge $S^{+} \subset S$ und einem festen Kryptogramm $c \in C$; es
werde $\Omega := \{f : K \to C \mid f \text{ bijektiv}\}$ gesetzt.
Die Kollektion der partiellen Abbildungen $(v(.,s))_{s \in S^{+}}$ soll
als Ergebnis einer Folge von $\#S^{+}$-vielen unabhängigen Wahlen
"mit Zurücklegen" aus Ω aufgefaßt werden. Für $k \in K$ sei $1 / \#K$
die Wahrscheinlichkeit, daß $f(k) = c$ für ein $f \in \Omega$ ist.
Dies formalisieren wir folgendermaßen. Es sei (W, P) ein endlicher Wahrscheinlichkeitsraum und X eine Zufallsvariable

$$X : W \to \Omega^{\#S^{+}}$$

mit Projektionen X_{s} $(s \in S^{+})$. Für $k \in K$ sei
$P(\{w \in W \mid X_{s}(w)(k) = c\}) = 1 / \#K$ unabhängig von s; ferner seien
die von den Zufallsvariablen $Y_{s} : W \to K$ mit $Y_{s}(w) = X_{s}(w)^{-1}(c)$
induzierten Partitionen von W paarweise voneinander unabhängig.

<u>Satz 9</u>:

Die Zufallsvariable $\psi : W \to \mathbb{N}$ mit $\psi(w) = \{s \in S^{+} \mid Y_{s}(w) \in \mathfrak{S}\}$ hat
den Erwartungswert $E(\psi) = \#S^{+} \cdot \#\mathfrak{S} / \#C$ und die Varianz
$$V(\psi) = E(\psi)(1 - (\#\mathfrak{S} / \#C)) \quad (\text{unabhängig von } c).$$

<u>Beweis</u>:
Es ist $\{w \in W \mid \psi(w) = m\} = \dot\bigcup_{\substack{M \subset S^{+} \\ \#M = m}} \{w \in W \mid Y_{s}(w) \in \mathfrak{S} \Longleftrightarrow s \in M\}$.

Mit $p := P(\{w \in W \mid Y_{s}(w) \in \mathfrak{S}\}) = \#\mathfrak{S} / \#K$ folgt für jedes M wegen der
Unabhängigkeit der Y_{s}

$$P(\{w \in W \mid Y_{s}(w) \in \mathfrak{S} \Longleftrightarrow s \in M\}) = p^{m}(1-p)^{\#S' - m},$$
also insgesamt
$$P(\{w \in W \mid \psi(w) = m\}) = \binom{\#S'}{m} p^{m}(1-p)^{\#S' - m}.$$ Damit liegt der
klassische Fall der BERNOULLI-Verteilung vor für ψ, und die
Behauptung ist klar, wenn man noch $\#K = \#C$ beachtet. $\blacksquare$

Ist c unter dem Schlüssel s^{*} hergestellt, so gibt
$E(\psi) = (\#S - 1)\#\mathfrak{S} / \#C \simeq \#\mathfrak{S}\#S / \#C$ für große $\#S$ den Erwartungswert
für die Zahl der falschen Schlüssel an, die c in einen sinn-
vollen Klartext entziffern ($S^{+} = S \smallsetminus \{s^{*}\}$ in diesem Fall), wenn
nurmehr $(v(.,s))$ als Kollektion von zufällig gewählten
Funktionen aus Ω aufgefaßt wird.

Durch das obige mathematische Modell wird die Vorstellung
vom "random cipher" präzisiert (vergl. (HELLMAN,1975),
(SHANNON, 1949)).

II.1.4 Die Unizitätsdistanz

Es ist eine alte Erfahrung, daß die Chancen des Kryptoanalytikers zur Lösung eines Systems um so größer sind, je mehr
aufgefangenes Material zu seiner Disposition steht. Die
stufenweise Veränderung der oben eingeführten Sicherheitsmaße,
wie Äquivokation oder die Größe $(\#\mathfrak{S}\#S)/\#C$ in Abhängigkeit
von der Länge der Klartexte wollen wir nun anhand des informationstheoretischen Modells näher untersuchen.

Dazu gehen wir aus von einem Chiffresystem $\mathfrak{R}$ mit dem Ein- und
Ausgabe-Alphabet A, dem Schlüsselraum S und einer Abbildung
$v:\Omega(A)\times S \to \Omega(A)$ mit der Eigenschaft

$\quad$ (*) $\quad v(.,s):\Omega(A) \to \Omega(A)$ ist bijektiv für alle $s \in S$.

Dann erfüllen die Beschränkungen $v_d=v\big|_{A^d\times S}$ die Voraussetzung

(*) des vorigen Abschnitts; $G^{(d)}$ sei jeweils der zugehörige
Graph. Ferner seien gegeben eine Nachrichtenquelle $N(A,P)$,
eine Folge $\mathfrak{W}=(W^{(d)},P^{(d)})$ endlicher Wahrscheinlichkeitsräume
und eine Folge $\mathfrak{Z}=(\dot{W}^{(d)} \to G^{(d)})$ von Zufallsvariablen.
$(\mathfrak{R},N(A,P),\mathfrak{W},\mathfrak{Z})$ heiße *informationstheoretisches Kryptosystem*,
wenn

$\quad$ (i) für die Projektionen $\underline{K}^{(d)}:W^{(d)} \to G^{(d)} \to A^{(d)}$ auf die
$\qquad$ erste Komponente
$\qquad P^{(d)}(\{w \in W^{(d)}|\underline{K}^{(d)}(W)=a_1...a_d\})=P(W_{d,t}(a_1,...,a_d)$
$\qquad$ für $t\geq 0$ und $a_1,...,a_d \in A$ gilt $(d \in \mathbb{N})$

$\quad$ (ii) Die Projektionen $\underline{S}^{(d)}:W^{(d)} \to G^{(d)} \to S$ und $\underline{K}^{(d)}$ für alle
$\qquad d \in \mathbb{N}$ unabhängig sind und

(iii) $H(S):=H(\underline{S}^{(d)})$ von d unabhängig ist.

Mit $\underline{C}^{(d)}$ bezeichnen wir die Projektion auf die dritte
Komponente. Die präzise Aufgabenstellung lautet:
untersuche das Verhalten der Äquivokationen $H(\underline{S}^{(d)}|\underline{C}^{(d)})$,
$H(\underline{S}^{(d)}|(\underline{C}^{(d)},\underline{K}^{(d)}))$ und $H(\underline{K}^{(d)}|\underline{C}^{(d)})$ in Abhängigkeit von d.

Die intuitiven Vorstellungen drängen zwei Definitionen auf.
Man spricht von einem *idealen* informationstheoretischen
Kryptosystem, wenn es eine positive Schranke H_0 gibt, so daß
für alle $d \in \mathbb{N}$

$$\min \{H(\underline{S}^{(d)}|\underline{C}^{(d)}), H(\underline{S}^{(d)}|(\underline{C}^{(d)},\underline{K}^{(d)})), H(\underline{K}^{(d)}|\underline{C}^{(d)})\} \geq H_0$$

bleibt; diese Bedingung ist so zu interpretieren, daß auch
für beliebig lange Chiffretexte stets eine Rest-Ungewißheit
übrigbleibt. Ein $d_u \geq 0$ mit

$$H(\underline{S}^{(d)}|\underline{C}^{(d)})=0 \text{ für } d \geq d_u \quad (\text{bzw.} H(\underline{S}^{(d)}|(\underline{C}^{(d)},\underline{K}^{(d)}))=0,$$
$$H(\underline{K}^{(d)}|\underline{C}^{(d)})=0)$$

nennt man *informationstheoretische Unizitätsdistanz*; hier ist
die adäquate Interpretation, daß Kryptogramme der Länge $\geq d_u$
mit hoher Wahrscheinlichkeit eindeutig lösbar sind.
In den folgenden Beispielen verwenden wir die Bezeichnungen
aus Kap. II.1.1 .
Ein ideales informationstheoretisches Kryptosystem liegt vor,
wenn für jedes $d \in \mathbb{N}$ alle $\underline{X}_{\delta,t}:W_{d,t} \to A$ paarweise unabhängige,
gleichverteilte Partitionen bestimmen. Dann gilt nämlich

$$H_d(N(A,P))=H(\underline{X}_{1,t},\dots,\underline{X}_{d,t}))= \sum_{\delta=1}^{d} H(\underline{X}_{\delta,t}) \quad \text{wegen der Unabhängig-}$$

keit und $H(\underline{X}_{\delta,t})=\log\#A$ wegen der Gleichverteiltheit, also

$$H(\underline{S}^{(d)}|\underline{C}^{(d)})=H(S)+d\cdot\log\#A -H(\underline{C}^{(d)})\geq H(S)$$

nach Satz 7 (i), und dies gilt unabhängig von v!
Als nächstes analysieren wir das Beispiel der Block-Transposition. Wir diskutieren die Fälle
 (i) daß der Kryptoanalytiker nur die Buchstabenhäufigkeiten
     der unterliegenden Sprache kennt,
(ii) daß er auch über die Digramm-Häufigkeiten verfügt.
Im ersten Fall kann der Kryptoanalytiker ein Quellen-Modell
verwenden, in dem die $\underline{X}_\delta$ paarweise unabhängig sind, und die
gleiche Verteilung haben. Das führt auf $H(\underline{K}^{(d)})=dH(\underline{X}_1)$.
Die Block-Transposition löst alle d-Gramm-Bindungen für $d>1$
auf, so daß auf dem Chiffretextraum ebenso $H(\underline{C}^{(d)})=dH(\underline{X}_1)$
angenommen werden kann. Unter Beachtung von Satz 7 (i) erkennt
man, daß hier wieder ein ideales System vorliegt.

Im zweiten Fall muß man z.B. eine MARKOFF'sche Quelle für die
unterliegende Sprache in Betracht ziehen. Dann ist von
$H(\underline{K}^{(d)}) = H(\underline{X}_1) + (d-1)H(N(A,P))$ auszugehen, und aus Satz 7
(i) folgt

$$H(\underline{S}^{(d)}|\underline{C}^{(d)}) = \max\{0, H(S)-(d-1)(H(\underline{X}_1)-H(N(A,P)))\}.$$

$$d_u = 1 + \frac{H(S)}{H(\underline{X}_1)-H(N(A,P))}$$

ist eine informationstheoretische Unizitätsdistanz für diesen
Fall (für Blöcke der Länge n wird $H(S)\leq\log n!$). Das Modell
sagt vorher, daß die Block-Transposition bei der Heranziehung
von Bigramm-Häufigkeiten lösbar ist, wie es die praktische
Erfahrung bestätigt (vgl. (SINKOV, Chap. V)).
Schließlich behandeln wir informationstheoretische Kryptosysteme, in denen die einzelnen "Schichten" durch das Modell
in Kap. II.1.3 beschrieben bzw. gut approximiert werden. Die
Größe des Ausdrücks $(\#\mathfrak{S}_d \cdot \#S)/\#A^d$ war als signifikant für
die Sicherheit angesehen worden. Zumindest in guter Näherung
ist

$$\#\mathfrak{S}_d \approx 2^{dH(N(A,P))}, \text{ also}$$

$$\log\frac{\#\mathfrak{S}_d \cdot \#S}{\#A^d} \approx \log\#S - d(\log\#A - H(N(A,P))) = \log\#S = dR(N)\log\#A$$

Für hinreichend große d kann dann nicht garantiert werden,
daß die Zahl der "Fehlalarme" bei der Entschlüsselung eines
Kryptogramms groß ist, sofern $R(N(A,P))>0$. Für $R(N(A,P))=0$
bleibt diese Zahl groß, im ersten Beispiel oben liegt diese
Situation vor.
Allgemein wird die Zahl

$$d_{Sh} = \frac{H(S)}{R(N(A,P))\log\#A}$$

als SHANNON'sche Unizitätsdistanz eines informationstheoretischen Kryptosystems bezeichnet. Sie ist keine informationstheoretische Unizitätsdistanz, i.a. auch nicht näherungsweise,
denn dazu müßte die Differenz $H_d(N(A,P))-dH(N(A,P))$ für $d\to\infty$
klein bleiben, was i.a. aber nicht bekannt ist.

Die vorangehenden Modelle haben die Bedeutung der Redundanz
für die Sicherheit eines Kryptosystems deutlich gemacht. Für
die Kryptoanalyse erweisen sich die informationstheoretischen
Modelle als wenig hilfreich. Abgesehen vom statistischen

Charakter aller Sicherheitsindizes sind die in den Sätzen
gewonnenen strukturellen Einsichten hochgradig nicht-konstruk-
tiv, die Kenntnis einer Unizitätsdistanz ist keineswegs mit
der Angabe eines Algorithmus verbunden, der die eventuell vorhandene eindeutige Lösung eines Kryptogramms auch tatsächlich
berechnet.
Auf den ersten Blick scheint dagegen für die Entwicklung
sicherer Kryptosysteme in den idealen Systemen der richtige
Ansatz gefunden. Dazu betrachten wir noch einmal das Beispiel
der Block-Transposition: Die unterliegende Nachrichtenquelle
sei eine reguläre MARKOFF-Quelle. Falls es gelänge, die
Quelle selbst so zu transformieren, daß die neue Quelle keine
höheren d-Gramm-Bindungen besitzt (d>1), wäre die Block-
Transposition ein ideales System. Solche Quellen-Transfor-
mationen werden in der Kodierungstheorie studiert. Für eine
große Klasse von Quellen kann gezeigt werden, daß stets eine
Folge von Kodierungen existiert, so daß die Redundanz der
transformierten Quellen gegen 0 geht. Als praktisches Problem
bliebe nur noch, mit einem adäquaten Quellen-Modell zu
beginnen. Leider aber ist auch dieses Ergebnis nicht-konstruk-
tiv, es gibt keinen Algorithmus zur Konstruktion der Trans-
formationen an, der Aufwand zur Konstruktion eines idealen
Systems ist nicht abzuschätzen.
Redundanzmindernde Maßnahmen bereits an der Quelle können die
Sicherheit eines Verfahrens beträchtlich erhöhen. Als
mögliches Verfahren sei die HUFFMAN-Kodierung genannt (vergl.
(ASH, p. 42)), ein PASCAL-Programm dazu findet man in
(SEDGEWICK, Chap. 22). Insbesondere zur Verschlüsselung von
Dateien ist dieses Verfahren ratsam, welches zudem die
Dateilänge reduziert.

II.2   Statistische Methoden zur Analyse von Stromsystemen

> *"The intuition feels that there*
> *is information inherent in*
> *such texts, wether or not we*
> *succeed in revealing it."*
> *D.R. HOFSTADTER: Gödel,*
> *Escher, Bach*

Statistische Analysen bilden die kryptoanalytische Grundlage
zur Lösung vieler Kryptosysteme. Die Vielfalt und Subtilität
der einzelnen Methoden ist so groß, daß wir gar nicht erst
versuchen, auch nur eine annähernde Übersicht zu geben.
Wichtiger ist uns viel mehr der systematische Ansatz. Es wird
erklärt, wie man ausgehend von einem einfachen informationstheoretischen Modell natürlicher Sprachen aussagekräftige
statistische Kenngrößen verschlüsselter Texte findet. Die
Wirksamkeit eines statistischen Werkzeugs hängt wesentlich
von dem Geschick ab, mit dem es eingesetzt wird. Wir demonstrieren dieses Vorgehen anhand einer Untersuchung von
Chiffretexten, deren zugehörige Klartexte im ASCII-Code dargestellt waren, sowie durch die Lösung einiger klassischer
Chiffrier-Maschinen.
Sobald man ein effizientes Werkzeug gefunden hat, wird man
versuchen, es zu verbessern und sein Anfangsfeld zu ver-
breitern. Den Ausgangspunkt bilden in dem von uns betrachteten
Modell elementare Korrelations-Techniken, deren Verfeinerung
im Einsatz von Methoden der Zeitreihen-Analyse endet. Die
dabei verwendeten mathematischen Verfahren sind Grundlage u.a.
der Radarsignal-Verarbeitung, Satelliten-Kommunikation,
Falschfarben-Photographie, Holographie, Bild-Verarbeitung,
Sprach-Erkennung, etc.. Jeder Anwendungsbereich hat wiederum
seine hochentwickelten Spezial-Methoden. Die Kryptoanalyse
ist eine Anwendung.

II.2.1   DER KOINZIDENZ - TEST

(W,P) sei ein endlicher Wahrscheinlichkeitsraum, A ein
Alphabet. $(\underline{X}_\delta:W \to A)_{\delta \geq 1}$ und $(\underline{Y}_\delta:W \to A)_{\delta \geq 1}$ seien zwei Folgen
von Zufallsvariablen auf W mit Werten in A mit folgenden
Eigenschaften:

(i) Die Zufallsvariablen der Menge $\{\underline{X}_\delta|\delta \geq 1\} \cup \{\underline{Y}_\delta|\delta \geq 1\}$ seien
   paarweise voneinander unabhängig.

(ii) Die Wahrscheinlichkeitsverteilungen

$$p_\alpha := P(\{w \in W | \underline{X}_\delta(w) = \alpha\})$$
$$q_\alpha := P(\{w \in W | \underline{Y}_\delta(w) = \alpha\}) \qquad (\alpha \in A)$$

   seien von δ unabhängig.

Für $n \in \mathbb{N}$ wird durch

(1) $\qquad K_n(w) := \#\{1 \leq \delta \leq n | \underline{X}_\delta(w) = \underline{Y}_\delta(w)\}$

eine Zufallsvariable $K_n : W \to \mathbb{N}'$, die *Koinzidenz* von $(\underline{X}_\delta)_{\delta \leq n}$
und $(\underline{Y}_\delta)_{\delta \leq n}$, definiert.
Allgemeiner wird oft auch die d-Gramm-Koinzidenz $K_{n,d} : W \to \mathbb{N}'$
mit

$$K_{n,d}(w) := \#\{1 \leq \delta \leq n-\delta+1 | \underline{X}_\delta(w) = \underline{Y}_\delta(w), \dots, \underline{X}_{\delta+d-1}(w) = \underline{Y}_{\delta+d-1}(w)\}$$

betrachtet.
Unser Ziel ist es, Erwartungswerte und Varianzen für die
Koinzidenz in verschiedenen Situationen für $(\underline{X}_\delta)$ und $(\underline{Y}_\delta)$ zu
berechnen. Hierzu definiert man die Zufallsvariable

$$\nu_\delta: W \to \{0,1\} \text{ mittels } \nu_\delta(w) = \begin{cases} 1 \\ 0 \end{cases}, \text{ falls } \begin{matrix} \underline{X}_\delta(w) = \underline{Y}_\delta(w) \\ \text{sonst} \end{matrix}$$

$$(\delta \geq 1).$$

Dann wird $K_n = \sum_{\delta \leq n} \nu_\delta$. Da die ν_δ gleichartig verteilt sind

nach (ii), ist $\kappa = E(\nu_\delta)$ von δ unabhängig. Wegen (i) sind
aber auch die ν_δ paarweise unabhängige Zufallsvariable, so daß

$$(2) \qquad E(K_n) = \sum_{\delta \leq n} E(\nu_\delta) = n \cdot \kappa$$

folgt.

Speziell im Fall, daß $p_\alpha = q_\alpha$ für alle $\alpha \in A$ ist, wird

$$(3) \qquad \kappa = P(\{w \in W \mid \nu_\delta(w) = 1\}) = \sum_{\alpha \in A} p_\alpha^2.$$

Im Fall der Gleichverteiltheit bekommt man also den Wert

$$(4) \qquad \kappa_Z = \frac{1}{\#A}$$

Unter der gleichen Voraussetzung wie für (3) erhält man für die analoge d-Gramm-Bildung $\kappa^{(d)}$ den Wert

$$(5) \qquad \kappa^{(d)} = \sum_{(\alpha_1,\ldots,\alpha_d) \in A^d} (p_{\alpha_1} \cdots p_{\alpha_d})^2.$$

Als Varianz von K_n findet man den Wert

$$(6) \qquad V(K_n) = n\kappa(1-\kappa).$$

	κ	$\kappa^{(2)}$
Deutsch	0,0762	0,0112
Englisch	0,0661	0,0069
Französisch	0,0778	0,0093
Zufallstext	0,0384	0,0015

Wahrscheinlichkeiten für mono- und
Digramm-Koinzidenzen nach KULLBACK.
(Zufallstexte über jedem Alphabet A mit $\#A = 26$)

Als nächstes wird der Fall behandelt, daß jeweils
$\underline{Y}_\delta = \sigma_\delta \circ \underline{X}_\delta$ mit einer Permutation $\sigma_\delta \in \mathfrak{S}(A)$ $(\delta \geq 1)$ gilt.
Dann kommt

$$(7) \qquad E(K_n) = \sum_{\delta \leq n} E(\nu_\delta) = \sum_{\delta \leq n} \sum_{\alpha \in A} p_\alpha \cdot p_{\sigma_\delta^{-1}(\alpha)} =$$

$$= \sum_{\alpha \in A} p_\alpha \cdot \sum_{\delta \leq n} p_{\sigma_\delta^{-1}(\alpha)}$$

Darin gilt für jedes $\alpha \in A$

$$(8) \qquad \sum_{\delta \leq n} p_{\sigma_\delta^{-1}(\alpha)} = \sum_{\beta \in A} p_\beta \cdot \#\{\ \delta \leq n \,|\, \sigma_\delta^{-1}(\alpha) = \beta\}.$$

Die Wahrscheinlichkeit, daß für eine zufällig gezogene Permutation $\sigma \in \mathcal{T}(A)$ gerade $\sigma^{-1}(\alpha) = \beta$ gilt, beträgt $\frac{1}{\#A}$.

Falls man die Folge (σ_δ) also als Ergebnis eines gleichverteilten Zufallsexperiments ansehen darf, ergibt sich als Erwartungswert der Summe in (8):

$$E\Big(\sum_{\delta \leq n} p_{\sigma_\delta^{-1}(\alpha)}\Big) = \sum_{\beta \in A} p_\beta \cdot \frac{n}{\#A} = \frac{n}{\#A}.$$

Eingesetzt in (7) ergibt sich als Erwartungswert für K_n

$$(9) \qquad E(K_n) = \frac{n}{\#A} = n\kappa_Z.$$

Auf dem Vergleich von (2) und (9) beruht der Koinzidenz-Test, der im folgenden erläutert wird. Dieser Test ist geeignet zur Untersuchung synchroner Chiffresysteme, er dient insbesondere der Feststellung, ob zwei aufgenommene Chiffretext-Ketten mit dem gleichen Schlüsselstrom-Segment verschlüsselt wurden. Bei dem zugrundeliegenden mathematischen Modell geht man von einer Nachrichtenquelle über A der in Kap. II.1 behandelten Art aus, die den Klartext produziert, sowie einer gleichverteilten Schlüsselquelle über dem Alphabet $\mathcal{T}(A)$, die die Schlüsselströme produziert. Seien $c_1 \ldots c_n$ und $c_1' \ldots c_n'$ Chiffretexte der gleichen Länge, d.h. es gibt Klartextstrings $k_1 \ldots k_n$ und $k_1' \ldots k_n'$ und Schlüsselstromsegmente $\sigma_1 \ldots \sigma_n$ und $\sigma_1' \ldots \sigma_n'$ mit

$$c_\delta = \sigma_\delta(k_\delta) \quad \text{und} \quad c_\delta' = \sigma_\delta'(k_\delta') \qquad (\delta = 1, \ldots, n)$$

Der Koinzidenz-Test soll die Hypothese

$$"\sigma_\delta = \sigma_\delta' \quad (\delta = 1, \ldots, n)"$$

testen. Dazu wird die Anzahl $\overline{K}_n$ der Paare (c_δ, c_δ') mit $c_\delta = c_\delta'$ $(\delta \leq n)$ gezählt. Nach dem schwachen Gesetz der großen Zahl (vgl. Kap. II.1) wird $E(K_n)$ durch $\overline{K}_n$ beliebig genau approximiert, die Hypothese wird demnach positiv entschieden, wenn die Zahl $\overline{K}_n$ innerhalb eines vorher bezeichneten

Toleranz-Intervalls um den Erwartungswert $E(K_n)$ liegt.
Nach dem Grenzwert-Satz von De Moivre-Laplace ((FELLER, p.186))
liegt in den Fällen, wo die Hypothese richtig ist, das Testergebnis $\overline{K}_n$ mit der Wahrscheinlichkeit

$$\alpha_1 = 0.683 \text{ im Intervall } [E-V, E+V]$$

$$\alpha_2 = 0.953 \text{ im Intervall } [E-2V, E+2V]$$

$$\alpha_3 = 0.997 \text{ im Intervall } [E-3V, E+3V]$$

$(E = E(K_n)$, $V = V(K_n))$ für hinreichend große n. Als Faust-
regel ist $n > 9/(\kappa(1-\kappa))$ zu empfehlen.
Die Wahrscheinlichkeit für eine Fehlentscheidung im Fall der
Akzeptanz der Hypothese ist jeweils $1-\alpha_i$ (i = 1,2,3).

Wie bereits früher festgestellt wurde (vgl. Kap. I.1.7),
erlaubt die Verwendung identischer Schlüsselströme im Falle
von VIGENERE-VERNAM-Verschlüsselungen die Reduktion auf
Lauftext-Verschlüsselungen. Der Koinzidenz-Test dient zur
Aufspürung solcher Situationen.

(1) Verschieben - Synchronisieren

Es seien $c = c_1 \ldots c_n$ und $e = e_1 \ldots e_n$ zwei Chiffretexte, die
mit den Schlüsselströmen $\sigma_1, \ldots, \sigma_n$ und $\tau_1, \ldots, \tau_n$ verschlüsselt
sind. Dabei gelte für ein $s \in \mathbb{N}$ $\tau_i = \sigma_{i+s}$ (i = 1, \ldots, n-s).
Die Segmente $c_{s+1} \ldots c_n$ und $e_1 \ldots e_{n-s}$ sind folglich mit
identischen Strömen verschlüsselt. Man schreibt die beiden
Texte untereinander, zählt in jeder Stellung die vertikalen
Paare von gleichen Buchstaben und verschiebt sie zueinander.
Nach der j-ten Verschiebung sind n-j Paare auszuzählen, und
die Summenvariable ist vom Typ $\overline{K}_{n-j}$.

Ein Ergebnis in der Nähe des Erwartungswertes $E(K_{n-s})=(n-s)\cdot\kappa$
bei der s-ten Verschiebung zeigt die Synchronisierung der
Chiffretexte bezüglich ihrer Schlüsselströme an.

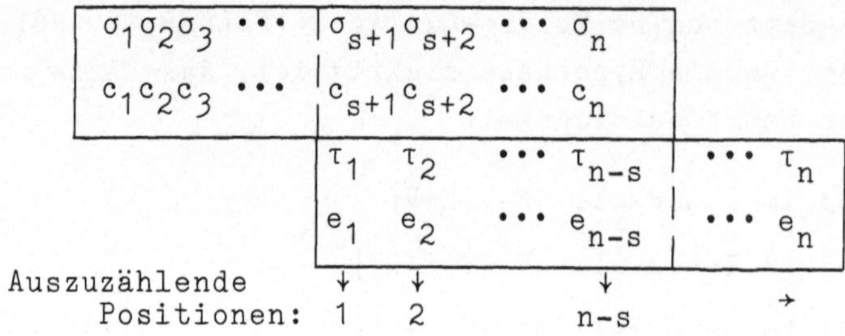

Zur Verminderung des Rechenaufwandes kann man den Koinzidenz-
Test auf genügend lange Segmente der Chiffretexte beschränken.
So reicht es nach der obigen "Faustregel" etwa einen Block
$e_1 \ldots e_l$ der Länge $l > 9/\kappa(s-\kappa)$ gegen den Text c zu verschieben,
anstatt in jeder Stellung alle Paare auszuzählen. Solange
$l \leq n-s$ gilt, ist in jeder Stellung der Erwartungswert für
eine positive Entscheidung $E(K_l) = l\kappa$. Im Falle der deutschen
Sprache mit $\#A = 26$ und $\kappa \approx 0{,}0762$ ist $l \geq 128$ zu nehmen.

(2) Erkennen von Perioden

Bei der Verwendung periodischer Schlüsselströme (beispielsweise beim VIGENERE-System, vgl. Kap. I.1.3) wiederholen sich
im Chiffretext bestimmte statistische Charakteristika. Insbesondere wiederholen sich die Koinzidenzwahrscheinlichkeiten
mit dem Schlüsselstrom.

Um dies festzustellen, verschiebt man ein genügend langes
Segment des Chiffretextes gegen den gesamten Text, und ver-
fährt wie in (1). Dabei übernimmt der gesamte Chiffretext die
Rolle von c, und das Textsegment die Rolle des zweiten Textes
e. Der Abstand, mit dem der Koinzidenz-Test hohe Werte im
Bereich des Erwartungswertes der Sprache liefert, zeigt die
Periodenlänge des Schlüsselstromes an.

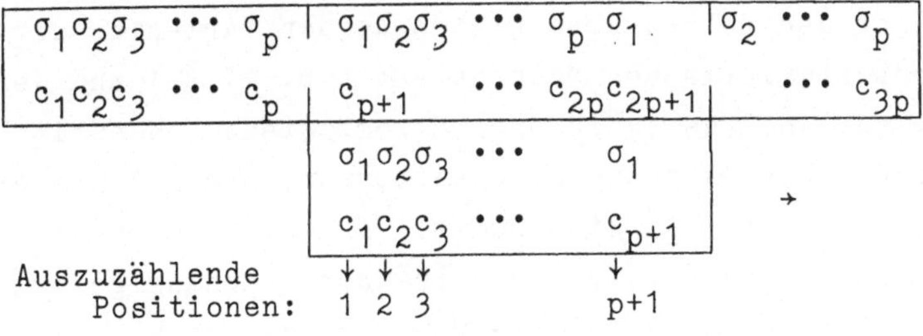

Zum Abschluß dieses Abschnitts sei noch einmal ausdrücklich auf die entscheidende Idee der Koinzidenz-Methode hingewiesen. Aus dem vorliegenden Chiffretextmaterial wurden verschiedene pseudozufällige Binärfolgen hergestellt, deren statistische Eigenschaften wichtige Informationen über das Kryptosystem liefern. Als mathematisches Modell diente eine Zufallsvariable $\nu : W \to \{0,1\}^n$, deren Komponenten unabhängig und gleichartig verteilt sind. Untersucht wurde nur die Verteilung der 0'en und 1'en. Diese Einschränkungen sind für viele quantitative Untersuchungen zu restriktiv. Eine allgemeinere, detaillierte Untersuchung zu dieser Thematik findet man bei (GOOD, 1973). Die effiziente Untersuchung von 0-1-Folgen der genannten Art ist mittels der sogenannten Sequential-Analyse möglich. Eine ausführliche Darstellung dieser Methodik enthält das Buch von (GOVINDARAJULU).

II.2.2 DER KOINZIDENZ - INDEX

In den folgenden beiden Abschnitten werden Varianten der
elementaren statistischen Methode von Kap. II.2.1 und deren
Anwendung zur Analyse synchroner Stromsysteme behandelt. (W,P)
sei ein endlicher Wahrscheinlichkeitsraum, A ein Alphabet und
für $n \in \mathbb{N}$ sei $\underline{X} : W \rightarrow A^n$ eine Zufallsvariable, deren Komponentenfunktionen $\underline{X}_\delta$ $(\delta=1,\ldots,n)$ voneinander unabhängige, gleichartig verteilte Zufallsvariable $W \rightarrow A$ sind. Durch

$$\phi_{\underline{X}}(w) := \#\{(\delta,\delta')\,|\,\underline{X}_\delta(w) = \underline{X}_{\delta'}(w),\ 1 \leq \delta < \delta' \leq n\}$$

ist eine Zufallsvariable $\phi_{\underline{X}} : W \rightarrow \mathbb{N}'$ definiert. Die daraus
vermöge $IC_{\underline{X}}(w) := \phi_{\underline{X}}(w)/\binom{n}{2}$ abgeleitete Zufallsgröße

$$IC_{\underline{X}} : W \rightarrow \mathbb{R}$$

nennt man den Koinzidenz-Index. Diese Definition steht im
Einklang mit der in Kap. I.1.3 eingeführten Begriffsbildung,
die die relative Anzahl der Koinzidenzen $c_\delta = c_{\delta'}$ $(1 \leq \delta < \delta' \leq n)$
in einem Text $c_1 \ldots c_n$ angab.

<u>Satz 10:</u>

Für $i \in \mathbb{N}$ sei $\pi_i = \sum\limits_{x \in A} p_x^i$ gesetzt.

  (i) Die Zufallsvariable $IC_{\underline{X}}$ hat den Erwartungswert

$$E(IC_{\underline{X}}) = \kappa$$

und die Varianz

$$Var(IC_{\underline{X}}) =$$

$$(4n^3(\pi_3-\pi_2^2)+2n^2(5\pi_2^2+\pi_2-6\pi_3)+2n(4\pi_3-\pi_2^2))4/(n(n-1))^2$$

  (ii) Falls die $\underline{X}_\delta$ $(\delta=1,\ldots,n)$ alle gleichverteilt sind, gilt

$$E(IC_{\underline{X}}) = 1/\#A$$

$$Var(IC_{\underline{X}}) = 2/n(n-1) \cdot \#A \ .$$

(iii) In (i) und (ii) verschwinden die Varianzen gegen Null
    für $n \rightarrow \infty$.

<u>Beweis:</u> Wir schreiben kurz $IC = IC_{\underline{X}}$ und $\phi = \phi_{\underline{X}}$

Die "Buchstabenhäufigkeiten" $h_x^{(w)} = \#\{1 \leq \delta \leq n \mid \underline{X}_\delta(w) = x\}$

sind binomialverteilte Zufallsvariable $h_x : W \to \mathbb{N}'$ mit dem Erwartungswert $E(h_x) = np_x$ und der Varianz $Var(h_x) = np_x \cdot (1-p_x)$.

Es gilt

$$\phi(w) = \sum_{x \in A} \binom{h_x^{(w)}}{2} = 1/2 \sum_{x \in A} h_x^{(w)}(h_x^{(w)}-1), \tag{13}$$

und daher

$$\binom{n}{2} \cdot E(IC) = E(\phi) = E(1/2 \sum_{x \in A} h_x(h_x-1)) = 1/2 \sum_{x \in A} E(h_x(h_x-1))$$

$$\tag{14}$$

Für $x \in A$ gilt (vgl. (FELLER), p. 222)

$$E(h_x(h_x-1)) = E(h_x) - E(h_x) = \sum_{j=0}^{n} (j^2 \binom{n}{j} p_x^j (1-p_x)^{n-j}) - np_x = n(n-1)p_x^2.$$

Hieraus folgt mit (14)

$$\binom{n}{2} \cdot E(IC) = \frac{1}{2} \cdot n(n-1) \sum_{x \in A} p_x^2 = \binom{n}{2} \cdot \kappa.$$

Den Beweis für die Varianz findet man bei (KULLBACK), Anhang D. Aus (i) folgen unmittelbar die Aussagen (ii) und (iii). $\blacksquare$

Wir holen nun den Beweis von Satz 1, Kap. I nach.

<u>Satz:</u> (1, Kap. I.1.3)

$(\sigma_\delta)_{\delta \geq 1}$ sei eine periodische Schlüsselfolge von Permutationen $\sigma_\delta \in \mathfrak{S}(A)$ mit der Periodenlänge $1 \leq d \leq n$. Über die Komponentenfunktionen $\underline{Y}_\delta := \sigma_\delta \circ \underline{X}_\delta$ $(\delta=1,\ldots,n)$ wird dann eine neue Zufallsvariable $\underline{Y}:W \to A^n$ definiert, deren Koinzidenzindex $IC_{\underline{Y}}$ den Erwartungswert

$$E(IC_{\underline{Y}}) = \frac{1}{d} \cdot \frac{n-d}{n-1} \cdot \kappa + \frac{d-1}{d} \cdot \frac{n}{n-1} \cdot \frac{1}{\#A} \qquad \text{hat.}$$

<u>Beweis:</u>
O.E. sei $n = t \cdot d$, $t \in \mathbb{N}$. Die Zufallsvariablen $\nu_{\delta}, \delta : W \to \mathbb{N}'$ seien definiert durch

$$\nu_{\delta,\delta'}(w) = \begin{cases} 1 & \text{falls } \underline{Y}_\delta(w) = \underline{Y}_{\delta'}(w) \\ 0 & \text{sonst} \end{cases} \quad \text{ist.}$$

Die $\nu_{\delta,\delta'}$ sind unabhängig voneinander wegen der Unabhängigkeit der $\underline{X}_\delta$. Es gilt

$$E(\phi_{\underline{Y}}) = \sum_{1 \leq \delta < \delta' \leq n} E(\nu_{\delta,\delta'}) \ .$$

Jedes $1 \leq \delta \leq n$ hat eine eindeutige Darstellung der Form $\delta = (i-1)d+j$ mit $1 \leq i \leq t$ und $1 \leq j \leq d$. Für $\delta = (i-1)d+j$ und $\delta' = (i'-1)d+j'$ mit $j = j'$ gilt $\underline{Y}_\delta(w) = \underline{Y}_{\delta'}(w)$ genau dann, wenn $\underline{X}_{(i-1)d+j}(w) = \underline{X}_{(i'-1)d+j}(w)$ ist. Für solche Paare (δ,δ') ist $E(\nu_{\delta,\delta'}) = \kappa$ – insgesamt gibt es $d\cdot\binom{t}{2}$ viele solcher Paare. Für die übrigen $\binom{n}{2}-d\cdot\binom{t}{2}$ vielen Paare (δ,δ') gilt $\nu_{\delta,\delta'}(w) = 1$ genau dann, wenn $\underline{X}_\delta(w) = \sigma_\delta^{-1}\sigma_{\delta'}\circ\underline{X}_{\delta'}(w)$ ist. Mit einem ähnlichen Argument wie in Kap. II.2.1 folgt $E(\nu_{\delta,\delta'}) = \kappa_Z$ für diesen Fall. Insgesamt wird

$$E(IC) = \binom{n}{2}^{-1}\cdot\{d\binom{t}{2}\kappa+(\binom{n}{2} - d\binom{t}{2})\kappa_Z\} =$$

$$\frac{t(n-d)}{n(n-1)}\cdot\kappa + \frac{n(n-1) - t(n-d)}{n(n-1)}\cdot\kappa_Z \quad ,$$

woraus die Behauptung folgt. ∎

Aus diesem Satz gewinnen wir das

<u>Korollar:</u>

(i) Für große n läßt sich $E(IC)$ approximieren durch

$$E(IC) \simeq \kappa/d+(d-1)\kappa_Z/d$$

(ii) Der Koinzidenz-Index ist unter monoalphabetischer Substitution invariant.

(iii) Für $d \simeq n$ gilt $E(IC) \simeq \kappa_Z$.

Hierdurch wird die Verwendung aperiodischer polyalphabetischer
Systeme nahegelegt, denn dann werden die Buchstabenhäufigkeiten in Chiffretexten so "geglättet", daß alle Buchstaben
annähernd gleich oft erscheinen. Die erwartete Anzahl von
Koinzidenzen ist dann dieselbe wie für *Zufallstext*, d.h. Text
einer Quelle mit gleichverteilten unabhängigen Projektionen.

Der Koinzidenz-Index unterscheidet monoalphabetisch verschlüsselte Texte von solchen, die polyalphabetisch verschlüsselt sind. Er ermöglicht beispielsweise die Zerlegung
von periodisch verschlüsseltem Text in monoalphabetische
Komponenten, wie dies bei der Lösung des VIGENERE-Systems
gezeigt wurde (vgl. Kap. I.1.3).

Wegen (ii) unterscheidet der Koinzidenz-Index insbesondere
nicht zwischen *isomorphen Texten*, das sind solche, die durch
eine monoalphabetische Substitution ineinander überführbar
sind, wie etwa

    SCHLUESSEL
    BZMOWIBBIO

oder

    MUKAUSCSUAKUM
    TORFOLDLOFROT

Die Wahrscheinlichkeitsverteilung des Koinzidenz-Index entspricht für genügend lange Texte wieder einer Normalverteilung ((KULLBACK)S. 39 und (FELLER) loc.cit.). Daher reicht
die Kenntnis des Erwartungswertes und der Varianz zur Beschreibung der Verteilung aus. Zum Testen der Hypothese, daß
ein Text monoalphabetisch verschlüsselt ist, kann man wie in
2.1 Toleranzintervalle festlegen.

II.2.3 Der Kreuz - Koinzidenz - Index

Zu einem Vektor $(\underline{X}_1,\ldots,\underline{X}_n)$ gleichartig verteilter voneinander
unabhängiger Zufallsvariablen $\underline{X}_\delta : W \to A$ auf den endlichen
Wahrscheinlichkeitsraum (W,P) mit Werten im Alphabet A
definiert man eine Zufallsvariable

$$\underline{f} := (f_\alpha)_{\alpha \in A} : W \to \mathbb{R}^{\#A}$$

mittels $f_\alpha(w) := \frac{1}{n}\cdot\#\{1\leq\delta\leq n \mid \underline{X}_\delta(w) = \alpha\}$. Als *Kreuz-Koinzidenz-Index* zweier solcher Vektoren $(\underline{X}_1,\ldots,\underline{X}_n)$ und $(\underline{X}'_1,\ldots,\underline{X}'_n)$
mit den zugehörigen Zufallsvariablen $\underline{f} = (f_\alpha)_{\alpha \in A}$ und
$\underline{f}' = (f'_\alpha)_{\alpha \in A}$ bezeichnet man die Zufallsvariable

$$XIC(\underline{f},\underline{f}') : W \to [0,1]$$

mit $\qquad XIC(\underline{f},\underline{f}')(w) := \sum_{\alpha \in A} f_\alpha(w)f'_\alpha(w) \ .$

Satz 11:

Wenn alle $\underline{X}_\delta,\underline{X}'_{\delta'}$ die gleichen Buchstabenwahrscheinlichkeiten
p_α haben, gilt mit der Abkürzung $\pi_i := \sum_{x \in A} p_x^i$:

 (i) $XIC(\underline{f},\underline{f}')$ hat den Erwartungswert

$$E(XIC(\underline{f},\underline{f}')) = \pi_2 = \kappa$$

und die Varianz

$$Var(XIC(\underline{f},\underline{f}'))=((n+n')\cdot(\pi_3-\pi_2^2)+\pi_2+\pi_2^2-2\pi_3)/nn'$$

 (ii) Im Fall gleichverteilter $\underline{X}_\delta$ und $\underline{X}'_{\delta'}$ gilt

$$E(XIC(\underline{f},\underline{f}')) = 1/\#A$$

$$Var(XIC(\underline{f},\underline{f}')) = (1/\#A-(1/\#A)^2)/nn'$$

(iii) Die Varianzen in (i) und (ii) verschwinden gegen Null
für $n,n' \to \infty$.

<u>Beweis:</u>

Die relativen Buchstabenhäufigkeiten sind Zufallsvariablen
mit Erwartungswerten

$$E(f_\alpha) = p_\alpha. \tag{16}$$

Daher gilt

$$E(XIC(\underline{f},\underline{f}')) = E(\sum_{\alpha \in A} f_\alpha \cdot f_\alpha') = \sum_{\alpha \in A} E(f_\alpha \cdot f_\alpha')$$

$$= \sum_{\alpha \in A} E(f_\alpha)E(f_\alpha') = \sum_{\alpha \in A} p_\alpha^2 = \kappa.$$

Den Beweis für die Varianz findet man bei (KULLBACK), App. F.
Aus (i) folgten die Aussagen (ii) und (iii) unmittelbar. ∎

$\sigma = (\sigma_\delta)_{\delta \geq 1}$ und $\tau = (\tau_\delta)_{\delta \geq 1}$ seien Folgen von Permutationen
über A, die von einer gleichverteilten Quelle erzeugt werden.
Damit werden zu $\underline{X} = (\underline{X}_1,\ldots,\underline{X}_n)$ und $\underline{X}' = (\underline{X}'_1,\ldots,\underline{X}'_{n'})$
zwei neue Vektoren $\underline{X}^\sigma := (\sigma_1 o\underline{X}_1,\ldots,\sigma_n o\underline{X}_n)$ und
$\underline{X}'^\tau := (\tau_1 o\underline{X}'_1,\ldots,\tau_{n'} o\underline{X}'_{n'})$ von Zufallsvariablen gebildet. Der
Erwartungswert des Kreuz-Koinzidenz-Index $XIC^{\sigma,\tau}$ von $\underline{X}^\sigma$ und
$\underline{X}'^\tau$ ergibt sich aus folgender Überlegung. Die Zufallsvariable
$f_\alpha^\sigma : W \to \mathbb{R}$ mit $f_\alpha^\sigma(w) = \frac{1}{n}\#\{1 \leq d \leq n \mid \sigma_\delta o\underline{X}_\delta(w) = \alpha\}$ hat den Erwartungswert

$$E(f_\alpha^\sigma) = \frac{1}{n} \sum_{\delta \leq n} p_{\sigma^{-1}(\alpha)}$$

$$= \frac{1}{n} \sum_{\beta \in A} p_\beta \cdot \#\{\delta \leq n \mid \sigma_\delta^{-1}(\alpha) = \beta\}$$

Als Erwartungswert für die Anzahl $\#\{\delta \leq n \mid \sigma_\delta^{-1}(\alpha) = \beta\}$ hat man
aufgrund der Gleichverteiltheitsannahme gerade $\frac{n}{\#A}$. Also wird
$E(f_\alpha^\sigma) = \frac{1}{\#A}$ und ebenso $E(f_\alpha'^\tau) = \frac{1}{\#A}$ für alle $\alpha \in A$. Aufgrund der
Definition wird

$$E(XIC^{\sigma,\tau}) = \sum_{\alpha \in A} E(f_\alpha^\sigma)E(f_\alpha'^\tau) = \frac{1}{\#A}.$$

Wir notieren

<u>Satz 12:</u>

Unter den oben genannten Voraussetzungen hat $XIC^{\sigma,\tau}$ den
Erwartungswert

$$E(XIC^{\sigma,\tau}) = 1/\#A$$

und die Varianz
$$Var(XIC^{\sigma,\tau})=(n(\pi_2-1/\#A)+(1-\pi_2))(n'(\pi_2-1/\#A)+(1-\pi_2))/nn'(\#A-1).$$

Den Beweis für die Varianz findet man bei (TILT), pp. 135.

Aufgrund der beiden Sätze erhält man einen Test zur Prüfung
der Hypothese, daß zwei Texte eventuell verschiedener Länge
von Quellen mit den gleichen Buchstabenhäufigkeiten erzeugt
wurden. Die explizite Ausformulierung folgt der des Koinzidenz-
Tests in Kap. II.2.1 - sie wird dem Leser als Übung überlassen.

Die Wahrscheinlichkeitsverteilung des Kreuz-Koinzidenz-Index
entspricht für genügend große n bzw. n' einer Normalverteilung
((KULLBACK), p. 61), so daß auch hier die Kenntnis von Erwartungswert und Varianz ausreichen, um die Verteilung zu
beschreiben.
Die Koinzidenz-Statistiken natürlicher Sprachen folgen dem
abgeleiteten Modell gut, auch schon für relativ kurze Texte
nähern die Meßwerte die Erwartungswerte gut an. Die Durchführung der Tests kann in der in 2.1 beschriebenen Weise
bequem durch kurze Programme auf Mikrocomputern realisiert
werden.

II.2.4 KRYPTOGRAPHISCHE SCHWACHSTELLEN DES ASCII - CODES

Zur Binärdarstellung von Text in Rechnern wird heute meist der
ASCII-Code verwendet. Dabei steht ein Vorrat von 128 Zeichen
zur Verfügung, die je mit 8 Bits codiert sind. Jeweils 7 Bits
dienen zur Darstellung der Zeichen selbst, das achte (links
stehende) Bit kann als Paritätsbit verwendet werden:

Bei ungerader Quersumme der Sieben-Bit-Darstellung eines
Zeichens wird das achte Bit gesetzt, so daß insgesamt die
Quersumme gerade ist. Falls bei einer Übertragung von Daten
höchstens ein Fehler auftritt, wird dies durch Kontrolle der
Parität erkannt. Der ASCII-Code ist fehlererkennend im Sinne
der Codierungstheorie. Zur Fehlererkennung kann natürlich
auch Nicht-Parität verwendet werden. Das Kontrollbit wird dann
gesetzt, um eine ungerade Quersumme zu erzeugen.

In der folgenden Tafel ist der ASCII-Zeichensatz entsprechend
der DIN 6603 bzw. ISO 646 mit den zugehörigen 7-Bit-Codewörtern
$b_7b_6b_5b_4b_3b_2b_1$ dargestellt.

b_7	0	0	0	0	1	1	1	1
b_6	0	0	1	1	0	0	1	1
b_5	0	1	0	1	0	1	0	1

$b_4\,b_3\,b_2\,b_1$								
0 0 0 0	NUL	DLE	SO	0	@	P	`	p
0 0 0 1	SOH	DC1	!	1	A	Q	a	q
0 0 1 0	STX	DC2	"	2	B	R	b	r
0 0 1 1	ETX	DC3	#	3	C	S	c	s
0 1 0 0	EOT	DC4	$	4	D	T	d	t
0 1 0 1	ENQ	NAK	%	5	E	U	e	u
0 1 1 0	ACK	SYN	&	6	F	V	f	v
0 1 1 1	BEL	ETB	'	7	G	W	g	w
1 0 0 0	BS	CAN	(	8	H	X	h	x
1 0 0 1	HT	EM	)	9	I	Y	i	y
1 0 1 0	LF	SUB	*	:	J	Z	j	z
1 0 1 1	VT	ESC	+	;	K	[	k	{
1 1 0 0	FF	FS	,	<	L	\	l	|
1 1 0 1	CR	GS	–	=	M	]	m	}
1 1 1 0	SO	RS	.	>	N	^	n	~
1 1 1 1	SI	US	/	?	O	_	o	DEL

Bei Darstellung durch den 8-Bit ASCII ohne Berücksichtigung
der Parität haben die drei linksseitigen Bits jeweils die Werte

$$b_8 b_7 b_6 = 001 \text{ für die Ziffern 0-9 und die Inter-}$$
$$\text{punktionszeichen}$$

$$b_8 b_7 b_6 = 010 \text{ für alle Großbuchstaben}$$

$$b_8 b_7 b_6 = 011 \text{ für alle Kleinbuchstaben}$$

Wir nehmen an, daß entsprechend dem VIGENERE-VERNAM-Prinzip
Schlüsselströme bitweise zum Klartext modulo 2 addiert werden
(vgl. Kap. I.1.7). Die Regelmäßigkeiten des ASCII ermöglichen
es, mit identischen Schlüsselströmen verschlüsselte Chiffre-
texte zu entdecken.
In dem einfachen Fall, daß die Klartexte nur Großbuchstaben
enthalten, und daß Interpunktion und Leerzeichen vor der
Chiffrierung entfernt wurden, verfährt man wie folgt:
In allen Klartexten wiederholt sich in diesem Fall die Bit-
Folge 010 des achten, siebten und sechsten Bits eines jeden
Buchstabens. Werden zwei solche Texte $k = k_1,\ldots,k_n$,

$k' = k'_1,\ldots,k'_n$ mit den ASCII-Darstellungen

$$k_i = b_{8,i} b_{7,i} \cdots b_{1,i}$$
$$k'_i = b'_{8,i} b'_{7,i} \cdots b'_{1,i}$$

mit identischen Binär-Ketten verschlüsselt, so gilt für die
Chiffretexte $c = c_1 \cdots c_n$ mit $c_i = c_{8,i} c_{7,i} \cdots c_{1,i}$ und
$c' = c'_1 \cdots c'_n$ mit $c'_i = c'_{8,i} c'_{7,i} \cdots c'_{1,i}$ jeweils

$$c_{8,i} c_{7,i} c_{6,i} = c'_{8,i} c'_{7,i} c'_{6,i} \qquad (i=1,\ldots,n)$$

Stimmen lange Segmente von Chiffretexten in diesen Bit-
positionen überein, ist dies ein deutlicher Hinweis auf
identische Schlüsselströme.
Die Situation ist komplizierter, falls wie üblich Texte in
normaler Form mit Groß- und Kleinschreibung, Interpunktion und
Leerzeichen verschlüsselt werden. Erneut hilft die Statistik.

In einer Stichprobe von Texten in deutscher Sprache fanden wir
folgende Häufigkeiten:

Zeichen	20 000
Großbuchstaben	1 035
Kleinbuchstaben	15 673
Leerzeichen	2 665
sonstige	627
Worte	2 705

Hieraus ergibt sich eine mittlere Wortlänge von 6,2
Buchstaben und die relativen Häufigkeiten für

Großbuchstaben	0,052
Kleinbuchstaben	0,784
Leerzeichen, Ziffern, Interpunktionszeichen (sonstige)	0,165

Für die Wahrscheinlichkeiten p_1, p_2, p_3, daß in zwei
beliebigen Positionen eines Textes jeweils Großbuchstaben,
Kleinbuchstaben, oder sonstige Zeichen erzeugt werden,
nehmen wir daher an

$$\text{Großbuchstaben} \quad p_1 \simeq 0,052^2 = 0,0027$$
$$\text{Kleinbuchstaben} \quad p_2 \simeq 0,784^2 = 0,615$$
$$\text{sonstige} \quad p_3 \simeq 0,165^2 = 0,027$$

Die Gesamtwahrscheinlichkeit p für das Auftreten zweier
Zeichen mit gleichen Werten in den drei höheren Bit-Positionen
ist

$$p = p_1 + p_2 + p_3 \simeq 0,654$$

Für ASCII-Texte k und k′ gleicher Länge n drängt sich ein
Koinzidenz-Test auf, der als Koinzidenz jeweils das Ereignis

$$b_{8,i} b_{7,i} b_{6,i} = b'_{8,i} b'_{7,i} b'_{6,i} \quad (i=1,\dots,n)$$

zählt. Die Anzahl der Koinzidenzen hat den Erwartungswert
und die Varianz

$$E = np \simeq n \cdot 0,645$$

$$\mathrm{Var} = np(1-p) \simeq n \cdot 0,23$$

Hieran ändert sich nichts, wenn beide Texte mit identischen
Strömen verschlüsselt werden!

Falls in jeder Bit-Position des Chiffretextes 0 und 1
gleichwahrscheinlich sind, geht der obige Koinzidenz-Test
von der Wahrscheinlichkeit $p'=0,5^2$ für Koinzidenz,
und daher von Erwartungswert und Varianz

$$E' = np' = n \cdot 0,125$$

$$\mathrm{Var}' = np'(1-p') = n \cdot 0,11$$

für die Anzahl der Koinzidenzen aus.

Der Koinzidenztest (vgl. Kap. II.2.1) kann mit dem hier
modifizierten Koinzidenzbegriff angewendet werden.

Nach der Identifizierung von Chiffretexten zum gleichen
Schlüsselstrom geht es uns im zweiten Schritt um die defi-
nitive Bestimmung von Klartext- und Schlüsselstromsegmenten.
Durch bitweise Addition modulo 2 zweier solcher Chiffretexte
erfolgt eine Reduktion auf eine Lauftextverschlüsselung, wenn
beide Kryptogramme richtig synchronisiert sind (vgl. Kap.
I.1.7). Die kryptoanalytische Aufgabe lautet anders ausgedrückt: Die binäre Summe zweier ASCII-repräsentierter Klartexte
sei bekannt - man bestimme beide Klartexte.

Für zwei Klartext-Buchstaben $b_8 \ldots b_1$ und $b'_8 \ldots b'_1$ hat das
Binärtripel

$$b_8 \oplus b'_8 \,\|\, b_7 \oplus b'_7 \,\|\, b_6 \oplus b'_6$$

in etwa 64 Prozent aller Fälle den Wert 000, weil entweder
zwei Groß- oder zwei Kleinbuchstaben, oder zwei Leer- oder
zwei Interpunktionszeichen aufeinandergetroffen sind. Nach den
oben berechneten Wahrscheinlichkeiten treffen dabei in 61
Prozent aller Fälle zwei Kleinbuchstaben aufeinander.

Für jedes als Kleinbuchstabe identifizierte Zeichen in einem
der Chiffretexte sind die Bits $b_8 b_7 b_6 = 011$ bekannt, und durch
Addition modulo 2 auch die entsprechenden Bits des Schlüsselstromes.
Die restlichen 5 Bits lassen 32 Möglichkeiten offen. Das fünfte
Bit ist für die Buchstaben a,...,o gleich 0 und für p,...,z
gleich 1. Legt man die statistische Häufigkeit der Buchstaben
für deutsche oder engliche Texte zugrunde, so ergibt sich eine
höhere Wahrscheinlichkeit für 0 im fünften Bit. Dies wird
wesentlich mitbestimmt von linken und rechten Nachbarbuchstaben;
dazu kann man die statistischen Häufigkeiten von Digrammen,
Trigrammen bzw. allgemein von n-Grammen einer Sprache betrachten. Auf diese Weise erhält man möglicherweise Aufschluß
über das vierte Bit, eventuell durch Redundanz sogar über den
Buchstaben selber; beispielsweise folgt in der deutschen wie
in der englischen Sprache auf Q immer U. Die verbleibenden 4
Bits lassen noch 16 Möglichkeiten offen.

Falls man im Besitz mehrerer Chiffretextpassagen ist, die mit
dem gleichen Schlüsselstromsegment verschlüsselt sind, so
kann rekonstruierter Schlüsselstrom verifiziert werden, da er
alle Passagen gleichermaßen entschlüsseln muß.
*Die Redundanz des ASCII bewirkt eine erhebliche Schwächung der
VIGENERE-VERNAM-Verschlüsselung über* $\mathbb{F}_2$.

Dies gilt auch für den EBCDIC-Code von IBM. Als Fazit sollte
man zur Darstellung alphanumerischer Daten, die verschlüsselt
werden, einen Code wählen, bei dem für jedes Bit 0 und 1 gleich-
wahrscheinliche Werte sind, bzw. bei dem allgemeiner jedes n-
Tupel von Bits gleichoft erscheint. Ferner sollte kein Bit als
Linearkombination der übrigen Bits darstellbar sein, und es
sollte auch kein Paritäts-Bit verwendet werden; allgemein ist
die Redundanz zu minimieren.

II.2.5   Das Intensitätsspektrum

Die elementaren statistischen Verfahren vom Anfang des Kapitels
dienten unter anderem zur Aufdeckung verborgener Periodizitäten
in Chiffretexten. Man kann dies auch als die Erkennung von
Signalen im Rauschen auffassen, ähnlich den Methoden des
"signal processing", welches fundamental für viele zivile
und militärische Kommunikationssysteme ist (vgl. z.B.
(TORRIERI)). Mathematische Grundlage bildet die verallgemeinerte Fourier-Analyse, die Spektralanalyse von Zeitreihen.
Wir können dieses umfangreiche Gebiet hier nur kurz streifen
und verweisen für eine umfassende mathematische Einführung
auf das Buch von (KOOPMANS).

Sei zunächst $(x_t)_{t \in \mathbb{Z}}$ eine reelle Zahlenfolge mit der Periode
$p \in \mathbb{N}$, d.h.

$$x_t = x_{t+p} \qquad \text{für alle } t \in \mathbb{Z}.$$

Die *Intensität* I dieser Folge ist definiert als

$$I = \frac{1}{p} \sum_{t=1}^{p} (x_t)^2$$

Interpretiert man den Vektor $\underline{x} = (x_1, \ldots, x_p)$ als Element des
p-dimensionalen komplexen Hilbertraums $\mathbb{C}^p$ mit dem Skalar-

produkt $\langle \underline{v}, \underline{w} \rangle = \frac{1}{p} \sum_{t=1}^{p} v_t \overline{w}_t$, so wird gerade

$$I = \langle \underline{x}, \underline{x} \rangle .$$

Die Vektoren $\underline{v}_{-\left\lfloor \frac{p-1}{2} \right\rfloor}, \ldots, \underline{v}_{\left\lfloor \frac{p}{2} \right\rfloor}$ mit

$$\underline{v}_t = \left(\exp \frac{2\pi i t}{p}, \ \exp 2 \cdot \frac{2\pi i t}{p}, \ldots, \ \exp p \cdot \frac{2\pi i t}{p} \right) \text{ bilden eine}$$

Orthonormalbasis von $\mathbb{C}^p$ mit dem Skalarprodukt $\langle , \rangle$, d.h. sie
bilden eine Basis von $\mathbb{C}^p$ mit

$$\langle \underline{v}_t, \underline{v}_{t'} \rangle = \begin{cases} 0 & t \neq t' \\ & \text{für} \\ 1 & t = t' \end{cases} \qquad \text{wie man leicht mittels}$$

der Formel

$$\sum_{t=1}^{p} \exp\left(-\frac{2\pi i \lambda}{p} t\right) = \begin{cases} p & \lambda = 0 \\ \text{für} & \qquad (\lambda \in \mathbb{Z}) \\ 0 & \lambda \neq 0 \end{cases}$$

feststellt.

Also hat $\underline{x}$ eine eindeutige Darstellung

$$\underline{x} = \sum_{j=-\lfloor\frac{p-1}{2}\rfloor}^{\lfloor\frac{p}{2}\rfloor} \zeta_j \underline{v}_j$$

mit den komplexen Zahlen

$$\zeta_j = \langle\underline{x},\underline{v}_j\rangle = \frac{1}{p} \sum_{t=1}^{p} x_t \exp\left(-\frac{2\pi i j t}{p}\right) \qquad \left(j=-\left\lfloor\frac{p-1}{2}\right\rfloor,\ldots,\left\lfloor\frac{p}{2}\right\rfloor\right)$$

Der Vektor $(\zeta_{-\lfloor\frac{p-1}{2}\rfloor},\ldots,\zeta_{\lfloor\frac{p}{2}\rfloor})$ heißt *diskrete Fourier-Trans -*

formation von $\underline{x}$.

Aufgrund der Orthonormalität der $\underline{v}_t$ erhält man

$$I = \sum_{j=-\lfloor\frac{p-1}{2}\rfloor}^{\lfloor\frac{p}{2}\rfloor} \zeta_j \overline{\zeta}_j$$

Das *Intensitätsspektrum* von I ist der reelle Vektor

$(I(\phi_j))_{-\lfloor\frac{p-1}{2}\rfloor \leq j \leq \lfloor\frac{p}{2}\rfloor}$ mit $I(\phi_j) = \zeta_j \overline{\zeta}_j$; man nennt $I(\phi_j)$ die

Komponente zur *Frequenz* $\phi_j = \frac{2\pi j}{p}$ von I. $I(\phi_j)$ ist die

Intensität des Vektors $\zeta_j \underline{v}_j$. Es gilt

$$I(\phi_j) = \left(\frac{1}{p}\right)^2 \sum_{t,t'=1}^{p} x_t x_{t'} \exp\left(-\frac{2\pi i j}{p}(t-t')\right);$$

mit der Setzung $k + t' = t$ wird hieraus

$$I(\phi_j) = \frac{1}{p}\sum_{k=1}^{p} c_k \exp\left(-\frac{2\pi i j}{p} k\right) \text{ mit } c_k = \frac{1}{p}\sum_{t=1}^{p} x_t x_{t+k}.$$

Das Intensitätsspektrum ergibt sich mithin als diskrete
Fourier-Transformation der *Autokovarianz* $\underline{c}=(c_1,\ldots,c_p)$ zu $\underline{x}$.

Als Beispiel betrachte man die Output-Folgen (x_j) eines
linearen Schieberegisters über $\mathbb{F}_2$ mit der (maximalen) Periode
$p = 2^n-1$ (vgl. Kap. IV.5), die als Folge mit Werten in
$\{0,1\}\subset\mathbb{R}$ aufgefaßt wird.
Nach (SARWATE-PURSLEY)(bzw. (GOLOMB)) ergibt sich als
Autokovarianz

$$c_k = \begin{cases} 1 & k \equiv 0 \bmod p \\ & \text{für} \\ -\dfrac{1}{p} & k \equiv 0 \bmod p. \end{cases}$$

Das Intensitätsspektrum dieser Folgen hat zur Frequenz

$\phi_j = \dfrac{2\pi j}{p}$ die Komponente

$$I(\phi_j) = \frac{1}{p} \sum_{k=1}^{p} c_k \exp\left(-\frac{2\pi i j}{p}k\right) = \begin{cases} \dfrac{1}{p}\left(1-\dfrac{p-1}{p}\right) & p\,|\,j \\ & \text{für} \\ \dfrac{1}{p}\left(1+\dfrac{1}{p}\right) & p\nmid j. \end{cases}$$

Diese Ergebnisse werden nun verallgemeinert. Sei (W,P) ein
endlicher Wahrscheinlichkeitsraum und $(X_t:W \to \mathbb{C})_{t\in\mathbb{Z}}$ eine
Folge von komplexwertigen Zufallsvariablen auf W. Man nennt
die Folge $(X_t)_{t\in\mathbb{Z}}$ eine *diskrete Zeitreihe*, wenn für alle
$\underline{\alpha} = (\alpha_1,\ldots,\alpha_n)\in\mathbb{C}^n$ und $k\in\mathbb{N}$

$$(*) \quad P(\{w\in W\,|\,X_t(w)=\alpha_1,\ldots,X_{t+n-1}(w)=\alpha_n\}) =$$

$$= P(\{w\in W\,|\,X_{t+k}(w)=\alpha_1,\ldots,X_{t+n+k-1}(w)=\alpha_n\})$$

für jedes $n\in\mathbb{N}$ ist, d.h. wenn die Verteilungen nur von den
relativen Zeitabständen, nicht aber von den absoluten Zeitpunkten abhängen.
Mit $E(X)$ bezeichnen wir den Erwartungswert der Zufallsvariablen $X : W \to C$. Wegen $(*)$ ist

85

$$\mu := E(X_0) = E(X_t) \quad \text{für alle } t \in \mathbf{Z} \text{ und}$$

$$v(h) := E((X_t-\mu)(X_{t+h}-\mu)) \quad \text{für alle } t \in \mathbf{Z} \text{ und } h \in \mathbf{Z}$$

Die Funktion $v : \mathbf{Z} \to \mathbf{C}$ mit $h \to v(h)$ heißt *Autokovarianz* der Zeitreihe (X_t). Die normierte Funktion

$$c : \mathbf{Z} \to \mathbf{C} \text{ mit } c(h) := \frac{v(h)}{v(0)} \text{ für } h \in \mathbf{Z}$$

ist die *Autokorrelation* der Zeitreihe (X_t).

Satz 13:

Zur Autokovarianzfunktion v der diskreten Zeitreihe $(X_t)_{t \in \mathbf{Z}}$ existiert eine monoton nicht-fallende Funktion
F: $[-\pi,\pi] \to \mathbf{C}$ mit $F(-\pi) = 0$ und $F(\pi) = 1$, so daß $v(h)$ die Stieltjes-Integral-Darstellung

$$v(h) = \int_{-\pi}^{\pi} e^{i\phi h} dF(\phi)$$

hat.

Beweis: vgl. (KOOPMANS, Chap. 3.3).

Falls $(X_t)_{t \in \mathbf{Z}}$ eine diskrete Zeitreihe mit differenzierbarer Funktion F ist, existiert die *Dichte-Funktion*

$$f(\phi) = \frac{dF(\phi)}{d\phi} \text{ mit der Periode } 2\pi, \text{ und es folgt}$$

$$v(h) = \int_{-\pi}^{\pi} e^{i\phi h} f(\phi) d\phi \text{ mit einem "gewöhnlichen" Integral. Unter}$$

der Voraussetzung $\sum_{n=-\infty}^{\infty} |(v(h)|^2 < \infty$ folgt aus der Theorie der

Fourier-Transformation:

$$f(\phi) = \frac{1}{2\pi} \sum_{h=-\infty}^{\infty} v(h)\exp(-i\phi h) \quad \text{für } -\pi \leq \phi \leq \pi.$$

f wird wiederum als Intensitätsspektrum bezeichnet.
Ein Beispiel für diesen Fall bilden die "reinen" Zufalls-
prozesse, bei denen die X_t paarweise unabhängige Zufallsvariable mit dem gleichen Mittelwert $\mu = 0$ und der gleichen

Varianz σ^2 sind. Hierfür wird

$$v(h) = \begin{cases} \sigma^2 & h = 0 \\ 0 & h \neq 0 \end{cases} \text{, falls} \quad \text{ist, also}$$

$$f(\phi) = \frac{\sigma^2}{2\pi} \text{ für alle } \phi \in [-\pi,\pi].$$

Alle Frequenzen ϕ werden gleich gewichtet.
Unter diesem Aspekt sind die Output-Folgen von linearen Schiebe-registern "zufällig". Ein anderes Extrem bilden die periodischen Zeitreihen $(X_t)_{t \in \mathbf{Z}}$ mit der Periode $p \in \mathbb{N}$, d.h.

$$X_t = X_{t+p} \quad \text{für alle } t \in \mathbf{Z}.$$

Hierbei ist F eine Treppenfunktion, so daß v eine Summendar-stellung

$$v(h) = \sum_{j=-\lfloor \frac{p-1}{2} \rfloor}^{\lfloor \frac{p}{2} \rfloor} I_j \exp(i\phi_j h)$$

mit $\phi_j = \frac{2\pi j}{p}$ besitzt, in der

$$I(\phi_j) := I_j = \frac{1}{p} \sum_{k=1}^{p} v(k) \exp(-\frac{2\pi i j}{p} k)$$

$$(j = -\lfloor \frac{p-1}{2} \rfloor, \dots, \lfloor \frac{p}{2} \rfloor)$$

ist. Die $(I(\phi_j))$ bilden die diskrete Fourier-Transformation der Autokovarianz wie im oben betrachteten Spezialfall einer periodischen Folge.
Formal kann man auch im diskreten Fall eine Dichte-Funktion $f_{\text{diskret}}(\phi)$ einführen durch

$$f_{\text{diskret}}(\phi) = \sum_{j=-\infty}^{\infty} I(\phi_j)\delta(\phi-\phi_j),$$

worin δ die Dirac'sche Delta-Funktion bezeichnet.
Im allgemeinen wird eine diskrete Zeitreihe sowohl eine kontinuierliche als auch eine diskrete Komponente des Inten-sitätsspektrums besitzen. Kontinuierliche Spektren werden in

der Natur von komplexen Mechanismen erzeugt, während diskrete
Spektren von regelmäßigen Vorgängen hervorgerufen werden.
In der Praxis verwendet man ein "sample"-Spektrum wie im anfangs
betrachteten Spezialfall als Schätzer für das Intensitätsspektrum, welches aus N Beobachtungsdaten $X^{(1)},\ldots,X^{(N)}$ hergestellt wird. Man berechnet hieraus die normalisierte diskrete
Fouriertransformation

$$Z_{j,N} := \frac{1}{\sqrt{2\pi N}} \sum_{t=1}^{N} X^{(t)} \exp(-i\phi_j t) \text{ mit } \phi_j = \frac{2\pi j}{N}$$

und $-\lfloor \frac{N-1}{2} \rfloor \leq j \leq \lfloor \frac{N}{2} \rfloor$.

Falls die unterliegende Zeitreihe nur ein kontinuierliches
Spektrum hat, hat die als *Periodogramm* bezeichnete Zufallsvariable

$$I_{j,N} := |Z_{j,N}|^2 = \frac{1}{2\pi N}|\sum_{t=1}^{N} X^{(t)} \exp(-i\phi_j t)|^2$$

für genügend große N den Erwartungswert $E(I_{j,N}) \simeq f(\phi_j)$
(KOOPMANS, (8.5)). Da sie aber für $N \to \infty$ stark fluktuiert,
kann sie nur selten als zuverlässiger Schätzer des Spektrums
angesehen werden.

Deshalb verwendet man sogenannte *geglättete* Schätzer der Form

$$f(\phi) = \frac{1}{2\pi} \sum_{n=-\infty}^{\infty} \hat{v}(h) \cdot w_M(h) \cdot \exp(-i\phi h)$$

mit

$$\hat{v}(h) := \begin{cases} \frac{1}{N} \sum_{t=1}^{N-h} X^{(t+|h|)} X^{(t)} & |h| \leq N-1 \\ & \text{für} \\ 0 & \text{sonst} \end{cases}$$

und Folgen $(w_M(h))_{n \in \mathbf{Z}}$ mit $M < N$ und

(i) $0 \leq w_M(h) \leq w_M(0) = 1$

(ii) $w_M(-h) = w_M(h)$

(iii) $w_M(h) = 0$ für $|h| > M$

Eine einfache Variante dieses Verfahrens enthält der folgende
Algorithmus (DIXON BMDX 92):

(1)   Eingabe der N diskreten Datenpunkte $X^{(1)},\ldots,X^{(N)}$
      und der Zahl $M < N$.

(2)   Bilde $\bar{X} = \frac{1}{N} \sum\limits_{t=1}^{N} X^{(t)}$ und $Y_t = X^{(t)} - \bar{X}$ $(t=1,\ldots,N)$

(3)   Berechne $V(h) = \frac{1}{N-h} \sum\limits_{t=1}^{N-h} Y_t Y_{t+h}$ $(h=0,\ldots,M)$

(4)   Bilde mit $\varepsilon_t = \begin{cases} 1 & 0 < t < M \\ 1/2 & t=0,M \end{cases}$ für   die Größen

$$\hat{F}(h) = \frac{2}{\pi} \sum\limits_{t=0}^{M} \varepsilon_t V(t) \cos \frac{th\pi}{M} \qquad (h=0,\ldots,M)$$

(5)   Verwende als Schätzer für $f(\phi_t)$ die Werte
      $\tilde{F}(0) := 0.54\hat{F}(0) + 0.46\hat{F}(1)$
      $\tilde{F}(t) := 0.23\hat{F}(t-1) + 0.54\hat{F}(t) + 0.23\hat{F}(t+1)$ $0 < t < M$
      $\tilde{F}(M) := 0.54\hat{F}(M) + 0.46\hat{F}(M-1)$

Die Berechnung von Korrelationen und Kovarianzen erfolgt am
schnellsten mit der FAST FOURIER TRANSFORMATION (vgl.
(BRIGHAM)) zur Berechnung der diskreten Fourier-Transformation.

Nun verwendet man zur Berechnung von (3) im obigen Algorithmus
die Identität

$$I_N(\phi) = \frac{1}{2\pi} \sum\limits_{h=-(N-1)}^{N-1} \hat{V}(h) \exp(-ih\phi)$$

mit

$$I_N(\phi) = |Z_N(\phi)|^2 \text{ und } Z_N(\phi) = \frac{1}{\sqrt{2\pi N}} \sum\limits_{t=1}^{N} X^{(t)} \exp(-i\phi t)$$

(KOOPMANS, (9.35)).

Algorithmus FFT (nach BRIGHAM)

```
// Die Felder X(...) und Y(...) enthalten Real- und Imaginärteile der zu
transformierenden Daten der Anzahl N=2**k //

TYPE REAL: X(...),Y(...),XR,YR,c,s
TYPE INTEGER: N,n,m,f,i,j,k,k1,k2,k3,k4,k24,u,v,u1,u2

DEF PROCEDURE FFT ( X(1...N),Y(1...N),N,k)
    k1=k-1:k2=N/2:k3=0
    FOR n=1 TO k
      REPEAT
        FOR m=1 TO k2
          i=INT(k3/2**k1)
          f=FNindex(i,k)
          c=COS(2*PI*f/N):s=SIN(2*PI*f/N)
          k4=k3+1
          k24=k2+k4
          XR=X(k24)*c+Y(k24)*s:XI=Y(k24)*c-X(k24)*s
          X(k24)=X(k4)-XR:Y(k24)=Y(k4)-XI
          X(k4)=X(k4)+XR:Y(k4)=Y(k4)+XI
          k3=k3+1
        NEXT m
        k3=k3+k2
      UNTIL k3>=N
      k3=0:k1=k1-1:k2=k2/2
    NEXT n
    FOR i=1 TO N
      f=1+FNindex(i-1,k)
      IF f>i THEN DO
        XR=X(i):XI=Y(i)
        X(i)=X(f):Y(i)=Y(f)
        X(f)=XR:Y(f)=XI
      ENDDO
    NEXT i
END PROCEDURE


DEF FNindex(u,v)
    u1=0
    FOR j=1 TO v
      u2=INT(u/2)
      u1=u+2*(u1-u2)
      u=u2
    NEXT j
    =u1
END FUNCTION
```

Man kann also $I_N(\phi_j')$ mit $\phi_j' = \dfrac{2\pi j}{2N-1}$ und $-(N-1) \leq j < N-1$ als

diskrete Fourier-Transformation von $\hat{v}(h)$ auffassen, und erhält umgekehrt

$$\hat{v}(h) = \frac{2\pi}{2N-1} \sum_{j=-(N-1)}^{N-1} I_N(\phi_j') \exp(i\phi_j' h).$$

Die diskrete Fourier-Transformation der Ausgangsdaten $X^{(1)}, \ldots, X^{(N)}, \underset{N-1\text{-viele}}{\underline{0, \ldots, 0}}$ ergibt nach Quadrieren Periodogramm-Werte $I_N(\phi_j')$ für $\phi_j' = \dfrac{2\pi j}{2N-1}$ mit $-(N-1) \leq j \leq N-1$, die mittels einer

weiteren Fourier-Transformation zu den Kovarianzen $\hat{v}(h)$ führen. Im allgemeinen weisen die so gewonnenen Schätzer für das Intensitätsspektrum eine oder mehrere scharfe Spitzen auf, die darauf hinweisen, daß dem kontinuierlichen Spektrum ein diskretes Spektrum überlagert ist. Diese Spitzen offenbaren dem Prozeß innewohnende Periodizitäten oder Quasi-Periodizitäten (siehe (KOOPMANS, 8.2) für eine exakte mathematische Begründung). Die Spektralanalyse erweist sich als ein wichtiges Instrument zur Untersuchung kryptographischer Systeme, mit dem nach derartigen Regelmäßigkeiten gesucht wird.

Zur Illustration haben wir einige Beispiele zur mehrfachen VIGENERE-Verschlüsselung gerechnet. Statt mit einem einzelnen periodischen Schlüsselstrom wie im einfachen VIGENERE-System (Kap. 1.3) wurden mehrere Schlüsselströme mit paarweise teilerfremden Perioden mod 26 addiert. Die Periodenlänge eines mehrfachen VIGENERE-Systems mit Einzel-Perioden $P_1, \ldots, P_r$ ist

$$P = \text{k.g.V.}(P_1, \ldots, P_r), \text{ also}$$

$$P = P_1 \cdots P_r,$$

wenn die P_i paarweise teilerfremd zueinander sind. Das mit $\{0, \ldots, 25\}$ identifizierte lateinische Alphabet wurde als

Teilmenge von R, die Chiffretexte als Realisierungen einer
diskreten Zeitreihe aufgefaßt. Mit erstaunlich wenig Chiffre-
text gelingt es, die einzelnen Subperioden $P_1, \ldots, P_r$ aus dem
Spektrum zu rekonstruieren.
Zusammen mit der in (GIRSDANSKY) beschriebenen Methode von
TUCKERMAN ist das mehrfache VIGENERE-System leicht zu brechen.
TUCKERMAN′s Methode wird durch die Verwendung des Spektrums
erst effizient.

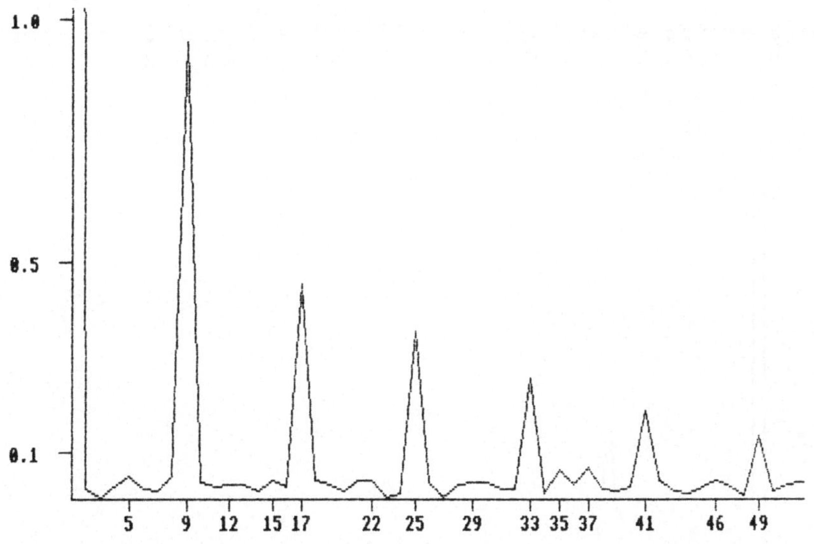

1. Spektrum einer VIGENERE-Verschlüsselung der Periode
   128 von 1024 Buchstaben Text

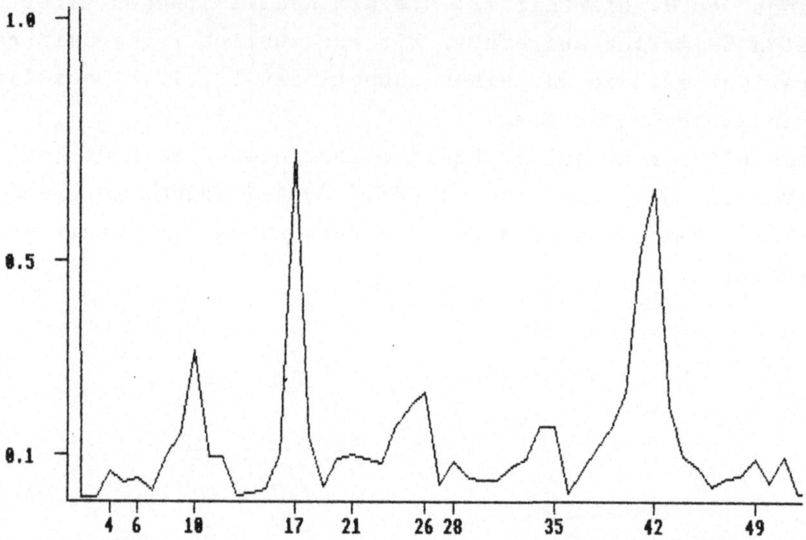

2. Spektrum einer doppelten VIGENERE- Verschlüsselung der
Perioden 83 und 129 von 2048 Buchstaben Text

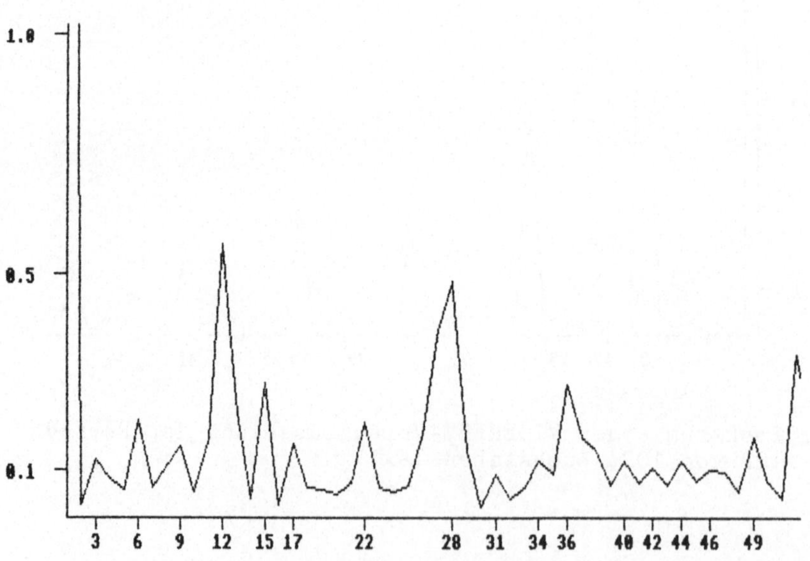

3. Spektrum einer dreifachen VIGENERE-Verschlüsselung der
Perioden 83, 129 und 191 von 2048 Buchstaben Text

Den unten betrachteten Stromsystemen liegen mechanische
Chiffrier-Apparate zugrunde, deren Funktionen wir algebraisch
beschreiben. Durch sorgfältige Studien der Verschlüsselungs-
algorithmen gelingt auf der Basis von CT-Angriffen die Re-
konstruktion von Schlüsselkomponenten. Nach einer eventuellen
Zerlegung von Chiffretext in monoalphabetisch substituierte
Anteile erfolgt die vollständige Entschlüsselung. Das Haupt-
problem besteht jeweils in der Umsetzung der algebraischen
Eigenschaften der Verschlüsselungsalgorithmen in statistische
Charakteristika der Chiffretexte.

II.3.1   EIN - ROTOR - SYSTEM

Zum Alphabet $\mathbb{Z}_n$ und der symmetrischen Gruppe $S_n = \mathcal{S}(\mathbb{Z}_n)$ wird
mit der Caesar-Substitution $C(i+n\mathbb{Z}) = i+1+n\mathbb{Z}$ und einem
Schlüssel $R \in S_n$ durch die Folge

$$T_0 := R \; , \quad T_j := C^j R C^{-j} \quad (j \geq 1)$$

von Permutationen aus S_n ein sogenanntes *Ein-Rotor-System*
erklärt. Für Texte $k = k_1 \ldots k_l \in \Omega_l(\mathbb{Z}_n)$ erfolgt Verschlüsselung
durch $c_j := T_j(k_j)$ $(j=1,\ldots,l)$ und Entschlüsselung durch
$k_j = T_j^{-1}(c_j) = C^j R^{-1} C^{-j}(c_j)$.
Zur Herkunft der Bezeichnung verweisen wir auf die technischen
Erläuterungen des nächsten Kapitels. Der Ein-Rotor-Algorithmus
wird durch die abgebildete Schieblehre veranschaulicht. Die
obere und untere Zeile bezeichnen das Ein- und Ausgabealphabet,
während die beiden mittleren Kolonnen eine feste Permutation R
beschreiben. Die Stellung der Zunge hängt von den Klartext-
positionen ab. In der momentanen Stellung führt beispielsweise
die Eingabe des Klartextes M zur Ausgabe des Chiffretextes R.

Zur Verschlüsselung eines nächsten Buchstabens wird die Zunge
zirkular um eine Position nach rechts verschoben, das heißt,
nach Erreichen der linksbündigen Position wird die Zunge zur
nächsten Verschlüsselung um 26 Positionen nach links verschoben.

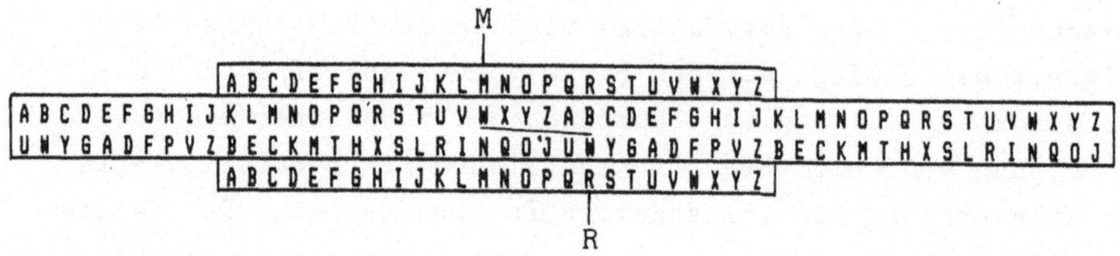

<u>Satz 14:</u>

Der Schlüssel R des Ein-Rotor-Systems kann unter einem CT-
Angriff bestimmt werden, indem man den Chiffretext in n monoalphabetische substituierte Komponenten zerlegt. Zu jedem
$j \in \mathbb{Z}_n$ ist das Bild R(j) aus den Mustern der relativen
Buchstabenhäufigkeiten dieser Komponenten bestimmbar.

<u>Beweis:</u>

Für alle $i,j \in \mathbb{Z}_n$ gilt $T_i^{-1}(i+j) = C^i R^{-1} C^{-i}(i+j) = i+R^{-1}(j)$,
also ist $(T_i^{-1}(i+j))_{i=\overline{0},\ldots,n-1}$ die j-te Diagonale der Matrix
$(T_i^{-1}(j))_{i,j=\overline{0},\ldots,n-1}$.
Es sei $\phi = (\phi_j)_{j \in \mathbb{Z}_n}$ das Muster der relativen Buchstabenhäufigkeiten einer natürlichen Sprache über $\mathbb{Z}_n$; für $\sigma \in S_n$ sei
$\phi^\sigma := (\phi_{\sigma^{-1}(j)})_{j \in \mathbb{Z}_n}$. Wir betrachten die Matrix

$$\mathfrak{F} := \begin{pmatrix} \begin{array}{c} T_0 \\ \hline \vdots \\ \hline T_{n-1} \end{array} \end{pmatrix}$$

Es ist $\mathfrak{F} = (\mathfrak{F}_{ij})_{ij=0,\ldots,n-1}$ mit $\mathfrak{F}_{ij} = \phi_{T_i^{-1}(j)}$, und den

Diagonalkomponenten $\mathfrak{F}_{i,i+j} = \phi_{T_i^{-1}(i+j)} = \phi_{i+R^{-1}(j)}$. Jede

Diagonale j ist folglich gegenüber dem Häufigkeitsmuster
um das Bild R(j) von j verschoben. Hieraus erhält man R(j)
durch Vergleich, und so letztlich R.
$\mathfrak{F}$ ist approximativ bestimmbar, indem man einen Chiffretext in
Zeilen der Länge n untereinander schreibt, und spaltenweise
die relativen Buchstabenhäufigkeiten berechnet. Die j-te
Zeile von $\mathfrak{F}$ wird durch das Muster der j-ten Chiffretext-Spalte
angenähert (j=0,...,n-1). ∎

II.3.2 DAS KRYHA - SYSTEM

Es folgt eine algebraische Beschreibung und Analyse der von
A. von KRYHA konstruierten Chiffremaschine (US Patentnr.
1744347), die in den 20er Jahren in Europa verwendet wurde.
Eine technische Beschreibung der Maschine findet man in
(SACCO), mathematisch wurde die Maschine zuerst von C. HAMEL
(HAMEL) untersucht.

Es seien $X,Y \in S_N = \mathfrak{T}(\mathbb{Z}_N), n \in \mathbb{N}$, $V_n := \{\underline{v}=(v_0,\ldots,v_{n-1}) \in \mathbb{Z}^n \mid 0 \leq v_i \leq N-1\}$,
und $P:\mathbb{N}' \to \{0,1,\ldots,N-1\}$ mit $P(0)=0, P(i+1)=P(i)+v_{i \bmod n} \bmod N$

für $i \geq 0$. $C \in S_N$ sei die Caesar-Substitution.
Durch $T_i := XC^{P(i)}Y$ für $i \geq 0$ ist die *KRYHA-Folge* zum Schlüssel
$(\underline{v},X,Y) \in V_n \times S_N^2$ erklärt.

Verschlüsselung erfolgt durch

$$c_i = T_i(k_i) \text{ für } k_1 \ldots k_r \in \Omega_r(\mathbf{Z}_N) .$$

Satz_15:

Sei $s := \sum_{\upsilon=0}^{n-1} v_\upsilon$, $\Delta := Nn/ggT(s,N)$.

Es gilt: Δ ist die Periodenlänge der Folge $(T_i)_{i \geq 0}$.

Beweis:

Es ist $P(n+i)-P(i) \equiv \sum_{\upsilon=i}^{n+i-1} (P(\upsilon+1)-P(\upsilon))$

$$\equiv \sum_{\upsilon=i}^{n+i-1} v_\upsilon \bmod n \equiv \sum_{\upsilon=0}^{n-1} v_\upsilon \equiv s \bmod N \text{ für alle } i \in \mathbb{N}' := \mathbb{N} \cup \{0\} .$$

Induktiv folgt: $P(j \cdot n+i) \equiv P(i)+js \bmod N$ für alle $i,j \in \mathbb{N}'$.

In $\mathbf{Z}_N$ hat s die Ordnung ord $s=N/ggT(s,N) =: l_0$, daher gilt:

$P(l_0 \cdot n+i) \equiv P(i) \bmod N$ für alle $i \in \mathbb{N}'$.

Da $C \in \mathcal{T}(\mathbf{Z}_N)$ die Ordnung N besitzt, folgt die Behauptung. ∎

Als Konsequenz folgt die Existenz sogenannter "schwacher Schlüssel", $\underline{v} \in V_n$, nämlich solche, für die $ggT(s,N)>1$ ist. Die Verwendung schwacher Schlüssel bedeutet den Verzicht auf maximale Periodenlänge $\Delta = Nn$.

Satz_16:

Für $\underline{v} \in V_n$ gelte $ggT(s,N)=1$, also $\Delta = Nn$ und $l_0 = N$.

Für $i=1,\ldots,n-1$ seien $u_i \in \{0,1,\ldots,N-1\}$ die jeweils eindeutig bestimmten Lösungen der Kongruenzen

$$sx \equiv v_i \bmod N .$$

Dann gilt:

$$T_{(j+u_i)n+i} = T_{jn+i+1} \text{ für } j \in \mathbb{N}' \text{ und für } i=1,\ldots,n-1 .$$

<u>Beweis:</u>

Aus der Voraussetzung über u_i, $i=1,\ldots,n$ und dem Beweis von Satz 15 folgt

$$T_{(j+u_i)\cdot n+i} = XC^{P(i)+(j+u_i)s \bmod N} Y =$$

$$= XC^{P(i)+j\cdot s+v\cdot i \bmod N} Y =$$

$$= XC^{P(i+1)+j\cdot s \bmod N} Y = T_{j\cdot n+i+1} \, . \quad \blacksquare$$

<u>Korollar:</u>

Es sei $\mathfrak{T}$ die Matrix

$$\mathfrak{T} := \begin{pmatrix} T_1 & \cdots T_n \\ T_{n+1} & \cdots T_{2n} \\ \cdot & \cdot \\ \cdot & \cdot \\ \cdot & \cdot \\ T_{(1_0-1)n+1} & \cdots T_{1_0 n} \end{pmatrix}$$

mit Spalten $\mathfrak{T}_i=(T_i,T_{n+i},\ldots,T_{(1_0-1)n+i})$, $i=1,\ldots,n$.

Dann sind die Spalten $\mathfrak{T}_i$ und $\mathfrak{T}_{i+1}$ um u_i Stellen gegeneinander versetzt für $i=1,\ldots,n-1$.

<u>Beweis:</u>

Die Behauptung folgt unmittelbar aus der Identität im Satz 16.

$\blacksquare$

Mit diesen Ergebnissen beweisen wir nun den folgenden

<u>Satz 17:</u>

Das KRYHA-System kann durch einen CT-Angriff gelöst werden.

<u>Beweis:</u>

Wir beschränken uns auf den Fall $ggT(s,N) = 1$, also $1_0 = N$. Eine Lösung des Systems erfolgt in drei Schritten:

1.

Bestimmung der Schlüsselstrom-Periode $\Delta = Nn$ mit dem Koinzidenz-Test.

Im allgemeinen ist N bekannt, so daß der Chiffretext bei der Anwendung des Koinzidenz-Tests nur um Vielfache von N verschoben werden muß.

2.

Mit $n = \Delta/N$ ist n bekannt. Der Chiffretext wird in Zeilen der Länge n untereinander geschrieben. Um die Phasenverschiebung u_i der Spalten $\mathfrak{x}_i$ der Matrix $\mathfrak{x}$ (i=1,...,n) zu ermitteln, wendet man erneut den Koinzidenz-Test an, und zwar auf die Chiffretextsegmente je zweier Spalten.

3.

Bei Kenntnis der u_i genügt es, die in $\mathfrak{x}$ auftretenden N monoalphabetischen Substitutionen T_{jn+1} (j=0,...,N-1) zu lösen.

Mit $\Sigma_{i,j} := (j - \sum_{\nu=1}^{i} u_i) \bmod N$ gilt nach Satz 16

$$T_{jn+1} = T_{\Sigma_{i,j+i+1}} \qquad i=1,\dots,n-1,\ j \geq 0$$

so daß sich jeweils die monoalphabetisch verschlüsselten Teilfolgen in ihrer Gesamtheit dem Chiffretext entnehmen lassen. Diese Teilfolgen können durch Vergleich mit dem Häufigkeitsmuster der natürlichen Sprache gelöst werden.

Der Bedarf an Chiffretext hängt wesentlich von N ab. Ist genügend (zusammenhängender) Chiffretext vorhanden, um N unabhängige monoalphabetische Substitutionen zu lösen, so können wir erwarten, daß die Gesamtmenge an Chiffretext auch für die Schritte 1. und 2. ausreicht. ∎

II.3.3   Das HAGELIN - System

> *"An analysis of such a*
> *machines weaknesses would be*
> *an interesting and*
> *very challenging undertaking."*
>
> E.FISHER, *Uncaging the Hagelin*
> *Cryptograph*

> *"...its solution brings out some*
> *techniques which are*
> *valuable in general."*
>
> W.DIFFIE, M.E.HELLMAN, *Privacy*
> *and Authentication*

Das HAGELIN-System wurde 1934 von Boris HAGELIN als Modell
C-34 im Auftrag des französischen Generalstabes konstruiert.
Fünf Schlüsselräder verschiedener Größe tragen 17, 19, 20, 21,
23 Buchstaben-Markierungen und zu jedem Buchstaben einen
Zapfen, der parallel zur Achse nach links (aktive Position)
oder rechts (inaktive Position) verschoben werden kann. Eine
zylinderförmige Anordnung von 5 Stäben ("Käfig") rotiert unmittelbar vor den axial angeordneten Schlüsselrädern, wobei
insgesamt 25 Hebel, die auf den Stäben angebracht sind, eine
Auslenkung des jeweiligen Stabes durch aktive Zapfen der
Schlüsselräder bewirken.

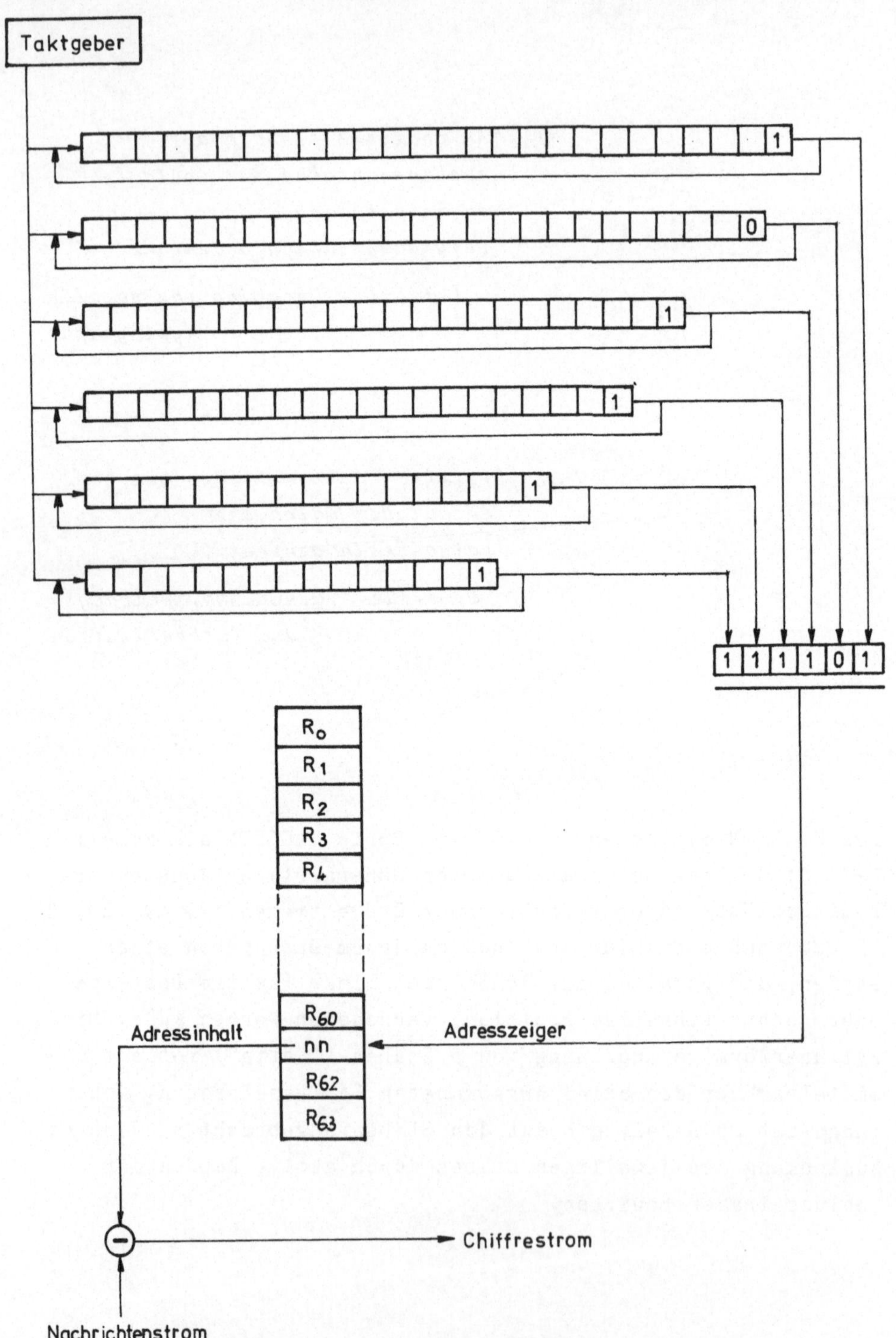
Funktionsschema des HAGELIN - Systems
Taktgeber
1
0
1
1
1
1
1 1 1 1 0 1
R_0
R_1
R_2
R_3
R_4
R_60
nn
R_62
R_63
Adressinhalt
Adresszeiger
Chiffrestrom
Nachrichtenstrom

Für jedes Schlüsselrad gibt es eine gewisse Anzahl solcher
Hebel, die in entsprechenden Stellungen auf ihren Stäben be-
festigt sind. Bei jeder Verschlüsselung (bzw. Entschlüsselung)
vollführt der Käfig eine volle Drehung, und durch jede erfolgte
Auslenkung eines Stabes wird ein Rad ("Druck-Rad") um eine von
26 Positionen rotiert. Die Gesamtzahl der Schritte des Druck-
Rades nach einmaliger Umdrehung des Käfigs ergibt den jeweiligen Wert des Schlüsselstromes. Verschlüsselung (bzw. Entschlüsselung) erfolgen nach dem BEAUFORT-Prinzip (vgl. Kap.
I.1.3). Nach erfolgter Verschlüsselung werden alle Schlüsselräder um eine Position rotiert, so daß die jeweilig benachbarten Zapfen durch die Hebel des Käfigs "gelesen" werden können.
Die Schlüsselräder können von Hand auf jede mögliche Position
eingestellt werden.
Ab 1942 wurde das Armee-Modell M-209 des HAGELIN-Systems
durch die U.S.-Firma Smith & Corona Typewriters, Inc. für die
U.S. Streitkräfte in ca. 140000 Exemplaren produziert. Es gab
einige Unterschiede zum Modell C-34, die zum Teil auf Vorschläge von W. FRIEDMAN zurückgingen: Die Anzahl der Käfig-
Stäbe wurde auf 27 erhöht, und es gab nun auf jedem der Stäbe
zwei bewegliche Hebel, die ihrerseits in eine inaktive
Position gebracht werden konnten. Die beweglichen Hebel
sollten eine Glättung des Schlüsselstromes bewirken. Es wurde
darüber hinaus ein sechstes Schlüsselrad verwendet mit 26
Zapfen; dazu wurde die Anzahl der Zapfen des dritten Rades von
20 auf 25 erhöht. Eine ausführliche Beschreibung der Funktionsweise der M-209 findet man etwa bei [MORRIS].

Die folgende algebraische Darstellung ist eine Verallgemeinerung des realen HAGELIN-Systems. Die Komponenten des Systems
werden zunächst im einzelnen aufgeführt.

1. Der Schlüsselraum

Es sei $\mathbb{Z}_m$ ein Alphabet, $n \in \mathbb{N}$ und $t_1, \ldots, t_n \in \mathbb{N}$ mit
$ggT(t_i, t_j) = 1$ für $i \neq j$. Weiter sei

$$\hat{A}:=\{((a_1(i))_{i=0,\ldots,t_1-1},\ldots,(a_n(i))_{i=0,\ldots,t_n-1})\mid$$

$$\mid (a_j(i))_{i=0,\ldots,t_j-1}\in \mathbb{F}_2^{t_j},\ j=1,\ldots,n\}$$

$$\hat{P}:=\{(P(i))_{i=0,\ldots,2^n-1}\mid P(i)\in \mathbb{Z}_m\ (i=1,\ldots,2^n-1)\}$$

$$N:=\mathbb{N}'_{t_1}\times\ldots\times\mathbb{N}'_{t_n},\ \text{wobei}\ \mathbb{N}'_{t_i}:=\{0,\ldots,t_i-1\},\ i=1,\ldots,n\ .$$

$$S:=\hat{A}\times\hat{P}\times N\ \text{ist der}\ \mathit{Schlüsselraum}.$$

2. Die Steuerlogik

Es wird eine Steuerfunktion $\Delta:N\to N$ definiert durch
$\Delta(\underline{x}):=(x_1+1\ \mathrm{mod}\ t_1,\ldots,x_n+1\ \mathrm{mod}\ t_n)\in N.$

Zu $\underline{r}\in N$ wird eine Folge $\underline{\sigma}$ definiert durch

$$\underline{\sigma}(0):=\underline{r},\underline{\sigma}(i):=\Delta(\underline{\sigma}(i-1)).$$

3. Der Schlüsselstrom

Es sei $\underline{s}:=(\underline{A},\underline{P},\underline{r})\in S.$ für alle $i\in\mathbb{N}'$ werden die Folgen

$$B_i(\underline{\sigma}):=(a_1(\sigma_1(I))\ldots a_n(\sigma_n(i)))$$

als 2-adische Ziffernfolgen aufgefaßt. Dann gilt für alle
$i\in\mathbb{N}'\ B_i(\underline{\sigma})\in\mathbb{N}'_{2^n}.$

Als Schlüsselstrom zu $\underline{s}\in S$ wird definiert

$$\phi_i(\underline{s}):=P(B_i(\underline{\sigma}))\quad\in\mathbb{Z}_m\ \text{für}\ i\geq 0\ .$$

4. Die Verschlüsselungsfunktion

Für alle $k=k_1\ldots k_N\in\Omega(\mathbb{Z}_m)$ und alle Schlüssel $\underline{s}\in S$ wird die
Verschlüsselungsfunktion $v:\Omega(\mathbb{Z}_m)\times S\to\Omega(\mathbb{Z}_m)$ definiert vermöge

$$c_i := v(k_i, \underline{s}) := \phi_i(\underline{s}) - k_i \bmod m \in \mathbb{Z}_m.$$

Für alle $s \in S$ ist

$$v_{\underline{s}} : \Omega(\mathbb{Z}_m) \to \Omega(\mathbb{Z}_m), \quad k_i \to v(k_i, \underline{s})$$

zu sich selbst invers.

Definition:

Sei $\mathfrak{L}$ eine Sprache über $\mathbb{Z}_m$, und $S = \hat{A} \times \hat{P} \times N$ und v wie oben.
Durch

$$HS := (\mathbb{Z}_m, \mathbb{Z}_m, \mathfrak{L}, S, v)$$

ist ein synchrones Stromsystem erklärt.
HS heißt *HAGELIN-Chiffresystem*

Bemerkung:

Zu jedem Schlüssel $\underline{s} \in S$ ist der Schlüsselstrom ϕ_i periodisch

mit einer Periodenlänge $\lambda = t_1 \ldots t_n$.

Beweis:

Man betrachte die in 3. definierte Folge $(B_i(\underline{\sigma}))_{i \geq 0}$. Die

Periode von $(B_i(\underline{\sigma}))_{i \geq 0}$ ist gleich der Periode der Folge $\underline{\sigma}$.

Entsprechend der Definition der Steuerfunktion Δ hat $\underline{\sigma}$ eine
Periodenlänge $\lambda = \text{kgV}(t_1, \ldots, t_n)$.
Da die t_i paarweise teilerfremd zueinander sind, folgt

$\lambda = t_1 \ldots t_n$. $\blacksquare$

Mit $m = 26$, $u = 6$ und
$t_1 = 17$, $t_2 = 19$, $t_3 = 21$, $t_4 = 23$, $t_5 = 25$, $t_6 = 26$

wird durch HS das HAGELIN-System M-209 beschrieben. Die
Periodenlänge des Schlüsselstromes beträgt

$$\lambda = \prod_{i=1}^{6} t_i = 101405850 .$$

Die Zapfenstellungen der Schlüsselräder sind durch ein Element

$A \in \hat{A}$ und die Funktion des Käfigs bei aktueller Stellung der Schlüsselräder $(B_i(\underline{\sigma}))$ durch $P(B_i(\underline{\sigma}))$, $P \in \hat{P}$ beschrieben. Die Startposition der Schlüsselräder ist durch $\underline{r} \in N$ gegeben, und die Folge der Radstellungen durch die Folge $(\underline{\sigma}(i))_i$.

<u>Satz 18:</u>

Ist $\mathfrak{L}$ eine natürliche Sprache über $\mathbb{Z}_m$, so ist das HAGELIN-System HS durch einen CT-Angriff lösbar.

<u>Beweis:</u>

Zum Beweis ist ein konstruktives Verfahren anzugeben.
Wie in den früheren Anwendungen wird entscheidend die Tatsache ausgenutzt, daß die ungleichförmige Verteilung der Buchstabenhäufigkeiten in $\mathfrak{L}$ ebenfalls ungleichförmige Häufigkeitsverteilungen der Buchstaben in Chiffretexten zur Folge hat.
Es sei $c = c_1 \ldots c_1$ ein Chiffretext zu einem Klartext
$k = k_1 \ldots k_1$, so daß gilt $c_i = \phi_i(\underline{s}) - k_i$ $(i=1,\ldots,1)$ mit einem Schlüssel $s \in S$.
Zur Rekonstruktion von $(\phi_i(\underline{s}))_i$ werden zunächst die Folgen
$(a_i(\sigma_i(j)))_{j=1,\ldots,t_i} =: (a_{i,j})_j$ bestimmt für $i=1,\ldots,n$.
Die Folgen $(a_{i,j})_j$ haben die Periodenlängen t_i $(i=1,\ldots,n)$.
Daher ist in $(B_{j+kt_i}(\underline{\sigma}))_{k \geq 0} =: (B_{j+kt_i})_{k \geq 0}, j < t_i$, die 2-adische Ziffer $(a_{i,(j+kt_i)})_{k \geq 0}$ konstant vom Wert a_{ij} für alle $i=1,\ldots,n$. Für ein Paar $0 \leq g \neq h < t_i$, $i \in \mathbb{N}_n$, gibt es daher zwei Möglichkeiten:

<u>1</u>. Fall $a_{i,(g+kt_i)} = a_{i,(h+kt_i)}$ für $k \geq 0$

<u>2</u>. Fall $a_{i,(g+kt_i)} \neq a_{i,(h+kt_i)}$ für $k \geq 0$

Um dies zu entscheiden, betrachtet man die Häufigkeitsverteilungen der Buchstaben in den Teilfolgen

$(c_{g+kt_i})_k$, $g+kt_i \leq l$, und $(c_{h+kt_i})_k$, $h+kt_i \leq l$ von c; diese seien

durch $(d_1,\ldots,d_m)$ bzw. $(f_1,\ldots,f_m)$ bezeichnet.

$(B_{j+kt_i})_{k \geq 0}$, $j < t_i$, kann höchstens 2^{n-1} verschiedene Werte aus

$\{0,\ldots,2^n-1\}$ annehmen, da die i-te 2-adische Ziffer in dieser

Folge konstant ist. Geht man davon aus, daß die Folgen

$(a_i(j))_{j=0,\ldots,t_i-1}$, $i=1,\ldots,n$ jeweils etwa die gleiche Anzahl

von Werten 0 und 1 besitzen (im Extremfall wäre $(B_i(\underline{\sigma}))_i$

konstant für sämtlich konstante Folgen $(a_i(j))_j$), so ist zu

erwarten, daß alle 2^{n-1} Werte von $(B_{j+kt_i})_{k \geq 0}$ in etwa gleich

oft angenommen werden. Daher kann vorausgesetzt werden, daß

die Häufigkeitsverteilungen $(d_i)_{i=1,\ldots,m}$ und $(f_i)_{i=1,\ldots,m}$

sich im Falle $\underline{1}$ entsprechen, und im Fall $\underline{2}$ sich aufgrund der

ungleichförmigen Verteilung der Sprache statistisch signifikant

unterscheiden. Zur Aufdeckung solcher Unterschiede verwenden

wir hier den Chi^2-Test (vgl. Kap. IV). Man berechnet

$$\chi^2 = \sum_{i=1}^{m} (f_i-d_i)^2/(f_i+d_i) \,. \tag{1}$$

Wir nehmen an, daß im Fall $\underline{1}$ den beobachteten Häufigkeiten

$(d_i)_i$ und $(f_i)_i$ dieselbe Wahrscheinlichkeitsverteilung zugrunde

liegt. Dann folgt die Statistik (1) der χ^2-Verteilung mit m-1

Freiheitsgraden ((CRAMER), 30.6) mit dem Erwartungswert und

der Varianz

$$E(\chi^2) = m-1 \tag{2}$$

$$Var(\chi^2) = 2(m-1) \tag{3}$$

Falls $(d_i)_i$ und $(f_i)_i$ jedoch nicht dieselben Verteilungen

zugrunde liegen, wie wir dies im Fall $\underline{2}$ annehmen, so ist zu

erwarten, daß $\chi^2 \to \infty$ für $n/t_i \to \infty$ geht.

Eine Abweichung gelte als signifikant, falls

$$\chi^2 > E(\chi^2) + 2\sqrt{Var(\chi^2)} = m-1 + \sqrt{8(m-1)} \tag{4}.$$

Wenn für alle $i=(1,\ldots,n)$ und alle Paare $0 \leq g < h < t_i$ entschieden ist, ob Fall $\underline{1}$ oder Fall $\underline{2}$ vorliegt, so sind für alle Folgen $(a_{i,j})_j$ $(i=1,\ldots,n)$ die Folgenglieder jeweils in zwei Klassen eingeteilt, in denen alle Werte entweder gleich 0 oder gleich 1 sind; dabei ist zunächst nicht bestimmt, welche die "0-Klassen" und welche die "1-Klassen" sind.
Es sei nun o.E. jeweils die richtige der beiden Möglichkeiten angenommen. Dann ist die Folge $(B_j(\underline{\sigma}))_{j \geq 1}$ bekannt. Man beachte, daß die Kenntnis des Schlüssels $\underline{r} \in N$ ohne Bedeutung ist.

Die Folge $(B_j(\underline{\sigma}))_j$ kann höchstens 2^n verschiedene Werte annehmen; dies gilt folglich auch für den Schlüsselstrom. Es sei

$$C_i := (c_j \mid B_j(\underline{\sigma}) = i)_{j \leq 1} \text{ für } i = 0, \ldots, 2^n - 1.$$

Jede Teilfolge C_i von C ist durch eine monoalphabetische (Caesar-) Substitution verschlüsselt, die für $B_j(\underline{\sigma}) = i \leq 2^n - 1$ durch $\phi_j(\underline{s}) = P(i)$ bestimmt ist. Jede dieser Substitutionen ist durch Vergleich der Häufigkeitsmuster bestimmbar. Somit kann c entschlüsselt werden.

Bisher wurde davon ausgegangen, daß bei der Klasseneinteilung der Folgenwerte von $(a_{i,j})_i$ $i=1,\ldots,n$ keine Fehler unterlaufen sind. Sollte dies der Fall sein, etwa beim Folgenglied $a_{i,j}$, so tritt ein Fehler auf bei der Entschlüsselung von c_j, und bei jedem weiteren $c_{j+kt_i, k \geq 0}$, $j+kt_i \leq 1$. Ein Fehler der Folge $(a_{i,j})_j$ hinterläßt im entschlüsselten Chiffretext also eine "Fehlerspur", anhand derer der falsche Folgenwert $a_{i,j}$ identifiziert werden kann. ∎

Wir schätzen nun den Bedarf an Chiffretext ab, um dieses Lösungsverfahren anwenden zu können, und folgen dazu im wesentlichen einer Analyse von (RIVEST 81).

<u>Satz 19:</u>

Es seien $\omega_1,\ldots,\omega_m$ die Buchstabenwahrscheinlichkeiten der natürlichen Sprache $\mathfrak{L}$, und W eine Zufallsvariable, die die Werte $\omega_1,\ldots,\omega_m$ mit jeweils gleicher Wahrscheinlichkeit annimmt. Mit $\mathrm{Var}(W) =: \sigma_0^2$ gilt unter den Voraussetzungen von Satz 18:

Für die Länge 1 des zum obigen Lösungsverfahren notwendigen Chiffretextes ist mit $t_{max} =: \max(t_1,\ldots,t_n)$ durch

$$1 \simeq (t_{max} 2^n \sqrt{2(m-1)})/(m^2 \sigma_0^2)$$

eine obere Schranke gegeben.

<u>Beweis:</u>

Es gelten die Definitionen und Bezeichnungen des Beweises von Satz 18; sei $j \in \{1,\ldots,n\}$ beliebig aber fest.

Zu einem Paar $0 \leq g \neq h < t_j$ bezeichne p_i die Wahrscheinlichkeit mit der Buchstabe $i \in \mathbb{Z}_m$ in $c_g := (c_{g+kt_j})_{k \geq 0}$ an beliebiger Stelle erscheint, und entsprechend q_i die Wahrscheinlichkeit, daß $i \in \mathbb{Z}_m$ in $c_h := (c_{h+kt_j})_{k \geq 0}$ erscheint.

Es wird gefragt, wieviel Chiffretext erforderlich ist, um mit dem Chi^2-Test zu entscheiden, daß p_i und q_i voneinander verschieden sind für $i=1,\ldots,m$ (vorausgesetzt, dies sei tatsächlich der Fall).

Der Einfachheit halber wird $1 = z \cdot t_j$ angenommen, mit einem gewissen $z \in \mathbb{N}$. Wie im vorigen Beweis seien $(d_1,\ldots,d_m)$ und $(f_1,\ldots,f_m)$ die Häufigkeitsverteilungen der Buchstaben von c_g bzw. von c_h. Dann sind d_i und f_i, $i=1,\ldots,m$ unabhängige Zufallsvariable, die binomial verteilt sind; es gilt daher

$$P(d_i=r)=\binom{z}{r}p_i^r(1-p_i)^{z-r} \tag{5}$$

$$E(d_i)=z\cdot p_i \tag{6}$$

$$Var(d_i)=z\cdot p_i(1-p_i) \tag{7}$$

für $i=1,\ldots,m$, und entsprechendes gilt für $f_1,\ldots,f_m$.

Im folgenden sei angenommen $p_i \simeq q_i \simeq 1/m$ für $i=1,\ldots,m$, das heißt, jeder Chiffretext-Buchstabe ist annähernd gleichwahrscheinlich; Fehler zweiter Ordnung werden hierbei durch den Chi^2-Test aufgedeckt.

Aus (1) im Beweis zu Satz 18 folgt dann mit $d_i+f_i \simeq 2z/m$

$$E(\chi^2) \simeq m/2z \sum_{i=1}^{m} E((d_i-f_i)^2). \tag{8}$$

Da d_i und f_i unabhängige Zufallsvariable sind, gilt

$$E((d_i-f_i)^2)=E(d_i^2)+E(f_i^2)-2E(d_i)E(f_i), \tag{9}$$

und aus der Definition der Varianz (FELLER I, p. 228) folgt

$$E(d_i^2)=Var(d_i)+(E(d_i))^2; \tag{10}$$

aus (6), (7) und (10) ergibt sich

$$E(\chi^2)\simeq m/2z\cdot\sum_{i=1}^{m} E(z(p_i(1-p_i)+q_i(1-q_i))+z^2(p_i-q_i)^2) \tag{11}$$

Mit der Annahme $p_i\simeq q_i\simeq 1/m$ folgt aus (11)

$$E(\chi^2)\simeq(m-1)+mz/2\cdot\sum_{i=1}^{m} E((p_i-q_i)^2) \tag{12}$$

Falls für alle $i=1,\ldots,m$ $p_i = q_i$ gilt, so erhält man aus (12) $E(\chi^2) = m-1$, in Übereinstimmung mit (2).

Zu gegebenen Wahrscheinlichkeiten $p_i\neq q_i$, $i=1,\ldots,m$, kann aus (12) z bestimmt werden, so daß entsprechend (4) $E(\chi^2)\geq m-1+\sqrt{8(m-1)}$ der Unterschied der Häufigkeitsverteilung

$(d_1,\ldots,d_m)$ und $(f_1,\ldots,f_m)$ signifikant wird.

Dazu ist es notwendig, $E((p_i-q_i)^2)$ zu bestimmen. Für $i=1,\ldots,m$ können p_i und q_i selber als Zufallsvariable aufgefaßt werden, die von $\underline{s}\in S$ abhängen. Ist die Verteilung von p_i und q_i bekannt, so kann man $E((p_i-q_i)^2)$ berechnen aus

$$E((p_i-q_i)^2) = \mathrm{Var}(p_i-q_i)+(E(p_i-q_i))^2 = 2\cdot\mathrm{Var}(p_i) \quad (13)$$

für $i=1,\ldots,m$. (13) gilt mit $\mathrm{Var}(p_i-q_i)=\mathrm{Var}(p_i)+\mathrm{Var}(q_i)$, unter der Annahme, daß p_i und q_i die gleiche Verteilung haben $(i=1,\ldots,m)$.

Nach dem Beweis von Satz 18 kann $(B_{g+kt_j})_k$ nur 2^{n-1} verschiedene Werte aus $\{0,\ldots,2^n-1\}$ annehmen, die in etwa gleichoft erscheinen; diese seien bezeichnet mit $l_1,\ldots,l_{2^{n-1}}$. Es sei $k_1,\ldots,k_{2^{n-1}}\in \mathbb{Z}_m$ die Folge von Klartextbuchstaben, für die gilt $P(l_\upsilon)-k_\upsilon=i\in \mathbb{Z}_m$. Dann ist

$$p_i = (1/2^{n-1})\cdot\sum_{\upsilon=1}^{2^{n-1}} \omega_{k_\upsilon} \quad (14)$$

die mittlere Wahrscheinlichkeit der Klartextbuchstaben, die $i\in \mathbb{Z}_m$ als Chiffretext produzieren eine gute Näherung für p_i.

Sei entsprechend der Voraussetzung W eine Zufallsvariable, die die Werte $(\omega_1,\ldots,\omega_m)$ jeweils mit Wahrscheinlichkeit $1/m$ annimmt. Dann gilt

$$E(W) = \sum_{i=1}^{m} \omega_i\cdot 1/m = 1/m \quad (15)$$

$$\mathrm{Var}(W) = 1/m\sum_{i=1}^{m} (\omega_i-1/m)^2 \quad (16)$$

Sei $\sigma_0 := \sqrt{\mathrm{Var}(W)}$. Nach (14) ist p_i der Mittelwert einer Stichprobe von 2^{n-1} Werten von W, so daß gilt

$$E(p_i) = E(W) = 1/m \tag{17}$$

$$Var(p_i) = Var(W)/2^{n-1} = \sigma_0^2/2^{n-1} \tag{18}.$$

So folgt aus der ungleichförmigen Verteilung von
$(Var(W) \neq 0, (16))$, daß p_i und q_i eine Verteilung mit von Null
verschiedener Varianz haben.

Falls für g und h gilt $a_j(\sigma_j(g+kt_j)) \neq a_j(\sigma_j(h+kt_j))$ für $k \geq 0$

(Fall $\underline{1}$ im Beweis zu Satz 18), so kann man annehmen, daß p_i

und q_i unabhängig sind, so daß aus (13) und (18) folgt

$$E((p_i - q_i)^2) = 2Var(p_i) = 2\sigma_0^2/2^{n-1} \tag{19}$$

Mit (19) folgt aus (12) unter der Annahme von Fall $\underline{1}$

$$E(\chi^2) \simeq (m-1) + ((m^2\sigma_0^2)/2^{n-1})z \tag{20}$$

Damit (20) eine signifikante Abweichung darstellt, soll
(4) gelten, do daß

$$((m^2\sigma_0^2)/2^{n-1})z \geq 2\sqrt{Var(\chi^2)} = \sqrt{8(m-1)} \tag{21}$$

und

$$z \geq (2^n\sqrt{2(m-1)})/(m^2\sigma_0^2) \tag{22}$$

Hieraus folgt mit $l = t_j \cdot z$

$$l \simeq (t_j 2^n\sqrt{2(m-1)})/(m^2\sigma_0^2) \tag{23}$$

so daß insgesamt

$$l \simeq (t_{max} 2^n\sqrt{2(m-1)})/(m^2\sigma_0^2) \tag{24}$$

eine obere Schranke für die benötigte Chiffretextlänge
darstellt. ∎

Approximiert man die Buchstabenwahrscheinlichkeiten durch die
relativen Buchstabenhäufigkeiten der deutschen bzw. englischen
Sprache, so erhält man für σ_0^2 die Werte $\sigma_0^2 \simeq 0.001452$ bzw.
$\sigma_0^2 \simeq 0.001344$; mit $t_{max} = 26$ folgt aus (24) $l \simeq 11987$ (Deutsch)
und $l \simeq 12950$ (Englisch). Ersetzt man in (24) t_{max} durch

t = 17, so erhält man in Übereinstimmung mit (RIVEST 81)
$l \simeq 7838$ (Deutsch) und $l \simeq 8468$ (Englisch).

Der Term in (24) erscheint als eine vorsichtige Schätzung.
Praktische Versuche haben beispielsweise gezeigt, daß das Signifikanzniveau in (4) zu großzügig angesetzt ist, und schon
eine Abweichung um die einfache Standardabweichung vom Erwartungswert $E(\chi^2)$ als signifikant gelten kann. Dies reduziert
die Schranke l um den Faktor 2.

Die abstrakte Beschreibung und Analyse des HAGELIN-Systems
illustrieren wir durch zwei Programme für den Mikrocomputer
ACORN B. Das erste Programm ist eine 6502-Assembler Routine,
wodurch wir ein HAGELIN-System mit n = 8 Schlüsselrädern der
Länge $t_1, \ldots, t_8 = 31, 29, 26, 25, 23, 21, 19, 17$ und dem Alphabet
$\mathbf{Z}_{256}$ (für den ASCII-Zeichensatz) simulieren. Die Periodenlänge
λ des Schlüsselstromes beträgt $\lambda = 9.116 \cdot 10^{10}$.
Der Käfig wird als PROM (Programmable Read-Only-Memory) mit
256 Speicherplätzen simuliert, hier als Kette von aufeinanderfolgenden Bytes mit der Basisadresse BØØh. Die Schlüsselräder-
Belegungen ("Pin-Listen") sind im Bereich 9ØØh-9BEh gespeichert. In 7Øh, 71h (WHEELV) wird die Basisadresse der
aktuellen Pin-Liste geführt, und in 72h, 73h (PROMV) die Basisadresse des PROM. Fortlaufende Drehung der Schlüsselräder bzw.
Bestimmung der Folgenwerte $a_j(\sigma_j(i))$ (j=1,...,8) geschieht
durch Zeigerregister ("Positionszeiger"), welche die jeweiligen aktuellen Pins adressieren und modulo t_j inkremen-
tiert werden. Die Positionszeiger und Längenindizes t_j der
8 Pin-Listen werden im Bereich 74h - 83h geführt, in zwei aufeinanderfolgenden Bytes für jede Liste.
Das Programm liest den Klartext Byte-weise von der Diskette
und speichert den Chiffretext ebenso wieder auf Diskette. Die
Adressen OSFIND,OSBGET und OSBPUT sind Sytemadressen zur Er-
öffnung und Schließung von Dateien, sowie zum Lesen bzw.
Schreiben von Datenbytes.
Der PROM-Inhalt, die Pin-Listen und die Längenindizes t_j müssen
als Schlüsselkomponenten durch eine zusätzliche Initialisie-
rungsroutine in die jeweiligen Speicherbereiche eingelesen
werden, ebenso wie der Startvektor $\underline{r} \in N$.

```
*****************************************
*                                       *
*          HAGELIN-SIMULATION           *
*                                       *
*             6502-Assembler            *
*                                       *
*      HEIDER - KRAUS - WELSCHENBACH     *
*                                       *
*                          - 1985 -     *
*                                       *
*****************************************
```

Adressen-Zuweisungen

```
LOWHEELV=&70:HIWHEELV=&71   Basisadresse der Pin-Listen
LOPROMV =&72:HIPROMV =&73   Basisadresse des PROM
PINLIST =&74                Positions- und Laengenzeiger (gerade und ungerade Adressen ab 74h)
PROMADR =&8E                relative PROM-Adresse
DIFFH   =&8F                Hilfs-Byte zur Differenzenbildung
```

Initialisierung des Zugriffs auf die Disketten-Laufwerke

```
.HAGIN     LDX #1
           LDY #&C
           LDA #&40
           JSR OSFIND       Oeffnen des Files zum Lesen des Klartextes
           STA &C00
           LDX #&11
           LDY #&C
           LDA #&80
           JSR OSFIND       Oeffnen eines Files zum Schreiben des Chiffretextes
           STA &C10
```

Hauptschleife ueber alle Klartextbytes

```
.OUTLOOP   LDX #0           Initialisierung der Schleife
           STX LOWHEELV
           STX LOPROMV
           STX PROMADR
           LDA #9
           STA HIWHEELV
           LDA #&B
           STA HIPROMV
```

Schleife zur Berechnung einer PROM-Adresse mit Schleifenzaehler in X

```
.INLOOP     ASL  PROMADR         Platz schaffen fuer ein Bit
            LDY  PINLIST,X       Positionszeiger der durch X bezeichneten Pinliste in Y laden
            LDA  (LOWHEELV),Y    Das durch Positionszeiger bezeichnete Pin-Bit in A laden
            CLC
            ADC  PROMADR         Addition des Pin-Bits zum Inhalt von PROMADR
            STA  PROMADR
            INY                  Positionszeiger auf naechstes Pin-Bit setzen
            STY  PINLIST,X       Ablage des Positionszeigers
            INX
            LDA  PINLIST,X       Laengenindex der Pin-Liste in A laden
            DEX
            CMP  PINLIST,X       Zeiger am Ende der Liste ?
            BNE  SKIPRST
            LDY  #0              Falls ja, Zeiger auf Listenanfang setzen
            STY  PINLIST,X       Ablage des Positionszeigers
.SKIPRST    CLC
            ADC  LOWHEELV        Berechnung der Basisadresse der naechsten Pin-Liste
            STA  LOWHEELV        Ablegen in LOWHEELV, HIWHEELV bleibt konstant
            INX                  Schleifenzaehler in X heraufsetzen
            INX
            CPX  #16             Ende der 8 Schleifendurchgaenge ?
            BNE  INLOOP          Falls nein, naechster Durchgang
```

Verschluesselung des Klartextbyte mit dem Wert in PROMV+PROMADR

```
            LDY  PROMADR         relative PROM-Adresse in Y
            LDA  (LOPROMV),Y     PROM-Inhalt in A
            PHA                  Schluessel-Byte auf den Stapel legen
            LDY  &C00
            JSR  OSBGET          Klartext-Byte in A laden
            BCS  END             Carry gesetzt bedeutet Ende des Klartext-Files
            STA  DIFFH           Klartext-Byte in DIFFH
            PLA                  Schluessel-Byte vom Stapel in A laden
            SEC
            SBC  DIFFH           Schluessel-Byte minus Klartext-Byte mod 256
            LDY  &C10
            JSR  OSBPUT          Schreiben des Chiffretext-Byte
            JMP  OUTLOOP         naechstes Klartext-Byte verschluesseln
```

Ende der Verschluesselung, Schliessen der Dateien und Ruecksprung

```
.END        LDA  #0
            LDY  &C00
            JSR  OSFIND
            LDY  &C10
            JSR  OSFIND
            PLA
            RTS
```

In unserem nächsten Programm ist die im Beweis von Satz 18
verwendete Analyse der Pin-Stellungen implementiert in BASIC.
Unsere Versuche haben ergeben, daß für die Rekonstruktion
der 8 Pin-Listen des obigen Programms etwa 18000 Buchstaben
(deutschen) Chiffretextes benötigt werden, wohlgemerkt bei
einem Alphabet von 256 Zeichen.
Versuche mit einer HAGELIN M-209 Simulation haben gezeigt, daß
in diesem Fall i.a. ca. 6000 Buchstaben Chiffretext zur
Analyse ausreichen, was einer bereits vermuteten Reduktion der
Schranke (24) um den Faktor 2 entspricht.

ANALYSE DES HAGELIN-SYSTEMS

```
  10 REM ********************************************************************
  20 REM *                                                                  *
  30 REM * Analyse der Pinstellungen im HAGELIN-System                      *
  40 REM * fuer genuegend Chiffretext eines 256-Zeichen-Alphabetes          *
  50 REM *                                                                  *
  60 REM *          HEIDER - KRAUS - WELSCHENBACH  (1985)                   *
  70 REM *                                                                  *
  80 REM ********************************************************************
  90 REM *                                                                  *
 100 REM *               ** Variablen **                                    *
 110 REM *                                                                  *
 120 REM * variance, bound   : Testparameter                               *
 130 REM * Text$             : Name des Chiffretext-Test-Files             *
 140 REM * filelength%       : Anzahl der Zeichen im File Text$            *
 150 REM * noofwheels%       : Anzahl der Schluesselraeder                 *
 160 REM * seize%            : (Feld) Anzahl der Pins pro Rad              *
 170 REM * count%            : (Feld) Zeichen-Haeufigkeiten                *
 180 REM * position%         : (Feld) Speicherung der Pin-Zustaende        *
 190 REM * maxno%            : Maximale Anzahl von Pins eines Rades         *
 200 REM * pointer%          : Dateizeiger                                 *
 210 REM * pass%, startpos%,                                               *
 220 REM * wheel%, I%, pin%  : Schleifenzaehler                            *
 230 REM * x%, y%, sum       : Hilfsvariable fuer Chiquadrat-Test          *
 240 REM *                                                                  *
 250 REM ********************************************************************
 260 :
 270 REM BEGIN
 280 PROCinputparameter
 290 ON ERROR GOTO 990
 300 variance=510:bound=256+2*SQR(variance)
 310 channel%=OPENIN(Text$):filelength%=EXT#channel%
 320 FOR pass%=1 TO noofwheels%
 330   PROCcountletters(seize%(pass%),0,0)
 340   FOR startpos%=1 TO seize%(pass%)-1
 350     PROCcountletters(seize%(pass%),startpos%,1)
 360     PROCtestposition(startpos%)
 370   NEXT
 380   FORI%=0 TO 255
 390     count%(0,I%)=0
 400   NEXT
 410 NEXT
 420 CLOSE#channel%
 430 PROCprintpinpositions
 440 END
```

```
450 DEF PROCinputparameter
460 INPUT"Anzahl der Schluesselraeder ? "noofwheels%:PRINT
470 DIM seize%(noofwheels%):maxno%=0
480 FOR I%=1 TO noofwheels%
490   PRINT;"Anzahl der Pins von Rad ";I%;" ";
500   INPUTseize%(I%):IF maxno%<seize%(I%) THEN maxno%=seize%(I%)
510 NEXT:PRINT
520 DIM count%(1,255),position%(noofwheels%,maxno%)
530 INPUT"Filenamen des Chiffretextes ? "Text$
540 ENDPROC
550 :
560 DEF PROCcountletters(noofpins%,startpos%,i%)
570 pointer%=startpos%
580 REPEAT
590   PTR#channel%=pointer%:REM Dateizeiger setzen
600   letter%=BGET#channel%:REM Liest Byte von der Diskette
610   count%(i%,letter%)=count%(i%,letter%)+1
620   pointer%=pointer%+noofpins%
630 UNTIL pointer%>=filelength%
640 ENDPROC
650 :
660 DEF PROCtestposition(i%)
670 IF FNchisquare>bound THEN position%(pass%,i%)=1
680 ENDPROC
690 :
700 DEF FNchisquare
710 sum=0
720 FOR I%=0 TO 255
730   x%=count%(0,I%):y%=count%(1,I%):count%(1,I%)=0
740   IFx%=0 AND y%=0 GOTO 760
750   sum=sum+(x%-y%)^2/(x%+y%)
760 NEXT
770 =sum
780 :
790 DEF PROCprintpinpositions
800 VDU2,1,27,1,64:*FX21,3
810 REM Initialisiert Drucker und leert Ausgabepuffer
820 PRINTTAB(15);
830 FOR I%=1 TO maxno%
840   PRINT;I% DIV 10;" ";
850 NEXT:PRINT
860 PRINT;"rel. Pin Nr.:";TAB(15);
870 FOR I%=1 TO maxno%
880   PRINT;I% MOD 10;" ";
890 NEXT:PRINT:PRINT:
900 FOR wheel%=1 TO noofwheels%
910   PRINT;"Wheel Nr. ";wheel%;":";TAB(15);
920   FOR pin%=0 TO seize%(wheel%)-1
930     PRINT;position%(wheel%,pin%);" ";
940   NEXT:PRINT
950 NEXT
960 VDU3:REM Schaltet Drucker ab
970 ENDPROC
980 :
990 ONERROROFF:CLOSE#0:REPORT
1000 END
```

III Rotor-Chiffriersysteme

Der Erfolg des Einsatzes statistischer Analyse-Verfahren hängt
weitgehend von der Kenntnis der Struktur des betrachteten
Kryptosystems ab. Zur Verwendung eines Kryptosystems gehört
aber nicht nur der eigentliche Verschlüsselungsalgorithmus,
sondern ebenso die Art der Schlüssel-Erzeugung und -Verteilung
und die praktische Implementation des Gesamt-Systems. Die Bedeutung einer formalen Spezifikation aller dieser Prozesse ist
entscheidend für die Untersuchung der Sicherheit eines Systems.

Bei der folgenden Fallstudie der Rotor-Chiffriermaschinen
stehen daher die algebraisch-formalen Struktur-Untersuchungen
im Vordergrund. Rotor-Chiffriermaschinen bildeten das Gerüst
der geheimen militärischen Kommunikation während des zweiten
Weltkrieges. Die Konstrukteure waren damals überzeugt, nicht
einmal der Besitz einer Maschine werde einem feindlichen
Kryptoanalytiker zur Dechiffrierung des laufenden Nachrichten-
Verkehrs nützen. Wir werden dagegen zeigen, daß jede Rotor-
Chiffriermaschine unsicher unter einem BK-Angriff ist.
Am Beispiel der auf deutscher Seite verwendeten ENIGMA-
Maschine untersuchen wir die Gefahren mangelhafter Verfahrens-
prozeduren. Solche Schwachstellen hatten einem Team um den
polnischen Mathematiker M. REJEWSKI die Kryptoanalyse eines
ENIGMA-Systems unter einem CT-Angriff ermöglicht (REJEWSKI).
Zum besseren Verständnis für den Leser geben wir zunächst eine
kurze technische Funktionsbeschreibung der von der deutschen
Wehrmacht verwendeten ENIGMA-Maschine, die weitgehend auf den
Patent-Schriften von W. KORN (KORN), einer Schlüsselanleitung
von 1940 sowie den Artikeln (REJEWSKI), (DEAVOURS80.1),
(DEAVOURS80.2), (KRUH), (WELCHMAN) beruht.
Die ENIGMA-Chiffriermaschine ist ein elektromechanisches Gerät,
dessen kryptographische Hauptkomponenten sogenannte Rotoren
bilden. Ein Rotor ist ein Zylinder von etwa 10 cm Durchmesser
und 2,5 cm Höhe. Jede der beiden Seiten einer solchen Scheibe
trägt 26 Kontakte. Die Kontakte der einen Seite sind mit denen
der anderen Seite paarweise leitend verbunden, wobei hierfür
26! Möglichkeiten bestehen.

Die Wirkungsweise eines einzelnen Rotors ist identisch mit der
einer Schieblehre der in Kap. II.3 beschriebenen Art.
Eine gewisse Anzahl von Rotoren wird axial angeordnet, so daß
sich jeweils die Kontakte gegenüberliegender Seiten berühren.
Den linkshändigen Abschluß des Ensembles bildet ein Stator,
der auf der rechten, dem Ensemble zugewandten Seite ebenfalls
26 Kontakte besitzt. Diese Kontakte sind paarweise untereinander verbunden. Aufgrund der speziellen Verdrahtung wirkt
dieser Stator als *Reflektor*. Der Eintritt in das System erfolgt durch einen weiteren, rechts des Ensembles angeordneten
Stator, der auf seiner linken Seite 26 Kontakte trägt; diese
sind mit einer Tastatur verbunden, deren 26 Tasten als
Schalter wirken. Jede Taste ist einem Buchstaben des Alphabets
zugeordnet. Wird eine Taste gedrückt, so wird ein Stromkreis
geschlossen, der durch die innere Verdrahtung der Rotoren,
ihre Stellung zueinander, zum Reflektor und zum Ein-/Ausgangs-
stator bestimmt ist. Abhängig vom Austrittspunkt am rechten
Stator leuchtet eine Glühlampe in einem Lampenfeld auf, und
bezeichnet den Chiffretext-Buchstaben. Bei jeder Betätigung
einer Taste verändern die Rotoren durch axiale Drehung um eine
bzw. zwei Positionen relativ zueinander ihre Stellung. Dabei
rückt jeder Rotor nach 26 Schritten (=eine Umdrehung) seines
rechten Nachbarn um einen Schritt vor (der mittlere Rotor
rückt zusätzlich in Abhängigkeit seines linken Nachbarn vor).
Diese Drehungen werden durch ein Getriebe gesteuert.
Jede mögliche Stellung der Rotoren zueinander bzw. zum Reflektor und Ein-/Ausgangsstator bewirkt eine Permutation des
Alphabetes; eine Folge solcher Permutationen bildet den
Schlüsselstrom. Wie ersichtlich ist, besteht jede dieser Permutationen aus einem Produkt von verschiedenen Transpositionen,
so daß Entschlüsselung erfolgt, indem der Chiffretext mit der
gleichen Anfangsstellung der Klartextverschlüsselung erneut
eingegeben wird. Jeder Zustand der Maschine hängt nur ab von
einem Anfangszustand und der Zahl der vorausgegangenen Verschlüsselungen. Der Anfangszustand ist frei wählbar sowohl
durch Auswahl und Anordnung der Rotoren, als auch durch Ein-
stellung der Rotoren auf eine bestimmte Startposition.

Funktionsschema des ENIGMA - Systems

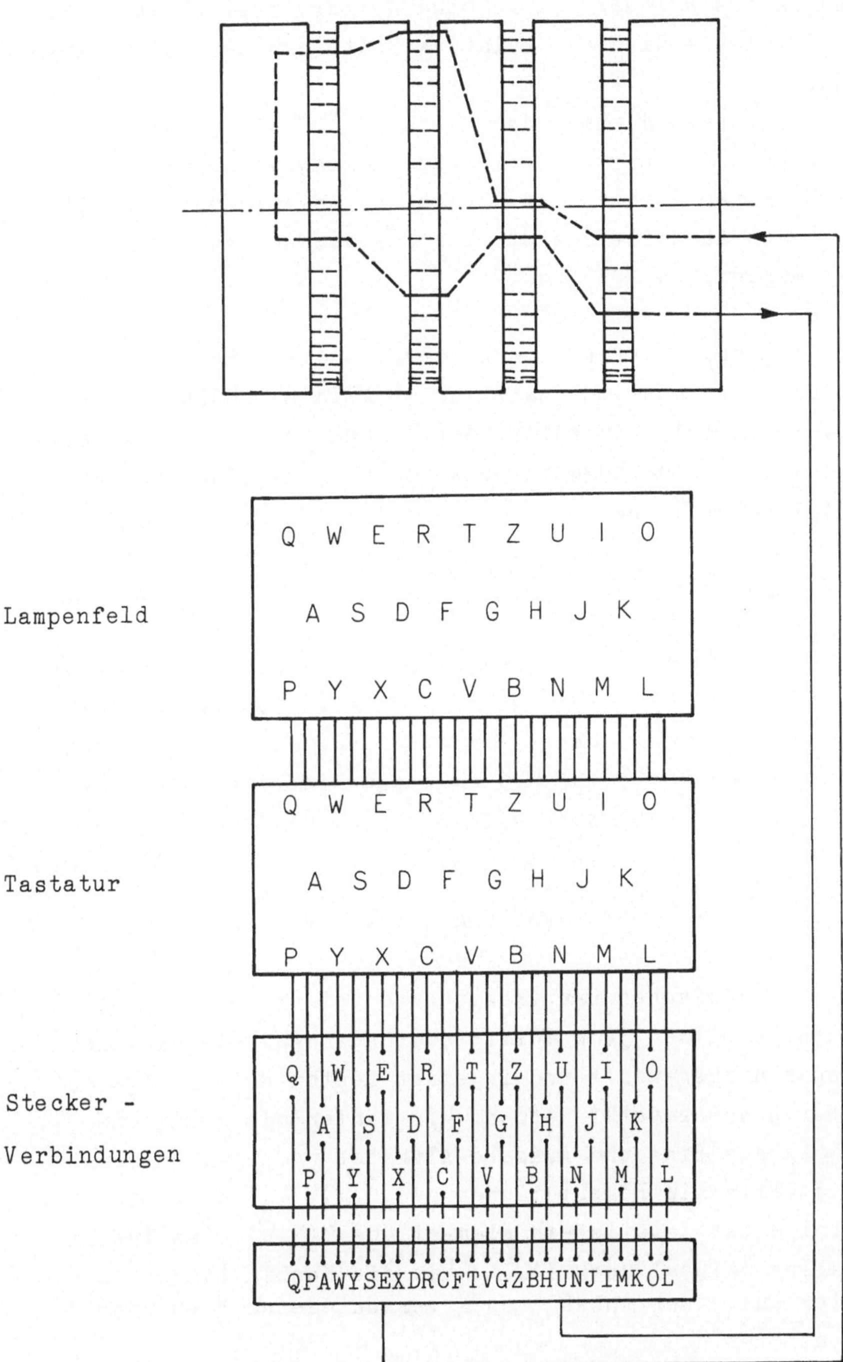

Die Zuordnung der Kontakte eines Rotors zu den Buchstaben des
Alphabetes ist bis auf zyklische Permutation durch einen be-
schrifteten, drehbaren Ring festgelegt. Diese 26 möglichen
Stellungen des *Alphabetringes* sind weitere frei wählbare Parameter. Durch sie wird der relative Zeitpunkt der Rotorbewegung
bestimmt.
Eine weitere Besonderheit der Maschine ENIGMA ist die Verwendung von frei wählbaren *Stecker-Verbindungen*, durch die zusätzliche Permutationen des Alphabetes jeweils vor Eintritt in
das und nach Austritt des Stromes aus dem Rotorensemble
bewirkt werden.

Bei der algebraisch-formalen Beschreibung von Rotorsystemen
orientieren wir uns am Ansatz von (DIFFIE-HELLMANN) und
(REEDS, 1977, b.) . In keiner der genannten Arbeiten erfolgt
eine konsequente mathematische Ausdehnung zu einer systematischen Kryptoanalyse.

III.1 ALGEBRAISCHE BESCHREIBUNG VON ROTOR-CHIFFRIERMASCHINEN

*"Die elektrische Schaltung der "Enigma"
läßt die Möglichkeit soviel verschiedener Maschinen zu, daß jeder Mensch
auf der Erde mit Millionen verschieden
geschalteter Maschinen ausgerüstet
werden könnte."*

Chiffriermaschinen AG, Berlin, ca. 1930

Die kryptographischen Hauptkomponenten einer n-Rotor-Chiff-
riermaschine bilden je n *Walzen* oder *Rotoren*, die aus einem
Korb von $k \geq n$ ausgewählt und in einer festen Reihenfolge auf
die Rotor-Achse gesetzt werden. Wir wählen die zyklische
Gruppe $\mathbb{Z}_N$ als Ein- und Ausgabe-Alphabet und stellen die
Walzen jeweils als Permutationen aus $S_N = \Upsilon(\mathbb{Z}_N)$ dar. Die feste
Reihenfolge ist jeweils ein Element aus K(k,n); das ist die
Menge aller n-Tupel über {1,...,k}, die Kombinationen von je n
Elementen aus einer Anzahl von k verschiedenen Elementen
repräsentieren.

Die Walzen auf der Achse sind durch eine Anfangseinstellung
zueinander ausgerichtet, die durch einen Vektor $\underline{y} \in \mathbf{Z}_N^n$ beschrieben wird, aus der sie mittels einer Steuerlogik
$\Delta = (\Delta_1, \ldots, \Delta_n) : \mathbf{Z}_N^n \to \mathbf{Z}_N^n$ in die jeweiligen Folge-Stellungen
übergehen. Für $W = (W_1, \ldots, W_k) \in S_N^k$ und $\underline{w} = (w_1, \ldots, w_n) \in K(k,n)$
definieren wir
$$t_{W,\underline{w}} : \mathbf{Z}_N \times \mathbf{Z}_N^n \to \mathbf{Z}_N \times \mathbf{Z}_N^n \text{ mittels der Cäsar-Substitution}$$

durch

$$(\mathbb{R}) \qquad t_{W,\underline{w}}(x,\underline{v}) = C^{-\Delta_1(\underline{v})} W_{w_1} C^{\Delta_1(\underline{v})} \ldots C^{-\Delta_n(\underline{v})} W_{w_n} C^{\Delta_n(\underline{v})} \quad .$$

Dann ist $\mathfrak{A}_{W,\underline{w},\underline{y}} = (\mathbf{Z}_N, \mathbf{Z}_N, \mathbf{Z}_N^n, t_{W,\underline{w}}, \underline{y})$ ein endlicher Automat für

jedes $W \in S_N^k$ und $(\underline{w},\underline{y}) \in K(k,n) \times \mathbf{Z}_N^n$. Nun ist offenbar, wie
mittels der Automaten $\mathfrak{A}_{W,\underline{w},\underline{y}}$ ein Chiffre-System R mit Schlüsselraum $S = S_N^k \times K(k,n) \times \mathbf{Z}_N^n$ über der Sprache $\Omega(\mathbf{Z}_N)$ zu definieren
ist. Man nennt $S_1 = S_N^k$ den *Primärschlüssel-Raum*, $S_2 = K(k,n) \times \mathbf{Z}_N^n$
den *Sekundärschlüssel-Raum*.
Bei der technischen Ausgestaltung des Prinzips $(\mathbb{R})$ treten
jeweils gewisse Besonderheiten auf. Für drei Beispiel-
Maschinen folgt deshalb eine detaillierte Darstellung der
Funktionsweise; dabei ist stets N=26.

III.1.1   DIE HEBERN - MASCHINE

Den Primär-Schlüssel bilden 5 *Walzen* $W = W_1, \ldots, W_5$,
$W_i \in S_{26}$ (i=1,...,5), der Sekundär-Schlüssel besteht aus der
Walzenlage (i) $w \in S_5$ und dem *Spruchschlüssel*
$$(ii) \underline{s} = (s_1, \ldots, s_5) \in \mathbf{Z}_{26}^5 .$$
Die Steuerfunktion $\Delta : \mathbf{Z}_{26}^5 \to \mathbf{Z}_{26}^5$ ist definiert durch

$\Delta(z_1, \ldots, z_5) := (z_1 + \lambda(z_5), z_2, z_3 + \lambda(z_1), z_4, z_5 + 1)$ mittels einer Abbildung $\lambda : \mathbf{Z}_{26} \to \{0,1\}$, die durch $\lambda(25) = 1$ und $\lambda(z) = 0$ für $z \neq 25$

definiert ist. Zu jedem $\underline{y} \in \mathbf{Z}_{26}^5$ erhält man die Folge

$(\underline{p}(i,\underline{y}))_{i \geq 0}$ über $\mathbf{Z}_{26}^5$ vermöge

a) $\underline{p}(0,\underline{y}) = \underline{y}$

b) $\underline{p}(i+1,\underline{y}) = \Delta(\underline{p}(i,\underline{y}))$ für $i \geq 0$.

Für alle $(w,\underline{s}) \in S_5 \times \mathbb{Z}_{26}^5$ definieren wir die HEBERN-Folge

$(H_i(w,\underline{s}))_{i \geq 1}$ über S_{26} durch

$$H_i(w,\underline{s}) := C_{W_{w(1)}}^{p_1(i,\underline{s})} C_{W_{w(2)}}^{p_2(i,\underline{s})-p_1(i,\underline{s})} C_{W_{w(3)}}^{p_3(i,\underline{s})-p_2(i,\underline{s})} \circ$$

$$C_{W_{w(3)}}^{p_4(i,\underline{s})-p_3(i,\underline{s})} C_{W_{w(4)}}^{p_5(i,\underline{s})-p_4(i,\underline{s})} \circ$$

$$C_{W_{w(5)}}^{-p_5(i,\underline{s})}$$

Für alle $\underline{s} \in \mathbb{Z}_{26}^5$ gilt $p_2(i,\underline{s})=s_2$, $p_4(i,\underline{s})=s_4$ für alle $i \geq 0$.

In der Realität entspricht dies der Tatsache, daß die Walzen
2 und 4 Statoren sind. Diese können zusammen mit den Rotoren
1, 3 und 5 manuell auf jede mögliche Startposition eingestellt werden.

Die Folge $\underline{p}(i,\underline{y})_i$ hat für alle $\underline{y} \in \mathbb{Z}_{26}^5$ offenbar eine Periode
der Länge $\lambda=26^3$.

Zum Schlüsselraum $S_H := S_5 \times \mathbb{Z}_{26}^5$ und einer Sprache $\mathfrak{L}$ über $\mathbb{Z}_{26}$
wird die Verschlüsselungsfunktion $v: \mathfrak{L} \times S_H \to \Omega(\mathbb{Z}_{26})$ definiert
durch $v(k_i(w,\underline{s})) := H_i(w,\underline{s})(k_i)$.

Die Entschlüsselungsfunktion $e: \Omega(\mathbb{Z}_{26}) \times S_H \to \Omega(\mathbb{Z}_{26})$ wird
definiert durch $e(c_i,(w,\underline{s})) := H_i(w,\underline{s})^{-1}(c_i)$.

<u>Definition</u>:
Das Quintupel

$$\mathfrak{H} := (\mathbb{Z}_{26}, \mathbb{Z}_{26}, S_H, \mathfrak{L}, v)$$

heißt *HEBERN-KRYPTOSYSTEM* (zu festem Primärschlüssel).
Offenbar ist $\mathfrak{H}$ ein synchrones Stromsystem.
In der Praxis wird Entschlüsselung beim HEBERN-System durch
eine Umschaltung realisiert, wodurch Eingangs- und Ausgangs-
seite des Rotorensembles vertauscht werden.

III.1.2 DIE ENIGMA - MASCHINE

Der entscheidende Unterschied der ENIGMA- zur HEBERN - Maschine
liegt darin, daß über eine Spiegelungs- oder Umkehrwalze der
Strom zweimal das System in entgegengesetzter Richtung

durchläuft (vergl. Bild). Die aktuale Zahl der Rotoren wird dadurch verdoppelt! Die Menge der Schlüssel wird auch hier eingeteilt in allgemein veränderbare Parameter (Sekundär-Schlüssel), und solche, die im allgemeinen nicht veränderbar sind für ein gegebenes System (Primär-Schlüssel). Gegenüber dem Grundprinzip sind jedoch zahlreiche Besonderheiten zu berücksichtigen. Die Komponenten des Schlüsselraumes werden im folgenden aufgezählt; dabei werden die Begriffe "Rotor" und "Walze", sowie "Umkehrtrommel" und "Reflektor" synonym verwendet.

Der *Primär-Schlüssel* besteht aus

 (i) einer Menge $W = W_1, \ldots, W_5$ von 5 verschiedenen Permutationen aus der symmetrischen Gruppe $\gamma(\mathbb{Z}_{26}) = S_{26}$, den *Walzen*,

 (ii) einem Produkt $U \in S_{26}$ von 13 verschiedenen Transpositionen, der *Umkehrtrommel* und

(iii) einer Permutation $E \in S_{26}$, dem *Eintrittsring*.

Mit P bezeichnen wir die Menge aller Permutationen aus S_{26}, die sich als Produkt von 13 verschiedenen Transpositionen darstellen.

Der *Sekundär-Schlüssel* setzt sich zusammen aus

 (i) einer Kombination $\underline{w} := (w_1, w_2, w_3) \in K(5,3)$, der *Walzenlage*,

 (ii) einem Vektor $\underline{r} = (r_1, r_2, r_3) \in \mathbb{Z}_{26}^3$, der *Ringstellung*,

(iii) einer Permutation $S \in P$, den *Steckerverbindungen*,

 (iv) einem Vektor $\underline{g} = (g_1, g_2, g_3) \in \mathbb{Z}_{26}^3$, der *Grundstellung* und

 (v) einem Vektor $\underline{s} = (s_1, s_2, s_3) \in \mathbb{Z}_{26}^3$, der *Anfangsstellung*.

Es gibt folglich $\binom{26!}{5} \cdot 2^{13} \cdot 13! \cdot 26! \approx 2{,}04 \cdot 10^{167}$ mögliche Primär-Schlüssel und $3! \cdot \binom{5}{3} \cdot 26^3 \cdot 2^{13} \cdot 13! \cdot 26^3 \cdot 26^3 \approx 1{,}66 \cdot 10^{28}$ mögliche Sekundär-Schlüssel.

Mit der selben Abbildung $\lambda: \mathbb{Z}_{26} \to \{0,1\}$ wie oben definieren wir die Abbildung $\Delta: \mathbb{Z}_{26}^3 \to \mathbb{Z}_{26}^3$ durch

$$\Delta(z_1, z_2, z_3) := (z_1 + \lambda(z_2), z_2 + \lambda(z_2) + \lambda(z_3) - \lambda(z_2) \cdot \lambda(z_3), z_3 + 1)$$

Es folgt nun eine exakte Beschreibung der Funktionsweise der ENIGMA. Hierzu sei ein Primär-Schlüssel fest vorgegeben.

Zu $\underline{y} \in \mathbb{Z}_{26}^3$ bilden wir rekursiv die Folge $(\underline{p}(i,\underline{y}))_{i \geq 0}$
über $\mathbb{Z}_{26}^3$ vermöge

(i) $\underline{p}(0,\underline{y})=\underline{y}$

(ii) $\underline{p}(i+1,\underline{y})=\Delta(\underline{p}(i,\underline{y}))$ für $i \geq 0$.

Die Folge $(\underline{p}(i,\underline{y}))_{i \geq 0}$ hat für alle $\underline{y} \in \mathbb{Z}_{26}^3$ die Periodenlänge $\lambda=16900=26 \cdot 25 \cdot 26$.

<u>Beweis:</u>

Offenbar gilt $\underline{p}(i,\underline{y})=\Delta^i(\underline{y})$ für $\underline{y} \in \mathbb{Z}_{26}^3$.

Die Periode von $(\Delta^i(\underline{y}))_i$ erhält man komponentenweise:

Die Periode $\lambda_1=26 \cdot 25 \cdot 26$ der linken Komponente ist die Periode der Folge.

Man beachte, daß sich Δ in der zweiten Komponente von einer Zählwerks-Funktion unterscheidet. ∎

Zu jedem Paar $(\underline{w},\underline{y}) \in K(5,3) \times \mathbb{Z}_{26}^3$ betrachte man nun die Folgen $(T_i(\underline{w},\underline{y}))_{i \geq 1}$ und $(V_i^0(\underline{w},\underline{y}))_{i \geq 1}$ über S_{26} mit

(i) $T_i(\underline{w},\underline{y}):=C^{-p_1(i,\underline{y})} W_{w_1} C^{p_1(i,\underline{y})-p_2(i,\underline{y})} W_{w_2} C^{p_2(i,\underline{y})-p_3(i,\underline{y})}$
$W_{w_3} C^{p_3(i,\underline{y})}$; $W_{w_i} \in W$ für $i=1,2,3$

(ii) $V_i^0(\underline{w},\underline{y}):=T_i(\underline{w},\underline{y})^{-1} U T_i(\underline{w},\underline{y})$

   $U \in P$ ist als Komponente des Primärschlüssels fest
   vorgegeben.

<u>Definition:</u>

Für alle $(\underline{w},\underline{r},S,\underline{x}) \in K(5,3) \times \mathbb{Z}_{26}^3 \times P \times \mathbb{Z}_{26}^3$

wird eine Folge $(V_i(\underline{w},\underline{r},S,\underline{x}))_{i \geq 1}$ über S_{26}

definiert vermöge

$$V_i(\underline{w},\underline{r},S,\underline{x}):=(ES)^{-1} V_i^0(\underline{w},\underline{r}+\underline{x}) ES \text{ für } i \geq 1.$$

$E \in S_{26}$ ist als Komponente des Primärschlüssels fest vorgegeben.

Die Folge $(V_i(w,r,S,x))_i$ heißt ENIGMA-Folge.

Für alle $(\underline{w},\underline{r},S,\underline{x}) \in K(5,3) \times \mathbb{Z}_{26}^3 \times P \times \mathbb{Z}_{26}^3$ gilt

(i)   Für alle $i \geq 1$ ist $(V_i(\underline{w},\underline{r},S,\underline{x}))^2 = \mathrm{id}_{\mathbb{Z}_{26}}$

(ii) $(V_i(w,r,S,x))_{i \geq 1}$ ist periodisch mit Periodenlänge

   $\lambda = 16900$,

denn (i) folgt sofort aus $U^2 = \mathrm{id}_{\mathbb{Z}_{26}}$ und (ii) gilt wegen der
entsprechenden Eigenschaft der Folge $(p(i,\underline{y}))_i$.

<u>Definition:</u>

Sei $\mathcal{L}$ eine Sprache über dem Alphabet $\mathbb{Z}_{26}$; der Schlüsselraum S
wird erklärt durch $S := K(5,3) \times \mathbb{Z}_{26}^3 \times P \times \mathbb{Z}_{26}^3$. Die Verschlüsselungsfunktion $v: \mathcal{L} \times S \rightarrow \Omega(\mathbb{Z}_{26})$ wird definiert durch
$((k_i),(\underline{w},\underline{r},S,\underline{x})) \mapsto (V_i(\underline{w},\underline{r},S,\underline{x})(k_i))$.
Das Quintupel

$$\mathfrak{C} := (\mathbb{Z}_{26}, \mathbb{Z}_{26}, S, \mathcal{L}, v)$$

heißt *ENIGMA-Kryptosystem* (zum festen Primär-Schlüssel W,U,E).
$\mathfrak{C}$ ist ein synchrones Stromsystem.

<u>Anmerkung:</u>

Die oben definierte Steuerfunktion beschreibt (zusammen mit
der Folge $(\underline{p}(i,\underline{y}))_i$ die relative Bewegung der Rotoren bei
jedem Tastendruck. Diese Funktion wurde rekonstruiert nach
einem genauen Studium der Beschreibung des Bewegungsablaufes
der ENIGMA/TYPEX bei (DEAVOURS/KRUH) und (REJEWSKI).

III.1.3   DIE TYPEX - MASCHINE

Das Rotorchiffriersystem TYPEX ist nach den gleichen
Prinzipien konstruiert wie die ENIGMA, unterscheidet sich
jedoch von dieser in einigen Merkmalen.
Der *Primär-Schlüssel* besteht hier

(i) aus 5 Walzen $W := \{W_1,\ldots,W_5\}, W_i \in S_{26}$ für $i=1,\ldots,5$ und

(ii) der Umkehrtrommel $U \in P$.

Als *Sekundär-Schlüssel* hat man

(i) die Walzenlage, die für

   $\underline{W} \in M := \{(\pm u_1,\ldots,\pm u_5) \mid (u_1,\ldots,u_5) \in S_5\}$ durch

   $W_{-u_i} := W_{u_i}^{-1} \in S_{26}$ für $i=1,\ldots,5$ definiert ist.

   (Dies entspricht der Tatsache, daß die Walzen in beiden
   Richtungen einsetzbar sind.)

(ii) die Ringstellung $\underline{r}:=(r_1,\ldots,r_5)\in \mathbf{Z}_{26}^5$ und

(iii) den Spruchschlüssel $\underline{s}:=(s_1,\ldots,s_5)\in \mathbf{Z}_{26}^5$.

Es liegen damit   (i) $\binom{26!}{5}\cdot 2^{13}\cdot 13! \simeq 5{,}09\cdot 10^{140}$ mögliche

Primärschlüssel und (ii) $2^5\cdot 120\cdot 26^5\cdot 26^5 \simeq 5{,}42\cdot 10^{17}$ mögliche

Sekundärschlüssel vor.

Die *Steuerlogik* beschreiben wir über den Vektor

$(t_i)_{i=1,\ldots,26} :=$

$(1,0,1,0,1,0,0,0,1,0,0,0,0,1,0,0,1,0,0,1,0,1,0,0,1,0)$

mit der durch $\lambda(z):=t_z$ definierten Abbildung $\lambda: \mathbf{Z}_{26} \to \{0,1\}$.

Die Steuerfunktion $\Delta: \mathbf{Z}_{26}^5 \to \mathbf{Z}_{26}^5$ wird dann gegeben durch

$\Delta(z_1,\ldots,z_5):=(z_1+\lambda(z_2),z_2+\lambda(z_2)+\lambda(z_3)-\lambda(z_2)\cdot z_3,z_3+1,z_4,z_5)$

Zu jedem $\underline{y}\in \mathbf{Z}_{26}^5$ definieren wir rekursiv eine Folge

$(\underline{p}(i,\underline{y}))_{i\geq 0}$ über $\mathbf{Z}_{26}^5$ durch

a) $\underline{p}(0,\underline{y}):=\underline{y}$

b) $\underline{p}(i+1,\underline{y}):= (\underline{p}(i,\underline{y}))$ für $i\geq 0$.

<u>Definition:</u>

Für alle $(\underline{w},\underline{y})\in M\times \mathbf{Z}_{26}^5$ seien Folgen $(F_i(\underline{w},\underline{y}))_{i\geq 1}$ und

$(G_i^0(\underline{w},\underline{y}))_{i\geq 1}$ über S_{26} gebildet durch

$$
\text{(i)}\ \ F_i(\underline{w},\underline{y}):=C^{-p_1(i,\underline{y})}W_{w_1}C^{p_1(i,\underline{y})-p_2(i,\underline{y})}W_{w_2}C^{p_2(i,\underline{y})-p_3(i,\underline{y})}
$$
$$
\circ W_{w_3}C^{p_3(i,\underline{y})-p_4(i,\underline{y})}W_{w_4}C^{p_4(i,\underline{y})-p_5(i,\underline{y})}\circ
$$
$$
\circ W_{w_5}C^{p_5(i,\underline{y})}
$$

$$
\text{(ii)}\ \ G_i^0(\underline{w},\underline{y}):=(F_i(\underline{w},\underline{y}))^{-1}UF_i(\underline{w},\underline{y})
$$

Die Folge $(G_i(\underline{w},\underline{r},\underline{x}))_{i\geq 1}$ mit $G_i(\underline{w},\underline{r},\underline{x}):=G_i^0(\underline{w},\underline{r}+\underline{x})$ zu

$(w,r,x)\in M\times \mathbf{Z}_{26}^5\times \mathbf{Z}_{26}^5$ über S_{26} heißt *TYPEX - Folge.*

<u>Bemerkung:</u>

Die TYPEX - Folge $(G_i(\underline{w},\underline{r},\underline{x}))_{i\geq 1}$ ist periodisch mit der
Periodenlänge $\lambda=26\cdot(26-9)\cdot 26 = 11492$ bei einer "Vorperiode"
der Länge 0, 1 oder 2.

<u>Beweis:</u>

Es genügt zu zeigen, daß die Folge $(\underline{p}(i,\underline{y}))_{i\geq 0}$ periodisch mit der Periodenlänge λ bei einer "Vorperiode" der Länge 0,1 oder 2 ist. Da diese Folge rekursiv über Δ definiert ist, kann man die Theorie von Kap. IV.2 anwenden. Danach ist zunächst klar, daß die Folge $(\underline{p}(i,\underline{y}))_{i>0}$ periodisch mit einer gewissen Vorperiode wird. Dies gilt auch für die Beschränkung der Folge auf die zweite und dritte Komponente, die man als Folge $(\Delta_2^i(\underline{y}),\Delta_3^2(\underline{y}))_{i\geq 0}$ darstellen kann.

	0	1	2	3	4	5	6	7	8	9	10	11	12	13	14	15	16	17	18	19	20	21	22	23	24	25
0	2	0	2	0	2	0	0	0	2	0	0	0	0	2	0	0	2	0	0	2	0	2	0	0	2	0
1	0	1	0	1	0	1	0	0	0	1	0	0	0	0	1	0	0	1	0	0	1	0	1	0	0	1
2	2	0	2	0	2	0	0	0	2	0	0	0	0	2	0	0	2	0	0	2	0	2	0	0	2	0
3	0	1	0	1	0	1	0	0	0	1	0	0	0	0	1	0	0	1	0	0	1	0	1	0	0	1
4	2	0	2	0	2	0	0	0	2	0	0	0	0	2	0	0	2	0	0	2	0	2	0	0	2	0
5	0	1	0	1	0	1	0	0	0	1	0	0	0	0	1	0	0	1	0	0	1	0	1	0	0	1
6	1	0	1	0	1	0	0	0	1	0	0	0	0	1	0	0	1	0	0	1	0	1	0	0	1	0
7	1	0	1	0	1	0	0	0	1	0	0	0	0	1	0	0	1	0	0	1	0	1	0	0	1	0
8	2	0	2	0	2	0	0	0	2	0	0	0	0	2	0	0	2	0	0	2	0	2	0	0	2	0
9	0	1	0	1	0	1	0	0	0	1	0	0	0	0	1	0	0	1	0	0	1	0	1	0	0	1
10	1	0	1	0	1	0	0	0	1	0	0	0	0	1	0	0	1	0	0	1	0	1	0	0	1	0
11	1	0	1	0	1	0	0	0	1	0	0	0	0	1	0	0	1	0	0	1	0	1	0	0	1	0
12	1	0	1	0	1	0	0	0	1	0	0	0	0	1	0	0	1	0	0	1	0	1	0	0	1	0
13	2	0	2	0	2	0	0	0	2	0	0	0	0	2	0	0	2	0	0	2	0	2	0	0	2	0
14	0	1	0	1	0	1	0	0	0	1	0	0	0	0	1	0	0	1	0	0	1	0	1	0	0	1
15	1	0	1	0	1	0	0	0	1	0	0	0	0	1	0	0	1	0	0	1	0	1	0	0	1	0
16	2	0	2	0	2	0	0	0	2	0	0	0	0	2	0	0	2	0	0	2	0	2	0	0	2	0
17	0	1	0	1	0	1	0	0	0	1	0	0	0	0	1	0	0	1	0	0	1	0	1	0	0	1
18	1	0	1	0	1	0	0	0	1	0	0	0	0	1	0	0	1	0	0	1	0	1	0	0	1	0
19	2	0	2	0	2	0	0	0	2	0	0	0	0	2	0	0	2	0	0	2	0	2	0	0	2	0
20	0	1	0	1	0	1	0	0	0	1	0	0	0	0	1	0	0	1	0	0	1	0	1	0	0	1
21	2	0	2	0	2	0	0	0	2	0	0	0	0	2	0	0	2	0	0	2	0	2	0	0	2	0
22	0	1	0	1	0	1	0	0	0	1	0	0	0	0	1	0	0	1	0	0	1	0	1	0	0	1
23	1	0	1	0	1	0	0	0	1	0	0	0	0	1	0	0	1	0	0	1	0	1	0	0	1	0
24	2	0	2	0	2	0	0	0	2	0	0	0	0	2	0	0	2	0	0	2	0	2	0	0	2	0
25	0	1	0	1	0	1	0	0	0	1	0	0	0	0	1	0	0	1	0	0	1	0	1	0	0	1

Die Zyklenstruktur der TYPEX-Folge

In der Tabelle sind die Werte $\Delta_2^i(\underline{y}) \in \mathbb{Z}_{26}$ als Spaltenkoordinaten und die Werte $\Delta_3^i(\underline{y}) \in \mathbb{Z}_{26}$ als Zeilenkoordinaten gegeben. Beginnt man mit einem beliebigen $\underline{y} \in \mathbb{Z}_{26}^5$, und markiert die Felder $(\Delta_2^i(\underline{y}), \Delta_3^i(\underline{y}))$ für $i=2,\ldots$ (in der Tabelle durch die Eintragung 0), so erhält man den "Hauptzykel" der beiden Komponenten von der Länge $442=(26-9)\cdot 26$. Dieser Hauptzykel ist für alle $\underline{y} \in \mathbb{Z}_{26}^5$ identisch; das heißt für alle $\underline{y} \in \mathbb{Z}_{26}^5$ liegt $(\Delta_2^i(\underline{y}), \Delta_3^i(\underline{y}))$ ab $i=2$ im Hauptzykel. Dies wird durch die Eintragung im Feld (y_2, y_3) angezeigt. Haben die Komponenten $(\Delta_2^i(\underline{y}), \Delta_3^i(\underline{y}))$ den Hauptzykel durchlaufen, dann hat $\Delta_3^i(\underline{y})$ die Werte von $\mathbb{Z}_{26}$ 17-mal sukzessive durchlaufen. Jeder Durchlauf bedingt einen gewissen Zuwachs modulo 26 der Komponente $\Delta_2^i(\underline{y})$, nämlich die Differenz $\Delta_2^{i+17}(\underline{y})-\Delta_2^i(\underline{y})$, $i=0,\ldots,16$. Diese Differenzenfolge ist bis auf zyklische Permutation für alle $y_2 \in \mathbb{Z}_{26}$ gegeben durch

$$13\ \ 15\ \ 12\ \ 16\ \ 12\ \ 15\ \ 12\ \ 15\ \ 13\ \ 15\ \ 13\ \ 14\ \ 13\ \ 14\ \ 14\ \ 13\ \ 15,$$

so daß für alle $\underline{y} \in \mathbb{Z}_{26}^5$ nach einmaligem Durchlaufen des Hauptzykels $\Delta_2^i(\underline{y})$ die Werte von $\mathbb{Z}_{26}$ genau 9-mal sukzessive durchlaufen hat.

Bezieht man die erste Komponente $\Delta_1^i(\underline{y})$ mit in die Betrachtung ein, so ist offensichtlich, daß für einen Durchlauf von $(\Delta_2^i(\underline{y}))_i$ in $\mathbb{Z}_{26}$ $\Delta_1^j(\underline{y})$ einen Zuwachs von 9 erfahren hat. Wegen g.g.T. $(9,26)=1$ ist die Periode von $(\Delta_1^i(\underline{y}), \Delta_2^i(\underline{y}))$ von der Länge $26 \cdot 9$, also ist die Periodenlänge von $(\Delta^i(\underline{y}))_{i \geq 0}$ insgesamt von der Länge $26 \cdot 442 = 11492$. ∎

Für alle $(\underline{w}, \underline{r}, \underline{x}) \in M \times \mathbb{Z}_{26}^5 \times \mathbb{Z}_{26}^5$ gilt

(i) $(G_i(\underline{w}, \underline{r}, \underline{x}))^2 = \mathrm{id}_{S_{26}}$

(ii) für alle $\underline{y} \in \mathbb{Z}_{26}^5$ gilt stets $p_4(i,\underline{y})=y_4$ und $p_5(i,\underline{y})=y_5$, so daß
$$c^{-p_4(i,\underline{y})} w_{w_4} c^{p_4(i,\underline{y})-p_5(i,\underline{y})} w_{w_5} c^{p_5(i,\underline{y})} \quad \text{in } G_i(\underline{w},\underline{r},\underline{x})$$
konstant für alle $i \geq 1$ ist.

In der realen TYPEX-Chiffriermaschine entspricht dies der Tatsache, daß die Walzen 4 und 5 (rechter Hand) Statoren sind. Diese können zusammen mit den Rotoren 1 bis 3 manuell auf jede mögliche Startposition eingestellt werden. Die Parameter r_4 und r_5 der Alphabetringstellung $\underline{r} \in \mathbf{Z}_{26}^5$ sind folglich hier nur pro forma eingeführt, da ihre Wahl keinerlei Einfluß auf die Folge der Maschinenzustände ausübt. Somit reduziert sich die Mächtigkeit der Sekundär-Schlüsselmenge tatsächlich um den Faktor 26^2!

<u>Definition</u>:

Zum Schlüsselraum $S:=M\times \mathbf{Z}_{26}^5\times \mathbf{Z}_{26}^5$ und einer Sprache $\mathfrak{L}$ über $\mathbf{Z}_{26}$ wird die Verschlüsselungsfunktion $v: \mathfrak{L}\times S \to \Omega(\mathbb{Z}_{26})$ definiert durch $((k_i),(\underline{w},\underline{r},\underline{x})) \mapsto (G_i(\underline{w},\underline{r},\underline{x})(k_i))$.

Das Quintupel

$$\mathfrak{T}:=(\mathbf{Z}_{26}, \mathbf{Z}_{26}, S, \mathfrak{L}, v)$$

heißt *TYPEX-KRYPTOSYSTEM* (zum festen Primärschlüssel W, U). Wie das ENIGMA-Kryptosystem ist das TYPEX-System ein synchrones Stromsystem.

Das TYPEX-System unterscheidet sich von dem ENIGMA-System im wesentlichen durch die Häufigkeit der Bewegung der "langsamen" Rotoren 2 und 1, sowie durch die Tatsache, daß die Permutation, die durch die Kombination der beiden Ein-/Ausgangsstatoren bewirkt werden, i.a. nicht zu sich selbst invers sind, wie die Permutationen der Stecker-Verbindungen der ENIGMA.

III.1.4 HISTORISCHER ABRISS

Wir beenden diesen Abschnitt mit einigen historischen Anmerkungen.

Das Prinzip der Rotor-Chiffriermaschinen wurde kurze Zeit nach Beendigung des ersten Weltkrieges von vier Personen unabhängig voneinander und nahezu gleichzeitig entwickelt: Von dem Amerikaner Edward Hugh HEBERN, dem Holländer Hugo Alexander KOCH, dem Schweden Arvid Gerhard DAMM und dem Deutschen Arthur SCHERBIUS.

Scherbius erfand 1923 die ENIGMA. Er gründete zur Produktion die CHIFFRIERMASCHINEN AG Berlin. Die ENIGMA wurde zunächst als zivil-kommerzielles Chiffriersystem zum Verkauf angeboten, und kostete je nach Ausführung 1000 Reichsmark (Glühlampen-

Version) bzw. 8000 Reichsmark (druckende Version) (SCHUCHMANN).

In England wurde 1935 nach knapp zehnjährigen Studien aller
damals verfügbaren Chiffriersysteme begonnen, für staatliche
Verwendung Maschinen des ENIGMA-Typs zu konstruieren (1928
waren zwei ENIGMA-Maschinen gekauft worden). Dies führte zur
Entwicklung der oben vorgestellten TYPEX-Maschine, die von den
zivilen Diensten und Behörden erfolgreich viele Jahre verwendet wurde. Von 1939 ab wurde die TYPEX von der Armee und der
RAF eingesetzt (KRUH).
Die Berliner Chiffriermaschinen AG wurde 1933 aus heute nicht
mehr genau rekonstruierbaren Gründen aufgelöst, jedoch nur
wenige Monate später als CHIFFRIERMASCHINEN GESELLSCHAFT
HEIMSOETH und RINKE ebenfalls in Berlin wiedergegründet. 1935
wurden offziell etwa zwanzig die ENIGMA betreffende Patente
von Scherbius übernommen, während über den Verbleib von
Scherbius selbst nichts bekannt ist (SCHUCHMANN). Dies, und
die Umstände der Firmenauflösung und Neugründung mögen ihre
Ursache in den politischen Verhältnissen jener Zeit haben.
Die ENIGMA wurde weiterentwickelt von der frühen, zivilkommer-
ziellen Version zu der oben vorgestellten militärisch verwen-
deten Version des zweiten Weltkrieges. Der bedeutendste Fortschritt wurde hierbei wohl durch die zusätzliche Einrichtung
der Stecker-Verbindungen erzielt.
Ebenfalls nach dem ENIGMA-Prinzip hatte der Amerikaner W. F.
FRIEDMAN das Rotorsystem M-325 entwickelt, welches nach dem
Vorbild der ENIGMA später zusätzlich mit Stecker-Verbindungen
ausgerüstet wurde. Dieses System wurde nach Kriegsende mehrere
Monate von der U.S.Armee getestet; es wurde jedoch, weil es zu
Fehlbedienungen führte (und die Friedenszeiten die kryptolo-
gischen Anforderungen minderten), später nur zu Übungszwecken
verwendet. Die frühere NATO-Maschine KL-7 ist ebenfalls als
ein Abkömmling der ENIGMA anzusehen.

Bedenkt man, daß Rotorsysteme vor der Entwicklung von Mikro-
prozessoren die höchstentwickelten Chiffresysteme waren, so
ist die Vermutung angebracht, daß sogar in den achtziger
Jahren Rotorsysteme nach wie vor gebraucht werden, etwa in den
Ländern der dritten Welt.

Die Unabhängigkeit von einer Netzspannungsquelle, von hochmo-
derner Technologie, und nicht zuletzt von ungünstigen Klima-
einflüssen sind wichtige Gesichtspunkte.

Zum Abschluß sei auf ein Kuriosum hingewiesen: Das Wort "Rotor"
scheint als Palindrom in besonderer Weise die geeignete Bezeichnung für dieses kryptographische Instrument zu sein.

III.2   ANALYSE VON ROTOR - SYSTEMEN
III.2.1   GLEICHUNGSSYSTEME VON PERMUTATIONEN

Zur algebraischen Analyse von Rotorsystemen sind die Lösungen
gewisser Permutations-Gleichungen bzw. -Gleichungssysteme zu
untersuchen.

Eine Permutation $\xi \in S_n$ heißt *Zyklus* der Länge $\ell(\xi)=i$, wenn es
eine i-elementige Teilmenge $\{a_1,\ldots,a_i\}$ von $\{1,\ldots,n\}$ gibt, so
daß

$$\xi(a_j)=\begin{cases} a_{j+1} & 1\leq j\leq i-1 \\ a_1 & j=i \end{cases} \text{ für } \quad \text{ und } \xi(a)=a \text{ für } a\neq a_1,\ldots,a_i$$

ist; der *Träger* von ξ ist die Menge $Tr(\xi):=\{a_1,\ldots,a_i\}$. Man
schreibt $\xi=(a_1\ldots a_i)$.

<u>Satz von der eindeutigen Zyklus-Zerlegung:</u>

Jede Permutation $\pi \in S_n$ besitzt eine bis auf die Reihenfolge
eindeutige Produkt-Darstellung aus Zyklen, etwa $\pi=\xi_1\cdots\xi_t$,
so daß die Träger $Tr(\xi_j)$ $(j=1,\ldots,t)$ paarweise disjunkt zueinander sind.

Den einfachen <u>Beweis</u> dieses Satzes findet man in (HUPPERT,
I, 5.2).

Als *Zyklentyp* *von* $\pi \in S_n$ bezeichnet man das n-Tupel
$\underline{\lambda}(\pi):=(\lambda_1,\ldots,\lambda_n) \in (\mathbb{N}')^n$, worin λ_i die Anzahl der Zyklen der
Länge i in der Zyklendarstellung von π bedeutet.

<u>Problem 1</u>
Gegeben seien 2 Permutationen $\pi,\pi' \in S_n$ mit $\underline{\lambda}(\pi)=\underline{\lambda}(\pi')$.

Bestimme alle Lösungen der Gleichung

$$\pi' = \xi\pi\xi^{-1} \tag{1}$$

in S_n.

<u>Lösung</u>:

Die Zyklenzerlegung von π sei $\pi = \prod_{i=1}^{n} \prod_{j=1}^{\lambda_i} \zeta_{ij}$

mit $\ell(\zeta_{i1}) = \ldots = \ell(\zeta_{i\lambda_i}) = i$ für $1 \leq i \leq n$.

Ebenso sei $\pi' = \prod_{i=1}^{n} \prod_{j=1}^{\lambda_i} \zeta'_{ij}$ mit $\ell(\zeta'_{i1}) = \ldots = \ell(\zeta'_{i\lambda_i}) = i$

für $1 \leq i \leq n$.

Nun wählen wir einen beliebigen, aber im folgenden festen Repräsentanten $a_{ij} \in \mathrm{Tr}(\zeta_{ij})$ $(1 \leq i \leq n, 1 \leq j \leq \lambda_i)$ und

setzen $\eta_i := \prod_{j=1}^{\lambda_i} \zeta_{ij}$ und $\eta'_i := \prod_{j=1}^{\lambda_i} \zeta'_{ij}$ $(1 \leq i \leq n)$.

Nach dem Satz über die Eindeutigkeit der Zyklendarstellung gilt für jedes $\xi \in S_n$ mit $\pi' = \xi\pi\xi^{-1}$:

a) $\xi\eta_i\xi^{-1} = \eta'_i$ für $1 \leq i \leq n$

b) Zu jedem $i \in \{1, \ldots, n\}$ existiert genau eine Permutation $\tau_i \in S_{\lambda_i}$ mit

$(b\,1): (\xi\zeta_{i1}\xi^{-1}, \ldots, \xi\zeta_{i\lambda_i}\xi^{-1}) = (\zeta'_{i\tau_i(1)}, \ldots, \zeta'_{i\tau_i(\lambda_i)})$

$(b\,2): \xi(a_{ij}) \in \mathrm{Tr}(\zeta'_{i\tau_i(j)}), \quad 1 \leq j \leq \lambda_i$.

Mit $M(\pi, \pi') := \{\xi \in S_n \mid \pi' = \xi\pi\xi^{-1}\}$

definieren wir $\Phi: M(\pi, \pi') \to \prod_{i=1}^{n} (S_{\lambda_i} \times \prod_{j=1}^{\lambda_i} \mathrm{Tr}(\zeta'_{ij})) =: T(\pi')$

vermöge $\Phi(\xi) := ((\tau_1, \underline{v}_1), \ldots, (\tau_n, \underline{v}_n))$

mit $\underline{v}_i := (\xi(a_{i\tau_i^{-1}(1)}), \ldots, \xi(a_{i\tau_i^{-1}(\lambda_i)}))$.

<u>Satz 1</u>:

Die Abbildung Φ ist eine Bijektion. Insbesondere folgt

$\#M(\pi, \pi') = \prod_{i=1}^{n} (i^{\lambda_i} \cdot \lambda_i!)$ für $(\lambda_1, \ldots, \lambda_n) = \underline{\lambda}(\pi)$.

<u>Beweis:</u>

1) Φ ist injektiv, denn aus $\quad\Phi(\xi)=\Phi(\tilde{\xi})$

folgt $\quad\xi(a_{ij})=\tilde{\xi}(a_{ij})(1\leq i\leq n,\ 1\leq j\leq\lambda_i)$,

also $\xi\big|_{Tr(\zeta_{ij})}=\tilde{\xi}\big|_{Tr(\zeta_{ij})}\ {}^{(1\leq i\leq n,\ 1\leq j\leq\lambda_i)}$ und damit $\xi=\tilde{\xi}$.

2) Zum Beweis der Surjektivität von Φ sei

$\quad((\tau_i,(a'_{i1},\ldots,a'_{i\ \lambda_i})),1\leq i\leq n)\in T(\pi')$ gegeben.

Es sei $\quad\xi(a_{ij}):=a'_{i\tau_i(j)}\ (1\leq i\leq n,\ 1\leq j\leq\lambda_i)$ gesetzt.

Für $1\leq i\leq n$ und $1\leq j\leq\lambda_i$ sei $\zeta_{ij}=(b_1,\ldots,b_i)$ der Zyklel von π

mit $b_1=a_{ij}$, $\quad\zeta'_{i\tau_i(j)}=(b'_1,\ldots,b'_i)$ der Zykel von π

mit $b'_1=a'_{i\tau_i(j)}$.

Setze man ξ auf $Tr(\zeta_{ij})$ fort durch $\xi(b_\upsilon):=b'_\upsilon(2\leq\upsilon\leq i)$,

so folgt $\xi\zeta_{ij}\xi^{-1}=\zeta'_{i\tau_i(j)}$.

Wegen $\tau_i\in S_{\lambda_i}$ ist ξ wohldefiniert und bijektiv auf $Tr(\eta_i)$

für $1\leq i\leq n$. Ferner gilt

$$\xi\eta_i\xi^{-1}=\prod_{j=1}^{\lambda_i}\xi\zeta_{ij}\xi^{-1}=\prod_{j=1}^{\lambda_i}\zeta'_{i\tau_i(j)}=\prod_{j=1}^{\lambda_i}\zeta'_{ij}=\eta'_i\ .$$

Damit ist ξ auf $\{1,\ldots,n\}$ definiert und bijektiv und es gilt

$$\xi\pi\xi^{-1}=\pi'.$$

Nach obiger Konstruktion gilt offenbar

$$\Phi(\xi)=((\tau_i,(a'_{i1},\ldots,a'_{i\lambda_i})),1\leq i\leq n)\ .\quad\blacksquare$$

<u>Bemerkung:</u>

Für alle $\xi\in M(\pi,\pi')$ gilt

$$M(\pi,\pi')=\xi\cdot\mathrm{Zentr}_{S_n}(\pi)$$

mit dem *Zentralisator* $\mathrm{Zentr}_{S_n}(\pi)=\{\sigma\in S_n\,|\,\pi\sigma=\sigma\pi\}$ von π in S_n.

<u>Beweis:</u>

Für $\xi,\tilde{\xi}\in M(\pi,\pi')$ gilt $\xi\pi\xi^{-1}=\tilde{\xi}\pi\tilde{\xi}^{-1}$, also $(\xi^{-1}\tilde{\xi})\pi=\pi(\xi^{-1}\tilde{\xi})$, d.h.

$\xi^{-1}\tilde{\xi}\in\text{Zentr}_{S_n}(\pi)$. ∎

Damit erhalten wir als

<u>Korollar:</u>

Für alle $\pi\in S_n$ mit $(\lambda_1,\ldots,\lambda_n)=\underline{\lambda}(\pi)$ gilt

$$\#\text{Zentr}_{S_n}(\pi) = \prod_{i=1}^{n} (i^{\lambda_i}\cdot\lambda_i!) \ .$$

Es sei noch einmal ausdrücklich hervorgehoben, daß die obige Lösung von Problem 1 konstruktiv ist.

<u>Problem 2</u>

Das Gleichungssystem
$$\pi_i'=\xi\pi_i\xi^{-1} \quad (i=1,\ldots,t) \tag{2}$$

besitze eine Lösung in S_n. Man bestimme die Lösungsgesamtheit.

<u>Lösung:</u>

Es seien ξ und $\tilde{\xi}$ Lösungen von (2). Dann gilt

$$\xi\pi_i\xi^{-1}=\tilde{\xi}\eta_i\tilde{\xi}^{-1}, \qquad (i=1,\ldots,t)$$

also $(\xi^{-1}\tilde{\xi})\pi_i=\pi_i(\xi^{-1}\tilde{\xi})$ $\quad (i=1,\ldots,t)$ und

folglich $\xi^{-1}\tilde{\xi}\in\bigcap_{i=1}^{t}\text{Zentr}_{S_n}(\pi_i)$.

Als Zentralisator einer Teilmenge $X\subset S_n$ in S_n bezeichnet man in Verallgemeinerung einer früheren Begriffsbildung die Untergruppe $\text{Zentr}_{S_n}(X)=\{\sigma\in S_n\mid \bigwedge_{\pi\in X}\pi\sigma=\sigma\pi\}$.

Schreibt man $\langle\pi_1,\ldots,\pi_t\rangle$ für die kleinste Untergruppe von S_n, die $\pi_1,\ldots,\pi_t$ enthält (diese besteht aus <u>allen</u> endlichen Produkten, die mit $\pi_1,\ldots,\pi_t$ und $\pi_1^{-1},\ldots,\pi_t^{-1}$ gebildet werden können - vgl. (HUPPERT, I. 2.4)), so folgt

$$\bigcap_{i=1}^{t}\text{Zentr}_{S_n}(\pi_i)=\text{Zentr}_{S_n}(\langle\pi_1,\ldots,\pi_t\rangle).$$

Also gilt:

$\xi^*\cdot\text{Zentr}_{S_n}(\langle\pi_1,\ldots,\pi_t\rangle)$ mit einer "partikulären" Lösung ξ^* von (2) ist die Lösungsgesamtheit von (2). ∎

Mit der Frage nach der Mächtigkeit der Lösungsgesamtheit von (2) stellt sich daher allgemein die Frage nach der zu erwartenden Mächtigkeit von $\text{Zentr}_{S_n}(\langle\pi_1,\ldots,\pi_t\rangle)$, wenn $\pi_1,\ldots,\pi_t$ zufällig gewählte Permutationen in S_n sind $(t\geq 2)$.

Die Antwort gibt der

Satz 2 (Satz von DIXON):

Der relative Anteil der Paare $(\xi,\eta)\in S_n\times S_n$ mit $\langle\xi,\eta\rangle=S_n$ oder $\langle\xi,\eta\rangle=A_n$ ist größer als

$$1-2/(\log\log n)^2\ .$$

Zum Beweis verweisen wir auf die Originalarbeit (DIXON 1969). Es wird vermutet, daß der Term $2/(\log\log n)^2$ tatsächlich durch einen Ausdruck der Größenordnung $O(\frac{1}{n})$ ersetzt werden kann. (DIXON, p. 204)

Wir gewinnen ein wichtiges

Korollar:

Der relative Anteil der Paare $(\xi,\eta)\in S_n\times S_n$ mit $\text{Zentr}_{S_n}(\langle\xi,\eta\rangle)=\{1\}$ geht gegen 1 für $n\to\infty$.

Beweis:

Es gilt $\text{Zentr}_{S_n}(S_n)\leq\text{Zentr}_{S_n}(A_n)$. Für $n\geq 5$ ist $\{1\}\triangleleft A_n\triangleleft S_n$ die einzige Hauptreihe (HUPPERT, II, (5.1)). Wegen $\text{Zentr}_{S_n}(A_n)\triangleleft N_{S_n}(A_n)=S_n$ folgt $\text{Zentr}_{S_n}(A_n)=\{1\}$ oder

$\text{Zentr}_{S_n}(A_n)=A_n$.

Für $n\geq 5$ ist A_n eine einfache Gruppe, also gilt $\text{Zentr}_{S_n}(A_n)\neq A_n$,

und daher $\text{Zentr}_{S_n}(A_n)=\{1\}$. Nun folgt die Behauptung aus dem Satz von DIXON. ∎

Als Konsequenz hiervon halten wir fest, daß für $t\geq 2$ das Gleichungssystem (2) mit sehr hoher Wahrscheinlichkeit eindeutig lösbar ist.

Beispiele:

 (i) Es sei $C\in S_n$ die Caesar-Substitution.

Das Gleichungssystem

$$\xi C^i \xi^{-1} = \pi_i \quad (i=1,\ldots,n) \qquad (3)$$

sei für ξ lösbar in S_n.

Es gilt $\pi_i = \pi_1^i (i=1,\ldots,n)$. Also genügt es, die Lösungsgesamtheit von

$$\xi C \xi^{-1} = \pi_1$$

zu bestimmen.

Es ist $C^i \in \mathrm{Zentr}_{S_n}(C)(i=1,\ldots,n)$, also $\langle C \rangle \subset \mathrm{Zentr}_{S_n}(C)$;

es gilt $\underline{\lambda}(C)=(0,\ldots,0,1)$, also $\#\mathrm{Zentr}_{S_n}(C) = n$. Wegen

$n=\mathrm{ord}(C)$ folgt $\langle C \rangle = \mathrm{Zentr}_{S_n}(C)$. Folglich ist

$$\xi^* \cdot \langle C \rangle$$

mit einer partikulären Lösung ξ^* von $\xi C \xi^{-1} = \pi_1$ die Lösungsgesamtheit von (3).

(ii) Das Gleichungssystem

$$\xi C^i \eta = \pi_i \quad (i=1,\ldots,n) \qquad (4)$$

sei für ξ und η lösbar in S_n.

Sei $1 \leq i \leq n$. Für alle $1 \leq j \leq n$ ist $\sigma_i := \pi_{i+j}\pi_j^{-1} = \xi C^i \xi^{-1}$ von j unabhängig. Damit liegt wieder die Situation (i) vor: Mit einer partikulären Lösung ξ^* der Gleichung

$\sigma_1 = \xi C \xi^{-1}$ und $\eta^* := C^{-1}\xi^{*-1}\pi_1$ bildet

$$\{ (\xi^* C^i, \ C^{-i}\eta^*) \mid i=1,\ldots,n\}$$

die Lösungsgesamtheit von (4).

(iii) Das Gleichungssystem

$$\pi_i = \xi^i \pi_0 \xi^{-i} \quad (i=1,\ldots,t) \qquad (5)$$

sei für ξ lösbar in S_n. Es gilt $\pi_i = \xi \pi_{i-1}\xi^{-1}(i=1,\ldots,t)$.

Mit einer partikulären Lösung ξ^* dieses Systems erhält man gemäß der Lösung zu Problem 2 als Lösungsgesamtheit

$$\xi^* \cdot \mathrm{Zentr}_{S_n}(\langle \pi_0,\ldots,\pi_{t-1}\rangle).$$

Nach dem Satz von DIXON wird (5) i.a. eindeutig lösbar sein.

Die Berechnung des Erzeugnisses der Permutationen $\pi_1,\ldots,\pi_t$ in S_n stellt auch für große n kein Problem dar, wie am Ende dieses Abschnitts gezeigt werden wird. Zuvor beschreiben wir noch einen etwas groben Algorithmus zur Behandlung eines Gleichungssystems

$$\pi_1' = \xi \pi_1 \xi^{-1}$$
$$\text{(I)}$$
$$\pi_2' = \xi \pi_2 \xi^{-1}$$

Algorithmus G

(G1)   Bilde $\pi_3 := \pi_1 \pi_2$, $\pi_4 := \pi_1 \pi_2^{-1}$

$$\pi_5 := \pi_1^{-1} \pi_2, \qquad \pi_6 := \pi_1^{-1} \pi_2^{-1}$$

und entsprechend $\pi_3', \pi_4', \pi_5', \pi_6'$. dann gilt für jede Lösung ξ von (I):

$$\pi_i' = \xi \pi_i \xi^{-1} \quad \text{für } i=3,4,5,6$$

(G2)   Wähle $i_0 \in \{3,4,5,6\}$ so, daß

$$\#\text{Zentr}_{S_n}(\pi_{i_0}) = \prod_{i=1}^{n} (i^{\lambda_i} \cdot \lambda_i!), \quad (\lambda_1,\ldots,\lambda_n) = \underline{\lambda}(\pi_{i_0})$$

minimal wird.

(G3)   Bilde sukzessive die Lösungen der Gleichung
$$\pi_{i_0}' = \xi \pi_{i_0} \xi^{-1} \qquad \text{(II)}$$

gemäß des Lösungsverfahrens zu Problem 1 und überprüfe ihre Konsistenz mit (I). Da alle Lösungen von (I) unter denen von (II) vorkommen, ist die Menge aller $\xi \in S_n$, die diesen Test bestehen, die gesuchte Lösungsgesamtheit.

Ein Versuch mit 12500 zufällig gewählten Paaren $\pi_1, \pi_2 \in S_{26}$, die jeweils den Prozeduren (G1) und (G2) unterzogen wurden,

ergab einen mittleren Wert für $\#\text{Zentr}_{S_{26}}(\pi_{i_0})$ in (G3) von
108. Demzufolge besitzt die Lösungsgesamtheit von (I) im
Mittel weniger als 108 Elemente.
Ein weiterer Versuch mit 50000 zufällig gewählten Permuta-
tionen $\pi \in S_{26}$ ergab einen mittleren Wert für $\#\text{Zentr}_{S_{26}}(\pi)$
von 1996. Dies zeigt, daß der Aufwand für die Bestimmung
von $\text{Zentr}_{S_{26}}(\pi_{i_0})$ in (G3) im Mittel etwa um den Faktor 20
gegenüber dem allgemeinen Fall reduziert ist.

Für Berechnungen in Permutationsgruppen hat C. SIMS höchst
effiziente Methoden entwickelt, die zudem äußerst sparsam
mit dem vorhandenen Speicher umgehen ((SIMS, 1970, 1971,
1971 a)). Wir erläutern die Grundprinzipien in einer etwas
schwächeren Version und verweisen für Details auf den Bericht
von BUTLER ((BUTLER, 1982, 1982 a)); die unten beschriebenen
Algorithmen wurden auf einem Mikrocomputer in ASSEMBLER implementiert, selbst Gruppen vom Grad n=26 waren mühelos zu
behandeln.

Die *Stabilisatorkette* einer Permutationsgruppe G in S_n ist
die Kette
$$G=G^{(1)} \geq G^{(2)} \geq \ldots \geq G^{(n-1)} \geq G^{(n)}=1$$
der Untergruppen $G^{(i)}=\{g \in G \mid g(j)=j \text{ für alle } 1 \leq j \leq i-1\}$
(i=1,...,n-1). Zu jedem $i \in \{1,...,n-1\}$ wähle man eine Neben-
klassenzerlegung
$$G^{(i)} = \overset{\cdot}{\underset{u \in U_i}{\bigcup}} uG^{(i+1)}$$
mit einem Repräsentantensystem U_i; dann stiftet die Zuordnung
$u \mapsto u(i)$ eine Bijektion zwischen U_i und der *Bahn*
$\Delta_i=\{g(i) \mid g \in G^{(i)}\}$ von i unter $G^{(i)}$. Induktiv schließt man
hieraus
 (i) Jedes Element $g \in G$ hat eine eindeutige Darstellung
   $g=u_1 \ldots u_{n-1}$ mit $u_i \in U_i$ ($1 \leq i \leq n-1$).

(ii) $\#G = \prod_{i=1}^{n-1} \#U_i$

Die Gruppe G wird einfach durch Abspeicherung der Permutationen in allen U_i abgespeichert, das sind aber höchstens

$$\sum_{i=1}^{n-1} \#U_i < \frac{n(n+1)}{2} \quad \text{viele.}$$

Falls die Repräsentantensysteme U_i bekannt sind, stellt der folgende Algorithmus fest, ob eine beliebige Permutation $g \in S_n$ zu G gehört, indem eine Darstellung der Form (i) zu g gesucht wird; er findet das maximale r, so daß $u_i \in U_i$ $(1 \leq i \leq r)$ existieren, für die $z = u_r^{-1} \cdots u_1^{-1} g$ die Elemente $1 \leq i \leq r$ fest läßt.

Algorithmus ELETEST

E1: $i \leftarrow 0$: $z \leftarrow g$

E2: $i \leftarrow i+1$: $d \leftarrow (i)$
IF $d \notin \Delta_i$ THEN $r \leftarrow i-1$: PRINT r, z: STOP

E3:   Finde $u_i \in U_i$ mit $(u_i^{-1} z)(i) = i$: $z \leftarrow u_i^{-1} z$
IF $i < n-1$ THEN GOTO E2
PRINT "$g \in G$"
STOP

Üblicherweise werden aber Permutationsgruppen nur durch die Angabe erzeugender Permutationen beschrieben, aus denen die Repräsentantensysteme U_i erst bestimmt werden müssen. Sei etwa X ein Erzeugendensystem der Gruppe G, $X_i = X \cap G^{(i)}$ bezeichne jeweils die in $G^{(i)}$ liegenden Elemente von X $(1 \leq i \leq n-1)$: X heißt *starkes Erzeugendensystem* von G, wenn $G^{(i)} = \langle X_i \rangle$ für alle $1 \leq i \leq n-1$ ist.

Satz 3:

G sei eine Permutationsgruppe in S_n mit dem Erzeugendensystem X. Für $1 \leq i \leq n$ sei $H^{(i)} = \langle X_i \rangle$ und für $1 \leq i \leq n-1$ wähle man ein Repräsentantensystem U_i mit

$$H^{(i)} = \bigcup_{u \in U_i} u H^{(i+1)}.$$

X ist genau dann ein starkes Erzeugendensystem für G, wenn für alle $1 \leq i \leq n-1$ die folgende Bedingung erfüllt ist:

($) Für alle $u \in U_i$ und alle $g \in X_i$ liegt gu in $U_i \cdots U_{n-1}$.

<u>Beweisidee:</u> Die Bedingung ($) ist im Fall eines starken Erzeugendensystems X offenbar erfüllt. Zum Beweis der Umkehrung beachte man zunächst, daß zu $u \in U_i$ und $g \in X_i$ jeweils eindeutig bestimmte Elemente $\bar{u} \in U_i$ und $h \in H^{(i+1)}$ mit $gu=\bar{u}h$ existieren. Nach dem Lemma von SCHREIER (HALL, (7.2.2)) gilt nun $H^{(i+1)}=\langle\bar{u}^{-1}gu \mid g \in X_i, u \in U_i\rangle$. Mit ($) folgt daraus $H^{(i)}=U_i \cdots U_{n-1}$ für $1 \leq i \leq n$. Induktiv schließt man daraus leicht auf $G^{(i)} \leq H^{(i)}$ für $1 \leq i \leq n-1$.

Zur Berechnung eines starken Erzeugendensystems aus einem gegebenen Erzeugendensystem geht man folgendermaßen vor:

(1) Man berechnet die Repräsentantensysteme $U_1, \ldots, U_{n-1}$.

(2) Für $i=n-1, n-2, \ldots, 1$ bildet man sukzessive die Produkte gu mit $g \in X_i$ und $u \in U_i$ und testet die Bedingung ($) mit dem Algorithmus ELETEST. Falls dieser jemals ein $r<n-1$ findet, ersetzt man X durch $\{X,z\}$ (auch z wird von ELETEST geliefert) und beginnt wieder bei (1). Anderenfalls hat man ein starkes Erzeugendensystem gefunden.

Angenommen, im i_0-ten Schritt erscheint ein negatives Testergebnis mit einem $r<n-1$. Dann beachte man, daß stets alle Elemente der Repräsentantensysteme bei der Neu-Ausführung von (1) wieder verwendet werden können, und daß neue Elemente nur zu den U_j mit $i_0 \leq j \leq r+1$ hinzukommen können. Bei der Rückkehr zu (2) braucht man deshalb erst mit dem größten i weiterzumachen, für das noch alle Produkte gu zu bilden sind. Es fehlt jetzt noch ein Algorithmus zur Berechnung der Repräsentantensysteme. Sei H eine von $g_1, \ldots, g_r$ erzeugte Permutationsgruppe in S_n und $H_x=\{g \in H \mid g(x)=x\}$. Berechnet wird die Bahn Δ_x von x unter H und ein Repräsentantensystem U mit $H=\bigcup_{u \in U} uH_x$.

<u>Algorithmus BAHN</u> (vgl. (BUTLER))

B1: $n=1$: $t_1=x$: $k=0$: $u(x)=id$

B2: $k=k+1$
       IF $k>n$ THEN $\Delta_x=\{t_1,\ldots,t_n\}$: STOP
       ELSE $z=\emptyset$: $a=t_k$

B3: $z=z+1$
       IF $z>r$ THEN GOTO B2

B4: $b=g_z(a)$
       IF b $\{t_1,\ldots,t_n\}$ THEN GOTO B3
       $n=n+1$: $t_n=b$: $u(b)=g_z \cdot u(a)$
       GOTO B3

Einfache APL-Programme zur Realisierung dieser Algorithmen
hat SIMS in (SIMS, 1974) angegeben.
Der nächste Schritt zur Bestimmung der Lösungsmannigfaltigkei-
ten von Permutationsgleichungssystemen, die Bestimmung der
Zentralisatoren wird durch den Algorithmus BKTK unter Berücksichtigung von (5.3) in (BUTLER) geleistet.

III.2.2   Kryptoanalyse des HEBERN - Systems

Die vorangehende Beschreibung von Rotor - Systemen mag manchem
Leser übertrieben formal erscheinen.Die Stärke der algebraischen Beschreibung wird tatsächlich erst bei der geradezu
zwangsläufigen Kryptoanalyse deutlich, die daraus resultiert.
Wie DEAVOURS berichtet (DEAVOURS 80), hat W.FRIEDMAN bereits
1934 die HEBERN - Maschine kryptoanalysiert, jedoch wird diese
Analyse bis heute von den Behörden der USA unter Verschluß
gehalten.Möglicherweise wurden darin Überlegungen angestellt,
die der folgenden Darstellung ähneln (vgl. auch (REEDS 7 7b)).

Zunächst ist noch zu berücksichtigen, daß die Rotoren der HEBERN-Maschine in der technischen Realisierung versetzbare Buchstabenringe tragen, gegenüber der Beschreibung in III.1 ist deshalb der Sekundär-Schlüsselraum durch $S_H = S_5 \times \mathbb{Z}_n^5$ zu ersetzen. Für einen Schlüssel $(\sigma, \underline{v} = (v_1, \ldots, v_5))$ sind dann die

"virtuellen" Rotoren $\widetilde{W}_i = C^{v_i} W_{\sigma(i)} C^{-v_i}$ $(i=1, \ldots, 5)$ in der früheren Beschreibung zu verwenden.

Nun sei $K = k_0 \ldots k_{l-1} \in \Omega_l(\mathbb{Z}_n)$ ein Klartext mit $l < n^2$, der mittels der HEBERN-Folge in den Chiffretext $C = c_0 \ldots c_{l-1}$ verschlüsselt wird. Die entscheidende Schwäche des Systems liegt in der

<u>Bemerkung 1</u>:

Es existieren Permutationen $R, T, Y \in \mathfrak{T}(\mathbb{Z}_n)$, so daß

$$c_{jn+i} = T^{(j)} Y R^{(i)} (k_{jn+i}) \quad \text{für } 0 \leq i, j < n$$

ist, wobei die Abkürzung $X^{(i)} = C^i X C^{-i}$ für $X \in \mathfrak{T}(\mathbb{Z}_n)$ verwendet wurden.

<u>Beweis</u>:

Nach der Definition in III.1 ist

$$H_{jn+i} = C^j \widetilde{W}_1 C^{-j} \widetilde{W}_2 \widetilde{W}_3 \widetilde{W}_4 C^{i+1} \widetilde{W}_5 C^{-i-1} \quad \text{für } 0 \leq i, j < n.$$

Mit $R = C \widetilde{W}_5 C^{-1}$, $T = \widetilde{W}_1$ und $Y = \widetilde{W}_2 \widetilde{W}_3 \widetilde{W}_4$ folgt schon die Behauptung. ∎

Damit wird bereits eine Reduktion auf die Berechnung von R möglich.

<u>Satz 4</u>:

Bei Kenntnis von R ist das HEBERN-System unter einem VG-Angriff lösbar.

<u>Beweis</u>:

Es sei $X_{ij} := T(j) X R(i)$, $0 \leq i, j < n$. Dann ist

$U_j := X_{ij} C^i R^{-1} C^{-i} = C^j T C^{-j} Y$ von i unabhängig. Für $0 \leq j \leq n-1$

sei $k_{ij} := C^i R C^{-1}(i)$ $(0 \leq i \leq n-1)$. Gemäß der Voraussetzung eines

VG-Angriffs sei $c_{ij} := X_{ij}(i)$ für $0 \leq i \leq n-1$ gegeben. Dann gilt $U_j(k_{ij}) = c_{ij}$ für $0 \leq i \leq n-1$ und damit ist $U_j \in S_n$ bekannt. Nach Beispiel (ii) zu Satz 2 in III.2 ist das Gleichungssystem $C^{-j} U_j = T C^{-j} Y$ $(j = 0, \ldots, n-1)$ für T und Y in S_n lösbar. ∎

Die Bedeutung dieses Satzes liegt darin, daß er sich leicht in einen BK-Angriff auf das HEBERN-System konvertieren läßt, falls R bekannt ist:

Sei (k_{ij}, c_{ij}) bekannt, $c_{ij} = X_{ij}(k_{ij})$, $X_{ij} = T(j)YR(i)$.

Mit R ist $\tilde{k}_{ij} := C^{i}RC^{-i}(k_{ij})$ bekannt und es gilt $U_{j}(\tilde{k}_{ij}) = c_{ij}$. Sind genügend Paare (k_{ij}, c_{ij}), $0 \leq i,j < n$ bekannt, so sind Y und T aus den partiell bekannten U_{j}, $j = 0, \ldots, n-1$ bestimmbar mit den Methoden in III.2.1

Eine weitere Beobachtung ermöglicht es jedoch, auf die Kenntnis von R ebenfalls zu verzichten.

<u>Bemerkung 2</u>:

Sei $K = k_{0} \ldots k_{n-1} \in \Omega_{n}(\mathbb{Z}_{n})$. Für $j \neq k < n$ sind die Chiffretexte $X_{ij}(k_{i})$ und $X_{ik}(k_{i})$ $(0 \leq i < n)$ isomorph. (Entsprechendes gilt für Teilketten von K.)

<u>Beweis</u>:

Sei $V_{1,j} := X_{i1}X_{ij}^{-1} = C^{1}TC^{-1}Y(C^{j}TC^{-i}Y)^{-1}$; $V_{1,j}$ ist von i unabhängig, und es gilt mit $c_{ij} = X_{ij}(k_{i})$, $c_{i1} = X_{i1}(k_{i})$:

$$c_{i1} = V_{1,j}(c_{ij}) \quad \text{für } 0 \leq i < n. \quad \blacksquare$$

Allgemeiner als in Satz 4 gilt

<u>Satz 5</u>:

Das HEBERN-System $\mathfrak{H}$ ist durch einen VG-Angriff lösbar.

<u>Beweis</u>:

Die eben definierten $V_{1,j}$ können durch einen VG-Angriff für $0 \leq j, 1 < n$ bestimmt werden.

Es gilt

$$C^{-1}V_{1,j}C^{j} = TC^{j-1}T^{-1} \quad \text{für } 0 \leq j, 1 < n \qquad (*)$$

und aus diesem Gleichungssystem ist T nach Beispiel (i) zu Satz 2 aus III.2.1 bestimmbar. Das System ist nun reduziert zu

$$\tilde{c}_{ij} := C^{j}T^{-1}C^{-j}(c_{ij}) = YC^{i}RC^{-i}(p_{ij}), \quad 0 \leq i,j < n.$$

Es sei $T_{i} := YC^{i}RC^{-i}$ $(0 \leq i < n)$. Alle Paare (p_{t}, c_{t}) mit $c_{t} = T_{t}(p_{t})$ sind bekannt, also ist T_{t} bekannt für $0 \leq t$. Daher gilt:

$$C^{-i}T_{i}^{-1}T_{j}C^{j} = R^{-1}C^{j-i}R, \quad 0 \leq i,j < n$$

ist für R lösbar in S_n nach dem bereits zitierten Beispiel (i) aus dem vorigen Abschnitt. Durch $T_i C^i R^{-1} C^{-i} = Y$ ist Y bestimmt. ∎

Aufgrund dieses Satzes ist nun klar, daß das HEBERN-System im allgemeinen durch einen CT-Angriff gelöst werden kann. Hinreichend langer Chiffretext enthält mit großer Wahrscheinlichkeit isomorphe Textsegmente, die wiederum die zumindest partielle Bestimmung der $V_{1,j}$ in obigem Satz erlauben. Im allgemeinen ist das System (*) aber bereits aus der partiellen Kenntnis der $V_{1,j}$ nach T lösbar. Entsprechendes gilt für die Lösung von R und Y.

Weil die Sekundärschlüssel in kurzen Zeitabständen zufällig verändert werden, wird nach und nach jede Walze des Korbs in der Position liegen, die der Permutation R entspricht. Bis auf eine Konjugation mit einer Caesar-Potenz C^ν sind die Walzen $W_1, \ldots, W_5$ des Korbes also durch hinreichend viel Chiffretext zu bestimmen, so daß der Primärschlüssel bekannt ist. Sobald diese mühsame Prozedur erfolgreich beendet ist, kann man alle weiteren Kryptoanalysen mit dem vorher beschriebenen erheblich einfacheren BK-Angriff machen, da nur wenige Proben über die Identität des in R verwendeten Rotors Aufschluß geben.

Das HEBERN-System läßt sich folglich allein aufgrund der starken algebraischen Struktur seines Verschlüsselungsalgorithmus lösen.

III.2.3 Schlüsselerzeugung und Schlüsselverteilung im ENIGMA - System

> *"Bei richtiger Organisation*
> *sind Chiffretexte für Unbe-*
> *fugte praktisch unlösbar."*
>
> *Chiffriermaschinen*
> *Aktiengesellschaft*
> *Berlin*
> *ca. 1930*

Am Beispiel der ENIGMA-Chiffriermaschine wollen wir nun demonstrieren, wie wichtig die Einbeziehung der Implementation eines Verschlüsselungsalgorithmus in die formale Beschreibung eines Kryptosystems ist.
Die schlechten deutschen Schlüsselpraktiken hatten einer Gruppe polnischer Kryptologen unter Leitung von M.REJEWSKI bereits in der Vorkriegszeit eine vollständige Analyse der ENIGMA-Maschine ermöglicht. Die historische Entwicklung wird sehr gut in (REJEWSKI) und (GARLINSKI) beschrieben. Die Lösung des Primärschlüssels erfolgte durch Methoden, die den weiter unten beschriebenen zur Lösung des Sekundärschlüssels ähnlich sind. Die gleichen Methoden zur Lösung des Sekundärschlüssels verwendete zu Beginn des 2. Weltkrieges auch ein britisches Kryptologen-Team, wie man dem Buch von G. WELCHMAN (WELCHMAN) entnehmen kann. Zwar wurden diese Methoden durch eine modifizierte Schlüsselmethode ab Mitte 1940 unbrauchbar gemacht (ENIGMA-Schlüsselanleitung), doch standen zu dieser Zeit bereits neue Analyse-Verfahren zur Verfügung - wir gehen darauf noch im nächsten Abschnitt ein.
Der Sekundärschlüssel bestand aus zwei Komponenten, einem *Tagesschlüssel*, der in Form einer *Schlüsseltafel* allen Teilnehmern eines festen ENIGMA-Kommunikationsnetzes zur Verfügung stand und eine eintägige Gültigkeit hatte, sowie einem *Spruchschlüssel*, den ein Teilnehmer zu Beginn eines Kommunikationsvorganges stochastisch wählte und seinem Ansprechpartner verschlüsselt über das Netz zustellen mußte - die eigentliche

Botschaft war unter Verwendung des Spruchschlüssels zu verschlüsseln, der Spruchschlüssel war ihr als sogenannter
Indikator vorangestellt.

Insgesamt wurden drei verschiedene Verfahren benutzt. In einer
Phase I (bis zum 15. Sept. 1938) bestand der Tagesschlüssel
aus der Walzenlage, der Stellung der Alphabetringe der einzelnen Rotoren, den Stecker-Verbindungen und einer *Grundstellung*
der Rotoren. Der Schlüssler stellte vor Beginn einer Nach-
richten-Übertragung die ENIGMA-Maschine mit diesen Angaben ein,
wählte dann drei Buchstaben als Spruchschlüssel, und verschlüsselte dann zweimal dieses Trigramm mit seiner Maschine
in der Grundstellung. Die entstehenden sechs Buchstaben waren
der Indikator des Telegramms, welches seinerseits mit dem
Spruchschlüssel als Rotor-Anfangsstellung (bei gleicher Walzenlage, gleichen Steckerverbindungen und Alphabet-Ringen)
verschlüsselt wurde.

Während der Phase II (bis 10. Mai 1940) bestand der Tagesschlüssel nur aus den Komponenten Walzenlage, Stecker-Verbindungen und Alphabet-Ringen. Hier wählte der Schlüssler
sowohl die Grundstellung als auch die Rotor-Anfangsstellung
für das Telegramm beliebig. Der Indikator bestand jetzt aus
neun Buchstaben: den drei Buchstaben der Grundstellung und
sechs weiteren Buchstaben, die wie in der Phase I gebildet
waren.

Erst in einer Phase III verzichtete man auf die zweimalige
Verschlüsselung der Grundstellung, verfuhr aber ansonsten wie
in Phase II.

In diesem Abschnitt werden wir die Lösung des ENIGMA-Systems
in den Phasen I und II bei bekanntem Primärschlüssel behandeln.
Dazu formalisieren wir die Ausgangssituation wie folgt.

(i) Als Tagesschlüssel wird definiert im

Fall I : Ein Element $\tau := (\underline{w}, \underline{r}, S, \underline{g}) \in K(5,3) \times \mathbb{Z}_{26}^3 \times P \times \mathbb{Z}_{26}^3 =: TS_1$

Fall II: Ein Element $\tau := (\underline{w}, \underline{r}, S) \in K(5,3) \times \mathbb{Z}_{26}^3 \times P =: TS_2$.

Als Spruchschlüssel wird definiert im

Fall I : Ein Element $\sigma := \underline{s} \in \mathbb{Z}_{26}^3$,

Fall II: Ein Element $\sigma := (\underline{g}, \underline{s}) \in \mathbb{Z}_{26}^3 \times \mathbb{Z}_{26}^3$.

(ii) Es sei $(\tau_i)_{i \in \mathbb{N}} := (\underline{w}_i, \underline{r}_i, S_i, \underline{g}_i)_{i \in \mathbb{N}}$ über TS_1 (Fall (I))

bzw. $(\tau_i)_{i \in \mathbb{N}} := (\underline{w}_i, \underline{r}_i, S_i)_{i \in \mathbb{N}}$ über TS_2 (Fall(II))
jeweils eine durch einen stochastischen Prozeß erzeugte
Folge. In beiden Fällen heißt $(\tau_i)_{i \in \mathbb{N}}$ *Schlüsseltafel*.

Zu $i \in \mathbb{N}$ sei eine Folge $(\sigma_{i,j})_{j \in \mathbb{N}}$ über $\mathbb{Z}_{26}^3$ (Fall (I))

bzw. über $\mathbb{Z}_{26}^3 \times \mathbb{Z}_{26}^3$ (Fall (II)) von Spruchschlüsseln zum

Tagesschlüssel τ_i stochastisch erzeugt.

(iii) Es sei $T_i := \{K^{(i,1)}, \ldots, K^{(i,t_i)}\}$ die am Tage i zu senden-
de Menge von Klartexten, dabei sei $j=1, \ldots, t_i$ die zeit-
liche Reihenfolge. Es gelte

$$\sum_{j=1}^{t_i} \ell(K^{(i,j)}) \le 20000.$$ Zu jedem $K^{(i,j)}$ sei $(\tau_i, \sigma_{i,j})$

der verwendete Sekundärschlüssel.
Sender und Empfänger sind im Besitz der Schlüsseltafel
$(\tau_i)_{i \in \mathbb{N}}$.

(iv) Zu einem Sekundär-Schlüssel $\Theta := (\underline{w}, \underline{r}, S, \underline{g}, \underline{s}) \in S_E$ wird
jeweils ein Indikator $I(\Theta)$ erklärt durch
Fall (I) : $I(\Theta) := e_1(\Theta) \ldots e_6(\Theta)$
Fall (II): $I(\Theta) := g_1 g_2 g_3 e_1(\Theta) \ldots e_6(\Theta)$, wobei
$e_i(\Theta) := V_i(\underline{w}, \underline{r}, S, \underline{g})(s_i)$ und $e_{i+3}(\Theta) := V_{i+3}(\underline{w}, \underline{r}, S, \underline{g})(s_i)$
für $i=1,2,3$ ist. Hier $(V_i(\underline{w}, \underline{r}, S, \underline{x}))_{i \in \mathbb{N}}$ die in III.1.2
definierte ENIGMA-Folge zu einem festen Primär-Schlüssel.

(v) Zum Sekundär-Schlüssel $\Theta = (\tau, \sigma) \in S_E$ erfolgt die Über-
sendung eines Klartextes $K=(k_1, \ldots, k_r)$ in der Form
$C=(I(\Theta), c_1, \ldots, c_r)$, wobei $c_i = V_i(\underline{w}, \underline{r}, S, \underline{s})(k_i)$ $(i=1, \ldots, r)$

Die zweifache Verschlüsselung von $\underline{s} = (s_1, s_2, s_3) \in \mathbb{Z}_{26}^3$ in $I(\Theta)$
diente wohl ursprünglich der mechanischen Funktionskontrolle
der Maschine. Sie hat eine Eigenschaft, die wir die
Fundamental-Eigenschaft der Doppelverschlüsselung nennen:
Es sei $X_i(\underline{w}, \underline{r}, S, \underline{g}) := V_{i+3}(\underline{w}, \underline{r}, S, \underline{g}) V_i(\underline{w}, \underline{r}, S, \underline{g})$ $(i=1,2,3)$

und $X_i^o(\underline{w},\underline{y}):=V_{i+3}^o(\underline{w},\underline{y})V_i^o(\underline{w},\underline{y})$ $(i=1,2,3)$,

wobei $V_i^o(\underline{w},\underline{y})$ für $(\underline{w},\underline{y})\in K(5,3)\times \mathbf{Z}_{26}^3$ in III.1.2 definiert wurde. Dann gilt mit $E\in S_{26}$ (Eintrittsring) als Komponente des festen Primär-Schlüssels:

(Δ) $X_i(\underline{w},\underline{r},S,\underline{g})(e_i(\Theta))=e_{i+3}(\Theta)$ $(i=1,2,3)$, bzw.
     äquivalent dazu

(Δ_o) $E^{-1}X_i^o(\underline{w},\underline{r}+\underline{g})E(S(e_i(\Theta)))=S(e_{i+3}(\Theta))$ für $i=1,2,3$.

<u>Beweis</u>:

Für alle $i\in\mathbb{N}$ ist $(V_i(\underline{w},\underline{r},S,\underline{g}))^2=\mathrm{id}_{S_{26}}$, also gilt

(1) $V_i(\underline{w},\underline{r},S,\underline{g})(e_i(\Theta))=V_{i+3}(\underline{w},\underline{r},S,\underline{g})(e_{i+3}(\Theta))=s_i$ $(i=1,2,3)$,

   und dies ist äquivalent zu (Δ); aus

(2) $X_i(\underline{w},\underline{r},S,\underline{g})=V_{i+3}(\underline{w},\underline{r},S,\underline{g})V_i(\underline{w},\underline{r},S,\underline{g})$

$$=(ES)^{-1}V_{i+3}^o(\underline{w},\underline{r}+\underline{g})V_i^o(\underline{w},\underline{r}+\underline{g})ES \text{ (vgl.Def. III.1.2)}$$

$$=S^{-1}E^{-1}X_i^o(\underline{w},\underline{r}+\underline{g})ES \quad (i=1,2,3)$$

folgt die behauptete Äquivalenz. ∎

<u>Satz 6</u>:

Es sei $\sigma_1,\ldots,\sigma_t$ die Folge von Spruchschlüsseln eines Tages i mit Tagesschlüssel $\tau=(\underline{w}^*,\underline{r}^*,S^*,\underline{g}^*)$. Im Fall (I) ist die Lösung des ENIGMA-Systems $\mathfrak{E}$ für den Tag i bei bekanntem Primär-Schlüssel äquivalent zur Bestimmung von τ und $\sigma_1,\ldots,\sigma_t$.
Dann gilt:
Bei Doppelverschlüsselung und genügend großem t ist das ENIGMA-System für den Tag i durch einen CT-Angriff lösbar.

<u>Beweis</u>:

Wir stellen einige Definitionen voran
Für alle $(\underline{w},\underline{x})\in K(5,3)\times \mathbf{Z}_{26}^3$ sei

(i) $\underline{K}(\underline{w},\underline{x}):=(E^{-1}X_1^o(\underline{w},\underline{x})E,E^{-1}X_2^o(\underline{w},\underline{x})E,E^{-1}X_3^o(\underline{w},\underline{x})E)\in S_{26}^3$

(ii) $\underline{Z}(\underline{w},\underline{x}):=(\underline{\lambda}(K_1(\underline{w},\underline{x})),\ \underline{\lambda}(K_2(\underline{w},\underline{x})),\ \underline{\lambda}(K_3(\underline{w},\underline{x})))$

   das Tripel der Zyklentyp-Vektoren von $\underline{K}(\underline{w},\underline{x})$ (vgl.III.2.1)

(iii) $\underline{F}(\underline{w},\underline{x}):=(F_1(\underline{w},\underline{x}),F_2(\underline{w},\underline{x}),F_3(\underline{w},\underline{x}));F_i(\underline{w},\underline{x})$ sei

   die Fixpunktmenge von $K_i(w,x)=E^{-1}X_i^o(w,x)E$ $(i=1,2,3)$

149

Sei $\chi(\tau):=(X_1(\tau),X_2(\tau),X_3(\tau))\in S_{26}^3$ die *Tagescharakteristik* des
Tages i, und $\underline{Z}(\tau):=(\underline{\lambda}(X_1(\tau)),\underline{\lambda}(X_2(\tau)),\underline{\lambda}(X_3(\tau)))$ das Tripel der
Zyklentyp-Vektoren zu $\chi(\tau)$.

Für hinreichend große t ist $\chi(\tau)$ eindeutig durch die Fundamen-
taleigenschaft (Δ) bestimmt ($t\approx60\text{-}80$; das heißt: Aus den
Indikatoren einer genügend großen Anzahl von Nachrichten des
Tages i ist $\chi(\tau)$ gemäß (Δ) rekonstruierbar.

Es sei $L_1:=\{(\underline{w},\underline{x})\in K(5,3)\times \mathbf{Z}_{26}^3\,|\,\underline{Z}(\underline{w},\underline{x})=\underline{Z}(\tau)\}$.

Dann gilt $(\underline{w}^{\bullet},\underline{r}^{\bullet}+\underline{g}^{\bullet})\in L_1$, und für alle $(\underline{w},\underline{x})\in L_1$ ist das
Gleichungssystem

$$GS(\underline{w},\underline{x}):S^{-1}(E^{-1}X_i^0(\underline{w},\underline{x})E)S=X_i(\tau)\quad (i=1,2,3)$$

für $S\in S_{26}$ lösbar. Nach III.2.1 (Problem 2) ist für ein
$(\underline{w},\underline{x})\in L_1$ die Lösungsgesamtheit von $GS(\underline{w},\underline{x})$ gegeben durch

$$S\cdot\mathrm{Zentr}_{S_{26}}(<E^{-1}X_i^0(w,x)E\,|\,i=1,2,3>)$$

mit einer partikulären Lösung S von $GS(\underline{w},\underline{x})$. Nach dem Satz
von DIXON ist das System $GS(\underline{w},\underline{x})$ mit hoher Wahrscheinlichkeit
eindeutig lösbar.

Es sei $L_2:=\{(\underline{w},\underline{x},S)\,|\,(\underline{w},\underline{x})\in L_1$ und S löst $GS(\underline{w},\underline{x})$, $S^2=\mathrm{id}_{S_{26}}\}$

Dann gilt $(\underline{w}^{\bullet},\underline{r}^{\bullet}+\underline{g}^{\bullet},S^{\bullet})\in L_2$; eindeutige Lösbarkeit der
Systeme $GS(\underline{w},\underline{x})$ zusammen mit der zusätzlichen Einschränkung
$S^2=\mathrm{id}_{S_{26}}$ bewirkt $\#L_2\leq\#L_1$. Es stellt sich die Frage nach der
Größe von $\#L_1$: Für eine Permutation $\pi\in S_n$ gibt es offenbar
$[S_n:\mathrm{Zentr}_{S_n}(\pi)]=n!/\#\mathrm{Zentr}_{S_n}(\pi)$ viele verschiedene
Konjugierte in S_n; daher ist in S_{26} die Wahrscheinlichkeit
für eine Permutation π eines bestimmten Zyklentyps $\underline{\lambda}(\pi)$
gegeben durch

$$P(\underline{\lambda}(\pi))=1/\prod_{i=1}^{26}(i^{\lambda_i}\cdot\lambda_i!)\text{ nach Kor. zu Satz 1.}$$

Die Wahrscheinlichkeit für ein $(\underline{w},\underline{x})\in K(5,3)\times \mathbf{Z}_{26}^3$ mit
$\underline{Z}(\underline{w},\underline{x})=\underline{Z}(\tau)$ ist somit gegeben durch

$$P(\underline{\lambda}(X_1(\tau)))\cdot P(\underline{\lambda}(X_2(\tau)))\cdot P(\underline{\lambda}(X_3(\tau)))\ .$$

Approximiert man die mittlere Größe von $\#\mathrm{Zentr}_{S_{26}}(\pi)$ durch
den in III.2.1 angegebenen Wert von 1996, so wird diese
mittlere Wahrscheinlichkeit nahezu 0.

Daher ist $\#L_1$ i.a. "klein", und so mit hoher Wahrscheinlichkeit auch $\#L_2$.

Die Elemente $(\underline{w},\underline{x},S) \in L_2$ erfüllen insbesondere die Gleichungen (Δ_o) der Fundamentaleigenschaft:

$$S^{-1}E^{-1}X_i^o(\underline{w},\underline{x})EX(e_i(\Theta_j))=e_{i+3}(\Theta_j), \quad (i=1,2,3;\ j=1,\ldots,t) \ .$$

Zu jedem $(\underline{w},\underline{x},S) \in L_2$ läßt sich eine Folge $(\sigma_i)=(\underline{s}_i)_{i=1,\ldots,t}$ möglicher Spruchschlüssel bestimmen aus der Gleichung (1) von vorhin.

Falls $(\underline{w},\underline{x},S) \in L_2$ sogar eindeutig bestimmt ist, so gilt

$(\underline{w},\underline{x},S)=(\underline{w}^{\,\boldsymbol{\cdot}},\underline{r}^{\,\boldsymbol{\cdot}}+\underline{g}^{\,\boldsymbol{\cdot}},S^{\boldsymbol{\cdot}})$. Nun kann im schlimmsten Fall $\underline{r}^{\,\boldsymbol{\cdot}}$ durch sukzessives Entschlüsseln _eines_ Chiffretextes mit allen $(\underline{w}^{\,\boldsymbol{\cdot}},\underline{x},S^{\boldsymbol{\cdot}})$, $\underline{x} \in \mathbf{Z}_{26}^3$, bestimmt werden:

Führt hier ein Tripel $(\underline{w}^{\,\boldsymbol{\cdot}},\underline{x}^{\,\boldsymbol{\cdot}},S^{\boldsymbol{\cdot}})$ zum Erfolg, und ist $\sigma_i=\underline{s} \in \mathbf{Z}_{26}^3$ der zum Chiffretext gehörende Spruchschlüssel, so ist $\underline{r}^{\,\boldsymbol{\cdot}}=\underline{x}^{\,\boldsymbol{\cdot}}-\underline{s}^{\,\boldsymbol{\cdot}}$, und damit ist der Tagesschlüssel $\tau=(\underline{w}^{\,\boldsymbol{\cdot}},\underline{r}^{\,\boldsymbol{\cdot}},S^{\boldsymbol{\cdot}},\underline{g}^{\,\boldsymbol{\cdot}})$ schließlich vollständig rekonstruiert. Zur Bestimmung von $\underline{r}^{\,\boldsymbol{\cdot}}$ kann auch der Time-Memory Trade-Off in der in Kap.V.3.3.2 beschriebenen Weise angewendet werden; zu festen $\underline{w}$ und S sind maximal 26^3 mögliche Fälle zu untersuchen. ∎

Die Zyklentyp-Vektoren $\underline{Z}(\tau)$ der Tagescharakteristik $\chi(\tau)$ sind durch ein einfaches Programm schnell bestimmbar. Eine Analyse der obigen Art kann nun leicht mit einem Microcomputer durchgeführt werden.

Im folgenden wird die Situation in Fall (II) studiert.

Es sei $\Theta=(\tau,\sigma)$ mit $\tau=(\underline{w},\underline{r},S) \in TS_2$, $\sigma=(\underline{g},\underline{s}) \in \mathbf{Z}_{26}^3 \times \mathbf{Z}_{26}^3$ (Fall(II)). Gilt für ein $j \in \{1,2,3\}$ $e_j(\Theta)=e_{j+3}(\Theta)$, so sagt man, der Indikator $I(\Theta)$ ist _vom j-female-Typ_, oder gröber $I(\Theta)$ ist _vom female-Typ_.

<u>Bemerkung:</u>

Der Indikator $I(\Theta)$ sei für ein $\Theta=(\tau,\sigma)$ mit $\tau=(\underline{w},\underline{r},S) \in TS_2$, $\sigma=(\underline{g},\underline{s}) \in \mathbf{Z}_{26}^3 \times \mathbf{Z}_{26}^3$ vom j-female-Typ, $j \in \{1,2,3\}$. Dann hat $X_i^o(\underline{w},\underline{r}+\underline{g})$ einen Fixpunkt.

Beweis:

Nach der Fundamentaleigenschaft ist

$ES(e_j(\Theta))=ESV_j(\underline{w},\underline{r},S,\underline{g})(s_j) \in \mathbb{Z}_{26}$

ein Fixpunkt von $X_i^o(\underline{w},\underline{r}+\underline{g})$. ∎

Wir definieren eine Funktion $f:K(5,3)\times\mathbb{Z}_{26}^3 \to \{0,1\}$ durch

$f(\underline{w},\underline{x}):=(f_1(\underline{w},\underline{x}),f_2(\underline{w},\underline{x}),f_3(\underline{w},\underline{x}))$, wobei

$$f_i(\underline{w},\underline{x}):=\begin{cases} 1 \text{ falls } X_i^o(w,x) \text{ einen Fixpunkt hat} \\ \\ 0 \text{ sonst} \end{cases} \qquad (i=1,2,3)$$

Lemma 1:

Es sei $P:=\{p\in S_{26}\,|\,p=\pi_1(p)\ldots\pi_{13}(p);\pi_i(P)$ ist Transposition für $i=1,\ldots,13\}$, und $z\in\mathbb{Z}_{26}$ sei beliebig vorgegeben. Dann gilt für die Wahrscheinlichkeit $W(z)$ für die Zufallsauswahl eines Paares $(p,p')\in P\times P$ mit $p\neq p'$ und $pp'(z)=z$: $W(z)\geq 1/25$.

Beweis:

In S_{26} gibt es $13\cdot 25$ Transpositionen, so daß P $(13\cdot 25)!/(13!(13\cdot 24)!)=:$ a Elemente besitzt. Hält man eine Transposition $\pi_i\in P$ konstant, so gibt es in $P\times P$

$((13\cdot 25-1)!)^2/(12!(13\cdot 24)!)^2=:b$ verschiedene Paare (p,p'), die beide π_i enthalten. Da $\pi_i\in P$ beliebig wählbar ist, ist die Anzahl von Paaren $(p,p')\in P\times P$, die mindestens einen Fixpunkt haben, gleich $b\cdot 13\cdot 25$. Entfernt man alle (p,p') mit $p=p'$, so bleiben $(b-1)13\cdot 25$ Paare $(p,p')\in P\times P$, $p\neq p'$, die mindestens einen Fixpunkt haben. Die Wahrscheinlichkeit, ein solches Paar zu wählen, ist demnach $(b-1)\cdot 13\cdot 25/a = b\cdot 13\cdot 25/a - 13\cdot 25/a \approx 13/25$. Die Wahrscheinlichkeit, daß z in der Trägermenge einer festen Transposition liegt, ist $1/13$. Für $W(z)$ ergibt sich somit $W(z)\geq(13/25)(1/13)=1/25$. ∎

Satz 7:

Es sei $\sigma_1,\ldots,\sigma_t$ die Folge von Spruchschlüsseln eines Tages mit Tagesschlüssel $\tau=(w^*,r^*,S^*)$. Im Fall (II) ist das ENIGMA-System (bei bekanntem Primär-Schlüssel und Doppelverschlüsselung) für diesen Tag lösbar.

Beweis:

Die Lösung ist äquivalent zur Bestimmung von
τ und $\sigma_1,\ldots,\sigma_t=(\underline{s}_1^*,\underline{g}_1^*),\ldots,(\underline{s}_t^*,\underline{g}_t^*)$. Wie im Beweis zu Satz 6
werden zur Lösung die Indikatoren der Nachrichten
$K^{(1)},\ldots,K^{(t)}$ des Tages betrachtet.
Es sei $FI:=\{I(\Theta_1),\ldots,I(\Theta_d)\}$ die Menge aller female-
Indikatoren zu $K^{(1)},\ldots,K^{(t)}$ ($d\leq t$), und es seien
$j(\Theta_1),\ldots,j(\Theta_d)$ die female-Typen in FI; $j(\Theta_j)\in\{1,2,3\}$ für
$i=1,\ldots,d$.
Zu $(\underline{w},1)\in K(5,3)\times\mathbb{Z}_{26}$ werden 26×26-Matrizen $M_{\underline{w},1}(j)$, $j=1,2,3$,
definiert durch

$$M_{\underline{w},1}(j)(m,n):=f_j(\underline{w},\underline{x}), \quad \underline{x}=(1,m,n); \quad m,n\in\mathbb{Z}_{26}.$$

Zum Indikator $I(\Theta_i)$ ($i=1,\ldots,d$) sei $g_j(\Theta_i)$ die j-te Komponente
der Grundstellung $\underline{g}_i$ zum Sekundärschlüssel Θ_i
($j=1,2,3$; $i=1,\ldots,d$). Der folgende Algorithmus PS bestimmt
alle Paare $(\underline{w},\underline{r})\in K(5,3)\times\mathbb{Z}_{26}^3$, die mit den Female-Typ-Indika-
toren in FI verträglich sind.

Algorithmus PS


```
BEGIN
INPUT: FI={I(Θ₁),...,I(Θ_d)}
   WHILE w ∈ K(5,3) DO
      WHILE l ∈ Z₂₆ DO
         Bilde Matrizen M⁽ⁱ⁾ (i=1,...,d) vermöge
         M⁽ⁱ⁾(m,n):=M_{w,1+g₁(Θ_i)}(j(Θ_i))(m+g₂(Θ_i),n+g₃(Θ_i));
                                                           m,n ∈ Z₂₆
         Setze M:=M⁽¹⁾ AND M⁽²⁾ AND...AND M⁽ᵈ⁾
                                    (komponentenweise)
         IF M≠Ø THEN PRINT (w,1,m,n) für alle (m,n)
                                    mit M(m,n)=1
   ENDDO
   ENDDO
END
```

Der vorigen Bemerkung zufolge gilt

$$M^{(i)}(m^*,n^*)=M_{\underline{w}^*,1^*+g_1(\Theta_i)}(j(\Theta_i))(m^*+g_2(\Theta_i),n^*+g_3(\Theta_i))$$
$$=f_{j(\Theta_i)}(\underline{w}^*,\underline{r}^*+g(\Theta_i))=1 \;,$$

also sind die Komponenten $(\underline{w}^*,\underline{r}^*)$ des Tagesschlüssels τ in der Menge der Outputs enthalten. Darüber hinaus sind nur solche $(\underline{w},\underline{r})\in K(5,3)\times\mathbf{Z}_{26}^3$ in der Menge der Outputs enthalten, für die $X^o_{j(\Theta_i)}(\underline{w},\underline{r}+\underline{g}_i^*)$ $(i=1,\dots,d)$ einen Fixpunkt hat. Die Outputmenge wird mit FO bezeichnet. Mit Hilfe des Kataloges $\underline{F}$ aus dem Beweis von Satz 6 lassen sich die mit einem $(\underline{w},\underline{r})\in$ FO verträglichen S leicht finden:

Damit $S\in P$ mit einem Paar $(\underline{w},\underline{x})\in$ FO verträglich ist, muß gelten

$$E^{-1}X^o_{j(\Theta_i)}(\underline{w},\underline{r}+\underline{g}_i^*)E(S(e_{j(\Theta_i)}(\Theta_i)))=S(e_{j(\Theta_i)}(\Theta_i)),$$

also

$$(*)\;S(e_{j(\Theta_i)}(\Theta_i))\in F_{j(\Theta_i)}(\underline{w},\underline{r}+\underline{g}_i^*)\quad(i=1,\dots,d)$$

In S_n gibt es $P_{(n,k)}:=\binom{n}{k}(n-k)!\cdot(1-\frac{1}{1!}+\dots+(-1)^{n-k}\frac{1}{(n-k)!})$ viele Permutationen mit genau k Fixpunkten (KNUTH 1, p. 177). Hieraus folgt: In S_{26} gibt es

$$\sum_{i=2}^{26}P_{(26,i)}\simeq 1,06\cdot10^{26}$$

Permutationen mit mehr als einem Fixpunkt; folglich ist die Wahrscheinlichkeit für eine Permutation mit mehr als einem Fixpunkt $\simeq 1,06\cdot10^{26}/26!\simeq 0,246$.

Mit hoher Wahrscheinlichkeit also enthalten die Fixpunktmengen $F_{j(\Theta_i)}(\underline{w},\underline{r}+\underline{g}_i^*)$ $(i=1,\dots,d)$ für $(\underline{w},\underline{r})\in$ FO genau ein Element, so daß S zu $(\underline{w},\underline{r})\in$ FO durch $(*)$ teilweise bestimmt wird. Desweiteren enthält man aus der Fundamentaleigenschaft ein Bedingungsgefüge für S zu $(\underline{w},\underline{r})\in$ FO, so daß zusammen mit $(*)$ i.a. ein zu $(\underline{w},\underline{r})\in$ FO verträgliches S eindeutig bestimmt ist, und damit eine Menge $\{(\underline{w},\underline{r},S)\,|\,(\underline{w},\underline{r})\in$ FO$\}=:L$ potentieller Tagesschlüssel.

Zu jedem Element $(\underline{w},\underline{r},S)\in L$ bestimmt man eine Folge $(\underline{s}_i,\underline{g}_i^*)_{i=1,\dots,t}$ möglicher Spruchschlüssel aus der Gleichung (1).

Der korrekte Tagesschlüssel τ kann nun durch probeweises Entschlüsseln <u>eines</u> Chiffretextes erhalten werden. Es stellt sich die Frage nach der zu erwartenden Größe von $\#L$, bzw. von $\#FO$: Für ein Paar $(\underline{w},\underline{x})$ ist die Wahrscheinlichkeit, daß $X_i^o(\underline{w},\underline{x})$ (mindestens) einen Fixpunkt hat, etwa 13/25=0.52. Dies folgt aus der Argumentation im Beweis des Lemmas , da $X_i^o(w,x)$ Produkt zweier Permutationen mit je 13 Transpositionen ist.

Aus dem Lemma folgt, daß die Wahrscheinlichkeit für einen female-Indikator größer als 3/25=0,12 ist; demzufolge erhält man etwa 12 female-Indikatoren aus 100 Chiffretexten.
Die Wahrscheinlichkeit, daß eine Komponente der Matrix M in Algorithmus PS von O verschieden ist, ist $(0,52)^{12}$ bei 12 female-Indikatoren, und der Erwartungswert für die binomialverteilte Zufallsvariable $\#FO$ ist $(0,52)^{12} \cdot 60 \cdot 26^3 = 412$.
Für jede Rotorstellung $\underline{w}$ erhält man bei 12 female-Indikatoren im Mittel also etwa 6,8 Outputs $(\underline{w},l,m,n)$ in PS. ■

Zur praktischen Anwendung des Lösungsverfahrens kann der vorhin definierte Katalog von Fixpunkt-Mengen gespeichert werden. Auch dieses Verfahren wurde von uns auf einem Mikrocomputer programmiert. Die experimentellen Ergebnisse stehen in guter Übereinstimmung mit den theoretischen Vorhersagen aus dem voranstehenden Satz.
Leider bleibt uns kein Raum, die eigens zur Kryptoanalyse der ENIGMA entworfenen elektromechanischen und sonstigen Geräte zu beschreiben, für dieses interessante Thema sei auf die eingangs zitierten Quellen verwiesen.

III.2.4   KRYPTOANALYSE ENIGMA / TYPEX - ARTIGER
           ROTORCHIFFRIERMASCHINEN DURCH BK - ANGRIFFE

Vereinfacht gesagt, geschieht die Verschlüsselung mit einer ENIGMA/TYPEX-artigen Rotorchiffriermaschine zu einem festen Sekundärschlüssel Θ nach der Formel
$$c_i = S(\Theta)^{-1} R_i(\Theta) S(\Theta)(k_i),$$
in der k_i bzw. c_i der i-te Klar- bzw. Chiffretext-Buchstabe

ist,$(R_i(\Theta))$ die von den rotierenden Komponenten der Maschine erzeugte Folge von Permutationen in S_n und $S(\Theta)$ eine von den statischen Komponenten herrührende Permutation in S_n.
Der effektive Schlüssel für die Erzeugung der Folge $(R_i(\Theta))$ hängt nur von der Walzenlage und den Relativ-Positionen der Rotoren zueinander ab. Falls der Primärschlüssel (und die Steuerlogik) bekannt ist, kann man durch eine Suche über diesen effektiven Schlüsselraum die Kryptoanalyse bei einem BK-Angriff auf die Lösung der folgenden allgemeinen <u>Aufgabe</u> zurückführen:

Gegeben sei eine Teilmenge $\mathfrak{M} \neq \emptyset$ von $\mathbb{Z}_n \times \mathbb{Z}_n \times S_n$. Man

bestimme die Gesamtheit $\Sigma(\mathfrak{M})$ aller Permutationen $\sigma \in S_n$,

so daß (*) $c = \sigma^{-1}\rho\sigma(k)$ für alle $(k,c,\rho) \in \mathfrak{M}$

gilt.

Eine Veranschaulichung dieser Vorgaben durch einen gerichteten Graphen $G(\mathfrak{M})$ erhält man, indem man als Eckenmenge $\mathcal{E}(\mathfrak{M}) = pr_1(\mathfrak{M}) \cup pr_2(\mathfrak{M})$ und als Kantenmenge die Menge $\mathfrak{M}$ wählt: für eine Kante $(k,c,\rho) \in \mathfrak{M}$ ist k der Anfangs-, c der Endpunkt. Im weiteren verwenden wir die bekannte Beschreibung von Permutationen durch geeignete boolesche Matrizen. Zur Erinnerung: Eine boolesche Matrix heißt Permutationsmatrix, wenn jede Zeile und jede Spalte genau eine 1 enthält. Die Zuordnung $\sigma \to P_\sigma = (p_{ij})$ mit

$$p_{ij} = \begin{cases} 1 & j = \sigma(i) \\ & \text{für} \\ 0 & j \neq \sigma(i) \end{cases}$$

stiftet eine Bijektion zwischen S_n und der Menge aller $n \times n$-Permutationsmatrizen. Auf der Menge aller booleschen $n \times n$-Matrizen erhält man eine Halbordnung $\preceq$, in dem man für zwei Matrizen $A = (a_{ij})$ und $B = (b_{ij})$ definiert

$A \preceq B$ dann und nur dann, wenn $b_{ij} = 0$ auch $a_{ij} = 0$ zur Folge hat für alle $1 \leq i, j \leq n$.

Wir notieren eine triviale, aber fundamentale Eigenschaft der Relation $\preceq$.

<u>**Lemma 2**</u>:

P sei eine n×n-Permutationsmatrix. Dann hat jede boolesche n×n-Matrix K mit K ≺ P in jeder Zeile und jeder Spalte höchstens eine 1.

Die grundlegende Idee ist es jetzt, die Lösungsmenge $\Sigma(\mathfrak{M})$ aus der Menge S_n aller Permutationen auszusieben, in dem man für jedes $(\mu,\nu) \in \mathbb{Z}_n \times \mathbb{Z}_n$ die Konsistenz der Hypothese "Es existiert ein $\sigma \in \Sigma(\mathfrak{M})$ mit $\sigma(\mu)=\nu$" überprüft. Zur Ausführung dieser Idee wird zunächst für jedes Paar $(i,j) \in \mathbb{Z}_n \times \mathbb{Z}_n$ eine boolesche n×n-Matrix $H(i,j)=(H(i,j)_{i',j'})$ gebildet durch die Vorschrift

$$H(i,j)_{i',j'} = \begin{cases} 1 & \text{, falls es ein } \rho \in S_n \text{ mit} \\ & (i,i',\rho) \in \mathfrak{M} \text{ und } j'=\rho(j) \text{ gibt} \\ 0 & \text{sonst} \end{cases}$$

Zu jedem Paar $(\mu,\nu) \in \mathbb{Z}_n \times \mathbb{Z}_n$ wird dann mit Hilfe dieser Matrizen rekursiv eine Folge $(K(\mu,\nu)^{(\lambda)})_{\lambda \geq 0}$ boolescher n×n-Matrizen definiert vermöge

$$K(\mu,\nu)^{(\lambda)} = (K(\mu,\nu)^{(\lambda)}_{i,j}) \text{ mit}$$

$$(1) \quad K(\mu,\nu)^{(0)}_{ij} = \begin{cases} 1 & \text{für } (i,j)=(\mu,\nu) \\ 0 & \text{sonst} \end{cases}$$

$$(2) \text{ für } \lambda \geq 0: K(\mu,\nu)^{(\lambda+1)} =$$

$$=K(\mu,\nu)^{(\lambda)} \vee \bigvee_{\substack{(i,j) \\ K(\mu,\nu)^{(\lambda)}_{i,j}=1}} H(i,j)$$

$$(\vee \text{ ist komponentenweise definiert})$$

Durch diese Definition ist es klar, daß die Folgen $(K(\mu,\nu)^{(\lambda)})_{\lambda \geq 0}$ monoton wachsend bezüglich der Halbordnung $\prec$ sind. Weil die Menge aller booleschen n×n-Matrizen aber endlich ist, werden alle diese Folgen stationär; $K(\mu,\nu)$ bezeichne die jeweilige "Grenzmatrix". Die Matrizen $K(\mu,\nu)$ hängen ausschließlich von $\mathfrak{M}$ ab.

<u>Satz 8</u>:

Es gilt $K(\mu,\nu) \leqslant P_\sigma$ für alle $\sigma \in \Sigma$ mit $\sigma(\mu)=\nu$.

<u>Beweis</u>:

Sei $\sigma \in \Sigma$ mit $\sigma(\mu)=\nu$ gegeben. Zum Beweis der Behauptung genügt es, induktiv die Eigenschaft $K(\mu,\nu)^{(\lambda)} \leqslant P_\sigma$ für $\lambda \geq 0$ zu verifizieren. Der Induktionsanfang $K(\mu,\nu)^{(0)} \leqslant P_\sigma$ ist trivial. Zum Schluß von λ auf $\lambda+1$ genügt es, die Eigenschaft $H(i,j) \leqslant P_\sigma$ für alle diejenigen $(i,j) \in \mathbb{Z}_n \times \mathbb{Z}_n$ zu zeigen, für die $K(\mu,\nu)^{(\lambda)}_{ij}=1$ ist. Ist letzteres der Fall, so muß wegen der Induktionsannahme $K(\mu,\nu)^{(\lambda)} \leqslant P_\sigma$ schon $\sigma(i)=j$ sein. Sei nun $H(i,j)_{i',j'}=1$; dann existiert also $\rho \in S_n$ mit $(i,i',\rho) \in \mathfrak{M}$ und $j'=\rho(j)$. Daraus folgt mit (*)

$j'=\rho(j)=\rho\sigma(i)=\sigma(i')$, also $(P_\sigma)_{i',j'}=1$, mithin $H(i,j) \leqslant P_\sigma$. ∎

Die Hypothese, daß es eine Lösung $\sigma \in \Sigma(\mathfrak{M})$ mit $\sigma(\mu)=\nu$ gibt, kann man nun an der Matrix $K(\mu,\nu)$ oder einer Matrix $\tilde{K}(\mu,\nu) \leqslant K(\mu,\nu)$ mittels Lemma 2 testen. Falls man keine negative Entscheidung treffen kann, kann man auch kombinierte Hypothesen untersuchen: wenn es z.B. ein $\sigma \in \Sigma(\mathfrak{M})$ mit $\sigma(\mu)=\nu$ und $\sigma(\mu')=\nu'$ gibt, so kann auch die Matrix $K(\mu,\nu) \vee K(\mu',\nu')$ in jeder Zeile und jeder Spalte höchstens eine 1 enthalten. Die weiteren Überlegungen dienen der praktischen Ausformulierung dieses Ansatzes. Unter einer Kette $\mathfrak{K}$ der Länge ℓ in $\mathfrak{M}$ (genauer: in $G(\mathfrak{M})$) versteht man eine Folge von Kanten der Form $((\mu_\lambda,\mu_{\lambda+1},\rho_{\lambda+1}))_{0 \leq \lambda \leq \ell-1}$ in $\mathfrak{M}$. Jeder solchen Kette $\mathfrak{K}$ in $\mathfrak{M}$ ist eine $(\ell+1) \times n$-Matrix $C(\mathfrak{K})=(C_{ij})$ über $\mathbb{Z}_n$ durch die Vorschrift

$$C_{ij} = \begin{cases} j & \text{für } i=0 \\ & \quad \text{und } j \in \mathbb{Z}_n \\ \rho_i \circ \ldots \circ \rho_1(j) & \text{für } i \geq 1 \end{cases}$$

zugeordnet. Anders ausgedrückt:

$$s(i,j) = \begin{cases} j & \text{für } i=0 \\ & \quad \text{und } j \in \mathbb{Z}_n \\ \rho_1^{-1} \circ \ldots \circ \rho_i^{-1}(j) & \text{für } i \geq 1 \end{cases}$$

gibt die Spalte von $C(\mathfrak{K})$ an, in der der Buchstabe j an der i-ten Komponente steht.

<u>Lemma 3</u>:

$\Re=((\mu_\lambda,\mu_{\lambda+1},\rho_{\lambda+1}))_{\lambda=0,\ldots,\ell-1}$ sei eine Kette in $\mathfrak{M}$ mit zugehöriger Matrix $C(\Re)=(C_{ij})$. Ist $\sigma\in\Sigma$ mit $\sigma(\mu_\rho)=\nu$ für ein $\gamma\in\{0,\ldots,\ell\}$ und ein $\nu\in\mathbb{Z}_n$, gilt bereits

$$\sigma(\mu_\lambda)=C_{\lambda,s(\gamma,\nu)} \quad \text{für alle } \lambda\in\{0,\ldots,\ell-1\}$$

Beweis:

Für $\lambda=\gamma$ ist nichts zu zeigen. Allgemein gilt für $\ell\geq\beta>\alpha\geq0$
$$\sigma(\mu_\beta)=\rho_\beta\circ\ldots\circ\rho_{\alpha+1}(\sigma(\mu_\alpha))$$
wegen der Ketteneigenschaft. Für $\lambda<\gamma$ wird
$$C_{\lambda,s(\gamma,\nu)}=\rho_\lambda\circ\ldots\circ\rho_1(s(\gamma,\nu))=\rho_{\lambda+1}^{-1}\circ\ldots\circ\rho_\gamma^{-1}(\nu)=\rho_{\lambda+1}^{-1}\circ\ldots\rho_\gamma^{-1}(\sigma(\mu_\gamma))=$$

$$=\sigma(\mu_\lambda) \quad \text{und für } \lambda>\gamma \text{ entsprechend}$$
$$C_{\lambda,s(\gamma,\nu)}=\rho_\lambda\circ\ldots\circ\rho_{\lambda+1}(\sigma(\mu_\gamma))=\sigma(\mu_\lambda). \quad \blacksquare$$

Eine einzige Prämisse hat hier also ℓ viele direkte Konsequenzen zur Folge, die man leicht aus der Matrix $C(\Re)$ bestimmen kann. Daher wird man versuchen, geeignete "große" Matrizen $\tilde{K}(\mu,\nu)\nleq K(\mu,\nu)$ durch ein Netzwerk geeigneter Ketten in $G(\mathfrak{M})$ aufzubauen. Sei also nun $(\Re_i)_{i=0,\ldots,r}$ eine Folge von Ketten $\Re_i=((\mu_{i,\lambda},\mu_{i,\lambda+1},\rho_{i,\lambda+1}))_{0\leq\lambda\leq\ell_i-1}$ $(i=0,\ldots,r)$ in $G(\mathfrak{M})$.

Mit $C^{(i)}=(c_{\alpha\beta}^{(i)})$ werde die zur i-ten Kette gehörende Matrix bezeichnet; ferner sei $\mu=\mu_{00}$ gesetzt.

Das entscheidende Hilfsmittel gibt der folgende Satz ab.

<u>Satz 9</u>:

Zu $\nu\in\mathbb{Z}_n$ berechnet die folgende Prozedur entweder eine boolesche $n\times n$-Matrix $\tilde{K}(\mu,\nu)\nleq K(\mu,\nu)$, die in jeder Zeile und jeder Spalte höchstens eine 1 hat, oder sie stellt fest, daß $K(\mu,\nu)$ diese Eigenschaft nicht hat, und schreibt dann "(μ,ν) unzulässig".

Die Prozedur verwendet zwei Funktionsprozeduren FNTest und FNs mit

$$\text{FNTest}(L)=\begin{cases} \text{TRUE} & \text{falls die boolesche } n\times n\text{-Matrix } L \text{ in jeder Zeile und in jeder Spalte höchstens eine 1 hat} \\ \\ \text{FALSE} & \text{sonst} \end{cases}$$

$FNs(i,\lambda,j)=$ Spalte von $C^{(i)}$, in der j an der λ-ten Komponente steht

```
1000   DEF PROCKetten (ℜ_0,...,ℜ_r;μ,ν)
1010   L ← (L_αβ) mit L_μν=1 und L_αβ=0 für (α,β)≠(μ,ν)
1020   FOR τ=1 TO ℓ_0:L_{μ_{0,τ},c^{(0)}_{τ,ν}}=1: NEXT τ
1030   IF FNTest (L) = FALSE THEN PRINT "(μ,ν) unzulässig":
       ENDPROC
1040   i=0
1050   REPEAT
1060     i=i+1
1070     Q ← (Q_αβ) mit Q_αβ=0
1080     FOR λ=0 TO ℓ_i
1090       IF μ_{iλ}-te Zeile von L=0 THEN GOTO 1120
1100       j=-1: REPEAT: j=j+1: UNTIL L_{μ_{iλ,j}}=1
1110       γ=FNs(i,λ,j): FOR τ=1 TO ℓ_i:Q_{μ_{i,τ},c^{(i)}_{τ,j}}=1: NEXT τ
1120     NEXT λ
1130     L=L OR Q: b_00=FNTest (L)
1140   UNTIL b_00= FALSE OR i=r
1150   IF b_00= FALSE THEN PRINT "(μ,ν) unzulässig": ENDPROC
1160   PRINT "K̃(μ,ν)="; L
1170   ENDPROC
```

<u>Beweis:</u>
Für jedes $\sigma \in \Sigma$ gilt $\sigma(\mu_{i,\beta})=\rho_{i,\beta}\circ\cdots\circ\rho_{i,\alpha+1}(\sigma(\mu_{i,\alpha}))$ für $0\leq\alpha<\beta\leq\ell_i$ $(i=0,\ldots,r)$. Die Lösungsgesamtheiten von $\mathfrak{M}$ und

$$\mathfrak{M}'=\mathfrak{M}\cup\{(\mu_{i,\beta},\mu_{i,\alpha+1},\rho_{i,\alpha+1})\in\mathbf{Z}_n\times\mathbf{Z}_n\times S_n\mid 0\leq\alpha<\beta\leq\ell_i,0\leq i\leq r\}$$

stimmen daher überein, so daß wir ohne Einschränkung $\mathfrak{M}=\mathfrak{M}'$ annehmen dürfen. Wir zeigen, daß stets $L \preceq K(\mu,\nu)$ ist. Nach der Ausführung von Zeile 1010 ist $L=K(\mu,\nu)^{(0)} \preceq K(\mu,\nu)$. Es ist $H(\mu,\nu)_{\mu_{0\tau},c^{(0)}_{\tau\nu}}=1$ für $\tau=1,\ldots,\ell_0$, so daß

$L \leqslant K(\mu,\nu)^{(1)}$ nach der Ausführung von Zeile 1020 ist. Das Programm fährt nur dann fort, wenn L in jeder Zeile und jeder Spalte höchstens eine 1 enthält. Nun schließt man induktiv nach i. Sei $L \leqslant K(\mu,\nu)^{(\lambda)}$ im i-ten Schritt eine boolesche Matrix, die in jeder Zeile und jeder Spalte höchstens eine 1 enthält. Für die Elemente $\mu_{i+1,o}, \ldots, \mu_{i+1,\ell_{i+1}}$ wird in der Schleife Zeile 1080 - 1120 sukzessive festgestellt, ob bzw. in welcher Spalte die $\mu_{i+1,\lambda}$-te Zeile von $K(\mu,\nu)^{(\lambda)}$ eine 1 enthält; sei etwa $K(\mu,\nu)^{(\lambda)}_{\mu_{i+1,\lambda},j}=1$. Mit der Argumentation aus Lemma 3 folgt $Q \leqslant H(\mu_{i+1,\lambda},j)$, also $Q \leqslant K(\mu,\nu)^{(\lambda+1)}$ und nach Ausführung von Zeile 1130 ist $L \leqslant K(\mu,\nu)^{(\lambda+1)}$. Falls L in jeder Zeile und jeder Spalte höchstens eine 1 enthält fährt das Programm fort. Es erreicht die Zeile 1160 nur dann, wenn diese Bedingung in keinem Schleifendurchlauf verletzt ist. ∎

In der Praxis wählt man für $\aleph_0$ eine möglichst lange Kette in $\mathfrak{M}$, und testet dann sukzessive die Hypothese "Es gibt ein $\sigma \in \Sigma$ mit $\sigma(\mu_{00})=\nu$" für $\nu \in \mathbb{Z}_n$ mittels der beschriebenen Prozedur. Das Verfahren ist flexibel genug, zusätzliche Informationen über die $\sigma \in \Sigma$ einfließen zu lassen. Wir erwähnen zwei Beispiele, die für die ENIGMA zutreffen.

1. Wenn σ eine Involution ist, so ist die zugehörige Permutationsmatrix $P_\sigma=(p_{ij})$ symmetrisch: es ist $\sigma(i)=j$, dann und nur dann, wenn $\sigma(j)=i$ ist. Für eine boolesche n×n-Matrix L mit $L \leqslant P_\sigma$ folgt stets auch $L_{sym}:=L \vee L^t \leqslant P_\sigma$, denn

$L^t \leqslant P_\sigma^t$ und $P_\sigma^t=P_\sigma$. Im Programm kann man dies durch

```
1020  FOR τ=1 TO ℓ₀:L             =1:L            =1:NEXT τ
                     μ₀,τ,c(0)         c(0)
                          τ,ν          τ,ν,μ₀,τ
    .                                                    .

    .                                                    .

1110  γ=FNs(i,λ,j):FOR τ=1 TO ℓᵢ:Q            =1:Q            =1
                                  μᵢ,τ,c(i)        c(i)
                                       τ,γ         τ,γ,μᵢ,τ
      NEXT τ
```

berücksichtigen.

2. Wenn σ genau f viele Fixpunkte hat, so hat P_σ genau f viele
   Einsen in der Hauptdiagonalen. Jedes $L \lessdot P_\sigma$ hat höchstens
   f viele Einsen in der Hauptdiagonalen.

Eine erhebliche Beschleunigung des Verfahrens wird man im
allgemeinen erreichen, wenn in $G(\mathfrak{M})$ Zykel vorkommen, d.h.
Ketten $\mathfrak{K} = ((\mu_\lambda, \mu_{\lambda+1}, \rho_{\lambda+1}))$ mit $\mu_0 = \mu_\ell$. Dann ist

$$\sigma(\mu_0) = \rho_\ell \circ \ldots \circ \rho_1(\sigma(\mu_0))$$

für $\sigma \in \Sigma(\mathfrak{M})$, d.h. nur die Hypothese "Es existiert $\sigma \in \Sigma(\mathfrak{M})$
mit $\sigma(\mu_0) = \nu$ mit einem Fixpunkt ν von $\rho_\ell \circ \ldots \circ \rho_1$" ist zu testen.
Aus den bereits weiter oben erwähnten Gründen (vgl. III.2.3)
ist die Anzahl der verbleibenden Möglichkeiten für ν im allgemeinen sehr klein.
Sind nun t Paare $(k_{i_1}, c_{i_1}), \ldots, (k_{i_t}, c_{i_t})$ zueinander gehörender

Klar- und Chiffretext-Buchstaben gegeben, so ist die Wahrscheinlichkeit sehr klein, daß für zufällig gewählte
$\rho_1, \ldots, \rho_t \in S_n$ das Gleichungssystem $c_{i_j} = \sigma^{-1} \rho_j \sigma(k_{i_j})$ $(j=1, \ldots, t)$
lösbar ist.
Aus dem Buch von G. WELCHMAN (WELCHMAN) (und auch aus dem
Artikel (DEAVOURS, 80.1)) kann man schließen, daß die Briten
die ENIGMA zumindest durch eine ähnliche Analyse gelöst haben
müssen, offizielle Informationen über die kryptoanalytischen
Methoden des zweiten Weltkrieges wurden bisher allerdings
nicht freigegeben. Die von WELCHMAN beschriebene Krypto-
analyse-Maschine "Bombe" jedenfalls generiert die Folgen
$(R_i(\Theta))$ sukzessive und die dort beschriebene Testlogik ist
dem Test von Satz 9 äquivalent. Die einfache Steuerlogik der
ENIGMA gestattete es, jeweils $t \leq 12$ viele Folgenglieder $R_i(\Theta)$
parallel zu erzeugen. Für jede Walzenlage waren bei einer 3-
Rotor-ENIGMA 26^3 mögliche Rotor-Anfangspositionen zu untersuchen, in denen jeweils der Konsistenz-Test auszuführen war.
Durch die parallele Verwendung von "Bomben" zu verschiedenen
Walzenlagen konnte die Suche erheblich beschleunigt werden.
Jede Information über die Walzenlage führt zu einer weiteren
Reduktion des Suchaufwandes; (GOOD,1979) skizziert eine
statistische Methode, solche zusätzlichen Informationen zu ge-
winnen.

Die Effizienz der gesamten Analyse wird durch die Tatsache
unterstrichen, daß auch die 4-Rotor-ENIGMA (mit einem Korb
von 8 Walzen) der deutschen Marine noch erfolgreich gelöst
werden konnte (loc.cit.(GOOD 1979)). Die 3-Rotor-TYPEX kann
ebenso behandelt werden, wie Experimente mit einem Mikrocomputer erwiesen haben, die kompliziertere Steuerlogik
spielte bei unserem Verfahren keine Rolle.
Zum besseren Verständnis für den Leser schließen wir diesen
Abschnitt mit einem ausführlichen Beispiel, das wir dem
Artikel (DEAVOURS 80.1) entnommen haben. DEAVOURS behauptet
aber, die 12 Klartext-Chiffretext-Paare

OBERKOMMANDO

IMFLYWASOCBD,

die er mit einer 3-Rotor-ENIGMA mit 10 Steckerverbindungen
erzeugt habe, reichten bei weitem nicht aus, diese zu bestimmen, selbst wenn die 12 Rotor-Permutationen

	ABCDEFGHIJKLMNOPQRSTUVWXYZ
ρ_1	EOIVATJZCGRUYXBQPKWFLDSNMH
ρ_2	ZJXTSHNFMBUWIGVQPYEDKOLCRA
ρ_3	JILOGMENBAPCFHDKXTVRYSZQUW
ρ_4	GVEMCQAURONTDKJWFIZLHBPYXS
ρ_5	TVZFHDENXOLKUHJSYWPAMBRIQC
ρ_6	ONGWFECMRLUJHBAYZIVXKSDTPQ
ρ_7	ULHYMKVCROFBEWJSTIPQAGNZDX
ρ_8	QXHTKZCOPNEYSJHIAWMDVURBLF
ρ_9	JVULTNKZYAGDPFSMXWOECBRQIH
ρ_{10}	BAYNLPSJKHIEODMFRQGUTZXWCV
ρ_{11}	RJUIYWZKDBHPOVMLTAXQCNFSEG
ρ_{12}	WUZTPNJVGRYOXFLETJQDBHAMKC

zur korrekten Ausgangsposition gegeben seien.

Der Graph $G(\mathfrak{M})$ hat die Form

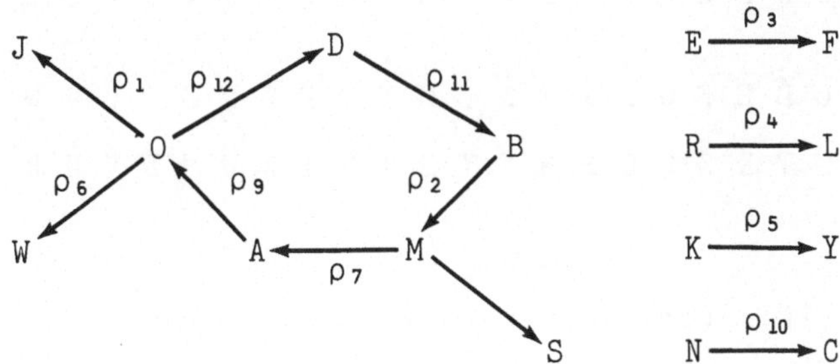

Daraus erzeugen wir die Ketten

$\mathfrak{K}_0$:   D - B - M - A - O - D $\mathfrak{K}_4$:   E - F

$\mathfrak{K}_1$:   O - J $\mathfrak{K}_5$:   R - L

$\mathfrak{K}_2$:   O - W $\mathfrak{K}_6$:   K - Y

$\mathfrak{K}_3$:   M - S $\mathfrak{K}_7$:   N - C

Die Matrix C_0 hat die Gestalt

$$\begin{pmatrix}
A & B & C & D & E & F & G & H & I & J & K & L & M & N & O & P & Q & R & S & T & U & V & W & X & Y & Z \\
R & J & U & I & Y & W & Z & K & D & B & H & P & O & V & M & L & T & A & X & Q & C & N & F & S & E & G \\
Y & B & K & M & R & L & A & U & T & J & F & Q & U & O & I & W & D & Z & C & P & X & G & H & E & S & N \\
D & L & F & E & I & B & U & A & Q & O & K & T & G & J & R & N & Y & X & H & S & Z & V & C & M & D & W \\
L & D & N & T & Y & V & C & J & X & S & G & E & K & A & W & F & I & Q & Z & O & H & B & U & P & M & R \\
O & T & F & D & K & H & Z & R & M & Q & I & P & Y & W & A & N & G & S & C & L & V & U & B & E & X & J
\end{pmatrix}$$

D ist offenbar der einzige Fixpunkt von $\rho_{12}\circ\rho_9\circ\rho_7\circ\rho_2\circ\rho_{11}$, so daß für jedes $\sigma \in G(\mathfrak{M})$ die Beziehung (1) $\sigma(D)=D$ gelten muß. Als direkte Konsequenz ergibt sich, daß

(2)   (BI), (AE) und (OT) Transpositionen der Zykeldarstellung von σ sein müssen,

und daß

(3)   M ein weiterer Fixpunkt von σ ist.

aus den Matrizen

$$C_1 = \begin{pmatrix}
A & B & C & D & E & F & G & H & I & J & K & L & M & N & O & P & Q & R & S & T & U & V & W & X & Y & Z \\
E & O & I & V & A & T & J & Z & C & G & R & U & Y & X & B & Q & P & K & W & F & L & D & S & N & M & H
\end{pmatrix}$$

$$C_2 = \begin{pmatrix} A\ B\ C\ D\ E\ F\ G\ H\ I\ J\ K\ L\ M\ N\ O\ P\ Q\ R\ S\ T\ U\ V\ W\ X\ Y\ Z \\ O\ N\ G\ W\ F\ E\ C\ M\ R\ L\ U\ J\ H\ B\ A\ Y\ Z\ I\ V\ X\ K\ S\ D\ T\ P\ Q \end{pmatrix}$$

$$C_3 = \begin{pmatrix} A\ B\ C\ D\ E\ F\ G\ H\ I\ J\ K\ L\ M\ N\ O\ P\ Q\ R\ S\ T\ U\ V\ W\ X\ Y\ Z \\ Q\ X\ G\ T\ K\ Z\ C\ O\ P\ N\ E\ Y\ S\ J\ H\ I\ A\ W\ M\ D\ V\ U\ R\ B\ L\ F \end{pmatrix}$$

folgt, daß

(4)   (IF), (WX) weitere Zyklen von σ und S ein weiterer
       Fixpunkt von σ ist.

Aus den Ketten $\Re_4, \Re_5, \Re_6, \Re_7$ ergeben sich keine weiteren Konsequenzen, weil die Mengen
$\mathfrak{L}' = \{A,B,D,E,F,I,J,M,O,S,T,W,X\}$ und $\mathfrak{L}'' = \{C,K,L,N,R,Y\}$ disjunkt
sind, und $\Re_4$ mit $\Re_0, \ldots, \Re_3$ konsistent ist.
$\sigma(K)$ kann natürlich nicht in $\mathfrak{L}'$ liegen. Testen mit der Matrix

$$C_7 = \begin{pmatrix} A\ B\ C\ D\ E\ F\ G\ H\ I\ J\ K\ L\ M\ N\ O\ P\ Q\ R\ S\ T\ U\ V\ W\ X\ Y\ Z \\ T\ V\ Z\ F\ G\ D\ E\ N\ X\ O\ L\ K\ U\ H\ J\ S\ Y\ W\ P\ A\ M\ B\ R\ I\ Q\ C \end{pmatrix}$$

läßt nur die Möglichkeiten $\sigma(K) \in \{C,H,K,N,Q,Z\}$ als verträglich
mit der bereits bekannten Struktur von σ zu. Die Hypothesen
        "$\sigma(K)=K$ oder $\sigma(K)= N$ oder $\sigma(K)=Z$"
müssen nach Testen mit

$$C_5 = \begin{pmatrix} A\ B\ C\ D\ E\ F\ G\ H\ I\ J\ K\ L\ M\ N\ O\ P\ Q\ R\ S\ T\ U\ V\ W\ X\ Y\ Z \\ G\ V\ E\ M\ C\ Q\ A\ U\ R\ O\ N\ T\ D\ K\ J\ W\ F\ I\ Z\ L\ H\ B\ P\ Y\ X\ S \end{pmatrix} \text{bzw.}$$

$$C_6 = \begin{pmatrix} A\ B\ C\ D\ E\ F\ G\ H\ I\ J\ K\ L\ M\ N\ O\ P\ Q\ R\ S\ T\ U\ V\ W\ X\ Y\ Z \\ B\ A\ Y\ N\ L\ P\ S\ J\ K\ H\ I\ E\ O\ D\ M\ F\ R\ Q\ G\ U\ T\ Z\ X\ W\ C\ V \end{pmatrix}$$

verworfen werden, so daß nur noch

(5) $\sigma(K) \in \{C,H,Q\}$
übrig bleibt.
Analog folgert man, daß $\sigma(R) \in \{H,K,N,U\}$ sein muß. Die Hypothesen "$\sigma(R)=K$" bzw. "$\sigma(R)=N$" führen mit C_5 auf "$\sigma(L)=N$" bzw.
"$\sigma(L)=K$". Mit C_6 führt die erstere auf $\sigma(C)=E$, was im Widerspruch zu (2) steht, die zweitere steht im Widerspruch zu (5).
Somit muß $\sigma(R) \in \{H,U\}$ sein, woraus mit C_5 aber

(6) $\sigma(\{R,L\}) = \{H,U\}$
folgt.

Verfährt man analog mit $\sigma(N)$, so folgert man zunächst $\sigma(N) \in \{H,Q,R,V,Y,Z\}$. Die Möglichkeiten "$\sigma(N)=Q$" bzw. "$\sigma(N)=R$" sind leicht zu verwerfen, so daß

(7) $\sigma(N) \in \{H,V,Y,Z\}$

übrig bleibt.

Wegen (6) ist $\sigma(K) \neq N$ und $\sigma(N) \neq H$, also mit (5) und (7)

(8) $\sigma(K) \in \{C,Q\}$ und $\sigma(N) \in \{U,Y,Z\}$

Die Hypothese "$\sigma(K)=C$" führt mit C_7 auf "$\sigma(Y)=Z$", was mit (8) aber "$\sigma(N)=V$" zur Folge hätte, woraus sich mit C_7 der Widerspruch "$\sigma(K)=H$" zu (8) ergibt. Damit kommt

(9) $\sigma(K)=Q$ und daraus $\sigma(Y)=Y$ mit C_7.

(8) und (9) implizieren $\sigma(N) \in \{V,Z\}$, also mit C_6

(10) $\sigma(\{N,C\})=\{V,Z\}$

Damit sind 24 der 26 Argumente von σ aufgetreten. Da σ 6 Fixpunkte hat, aber erst 4 Fixpunkte gefunden wurden, müssen die fehlenden Argumente G und P Fixpunkte sein. Die Bedingungen (6) und (10) lassen jeweils 2 Möglichkeiten zu, so daß wir die Lösungsgesamtheit $\Sigma(\mathfrak{M})$ auf 4 mögliche Permutationen eingeschränkt haben, was gewiß ein gutes Ergebnis ist.

IV Algorithmische Erzeugung von Pseudo-Zufallsfolgen

IV.1 STATISTISCHE GÜTETESTS FÜR PSEUDO-ZUFALLSFOLGEN

Im VERNAM-System wird ein Schlüsselstrom durch die Wiederholung eines Zufallsexperimentes mit zwei gleichwahrscheinlichen Ergebnissen erzeugt. Unter dieser Voraussetzung wurde gezeigt, daß die VERNAM-Verschlüsselung sicher im Sinne der SHANNON-Theorie (Kap. II.1.3) ist. Die praktische Verwendbarkeit des VERNAM-Systems wird durch den großen Schlüsselbedarf erheblich eingeschränkt.

Algorithmisch erzeugte Schlüsselströme sollen dem "idealen" VERNAM-System möglichst nahe kommen.

Wie mehrere Beispiele gezeigt haben, ist bei der algorithmischen Erzeugung große Sorgfalt notwendig. In vielen wissenschaftlichen Gebieten verwendet man Zahlenfolgen zur Simulation bestimmter Modelle zufälliger Ereignisse. So werden statistische Beobachtungen an einem künstlich erzeugten Abbild der Wirklichkeit möglich, das mehr oder minder verzerrt ist. *Monte-Carlo-Methoden* sind statistische Verfahren, solche Experimente mit Computern durchzuführen. So wurden erstmals 1946 Versuchsprogramme bezeichnet, die bei der Kernspaltung auftretende Kettenreaktionen mit einem Computer simulierten und mit statistischen Methoden auswerteten. Seit den ersten Konzepten von J.v.NEUMANN und S. ULAM sind viele recht subtile Methoden zur Erzeugung geeigneter Zahlenfolgen entwickelt worden. Alle solche Zahlenfolgen werden durch Algorithmen rekursiv berechnet, sie sind somit deterministisch und reproduzierbar, also nicht "zufällig" im intuitiven Sinn. Ihre wesentliche Qualität besteht in gewissen statistischen Eigenschaften, die sie mit einem festen Test-Instrumentarium jedenfalls nicht von "echten" Zufallsfolgen unterscheiden lassen.

Es stellt sich daher die Frage nach Kriterien, die Zahlenfolgen als "zufällig" erscheinen lassen. Dazu bedarf es einer exakten mathematischen Definition der Zufälligkeit von Zahlenfolgen.

In der mathematischen Wahrscheinlichkeitstheorie bleibt der Begriff undefiniert. Der intiutive Zufallsbegriff sieht Ereignisse als zufällig an, wenn die determinierenden Faktoren

in ihrem Wesen, oder in ihrer Vielfalt und der Komplexität
ihres Zusammenwirkens sich dem menschlichen Verständnis ent-
ziehen. Seit der Definition der Wahrscheinlichkeit durch von
MISES (Wahrscheinlichkeit, Statistik und Wahrheit, Springer,
Wien 1936) sind viele Versuche gemacht worden, befriedigende
theoretische Konzepte für die Definition der Zufälligkeit von
Zahlenfolgen zu entwickeln (vgl. [KNUTH2], Kap. 3.5), die diese
Vorstellung formalisieren.
Beispielsweise wird man bei Betrachtung der drei Folgen

$$000000000000000000000000000000$$
$$000000001111111111000000011111$$
$$010011101001111010000011001011$$

intuitiv übereinstimmen, daß die dritte Folge "zufälliger"
erscheint als die ersten beiden. Als Ergebnisse eines Münzwurfexperimentes mit 30 Würfen einer fairen Münze sind im
Sinne der Wahrscheinlichkeitstheorie dennoch alle drei Folgen
gleichwahrscheinlich, jeweils mit der Wahrscheinlichkeit 2^{-30}.

Die Folgen unterscheiden sich jedoch in ihrem Informations-
gehalt. Die erste Folge ist durch die kurze Aussage "30 Nullen"
beschreibbar. Die zweite Folge kann durch Angabe der Längen
aufeinanderfolgender *0-* und *1-Runs* (das sind die Teilfolgen,
die ausschließlich aus 0 oder aus 1 bestehen) codiert werden.
Gibt man jeden Run durch eine 4-Bit-Zahl an, so benötigt man
16 Bits. Weitere 3 Bits werden benötigt, um die Stellenlänge
4 der Codierung anzugeben und um mitzuteilen, ob der erste Lauf
mit 0 oder 1 beginnt. Damit kann die zweite Folge insgesamt
mit 19 Bits beschrieben werden.
Zur Codierung der dritten Folge werden entsprechend 51 Bits
benötigt. Es gibt keine naheliegende Methode, die dritte Folge
durch einen kürzeren Ausdruck zu beschreiben. Allein eine
derartige Folge würde man als Ergebnis eines Münzwurfexperimentes mit fairer Münze vermuten. Neben etwa gleich vielen
0′en und 1′en wird man intuitiv eine "gewisse Unregelmäßigkeit"
erwarten, die sich in der Kompliziertheit der Beschreibung
niederschlägt. Es liegt daher nahe, nach einem geeigneten
Komplexitätsmaß für Zahlenfolgen zu suchen, das dieser Vorstellung Rechnung trägt (vgl. Kap. VI).

Fürs erste arbeiten wir hier mit einer Definition für die Zufälligkeit endlicher Folgen, basierend auf einer Darstellung bei (KNUTH 2), weiter.

Die erste Definition orientiert sich an der Vorstellung der "Gleichverteiltheit" und dem schwachen Gesetz der großen Zahlen (vgl. Kap. II.1.2).

Wir bezeichnen eine Folge $x_0, x_1, x_2, \ldots, x_{N-1}$ von Zahlen $0 \leq x_i < g$ mit einem festen $g \in \mathbb{N}$ als *g-adische Folge*. Eine Zahl $x_1 \ldots x_k$ mit den *g-adischen Ziffern* $0 \leq x_i < g$ heißt *g-adische Zahl*.

Definition Z1:

Es sei $X_0, \ldots, X_{N-1}$ eine g-adische Folge. Für jede g-adische Zahl $x_1 \ldots x_k$ der Länge $k \leq N$ sei

$$H(x_1 \ldots x_k) = \#\{n \leq N-k \mid X_n = x_1, \ldots, X_{n+k-1} = x_k\}.$$

Die Folge $X_0, \ldots, X_{N-1}$ heißt *k-verteilt*, falls

$$|H(x_1 \ldots x_k)/(N-k+1) - 1/g^k| \leq \sqrt{N-k+1}$$

für jede g-adische Zahl $x_1 \ldots x_k$ gilt.

Definition Z2:

Eine g-adische Folge $X_0, \ldots, X_{N-1}$ heißt *zufällig*, falls sie k-verteilt ist für $0 < k \leq \log_g(N)$.

Nach dieser Definition ist nur die dritte Folge des Beispiels zufällig.

Parallel zu der Diskussion um den Zufallsbegriff wurden zahlreiche empirische Tests zur Prüfung bestimmter Eigenschaften von Zahlenfolgen entwickelt. Die Brauchbarkeit eines Tests hängt von der beabsichtigten praktischen Anwendung der betreffenden Folge ab. Mangels leicht *nachprüfbarer* Kriterien für die Zufälligkeit einer Folge wird man auf adäquate Tests zurückgreifen müssen, um geeignete Folgen zu finden. Die Anwendung der Tests erfolgt nach der Maxime, daß negative Testergebnisse zur Ablehnung einer Folge führen.

Ein positives Ergebnis in einem bestimmten Test rechtfertigt jedoch nicht grundsätzlich die Akzeptanz der Folge. Dies ist besonders für kryptographische Anwendungen wichtig: außer den statistischen Aspekten ist zu untersuchen, inwieweit aus einer Anzahl von gegebenen Folgenwerten weitere Folgenglieder vorhersagbar oder durch Rückberechnung bestimmbar sind.

Wir stellen im folgenden eine Auswahl von Tests zusammen, jeweils mit einer knappen Beschreibung. Die meisten sind detailliert mit den zugehörigen Testverteilungen und Algorithmen bei (KNUTH 2) dargestellt.

Die aufgeführten Tests sind teilweise für reelle Folgen (y_i) über dem Intervall $[0,1[$ konstruiert, und teilweise für ganzzahlige Folgen (x_i) mit Werten $0 \leq x_i < g \in \mathbb{N}$. Durch geeignete Skalierung können ganzzahlige Folgen in reelle Folgen im Intervall $[0,1[$ transformiert werden.
Zu einer linearen Kongruenzenfolge (x_0,a,b,m) beispielsweise erhält man durch

$$y_i = x_i/m \qquad\qquad (i \geq 0)$$

eine reelle Folge im Intervall $[0,1[$. Es muß im Einzelfall entschieden werden, welche Transformation sinnvoll ist. Bei binären Folgen etwa wird man Teilfolgen $x_{it},\dots,x_{it+t-1}$ von t Bits als 2-adische Zahlen $0 \leq x_{it} \cdots x_{it+t-1} < 2^t$ auffassen und durch

$$y_i = x_{it} \cdots x_{it+t-1}/2^t \qquad (i \geq 0)$$

in reelle Zahlen aus $[0,1[$ umwandeln.

a) <u>Chi^2-Test:</u>

Es wird überprüft, wie gut eine empirische Verteilung an eine erwartete theoretische Verteilung angepaßt ist. Die Verteilung kann stetig oder diskret sein. Bei stetigen Verteilungen teilt man den Bereich zwischen kleinstem und größtem Meßwert in Klassen X_ε ein und zählt die Häufigkeit $H(X_\varepsilon)$ der Stichprobenwerte in den einzelnen Klassen.

Bei diskreter Verteilung ist $H(X_\varepsilon)$ die Häufigkeit, mit der
ein Ereignis X_ε auftritt. Sei P die (vermutete) Wahrschein-
lichkeitsdichte, so berechnet man

$$\chi^2_\nu = \sum_{\varepsilon=1}^{k} \frac{(H(X_\varepsilon)-n\cdot P(X_\varepsilon))^2}{n\cdot P(X_\varepsilon)}$$

wobei ν = k-1 die Anzahl der Freiheitsgrade, n die Anzahl
der Stichproben ist. Wenn sich beide Verteilungen entsprechen, so folgt diese Statistik der Chi^2-Verteilung mit
Erwartungswert $E(X^2)$ = k-1 und Varianz

$$\mathrm{Var}(\chi^2) = 2(k-1) + \frac{1}{n} \left(\sum_{\varepsilon=1}^{k} \frac{1}{P_\varepsilon} -k^2-2k+2 \right) \quad ((\text{CRAMER}), \text{ p.417}).$$

Aus Tabellen für die Chi^2-Verteilung ermittelt man bei vorgegebenem Signifikanzniveau die Wahrscheinlichkeit, mit
der die Vermutung über die Verteilung angenommen werden
kann, oder abgelehnt werden muß.
Notwendige Bedingung für einen gültigen Chi^2-Test ist
$n\cdot P(X) \geq 5$ für $\varepsilon \in \{1,\ldots,k\}$. Vorzuziehen sind auf jeden
Fall größere Stichproben (KNUTH2) .

Der Chi^2-Test ist die Basis für viele andere empirische
Tests, deren Ergebnisse mit dem Chi^2-Test auf Übereinstimmung mit den jeweiligen Testverteilungen überprüft
werden.

b) Der KOLMOGOROFF-SMIRNOV-Test

Der K-S-Test prüft, wie gut eine empirische Verteilung
einer stetigen Wahrscheinlichkeits-Verteilungsfunktion
F(x) angepaßt ist. Für n unabhängige Daten $z_1,\ldots,z_n$ wird

$$F_n(x) = \#\{i \leq n \,|\, z_i \leq x\}/n$$

als empirische Verteilungsfuntkion bezeichnet. Der K-S-Test
beruht auf möglichen Abweichungen zwischen F(x) und $F_n(x)$.
Dazu berechnet man die Statistiken

$$K_n^+ = \sqrt{n} \max_{x \in \mathbb{R}} F_n(x) - F(x)$$

$$K_n^- = \sqrt{n} \max_{x \in \mathbb{R}} F(x) - F_n(x)$$

und vergleicht in einer Tabelle der K-S-Test-Verteilung, wie
gut diese Werte der Test-Verteilung entsprechen.
Eine derartige Tabelle, sowie einen Algorithmus für die
Berechnung von K_n^+ und K_n^- findet man in einer ausführlichen
Diskussion des K-S-Test bei (KNUTH 2), Kap. 3.3.1 .

Ein wesentlicher Unterschied zwischen dem Chi^2-Test und
dem K-S-Test ist, daß der K-S-Test ausschließlich für
stetige Verteilungsfunktionen verwendet werden sollte
(vgl. jedoch (KNUTH 2), p. 58, 2.1). Beim K-S-Test dürfen
keine unbekannten Parameter der Verteilungsfunktion ge-
schätzt werden, da sich sonst die Irrtumswahrscheinlich-
keit erheblich vergrößert. Falls die Verteilungsfunktion
unbekannte Parameter enthält, sollte deshalb der Chi^2-Test
verwendet werden.

c) <u>Gleichverteilungs-Test</u>

Es wird gezählt, wie oft Folgenwerte in gegebene Sub-
Intervalle gleicher Länge von [0,1[fallen, bzw. im diskreten Fall, wie oft jeder Wert erscheint. In einer gleichverteilten Folge müssen die gemessenen Häufigkeiten annähernd gleich sein.

d) <u>Serien-Test</u>

Dies ist eine mehrdimensionale Verallgemeinerung des Häu-
figkeitstestes. Es wird getestet, wie oft k-Tupel
$(y_{tk}, \ldots, y_{tk+k-1})$ in vorgegebene k-dimensionale Intervalle
fallen. Im diskreten Fall wird gezählt, wie oft k-Tupel
$(x_{tk}, \ldots, x_{tk+k-1})$ alle möglichen Werte annehmen.

e) <u>Poker-Test</u>

Es werden n Segmente $(x_{5j}, x_{5j+1}, \ldots, x_{5j+4})$ $\quad 0 \leq j < n$ betrachtet und die Anzahl der verschiedenen Werte in jedem Segment gezählt.

f) <u>Maximum-(Minimum-) von-k-Test</u>

Es wird die Verteilung der Funktion

$M_t = \max(\min) \, y_{tk}, \ldots, y_{tk+k-1}$ für $0 \leq t < n$ festgestellt. Auf die Werte $M_0, \ldots, M_{n-1}$ wird der K-S-Test mit $F(x) = x^k$ für $0 \leq x \leq 1$ angewendet.

g) <u>Summe-von-k-Test</u>

Die Verteilung der Summen -Funktion $S_t = \sum\limits_{i=0}^{k-1} y_{tk+i}$

wird ermittelt und mit der theoretischen Verteilung verglichen.

Die Tests d), e), f) und g) testen auf k-Verteiltheit.

h) <u>Run-Test</u>

Es wird die Häufigkeitsverteilung der Längen monoton wachsender (bzw. fallender) Teilfolgen (*Runs*) festgestellt, und mit der theoretischen Verteilung verglichen.

i) <u>Lücken-Test</u>

Für fest vorgegebene Intervalle I bzw. Teilmengen des Wertebereichs der Folge (y_i) definiert man für $j \in \mathbb{N}$ die Zahl $n_j \in \mathbb{N}'$ durch die Bedingung

$$y_j \in I, y_{j+1} \notin I, \ldots, y_{j+n_j} \notin I, y_{j+n_j+1} \in I,$$

und untersucht die Verteilung der Zufallsvariablen $j \to n_j$. Eine Variante besteht darin, die "Lücken" für das Intervall $(\mu,1)$ (bzw. $(0,\mu)$) festzustellen, wobei μ der Mittelwert der Folge (y_i) ist. Man erhält die Häufigkeitsverteilung der Längen von Teilfolgen unterhalb (bzw. oberhalb) des Mittelwertes μ.

j) <u>Coupon-Sammler-Test</u>

Für eine Zahl $d \in \mathbb{N}$ werden die Längen von Folgensegmenten $(x_{j+1}, x_{j+2}, \ldots, x_{j+r})$ festgestellt, bis jeweils alle Zahlen $0, \ldots, d-1$ erschienen sind.

k) <u>Permutationen-Test</u>

Es werden n Segmente $(x_{tk}, x_{tk+1}, \ldots, x_{tk+k-1})$ der Länge k gebildet, $0 \leq t < n$, und die Ordnungen bezüglich "<" (oder ">") der Elemente zueinander festgestellt. Es gibt für Segmente der Länge k k! viele Ordnungsmuster; diese sollten annähernd gleich oft vorkommen.

l) <u>Kollisions-Test</u>

Dieser Test kann als Alternative zum Chi^2-Test verwendet werden, wenn die Anzahl der Klassen oder die Anzahl der möglichen Ereignisse die Anzahl der Meßwerte übersteigt. Eine *Kollision* tritt dann auf, wenn ein Meßwert wiederholt erscheint, oder in eine Kategorie fällt, die schon mindestens einen Wert enthält. In (KNUTH 2) p. 69 ist ein Algorithmus zur Berechnung der Testverteilung angegeben.

m) <u>Korrelations-Test</u>

Man berechnet für eine Folge $y_0, \ldots, y_{n-1}$ den Korrelations-koeffizienten aufeinanderfolgender Werte, also der beiden Folgen $u_i = y_i$ und $v_i = y_{i+1} \bmod n$ $(i=0, \ldots, n-1)$. Man erhält ein Maß für die Abhängigkeit aufeinanderfolgender Werte.

n) <u>Bit-Test</u>

Dies ist ein Test der Bit-Unabhängigkeit in binären Folgen. Eine Folge wird in Blöcke einer Länge d eingeteilt. Für $j \leq d$ werden jeweils die Blöcke mit einer 1 in der j-ten Position bei fest vorgegebenen j-1 davorstehenden Bits gezählt. Für feste j sollte die Zahl für alle möglichen 2^{j-1} vorgegebenen Bitmuster in etwa gleich sein.

o) <u>Spektral-Test</u>

Für eine Folge $X = X_1, X_2, X_3, \ldots$, $0 \leq X_i \leq m-1$, $m \in \mathbb{N}$, der Periode M wird die Menge

$$(X_n/m, \ldots, X_{n+k-1}/m) \quad 0 \leq n \leq m-1$$

von k-Tupeln als Punktmenge im k-dimensionalen Raum angesehen. Die k-dimensionalen Punkte ordnen sich auf parallelen (k-1)-dimensionalen Hyperebenen mit bestimmten Abständen. Im Unterschied zu echten Zufallsfolgen in $[0,1[$, deren Glieder durch Rundung oder Abschneiden als ganzzahlige Vielfache einer Zahl $1/v$ erscheinen, verändern sich deren Abstände bei periodischen Zufallsfolgen mit der Anzahl k der Dimensionen.

p) <u>Autokorrelation und Intensitäts-Spektralanalyse</u>
Die Autokorrelation mißt den Einfluß von Folgenwerten auf andere Werte derselben Folge in festem Abstand. Die Intensitäts-Spektralanalyse testet periodische Eigenschaften der untersuchten Folge (vgl. Kap. II.2.5).

IV.2 OFB-Folgen

Seien X eine nichtleere endliche Menge und $f : X \to X$ eine Funktion.

Als *Output-Feedback-Folge (OFB-Folge)* zum Startwert $x_0 \in X$ zu f bezeichnet man die vermöge

$$x_{i+1} := f(x_i) \qquad (i \geq 0)$$

rekursiv definierte Folge

$$F_f(x_0) := (x_i)_{i \geq 0} \in X^{\mathbb{N}'}$$

Als zu f gehörender Pseudozufallszahlen-Generator bezeichnet man die Abbildung

$$F_f : X \to X^{\mathbb{N}'}$$

mit

$$x_0 \mapsto F_f(x_0).$$

Jede OFB-Folge ist notwendig periodisch, da f nur endlich viele verschiedene Werte annehmen kann. Tritt ein Wert wieder - holt auf, so wiederholen sich zwangsläufig auch alle nach - folgenden Werte im gleichen Abstand.

<u>Bemerkung:</u>

(i) Zu jeder OFB-Folge $F_f(x_0)$ existieren Zahlen $\mu \geq 0$ und $\lambda \geq 1$, so daß $x_0, \ldots, x_{\mu+\lambda-1}$ alle verschieden sind, jedoch $x_{i+\lambda} = x_i$ für $i \geq \mu$ ist. λ ist die *Periodenlänge*, μ ist die Länge des nicht-periodischen Anteils der Folge. Dieser wird als *Vorperiode* bezeichnet.

(ii) Zu jeder solchen Folge existieren $k \in \mathbb{N}$ mit $x_{2k} = x_k$. Für das kleinste dieser k gilt $\mu \leq k \leq \lambda + \mu$.

<u>Beweis:</u>

Die erste Aussage ist trivial.

Zu (ii): Für t > k gilt

$$x_t = x_k, \text{ dann und nur dann, wenn}$$

$$t \equiv k \bmod \lambda \text{ und } k \geq \mu \text{ ist.}$$

Speziell für t = 2k folgt hieraus, daß die Bedingung

$$x_t = x_k \text{ zur Bedingung } k = r\lambda \geq \mu$$

mit einem $r \in \mathbb{N}$ äquivalent ist.

Die Abschätzung ergibt sich mit $r := \max(1, \lceil \mu/\lambda \rceil)$ und
$k := r\lambda$. ∎

Satz 1 : (FLOYD)

Der folgende Algorithmus bestimmt die Periodenlänge λ und die
Länge μ der Vorperiode einer OFB-Folge $F_f(x_0)$ mit höchstens
$3(\mu+\lambda)+2\mu$ Berechnungen von f unter Verwendung von 4 Speicher-
plätzen.

Algorithmus F

```
BEGIN
    x ← x₀ : y ← y₀ : k ← 0
    REPEAT
        k ← k+1
        x ← f(x) : y ← f(f(x))
    UNTIL x = y
    μ ← -1 :λ  ← k
    x ← x₀ : z ← y
    REPEAT
        μ ← μ +1
        x ← f(x) : y ← f(y)
        IF (y = z AND λ = k) THEN λ ← μ
```

```
    UNTIL x = y
    PRINT λ,μ
  END
```

<u>Beweis:</u>

Nach Verlassen der REPEAT-UNTIL-Schleife gilt

$$k = \begin{cases} \mu & \text{falls } \mu \equiv 0 \bmod \lambda \text{ und } \mu > 0 \\ \lceil \mu/\lambda \rceil \cdot \lambda & \text{sonst} \end{cases}$$

und

$$0 \leq \mu \leq k \leq \mu + \lambda \leq k + \lambda$$

wie aus Teil (ii) der vorigen Bemerkung folgt. Hieraus ergibt sich

$$\mu = \min \{i \geq 0 \mid x_i = x_{k+i}\}$$

und

$$\lambda = \begin{cases} \min \{1 \leq i \leq \mu \mid x_{k+i} = x_k\} & \text{falls } \lambda \leq \mu \\ k & \text{sonst .} \end{cases}$$

Die Anzahl der Berechnungen von f ergibt sich aus der Summe

$$3k + 2\mu \leq 3(\mu+\lambda) + 2\mu \; . \qquad \blacksquare$$

Ein ähnlicher Algorithmus zur Bestimmung der Periodenlänge von OFB-Folgen stammt von BRENT ((BRENT 79)).

<u>Satz 2 :</u>

Der folgende Algorithmus bestimmt die Periodenlänge einer OFB-Folge $F_f(x_0)$ mit höchstens $2 \max\{\mu,\lambda\} + \lambda$ vielen Berechnungen von f unter Verwendung von nur 2 Speicherplätzen.

Algorithmus B

```
BEGIN
    y ← x₀ : r ← 1 : k ← 0 : fertig ← FALSE
    REPEAT
        x ← y. : j ← k : r ← 2*r
        REPEAT
            k ← k+1 : y ← f(y)
            fertig ← (x = y)
        UNTIL fertig OR (k≥r)
    UNTIL fertig
    λ ← k-j
    PRINT λ
END
```

<u>Beweis:</u>

Für $k \in \mathbb{N}$ sei $v(k) \in \mathbb{Z}$ definiert durch

$$v(k) = \begin{cases} 0 & \text{für } k \leq 2 \\ 2^\nu \text{ mit } 2^\nu < k \leq 2^{\nu+1} & \text{für } k > 2 \end{cases}$$

Zu jeder OFB-Folge existiert ein $k \in \mathbb{N}$ mit $x_k = x_{v(k)}$. Um das einzusehen, wähle man etwa $\nu \in \mathbb{N}'$ so, daß $2^\nu \geq \max\{\mu,\lambda\}$ ist. Damit gilt

$$x_{2^\nu} = x_{2^\nu + \lambda} \quad \text{und } 2^\nu < 2^\nu + \lambda \leq 2^{\nu+1},$$

so daß $k = 2^\nu + \lambda$ das Gewünschte leistet.

Es sei nun $k \in \mathbb{N}$ so, daß $x_k = x_{v(k)}$ mit minimalem $v(k)$ gilt. Dann ist

$$\begin{cases} v(k) = 0 & \text{falls } \mu = 0 \text{ und } \lambda \leq 2 \\ \text{ld} v(k) = \lceil \text{ld} \max\{\mu,\lambda\} \rceil \leq 1 + \text{ld} \max\{\mu,\lambda\} & \text{sonst} \end{cases}$$

also $v(k) \leq 2\max\{\mu,\lambda\}$.

Mit $j = v(k)$ und $k = j +\lambda$ stoppt Algorithmus B.

Die Anzahl der Berechnungen von f ist gleich

$$k \leq 2\max\{\mu,\lambda\} + \lambda \; . \; \blacksquare$$

Bemerkung:

Es sei (W,P) ein endlicher Wahrscheinlichkeitsraum und
$\mathfrak{F} :=\{ f : X \to X\}$ die endliche Menge aller Abbildungen von X
in sich.

Weiter bezeichne $Z : W \to X \times \mathfrak{F}$ eine Zufallsvariable, deren
Projektionen auf X bzw. $\mathfrak{F}$ jeweils gleichverteilt sind.

(i) Es seien

$$T_1 : X \times \mathfrak{F} \to \mathbb{N} \qquad\qquad S_1 : X \times \mathfrak{F} \to \mathbb{N}$$

$$(x,f) \mapsto \lambda \qquad\qquad\qquad (x,f) \mapsto \lambda + \mu$$

die Abbildungen, die einem Paar (x,f) die Periodenlänge λ der
OFB-Folge $F_f(x)$ bzw. die Summe $\lambda +\mu$ von Periodenlänge und
Vorperiode zuordnen. Dann haben die Zufallsvariablen
$T = T_1 \circ Z$ und $S = S_1 \circ Z$ die Erwartungswerte

$$E(T) = \sqrt{N\pi/8} + 1/3 \qquad E(S) = \sqrt{N\pi/2} - 2/3 \; .$$

(ii) Die Zufallsvariable $K = K_1 \circ Z$, bei der

$$K_1 : X \times \mathfrak{F} \to \mathbb{N}$$

$$(x,f) \mapsto k$$

einem Paar (x,f) die Anzahl k der Berechnungen von f in
Algorithmus B mit $x = x_0$ zuordnet, hat den Erwartungswert

$$E(K) = 1{,}983\sqrt{N} \; .$$

Der Beweis zu (i) steht bei (KNUTH 2), p. 519. Die Aussage
(ii) ist in (BRENT 79) bewiesen.

(JUENEMAN) enthält eine ausführliche Studie über die Verwendung
von OFB-Folgen in kryptographischen Systemen.

Besondere Behandlung finden die DES-Funktionen

$$DES_S^{\wedge} : \mathbb{F}_2^{32} \times \mathbb{F}_2^{32} \to \mathbb{F}_2^{32} \times \mathbb{F}_2^{32} \quad (vgl.\ Kap.\ V.3.1).$$

Um die Periodenlänge einer OFB-Folge $(x_i)_{i \geq 0}$ auch ohne Kenntnis der erzeugenden Funktion f zu bestimmen, kann man den folgenden Algorithmus von GOSPER (vgl. (KNUTH 2), p. 518) verwenden. Es werden nacheinander $x_0, \ldots, x_t, \ldots$ eingegeben. Zum Zeitpunkt der Eingabe von x_t werden $\tau = 1 + \lfloor ld\ t \rfloor$ Register $T_0, \ldots, T_\tau$ benötigt. Im folgenden sei $e(t) := \max\{e \in \mathbb{N}' \mid t \equiv -1 \bmod 2^e\}$.

Algorithmus G

```
    BEGIN

        T_0 ← x_0 : j ← 0 : fertig ← FALSE
        REPEAT
            j ← j + 1 : m ← - 1
            REPEAT
                m ← m + 1 : fertig ← (x_j = T_m)
            UNTIL fertig OR m ≥ ⌊ld j⌋
            IF NOT fertig THEN T_e(j) ← x_j
        UNTIL fertig
        λ ← (j - max{i|i < j und e(i) = m})
        PRINT λ

    END
```

Beweis:

Der Algorithmus findet eine Periode λ bei der Eingabe von x_j, wenn die Bedingungen

$$\mu + \lambda \leq \max\{i \mid i < j \text{ und } e(i) = m,\ m \in \{0, \ldots, \lfloor ld\ j \rfloor\}\} \qquad (1)$$

$$\lambda \in \{j - \max\{i \mid i < j \text{ und } e(i) = m,\ m \in \{0, \ldots, \lfloor ld\ j \rfloor\}\}\} \qquad (2)$$

erfüllt sind. Die erste Bedingung ist mit $\mu + \lambda \leq j$ erfüllt.

Für die zweite gelten folgende Überlegungen:

Ein Register T_m wird zu den Zeitpunkten $t = 2^m-1+k2^{m+1}$ $(k \geq 0)$ mit den Werten x_t belegt. Daher gilt

$$\max\{i \mid i<j \text{ und } e(i) = m\} = 2^m-1+k_0 \cdot 2^{m+1}$$

wobei $k_0 = \lfloor (j-2^m)/2^{m+1} \rfloor$ ist.

Falls für j, $m \in \mathbb{Z}$ mit $m \leq \lfloor \mathrm{ld}\ j \rfloor$ die Gleichung

$$\lambda = j - 2^m + 1 - k_0 2^{m+1}$$

erfüllt ist, gilt (2).

$$j := \lambda + 2^m - 1 \text{ mit } m \geq \lceil \mathrm{ld}(\lambda) - 1 \rceil$$

ist eine solche Lösung.

Algorithmus G stoppt mit dem kleinsten j und dem kleinsten dazu passenden m, die zusammen (1) und (2) erfüllen. ∎

Im folgenden Beispiel wird deutlich, wie die Algorithmen F oder B unmittelbar für kryptoanalytische Zwecke eingesetzt werden können. Wir betrachten eine für die Kopplung mit einem Fernschreiber konstruierte Verschlüsselungsmaschine der Firma Olivetti (ital. Patent-Nr. 38 74 82 vom 30. 01. 1941). Die Maschine ist für den Online-Betrieb ausgelegt und realisiert eine VERNAM-ähnliche Verschlüsselung des BAUDOT- oder Fernschreib-Codes (SACCO). Die folgende Beschreibung orientiert sich an einer Darstellung bei (SACCO).

In dem Gerät sitzen sieben Metallscheiben von ca. 3 cm Durchmesser auf einer Achse. Jede Scheibe trägt 26 Bohrungen und ist mit einem Zahnrad von 26 Zähnen verbunden. In die Bohrungen können Stifte eingeschraubt werden. Die Folge von Bohrungen eines Rades mit Stiften bzw. ohne Stifte entspricht logisch einer Binär-Folge von 26 Bits, ähnlich zu den Schlüsselrädern der HAGELIN-Maschine (vgl. Kap. II.3.3).

Fünf der sieben Scheiben dienen zur Generierung des Schlüsselstromes, die übrigen zwei dem Antrieb und der Steuerung. Die
erste Scheibe wird von einem Motor nach jeder Verschlüsselung
um einen Zahn verstellt. Jede andere Scheibe wird um einen
Zahn verstellt, wenn die Bohrung in einer bestimmten Position
der zum Antrieb hin benachbarten Scheibe keinen Stift trägt,
und bleibt in Ruhe, wenn sich dort ein Stift befindet.
Dieser Vorgang kann so interpretiert werden, daß in jedem
Zustand des Systems durch Ablesen fester Positionen der
Scheiben 1 bis 6 ein 6-Bit-Vektor festgelegt wird, der den
Übergang in einen Folgezustand bestimmt. Die so erzeugte Folge
von Zuständen hängt von einem Anfangszustand ab. Dieser ist
durch Drehen der Scheiben von Hand frei wählbar.
Zum Verschlüsseln eines Zeichens wird jeweils in einer bestimmten Position der dritten bis siebten Scheibe gelesen,
ob ein Stift vorhanden ist (logisch 0) oder nicht (logisch 1).
Die 5 Bits eines BAUDOT-Klartext-Zeichens werden zu dem so erzeugten 5-Bit-Vektor in $\mathbb{F}_2^5$ addiert. Die Summe wird als
Chiffretext-Zeichen ausgegeben. Nach Übergang in den Folgezustand wird das nächste Zeichen verschlüsselt.

Das Lesen der Schlüsselstrom-Bits von den Scheiben erfolgt
mechanisch. Die Vektoraddition in $\mathbb{F}_2^5$ wird durch logische
Umkehrung bzw. Nichtumkehrung von Spannungsimpulsen des Fern-
schreibers ausgeführt.

Da nur endlich viele verschiedene Zustände angenommen werden
können, ist das System notwendig periodisch. Wird ein Zustand
zum zweitenmal angenommen, so wiederholen sich auch alle
folgenden Zustände im gleichen Abstand. Die Zufallsfolge des
Systems ist eine OFB-Folge.

Beschränkt man die Betrachtung auf die dem Antrieb am nächsten
sitzenden Scheiben 1 bis 5, so ist für das so reduzierte
System eine kürzere Periodenlänge zu erwarten. Zum Test verschiedener Startstellungen kann Algorithmus B auf die jeweilige Zustandsfolge angewendet werden.

Versuche mit einer Assembler-Simulation ergaben für die
Zustandsfolge der antriebsseitigen 5 Scheiben und damit für
die Folge der zugehörigen 3 Schlüsselbits eine mittlere
Periodenlänge in der Größenordnung 10^5. Diese Beobachtung
ermöglicht einen Einstieg in die Kryptoanalyse dieser
Maschine.

IV.3 LINEARE KONGRUENZEN

IV.3.1 PERIODISCHE EIGENSCHAFTEN

In Kapitel I.1.8 wurden OFB-Folgen $F_f(x_0)$ mit

$$f(x) = xa + b \bmod m$$

und natürlichen Zahlen $0 \leq a,b,x_0 < m$ als *lineare Kongruenzen-
Folgen* bezeichnet. Sie sind durch das Quadrupel (x_0,a,b,m)
eindeutig festgelegt, weswegen wir im folgenden
(x_0,a,b,m) statt $F_f(x_0)$ schreiben.

Jede solche Folge hat eine Periodenlänge $\lambda \leq m$. Der Wahl des
Modulus m kommt besondere Bedeutung zu. Zur Erzeugung langer
Perioden muß m möglichst groß gewählt werden. Andererseits
soll die Folge möglichst schnell berechenbar sein, und die
Wahl zu großer m zwingt zur Anwendung zeitraubender double-
oder multiple-precision-Arithmetik, denn Rundungsfehler lassen
eine OFB-Folge unkontrollierbar degenerieren. Zweckmäßigerweise
wird m daher in der Größenordnung der Wortlänge w des
Computers gewählt. Bei binären Computern ist $w = 2^k$, $k \in \mathbb{Z}$
Unter einem anderen Gesichtspunkt ist der Wahl von $w = 2^k$
jedoch mit Vorsicht zu begegnen. In diesem Fall weisen die
weniger signifikanten Bits Subperioden auf. Dies läßt sich so
verdeutlichen:

Sei $q \in \mathbb{N}$, $q|m$, und für ein x_j aus (x_0,a,b,m)

sei $y_j := x_j \bmod q$.

Da für ein gewisses $u \in \mathbb{Z}$

$$x_{j+1} = (ax_j + b) \bmod m = ax_j + b - um$$

gilt, folgt

$$y_{j+1} \equiv x_{j+1} \equiv ax_j + b - um \equiv ay_j + b \bmod q.$$

Wählt man $m = 2^k$, so ist daher $y_i = x_i \bmod 2^r$, $r \leq k$, eine
lineare Kongruenzenfolge, die durch die r rechtsseitigen Bits
der x_i aus (x_0,a,b,m) gebildet wird, und diese Folge hat
offenbar eine Periode der Länge $\lambda' \leq 2^r$.
Insbesondere das äußerst rechte Bit der x_i für $i \geq 0$ ist
daher entweder konstant oder von der Periode 2. Tatsächlich
erhält man bei $m = 2$ bestenfalls $(x_0,a,b,2) = \ldots,0,1,0,1,0,1,\ldots$

(KNUTH 2) schlägt daher vor, $m = w + 1$ zu wählen, da sich in
diesem Fall Folgen $y_i = x_i \bmod q$ mit Subperioden auf (sämtliche
ungerade) Teiler q von $m = 2^k + 1$ beschränken, und sich die
rechtsseitigen Bits ebenso unregelmäßig wie die linksseitigen
verhalten.
Als Konsequenz dieser Überlegungen wird als Alternative bei
(KNUTH 2) vorgeschlagen, den Modulus als die größte Primzahl
unterhalb von w zu wählen; ansonsten soll man auf die Verwendung der weniger signifikanten Bits der x_i von (x_0,a,b,m)
bei Anwendungen verzichten, falls keine der genannten Maßnahmen ergriffen werden.
Wir verfolgen die Theorie der linearen Kongruenzenfolgen noch
etwas weiter, weil lineare Kongruenzengeneratoren eine
populäre Methode zur Erzeugung von Pseudo-Zufallsfolgen durch
Computer sind.
Der nächste Satz gibt an, unter welchen Bedingungen eine
lineare Kongruenzenfolge (x_0,a,b,m) die maximale Periodenlänge
$\lambda = m$ besitzt.

Satz 3:

Die lineare Kongruenzenfolge (x_0,a,b,m) hat eine Periode der
Länge m genau dann, wenn gilt:

(i) g.g.T. (b,m) = 1

(ii) Für alle $p \in \mathbb{P}$ gilt $(p|m \Rightarrow p|(a-1))$

(iii) $4|m \Rightarrow 4|(a-1)$

Den <u>Beweis</u> findet man bei (KNUTH 2) p. 16 .

Für $a > 1$ folgt mit einfacher Induktion über $n \in \mathbb{N}$ für alle $n \in \mathbb{N}$ und $k \in \mathbb{N}$

$$x_{n+k} = a^k x_n + b(a^k-1)/(a-1) \bmod m$$

Mit $y_n = (a^n-1)/(a-1)$ und $A := x_0(a-1) + b$ gilt daher

$$x_n = A y_n + x_0 \bmod m \quad \text{für } n \geq 0$$

Das periodische Verhalten linearer Kongruenzen-Folgen mit Primzahlpotenz-Modulus beschreibt

<u>Satz 4:</u> (G. MARSAGLIA)

Es sei (x_0, a, b, m) eine lineare Kongruenzenfolge mit Periode λ; weiter sei $\hat{m} := m/\text{g.g.T.}(A,m)$. Bezeichnet $\hat{\lambda}$ die Periode der Folge $(y_n \bmod \hat{m})_n$, so gilt $\lambda = \hat{\lambda}$.

Falls $m = p^e$ mit $p \in \mathbb{P}$ ist, gilt für $\hat{\lambda}$:

(i) Für $a \equiv 0 \bmod p$ ist $\hat{\lambda} = 1$

(ii) Für $a \equiv 1 \bmod p$ ist

$$\hat{\lambda} = \begin{cases} 2\,\text{ord}(a \bmod \hat{m}) & \text{falls } e \geq p = 2, a \equiv 3 \bmod 4, \ a \not\equiv -1 \bmod 2^e \\[2mm] 2 & \text{falls } e \geq p = 2, \ a \equiv -1 \bmod 2^e \\[2mm] p^e & \text{sonst} \end{cases}$$

(iii) Für $a \bmod p > 1$ ist $\hat{\lambda} = \text{ord}(a \bmod \hat{m})$

Den <u>Beweis</u> findet man bei (KNUTH 2) p. 524 .

Dieses Ergebnis kann auf lineare Kongruenzenfolgen mit zusammengesetztem Modulus übertragen werden:

$\underline{\underline{Satz\ 5}}$:

Hat m die Primzahlzerlegung $m = p_1^{e_1} \ldots p_t^{e_t}$, so gilt für die Länge λ der Periode von (x_0, a, b, m)

$$\lambda = kgV(\lambda_1, \ldots, \lambda_t)$$

Wobei λ_i die Periodenlängen der Folgen

$(x_0 \bmod p_i^{e_i},\ a \bmod p_i^{e_i},\ b \bmod p_i^{e_i},\ p_i^{e_i})$, $\quad 1 \leq i \leq t$ sind.

Zum $\underline{Beweis}$ vergleiche (KNUTH 2) p. 17 .
Als Fazit ergibt sich aus den Sätzen 4 und 5 das

$\underline{Korollar}$:

Für $m = p_1^{e_1} \ldots p_t^{e_t}$, $p_i \in \mathbb{P}$, und $y_n = (a^n - 1)/(a-1)$, $n \geq 0$, hat die Folge (x_0, a, b, m) die Periodenlänge

$$\lambda = kgV(\lambda_1, \ldots, \lambda_t),$$

wenn die λ_j die Perioden der Folgen

$$(y_i \bmod p_j^{e_j})_{i \geq 0} \qquad\qquad (j = 1, \ldots, t)$$

bezeichnen.

Eine lineare Kongruenzenfolge (x_0, a, b, m) mit $b = 0$ kann höchstens eine Periodenlänge $\lambda \leq m-1$ erreichen.

$\underline{\underline{Satz\ 6}}$:

Für eine lineare Kongruenzenfolge $(x_0, a, 0, m)$ mit Periode λ gilt:

(i) $\lambda \leq \phi(m)$, wobei ϕ die EULER´sche Funktion bezeichnet.

(ii) Ist g.g.T. $(x_0, m) = 1$ und q eine primitive Wurzel modulo m, so ist $\lambda = \phi(m)$.

<u>Beweis:</u>

(i) Es gilt $x_{n+k} \equiv a^k x_n \bmod m$ für kn, ≥ 0 und daher

$$x_{n+\lambda} \equiv x_n \bmod m$$

genau dann, wenn

$$a^\lambda \equiv 1 \bmod m/g.g.T.(m,x_n).$$

Wegen der Minimalität von λ folgt hieraus

$$\lambda \leq \phi(m/g.g.T.(m,x_n)) \leq \phi(m).$$

(ii) Unter der zusätzlichen Voraussetzung, daß a mod m die
Ordnung $\phi(m)$ in der primen Restklassengruppe $\mathfrak{P}(m)$ hat
und $g.g.T.(x_0,m) = 1$ ist, gilt

$$a^{\lambda+n} x_0 \equiv a^n x_0 \bmod m$$

genau dann, wenn

$$a^\lambda \equiv 1 \bmod m$$

und dies ist äquivalent zu

$$\lambda = \phi(m). \quad \blacksquare$$

Offenbar spielen Primzahl-Moduln eine besondere Rolle im Fall
(ii), denn dann liefert jedes $1 \leq x_0 \leq m-1$ eine Folge
maximaler Periode der Länge $\lambda = m-1$.

BRENT hat den in Kap. IV.1 behandelten Algorithmus B ursprünglich konzipiert, um den Zufallszahlengenerator eines program-
mierbaren Taschenrechners (Texas Instruments TI 58/59) zu
testen. Dieser ist in einem ROM implementiert und hat laut
zugehörigem Handbuch eine Periode der Länge $\lambda=199017$.
BRENT gibt folgende Werte an, die durch Algorithmus B gefunden wurden:

x_o	λ	μ
2	11160	1095
13	1897	908
18	467	626
45	406	6683
156	1204	5137
608	717	774
1728	490	12

Der Zufallszahlengenerator ist eine lineare Kongruenzenfolge (,a,b,m) mit a = 24298, b = 99991 und m = $3^7 \cdot 7 \cdot 13$ = 199017; er erfüllt die Voraussetzungen von Satz 3, hat also λ = m als Periodenlänge.

Eine Analyse des Programms zeigt indes folgendes:

Aus x_n wird x_{n+1} berechnet durch

$$(1) \quad q \leftarrow (ax_n+b)/m$$

$$(2) \quad x_{n+1} \leftarrow (q-\lfloor q \rfloor) \, m$$

$$(3) \quad \hat{x}_{n+1} \leftarrow \lfloor (x_{n+1}/m) \cdot 10^5 \rfloor \cdot 10^{-5}$$

Hierbei ist $\hat{x}_{n+1}$ der als Zufallszahl in $[0,1[$ ausgegebene Wert, während die Rekursion die Zahl x_{n+1} als Folgenwert verwendet. Korrekterweise muß Algorithmus B auf die Folgenwerte x_n angewandt werden, da hier

$$(x_n = x_{n+k}) \Rightarrow (x_{n+i} = x_{n+k+i}) \text{ für alle } i \geq 0$$

gilt.

Eine Prüfung der genannten Ergebnisse von BRENT zeigt, daß diese durch Anwendung von Algorithmus B auf die Folge $(\hat{x}_n)$ ermittelt wurden. Die Abschneidefunktion in (3) ist jedoch nicht injektiv, so daß der Fall $(x_n \neq x_{n+k}$ und $\hat{x}_n = \hat{x}_{n+k})$ für gewisse $n,k \in \mathbb{N}$ eintritt. Die in der Tabelle zusammengefaßten Werte sind somit zum Test der ursprünglichen Hypothese ungeeignet.

Hiervon abgesehen, treten in Programmschritt (1) i.a. Rundungsfehler auf, denen zufolge in (2) nichtganzzahlige Werte x_{n+1} angenommen werden. Solche Rundungsfehler lassen die Folge degenerieren. Für keinen Startwert x_0 ist die berechnete Folge (x_n) mit der linearen Kongruenzenfolge (x_0,a,b,m) identisch.

Eine korrekte Programmversion wäre etwa

$$(1) \quad x_{n+1} \leftarrow ax_n + b$$

$$(2) \quad q \leftarrow \lfloor x_{n+1}/m \rfloor$$

$$(3) \quad x_{n+1} \leftarrow x_{n+1} - q \cdot m$$

$$(4) \quad \hat{x}_{n+1} \leftarrow \lfloor (x_{n+1}/m) \cdot 10^5 \rfloor \cdot 10^{-5}$$

IV.3.2 Kryptoanalyse linearer Kongruenzen-Folgen

Wir nehmen im folgenden an, daß eine Teilfolge $(x_0,\ldots,x_t), t \geq 2$ der linearen Kongruenzen-Folge (x_0,a,b,m) bekannt sei. Dies kann im Falle einer kryptographischen Anwendung die Folge eines BK-Angriffs sein.

$\underline{\underline{Satz\ 7:}}$

Ist $\hat{a}$ eine Lösung der Kongruenz

$$(x_1-x_0)\kappa \equiv (x_2-x_1) \bmod m \qquad (1),$$

so erzeugt die Rekursion

$$x_{i+1} = \hat{a}x_i + (x_1-\hat{a}x_0) \bmod m, \ i \geq 0 \qquad (2)$$

genau die Folge (x_0,a,b,m).

$\underline{Beweis:}$

Durch Subtraktion erhält man $(x_i-x_{i-1})a \equiv (x_{i+1}-x_i) \bmod m.$ (3)

Sei $y_i := x_i-x_{i-1}$ für $i \geq 1$ und $g := g.g.T.(y_1,m)$ gesetzt.

Für eine Lösung $\hat{a}$ von (1) gilt dann: $\hat{a} \equiv a \mod m/g$, also

$$\hat{a} = a + um/g \text{ mit einem gewissen } u \in \mathbb{Z}.$$

Induktiv ergibt sich aus $y_{k+1} \equiv y_k \mod m$ und $g = g.g.T(y_1,m)$

$$g \text{ teilt } y_k \text{ für alle } k \geq 1.$$

Demzufolge teilt g auch alle $(x_i - x_0)$ $(i \geq 0)$

denn es ist

$$x_i - x_0 = \sum_{k=1}^{i} x_k - x_{k-1} = \sum_{k=1}^{i} y_k.$$

So ergibt sich

$$x_{i+1} - \hat{a}x_i - x_1 + \hat{a}x_0 \equiv x_{i+1} - ax_i - (x_i + ax_0) - um/g(x_i - x_0) \equiv x_{i+1} - (ax_i + b)$$

$$\equiv 0 \mod m. \quad \blacksquare$$

Wenn zusätzlich zu $(x_0, \ldots, x_t)$ der Modulus m bekannt ist, ist hieraus schon für $t = 2$ die gesamte Folge (x_0, a, b, m) berechenbar.

Für die weiteren Betrachtungen sei der ungünstigere Fall angenommen, daß weder der Modulus m, noch a oder b bekannt sind. Bereits in Kap. I.1.8 wurde an einem Beispiel die grundlegende Idee zur Analyse synchroner Stromsysteme mit linearen Kongruenzen skizziert. Einer Arbeit von J. B. PLUMSTEAD (PLUMSTEAD) folgend werden zunächst zwei Algorithmen angegeben, die aus einer Teilfolge $(x_0, \ldots, x_t)$ von (x_0, a, b, m) ein $\hat{a} \in \mathbb{Z}$ und ein $\hat{b} \in \mathbb{Z}$ berechnen, so daß

$$x_{i+1} = \hat{a}x_i + \hat{b} \mod m \quad \text{für alle } i \geq 0$$

gilt. Dazu werden höchstens $t = 2 + \lceil ld\ m \rceil$ aufeinanderfolgende Werte x_i benötigt.

Dann wird ein neuer Algorithmus entwickelt, der alle bekannten Teilfolgen des Schlüsselstromes mit mehr als zwei aufeinanderfolgenden Werten benutzt, um m und den Rest der Folge zu bestimmen.

Hierzu wird vorausgesetzt, daß jedesmal dann, wenn ein berech-
neter Wert $\hat{x}_i$ sich als falsch erweist, das richtige x_i
für die weiteren Berechnungen zur Verfügung steht. Eine
Analyse dieses Algorithmus ergibt, daß nicht mehr als $1 + \mathrm{ld}\ m$
solcher Korrekturen nötig sind, bevor m gefunden ist, und $\hat{a}$
und $\hat{b}$ ermittelt sind, so daß gilt $x_{i+1} = \hat{a}x_i + \hat{b} \bmod m$ für
alle $i \geq 0$. Allerdings mag es in einigen Fällen lange dauern,
bis m gefunden ist, auch wenn zwischendurch viele richtige
Folgenwerte ermittelt wurden.

<u>Satz 8:</u>

Wie oben sei $y_i = x_i - x_{i-1}$ für $i \geq 1$. Wenn
$$y_{i+1} \equiv \hat{a}y_i \bmod \hat{m} \text{ für } 1 \leq i \leq s \in \mathbb{N}, \text{ und } \hat{a},\ \hat{m} \in \mathbb{N}$$
ist, folgt mit $\hat{b} := x_1 - \hat{a}x_0$
$$x_{j+1} \equiv \hat{a}x_j + \hat{b} \bmod \hat{m} \quad \text{für } 0 \leq j \leq s.$$

<u>Beweis:</u>

Nach der Voraussetzung gilt
$$\hat{a}x_j + \hat{b} - x_{j+1} \equiv \hat{a}(x_j - x_0) - (x_{j+1} - x_1) \equiv \hat{a}\sum_{i=1}^{j} y_i - \sum_{i=1}^{j} y_{i+1} \equiv \sum_{i=1}^{j} (\hat{a}y_i - y_{i-1})$$
$$\equiv 0 \bmod \hat{m} \ . \ \blacksquare$$

<u>Satz 9:</u>

Es seien (x_0, a, b, m), $(y_i)_{i \geq 1}$ wie oben.
Der folgende Algorithmus berechnet aus Folgengliedern
$$x_i \quad 0 \leq i \leq t \quad \text{von } (x_0, a, b, m) \text{ zwei Elemente } \hat{a}, \hat{b} \in \mathbb{Z},$$
so daß gilt:
$$(x_0, a, b, m) = (x_0, \hat{a}, \hat{b}, m)$$
Hierzu werden höchstens $t = O(\mathrm{ld}\ m)$ Folgenglieder benötigt.
Als Konvention gelte $\mathrm{g.g.T.}(z) := z$ für alle $z \in \mathbb{Z}$.

Algorithmus A

```
BEGIN
   // Falls y₁ = 0, dann ist die Folge konstant//
   IF y₁ = 0 THEN DO
      â ← 1 : b̂ ← 0
      PRINT â,b̂
   ELSE DO
   t ← 0
   REPEAT
      t ← t + 1
      d ← g.g.T.(y₁,...,yₜ)
   UNTIL d|yₜ₊₁
```

Finde u_i, $1 \le i \le t$, mit $d = \sum_{i=1}^{t} u_i y_i$

$\hat{a} \leftarrow 1/d \sum_{i=1}^{t} u_i y_{i+1}$

$\hat{b} \leftarrow x_1 - \hat{a} x_0$

```
   PRINT â, b̂
END
```

Beweis:

Nach Satz 8 genügt es zu beweisen, daß $y_{i+1} \equiv \hat{a} y_i \bmod m$ für alle $i \ge 1$ gilt.

1. (x_0,a,b,m) ist konstant, wenn $y_1 = 0$ ist; also ist dann

   $x_i = x_0$ für $i \ge 1$.

2. Sei $g := g.g.T.(m,d)$. Wegen $y_{i+1} \equiv a y_i \bmod m$ für $i \ge 1$ hat man

$$da \equiv \sum_{i=1}^{t} au_i y_i \equiv \sum_{i=1}^{t} u_i y_{i+1} \equiv d\hat{a} \bmod m, \text{ also}$$

$$\hat{a} \equiv a \bmod m/g. \tag{4}$$

Aus den Teilbarkeitsbedingungen $g|y_1$ und $g|m$ folgt induktiv: $g|\text{g.g.T.}(y_j,m)$ für alle $j \geq 1$.

Mit (4) wird

$$\hat{a} = q_j(m/\text{g.g.T.}(y_j,m)) + a \text{ mit einer gewissen Zahl}$$
$$q_j \in \mathbb{Z} \text{ für alle } j \geq 1 \tag{5}$$

Mit einer Lösung (κ_0) einer Kongruenz

$$r\kappa \equiv s \bmod \omega \qquad \text{mit } r,s,\omega \in \mathbb{Z}, \tag{6}$$

sind auch alle Zahlen $\kappa_0 + k/\text{g.g.T.}(r,\omega)$ mit $k \in \mathbb{Z}$ Lösungen von (6). Somit löst auch $\hat{a}$ die Kongruenzen

$$y_j \kappa \equiv y_{j+1} \bmod m \quad \text{für alle } j \geq 1.$$

3. Wenn $g_j := \text{g.g.T.}(y_1,\ldots,y_j)$ kein Teiler von (y_{j+1}) ist, muß $g_{j+1} \leq g_j/2$ sein; wegen $|y_1| < m$ ist sogar

$g_{j+1} < m/2^j$.

Im $t = \lceil \text{ld } m \rceil$-ten Schritt von Algorithmus A ist also

$$0 \leq g_t < m/2^{\lfloor \text{ld } m \rfloor - 1}.$$

Daraus folgt $g_t = 1$, und folglich $g_t | y_{t+1}$. ∎

Einen effizienten Algorithmus zur Bestimmung des $\text{g.g.T.}(n,v) =: g$ beliebig großer ganzer Zahlen n,v, sowie von Koeffizienten $n',v' \in \mathbb{Z}$ mit $g = n' \cdot n + v' \cdot v$ findet man etwa bei (KNUTH 2), p. 329 .

Der nächste Algorithmus berechnet eine "Näherung" für den Modulus m, um aus einer Teilfolge $(x_0,\ldots,x_t)$ Werte $\hat{a}$ und $\hat{b}$ zu bestimmen, die $x_{i+1} \equiv \hat{a}x_i + b \bmod m$ $(i \geq 0)$ erfüllen.

Dazu benötigt man das folgende

<u>Lemma 1</u>:

Zu (x_0, a, b, m) sei $y_i = x_i - x_{i-1}$ für $i \geq 1$; weiter werden
$g := \text{g.g.T.}(y_1, y_2)$, $C_i := y_i/g$, $(i = 1,2)$, $\hat{g} := \text{g.g.T.}(m, g)$
und $D := g/\hat{g}$ gesetzt.
Für ein beliebiges $q \in \mathbb{Z}$ sei $Q := q/\text{g.g.T.}(q, g)$.
Dann ist jeder Teiler von q auch ein Teiler von $q/\text{g.g.T.}(C_1, Q)$.

<u>Beweis</u>:

Für $a, b, c \in \mathbb{Z}$ gilt:

$$\tilde{g} := \text{g.g.T.}(ab, c) = \text{g.g.T.}(a, c)\,\text{g.g.T.}(ab/\text{g.g.T.}(a, c), c/\text{g.g.T.}(a, c))$$

also

$$\tilde{g} = \text{g.g.T.}(a, c) \cdot \text{g.g.T.}(b/\text{g.g.T.}(a, c), c/\text{g.g.T.}(a, c)) \qquad (7)$$

Wegen $ay_1 \equiv y_2 \bmod m$ ist $\text{g.g.T.}(y_1, m)$ ein Teiler von y_2, und
daher $\text{g.g.T.}(y_1, m)$ ein Teiler von $\hat{g}$, also

$$\text{g.g.T.}(y_1, m) = \hat{g}$$

Andererseits gilt wegen (7): $\text{g.g.T.}(y_1, m) = \hat{g} \cdot \text{g.g.T.}(C_1/\hat{g}, m/\hat{g})$,
also

$$\text{g.g.T.}(C_1, m/\hat{g}) = 1 \qquad (8).$$

Es ist $g = w \cdot m$ für ein gewisses $w \in \mathbb{Z}$. Nun wird

$$q/\text{g.g.T.}(C_1, q/\text{g.g.T.}(q, g))$$

$$= w \cdot m/\text{g.g.T.}(C_1, w\, m/\hat{g}\; \text{g.g.T.}(w, D)) \qquad \text{nach} \qquad (7)$$

$$= w \cdot m/\text{g.g.T.}(C_1, w/\text{g.g.T.}(w, D)) \qquad \text{nach} \qquad (8)$$

$$= w' \cdot m \text{ mit der ganzen Zahl } w' := w/\text{g.g.T.}(C_1, w\, \text{g.g.T.}(w, D)).$$

∎

<u>Satz 10</u>:

Der folgende Algorithmus B berechnet bereits aus höchstens
$O(\text{ld } m)$ Gliedern der Teilfolge $\{x_i \mid 0 \leq i \leq t\}$ von (x_0, a, b, m)

zwei Elemente $\hat{a}, \hat{b} \in \mathbb{Z}$, so daß

$$(x_0, a, b, m) = (x_0, \hat{a}, \hat{b}, m)$$

gilt.

Algorithmus B

Es sei $y_i = x_i - x_{i-1}$ für $i \geq 1$

```
BEGIN
   //Falls y_1 = 0 ist die Folge konstant//
   IF y_1 = 0 THEN DO
      â ← 1 : b̂ ← 0
      PRINT â,b̂
   ELSE
   IF y_1|y_2 THEN DO
      â ← y_2/y_1 : b̂ ← x_1 - âx_0
      PRINT â,b̂
   ELSE
   g ← g.g.T.(y_1,y_2)
   C_1 ← y_1/g : C_2 ← y_2/g
   i ← 1
   WHILE C_2y_i = C_1y_i+1 DO
      i ← i + 1
   ENDWHILE
   m̂ ← |C_2y_i - C_1y_i+1|
```

```
REPEAT
    m' ← g.g.T.(C_1, m̂/g.g.T.(m̂,g))
    m̂ ← m̂/m'
UNTIL m' = 1
```

$\hat{a} \leftarrow C_1^{-1} C_2 \bmod \hat{m}$ (*)

$\hat{b} \leftarrow x_1 - \hat{a}x_0 \bmod \hat{m}$

PRINT $\hat{a}, \hat{b}$

END

(*) C_1^{-1} ist das multiplikative Inverse von $C_1 \bmod \hat{m}/\text{g.g.T.}(\hat{m},g)$ also $C_1^{-1}C_1 \equiv 1 \bmod \hat{m}/\text{g.g.T.}(\hat{m},g)$.

<u>Beweis:</u>

Seien $V := (ay_1 - y_2)/m$, $g := \text{g.g.T.}(y_1,y_2)$, $\hat{g} := \text{g.g.T.}(m,g)$ und $D := g/\hat{g}$.

1. Aus den Kongruenzen $ay_i \equiv y_{i+1} \bmod m$ $(i \geq 1)$ folgt induktiv, daß $\hat{g}$ alle y_i $(i \geq 1)$ teilt.   (9)

2. Angenommen, für alle $i < t$ gelte $C_2 y_i = C_1 y_{i+1}$, aber für t sei $C_2 y_t \neq C_1 y_{t+1}$.
   Die Kongruenz $ay_t \equiv y_{t+1} \bmod m$ impliziert

$$(y_1/g)ay_t \equiv C_1 y_{t+1} \bmod m, \tag{10}$$

also

$$y_t(y_2 - Vm)/g \equiv C_1 y_{t+1} \bmod m. \tag{11}$$

Wegen $D|V$ und $\hat{g}|y_t$ folgt

$$C_2 y_t \equiv C_1 y_{t+1} - \left(\frac{Vy_t}{D\hat{g}}\right)m \equiv C_1 y_{t+1} \bmod m \tag{12},$$

Nach der WHILE-Schleife i ist also sicher $\hat{m} > 0$
ein Vielfaches von m. $\hspace{6cm}$ (13)

Dem vorausgegangenen Lemma zufolge ist damit m ein Teiler
von $\hat{m}/g.g.T.(C_1,\hat{m}/g.g.T.(\hat{m},g))$. $\hspace{4cm}$ (14)
Die Teilbarkeitsrelation $m|\hat{m}$ bleibt in der REPEAT-UNTIL-
Schleife erhalten.
Man betrachte nun das hiernach berechnete $\hat{a}$:
Es wird gezeigt, daß $\hat{a}y_j \equiv y_{j+1}$ mod m für alle $j \geq 1$ ist.
Zunächst ist zu bemerken, daß die Kongruenz

$$C_1 x \equiv 1 \mod (\hat{m}/g.g.T.(\hat{m},g))$$

wegen $m' = 1$ eine eindeutige Lösung C_1^{-1} besitzt.
Es gibt also ein $k \in \mathbb{Z}$ mit

$$C_1^{-1}C_1 = 1+k\hat{m}/g.g.T.(\hat{m},g) \hspace{3cm} (15)$$

Der $g.g.T.(\hat{m},g)$ teilt y_2, also ist $\hat{m}$ Teiler von
$y_2\hat{m}/g.g.T.(\hat{m},g)$ und es wird

$$\hat{a}y_2-y_2 \equiv (C_1^{-1}y_2y_1/g)-y_2 \equiv y_2(1+k\hat{m}/g.g.T.(\hat{m},g))-y_2 \equiv 0 \mod \hat{m}$$

Mit (14) folgt hieraus

$$\hat{a}y_1 \equiv y_2 \mod m \hspace{4cm} (16)$$

Aus $\hat{a}y_j \equiv y_{j+1}$ mod m folgt mit $\hat{a}ay_j \equiv ay_{j+1}$ mod m die
Kongruenz

$$\hat{a}y_{j+1} \equiv y_{j+2} \mod m \hspace{4cm} (17)$$

Nach dieser Induktion ist die Kongruenz

$$\hat{a}y_j \equiv y_{j+1} \mod m \hspace{1cm} \text{für alle } j \geq 1$$

verifiziert.

3. Es wird nun gezeigt, daß die Anzahl t der benötigten
   Folgenwerte höchstens gleich $\lceil ld\ m \rceil + 2$ ist.
   Falls y = 0 oder ein Teiler von y_2 ist, sind die Algorith-
   men A und B äquivalent.

Daher sei angenommen, daß $y_1 \neq 0$ kein Teiler von y_2 ist. Es gilt $C_1 y_2 = C_2 y_1$, also folgt induktiv aus $C_2 y_i = C_1 y_{i+1}$

für $i \leq j \in \mathbb{N}$ die Gleichung

$$y_{i+1} = C_2^i \, y_1 / C_1^i$$

Dann ist C_1^j ein Teiler von $C_2 y_1$ und wegen $g.g.T.(C_1, C_2) = 1$ bereits ein Teiler von y_1. $\hspace{3em}$ (19)

Aus $|C_1| \geq 2$ und $|y_1| \leq m - 1$ folgt für j

$$j + 1 \leq \lfloor ld(m-1) \rfloor \leq \lceil ld\ m \rceil .$$

Es werden bis zum Austritt aus der WHILE-Schleife höchstens $\lceil ld\ m \rceil + 2$ Folgenwerte benötigt. $\blacksquare$

<u>Beispiel:</u>

Durch $x_0 := 0$, $a := 2^{n-1}$, $b := 2^n$, $m := 2^n + 1$ ist eine Folge $X := (x_0, a, b, m)$ gegeben; für $0 \geq i \geq n + 2$ lassen sich die x_i folgendermaßen bestimmen:

$$x_i = a_i 2^{n-i+1}, \text{ wobei die } a_i \text{ rekursiv definiert sind}$$

durch

$$a_0 = 0$$

$$a_i = 2a_{i-1} + (-1)^{i-1} .$$

Daraus folgt

$$y_i = x_i - x_{i-1} = (a_i - 2a_{i-1}) 2^{n-i+1}$$

und speziell

$$y_1 = 2^n, \quad y_2 = 2^{n-1} - 2^n, \quad g.g.T.(y_1, y_2) = 2^{n-1},$$

$$C_1 = 2, \quad C_2 = -1 .$$

Für $1 \leq i \leq n + 2$ gilt

$$C_1 y_i - C_2 y_{i-1} = (a_i - a_{i-1} - 2a_{i-2})2^{n-i+2}$$

$$= (a_i - 2a_{i-1} + (-1)^{i-1})2^{n-i+2}$$

$$= (a_i - a_i)2^{n-i+2}$$

$$= 0.$$

Ebenso gilt g.g.T.$(y_1, \ldots, y_i) > 2^{n-i}$; da für $1 \leq i \leq n + 2$
g.g.T.$(a_i - 2a_i, 2) = 1$ ist, folgt

$$\text{g.g.T.}(y_1, \ldots, y_i) \mid y_{i+1} \qquad \text{für } 1 \leq i \leq n + 1.$$

Also benötigen hier beide Algorithmen A und B mindestens $n + 3$
Folgenglieder $x_i \in X$, jedoch auch maximal $\lceil \text{ld } 2^n + 1 \rceil + 2 = n + 3$
Folgenglieder, um $(x_0, \hat{a}, \hat{b}, m) = (x_0, a, b, m)$ zu bestimmen.

Nachdem sich die Berechnung von Elementen $\hat{a}, \hat{b} \in \mathbf{Z}$ mit
$(x_0, \hat{a}, \hat{b}, m) = (x_0, a, b, m)$ aus Folgenwerten x_i $0 \leq i \leq t \leq 0(\text{ld } m)$
mit relativ geringem Aufwand bewerkstelligen läßt, stellt
sich nunmehr die Frage nach der Ermittlung des Modulus m.
Unter Verwendung eines der beiden Algorithmen A oder B ist die
folgende Vorgehensweise praktikabel.

Es werden jeweils Folgenwerte x_i der Folge (x_0, a, b, m) vorhergesagt, die Vorhersagen werden mit $\hat{x}_i$ bezeichnet.

(1) Aus den bekannten Folgengliedern werden mit Algorithmus
A oder B $\hat{a}$ und $\hat{b}$ bestimmt. Es werden nun solange Vorhersagen $\hat{x}_{i+1} = \hat{a} x_i + \hat{b}$ berechnet, bis ein Fehler auftritt,
also $\hat{x}_{i+1} \neq x_{i+1}$ für einen Wert x_{i+1} der Folge
(x_0, a, b, m) ist.

(2) Wenn dieser erste Fehler auftritt, ist $y_{i+1} \neq \hat{a} y_i$,
jedoch gilt $y_{i+1} \equiv \hat{a} y_i \bmod m$; als möglicher Wert für m
ergibt sich $\hat{m} := |\hat{a} y_i - y_{i+1}|$.
Vorausgesetzt wird hier, daß das korrekte x_{i+1} aus
(x_0, a, b, m) mittlerweile in Erfahrung gebracht wurde.

(3) Es werden nun weitere Folgenglieder mittels

$\hat{x}_{i+1} = \hat{a}x_i + b \bmod \hat{m}$ vorhergesagt, und jedesmal, wenn

ein Fehler auftritt, also $\hat{x}_{j+1} \neq x_{j+1}$ mit bekanntem x_{j+1},

kann $\hat{m}$ durch $\hat{m} \leftarrow$ g.g.T.$(\hat{m},(\hat{a}y_j-y_{j+1}))$ aktualisiert werden.

Für $i \leq j$ gilt dann $x_{i+1} = \hat{a}x_i + \hat{b} \bmod \hat{m}$.

Nachteilig ist die Tatsache, daß zur Berechnung von $\hat{a}$ und $\hat{b}$ zunächst bis zu O(ld m) Folgenglieder benötigt werden, bevor weitere Folgenwerte berechnet werden.

Es mag vorkommen, daß zusätzliche Informationen erhältlich sind, so daß für ein $j \in \mathbb{N}$ einige Werte x_i, $i > j$ ebenfalls bekannt sind, und zur Bestimmung von x_j herangezogen werden können. Im folgenden wird gezeigt, wie solche zusätzlichen Werte von vornherein verwendet werden können.
Der skizzierte Algorithmus wird leicht modifiziert.

Es sei (x_0,a,b,m) eine lineare Kongruenzenfolge, und

$$L_1 := \min\{i{\geq}2 \mid x_i \text{ und } x_{i+1} \text{ sind bekannt}\}.$$

Für $j \in \mathbb{N}$ sei $L_{j+1} := \min\{i{>}L_j \mid x_i \text{ und } x_{i+1} \text{ sind bekannt}\}$, und es seien

$$U_j := x_{L_{j+1}} - x_{L_j}$$

$$V_j := x_{L_{j+1}+1} - x_{L_j+1}$$

Zur Veranschaulichung:

$$x_0,x_1,x_2,\ldots,x_r,x_{r+1},x_{r+2},\ldots,x_s,x_{s+1},\ldots,x_t,x_{t+1},x_{t+2},\ldots$$

$$\begin{array}{ccccccc} \| \; \| & \| & & \| \; \| & & \| \; \| & \| \\ x_{L_1}\; x_{L_1+1}\; x_{L_1+2} & & x_{L_3}\; x_{L_3+1} & & x_{L_4}\; x_{L_4+1}\; x_{L_4+2} \\ \| \; \| & & & & \| \; \| \\ x_{L_2}\; x_{L_2+1} & & & & x_{L_5}\; x_{L_5+1} \end{array}$$

(Die ausgeschriebenen Werte sollen als bekannt gelten.)

Für $j \in \mathbb{N}$ gilt

$$x_{L_{j+1}+1} \equiv ax_{L_{j+1}} + b \bmod m, \quad x_{L_j+1} \equiv ax_{L_j} \bmod m \qquad (20)$$

und Subtraktion ergibt

$$x_{L_{j+1}+1} - x_{L_j+1} \equiv a(x_{L_{j+1}} - x_{L_j}) \bmod m. \qquad (21)$$

Algorithmus B benutzt die Tatsache, daß

$$C_2 y_i \equiv C_1 y_{i+1} \bmod m \text{ für alle } i \geq 1$$

(vgl. (12)) gilt. Eine ähnliche Beziehung läßt sich auch für die U_j und V_j zeigen.

<u>Bemerkung:</u>

(i) Es gilt für $j \in \mathbb{N}$

$$U_j = \sum_{i=L_j+1}^{L_{j+1}} y_i \text{ und } V_j = \sum_{i=L_j+2}^{L_{j+1}+1} y_i = \sum_{i=L_j+1}^{L_{j+1}} y_{i+1}$$

(ii) $\hat{g} := g.g.T.(m,g)$ teilt alle U_j und V_j $(j \geq 1)$.

<u>Beweis:</u>

Zu (i): $\displaystyle\sum_{i=L_j+1}^{L_{j+1}} y_i = \sum_{i=L_j+1}^{L_{j+1}} (x_i - x_{i-1}) = -x_{L_j} + x_{L_{j+1}} = U_j$

$\displaystyle\sum_{i=L_j+2}^{L_{j+1}+1} y_i = \sum_{i=L_j+2}^{L_{j+1}+1} (x_i - x_{i-1}) = -x_{L_j+1} + x_{L_{j+1}+1} = V_j$

Zu (ii): Nach (9) gilt $\hat{g} | y_k$ für alle $k \geq 1$. ∎

<u>Satz 11:</u>

Mit den oben getroffenen Definitionen gilt:

$$C_2 U_j \equiv C_1 V_j \bmod m \qquad \text{für alle } j \geq 1$$

<u>Beweis:</u>

Nach (21) ist $aU_j \equiv V_j$ mod m, daher $(y_1/g)aU_j \equiv C_1V_j$ mod m. Also folgen mit $v := (ay_1-y_2)/m$ die Kongruenzen

$$\left(\frac{y_2+vm}{g}\right)U_j \equiv C_1V_j \text{ mod m, und}$$

$$C_2U_j \equiv C_1V_j -\left(\frac{vU_i}{D\hat{g}}\right) \cdot m \text{ mod m, wobei } D := g/\hat{g}$$

gesetzt ist. D teilt v und nach Teil (ii) der obigen Bemerkung ist $\hat{g}$ Teiler von U_j. Also ist $C_2U_j \equiv C_1V_j$ mod m. ∎

<u>Satz 12:</u>

Es sei (x_0,a,b,m) eine lineare Kongruenzenfolge, und für $1 \le j \le k$ seien die L_j wie oben definiert. Sind x_0,x_1,x_2 bekannt, und existiert ein $i \le k$ mit $C_1U_i-C_2V_i \neq 0$, so berechnet der folgende Algorithmus ABM die **übrigen Folgenwerte** von (x_0,a,b,m), ohne daß die Kenntnis von a,b oder m vorausgesetzt wird, sofern jedesmal beim Auftreten eines Fehlers der korrekte Folgenwert für die weiteren Berechnungen zur Verfügung steht. Es treten höchstens 1 + ld m Fehler auf. Der triviale Fall $y_1 = 0$ wird nicht behandelt.

<u>Algorithmus ABM</u>

```
BEGIN
    g ← g.g.T.(y₁,y₂)
    C₁ ← y₁/g : C₂ ← y₂/g
    m̂ ← g.g.T.(|C₂Uᵢ-C₁Vᵢ|,1≤i≤k)
    REPEAT
        m' ← g.g.T.(C₁,m̂/g.g.T.(m̂,g))
        m̂ ← m̂/m'
    UNTIL m' = 1
    â ← C₁⁻¹C₂ mod m̂
    i ← 1
    m̂ ← g.g.T.(m̂,g.g.T.(|âUᵢ-Vᵢ|,1≤i≤k))
    REPEAT
        i ← i + 1
        yᵢ₊₁ ← âyᵢ : x̂ᵢ₊₁ ← xᵢ + âyᵢ mod m̂
        IF x̂ᵢ₊₁ ≠ xᵢ₊₁ PROCEDURE inputvalue
    UNTIL FALSE
END
DEF PROCEDURE inputvalue
    INPUT xᵢ₊₁
    m̂ ← g.g.T.(m̂,(âyᵢ-yᵢ₊₁))
    â ← â mod m̂
ENDPROCEDURE
```

Beweis:

Aufgrund von Satz 11 gilt nach Verlassen der ersten REPEAT-UNTIL-Schleife $m|\hat{m}$. Wieder sei C_1^{-1} die eindeutig bestimmte Lösung der Kongruenz

$$C_1 x \equiv 1 \bmod \hat{m}/\text{g.g.T.}(\hat{m},g).$$

Wie im Beweis von Algorithmus B gilt $\hat{a}y_i \equiv y_{i+1} \bmod m$ für $i \geq 1$ mit dem durch

$$\hat{a} \leftarrow C_1^{-1} C_2 \bmod \hat{m}$$

bestimmten $\hat{a}$ (vgl. (18)). Daher ist

$$\hat{a}\sum_{i=L_j+1}^{L_{j+1}} y_i \equiv \sum_{i=L_j+1}^{L_{j+1}} y_{i+1} \bmod m \qquad \text{für } 1 \leq j \leq k,$$

$$(22)$$

also

$$\hat{a}U_j \equiv V_j \bmod m \qquad \text{für } 1 \leq j \leq k.$$

Bei Eintritt in die zweite REPEAT-UNTIL-Schleife gilt daher $m|\hat{m}$ mit dem dort definierten $\hat{m}$. Wegen $m|(\hat{a}y_i-y_{i+1})$ bleibt diese Teilereigenschaft in PROCEDURE inputvalue erhalten.

Es gilt $\text{g.g.T.}(|C_2 U_i-C_1 V_i|, 1\leq i\leq k) \leq 2m^2$ als eine obere Schranke für $\hat{m}$. Für jeden Aufruf von PROCEDURE inputvalue gilt die Abschätzung

$$m \leq \text{g.g.T.}(\hat{m},(\hat{a}y_i-y_{i+1})) \leq \hat{m}/2. \qquad (23)$$

Es können daher insgesamt nicht mehr als

$$\lfloor \text{ld } 2m^2/m \rfloor \leq 1 + \text{ld } m$$

Fehler auftreten, bis $\hat{m} = m$ gefunden ist. ∎

Nach dem Satz von CESARO (vgl. Kap. I.1.8, Satz 2) wird der Modulus m mit hoher Wahrscheinlichkeit schon durch die Zuweisung $\hat{m} \leftarrow \text{g.g.T.}(|C_2 U_i-C_1 V_i|, 1\leq i\leq k)$ bestimmt, wenn $C_2 U_i - C_1 V_i \neq 0$ ist für zwei oder mehr $i \leq k$.

Von der folgenden Tatsache haben wir bereits im Beispiel in
Kap. I.1.8 Gebrauch gemacht:

<u>Bemerkung:</u>

Im Falle g.g.T.(a,m) = 1 haben die Kongruenzen

$$x_{i-1} a \equiv x_i - b \bmod m \qquad (i \geq 1)$$

genau die eine Lösung x_{i-1} mod m. Aus der Kenntnis eines x_i
kann die Folge rückwärts berechnet werden. Dies gilt ins-
sondere für einen Primzahlmodulus $m = p \in \mathbb{P}$.

Als Fazit ergibt sich der

<u>Satz 13:</u>

VIGENERE-VERNAM-Systeme mit linearen Kongruenzen-Folgen sind
i.a. durch einen BK-Angriff lösbar, wenn zum Verschlüsseln
jeweils alle Bits der Folge verwendet werden.
Die statistischen Eigenschaften von linearen Kongruenzen-
Folgen werden ausführlich in (KNUTH 2),chap. 3.2 diskutiert.

IV.4 MACLAREN - MARSAGLIA - FOLGEN

*"I have an inclination not
to trust variations of things
that have been broken"*

*C. RETTER, Cryptanalysis
of a MacLaren-Marsaglia-
System*

Zur Erzeugung "statistisch guter" Pseudo-Zufallsfolgen wurde
u.a. die kombinierte Verwendung mehrerer Pseudo-Zufallszahlen-
Generatoren vorgeschlagen. MACLAREN und MARSAGLIA haben 1965
ein Konzept entwickelt, die Elemente einer Folge in Abhängigkeit einer zweiten Folge zu mischen (MACLAREN). Das Verfahren
verläuft wie folgt:

Es seien $(x_i)_{i \geq 0}$ und $(y_i)_{i \geq 0}$ Folgen mit Werten in $\mathbb{N}$.
Es wird eine Tabelle T verwendet, in die Folgenwerte ein- und
ausgelesen werden können. Dazu sei $T(0,...,k-1)$ ein Vektor
von k Speicherwörtern, $k \geq 0$. Zu Beginn enthalte T die ersten
k Werte von (y_i). Nun wird eine Folge $(z_i)_{i \geq 0}$ konstruiert,
deren i-ter Wert vom Zustand des Vektors T zur Zeit i und von
dem Wert x_i abhängt.

```
DEF FUNCTION M(i)

    I ← x_i mod k

    z_i ← T(I)

    T(I) ← y_{i+k}

    RETURN (z_i)
```

Sind die Folgen (x_i) und (y_i) periodisch, so ist auch (z_i)
periodisch. Es sei t_0 das kleinste t, so daß die Folge
$(x_i \bmod k)_{i=0,...,t}$ alle verschiedenen Werte der Folge
$(x_i \bmod k)_{i \geq 0}$ mindestens einmal angenommen hat. Die Folge (z_i)
hat die Vorperiode $z_0,...,z_{t_0}$, falls (x_i) selbst keine
Vorperiode besitzt.
Bezeichnen λ_x, λ_y und λ_z die Periodenlängen der Folgen
(x_i), (y_i) und (z_i), so gilt $\lambda_z | \lambda_x \cdot \lambda_y$, wie die folgende Überlegung zeigt.

Es sei $\lambda := \lambda_x \lambda_y$. Zu jedem Zeitpunkt $t + j\lambda$, $j \geq 0$, wird das
Element y_{k+t} in dem Tabellenplatz $T(x_t \bmod k)$ gespeichert.
Daher befindet sich das System zu zwei Zeitpunkten t und
$t + \lambda$, $t \geq t_0$, im gleichen Zustand, das heißt T enthält zu
beiden Zeitpunkten dieselben Werte, und es wird jeweils der
gleiche Tabellenwert $T(x_t \bmod k)$ als z_{t+j} ausgegeben. Also
ist λ_z ein Teiler von λ.
Für eine Periodenlänge λ_z einer solchen *MACLAREN-MARSAGLIA-
FOLGE* (z_i) gilt

$\underline{Satz\ 14:}$

Die Folge $(q_i)_{i \geq t_0}$ mit $q_i := \min\{r \in \mathbb{N} \mid x_{i-r} \equiv x_i \bmod k\}$ habe eine Periodenlänge λ_q, und es sei $q_i \leq \lambda_y/2$ für alle $i \geq t_0$.
Sind die Werte einer Periode von (y_i) paarweise verschieden, so gilt $\lambda_z = kgV(\lambda_y, \lambda_q)$.

Den $\underline{Beweis}$ findet man bei (KNUTH 2), p. 529 .

Für die Periodenlänge λ_x^* der Folge $(x_i \bmod k)_i$ gilt $\lambda_x^* \mid \lambda_x$; wegen

$$q_{i+\lambda_x^*} = q_i \qquad \text{für alle } i \geq t_0$$

gilt auch $\lambda_q \mid \lambda_x^*$ und somit $\lambda_q \mid \lambda_x$. Unter den Voraussetzungen von Satz 14 ist

$$\lambda_z \text{ Teiler von } kgV(\lambda_x, \lambda_y);$$

falls $\lambda_q = \lambda_x$ ist, gilt

$$\lambda_z = kgV(\lambda_x, \lambda_y).$$

Zwischen aufeinanderfolgenden Werten einer MACLAREN-MARSAGLIA-Folge tritt im allgemeinen keine arithmetische Abgängigkeit auf; intuitiv wird man eine Verbesserung der statistischen Eigenschaften der gemischten Folge (z_i) gegenüber der ursprünglichen Folge (y_i) erwarten. R. NANCE und C. OVERSTREET haben hierzu ausführliche Untersuchungen mit linearen Kongruenzen-Folgen gemacht (NANCE). Diese haben gezeigt, daß in erster Linie das statistische Verhalten von Folgen mit kleinem Modulus ($m \simeq 2^{11}$) und entsprechend kurzer Periode durch Mischen nach dem MACLAREN-MARSAGLIA-Prinzip signifikant verbessert werden kann. Zumindest tritt eine Verbesserung durch Verlängerung der Periode ein. Als Kriterien wurden die von KNUTH vorgeschlagenen Tests verwendet (vgl. Kap. IV.1).

Die MACLAREN-MARSAGLIA-Folgen erben kryptographische Schwächen von ihren beiden erzeugenden Ausgangsfolgen, da die Wirkungen der beiden beteiligten Folgen innerhalb des Systems zu trennen und einzeln zu analysieren sind.

Wir nehmen an, daß die Folgen (x_i) und (y_i) periodisch sind, und zwar ohne Vorperiode, und daß sich die Folgenwerte einer Periode von (y_i) paarweise unterscheiden. Beide Folgen seien bekannt. In einem MACLAREN-MARSAGLIA-System mit bekannter Tabellenlänge k werden die erzeugenden Folgen $(x_i^*) := (x_{\pi(i)})$ und $(y_i^*) = (y_{\sigma(i)})$ mit Verschiebeoperatoren π und σ verwendet. Dabei gelte $\pi(i) = i + u$ und $\sigma(i) = i + v$ mit $u, v \in \mathbb{N}$.
Aus einem zu analysierenden Chiffretext sei eine Teilfolge z_j^*, $z_{j+1}^*, \ldots, z_{j+n-1}^*$ der MACLAREN-MARSAGLIA-Folge (z_i^*), sowie deren Position $j \geq \max(t_0, t_0^*)$ bekannt, wobei t_0^* die Länge der Vorperiode von (z_i^*) bezeichne.
Gesucht sind u und v. Diese Aufgabe wird im folgenden gelöst.

Zum Zeitpunkt t gibt das System den Wert $z_z^* = y_{t+k-q_t^*}^*$ aus; $q_t^* = \min\{r \in \mathbb{N} \mid x_{t-r}^* \equiv x_t^* \bmod k\}$ gibt die Differenz der Positionen von z_t^* in (z_i^*) und (y_i^*) an, und hängt nur von (x_i^*) ab. Der Abstand $\Delta(z_t^*, z_{t+\nu}^*)$ zweier Folgenglieder z_t^* und $z_{t+\nu}^*$ <u>in der Folge (y_i^*)</u> beträgt

$$\Delta(z_t^*, z_{t+\nu}^*) = t+k+\nu-q_{t+\nu}^*-(t+k-q_t^*) = \nu+q_t^*-q_{t+\nu}^*.$$

Auch Δ hängt somit nur von (x_i^*) ab. Negative Werte von Δ zeigen die Umkehrung der Reihenfolge von z_t^* und $z_{t+\nu}^*$ als Werte der Folge (z_i^*) gegenüber ihrer Reihenfolge in (y_i^*) an.

Die Folgen

$$(q_i^*)_i$$

$$(\Delta_i^*)_i := (\Delta(z_i^*, z_{i+1}^*))_i = (1+q_i^*-q_{i+1}^*)_i$$

sind gegenüber den Folgen

$$(q_i)_i$$

$$(\Delta_i)_i = (\Delta(z_i, z_{i+1}))_i = (1+q_i-q_{i+1})_i$$

um u Positionen verschoben, es gilt also

$$q_{i+u} = q_i^*$$

$$\Delta_{i+u} = \Delta_i^* \qquad \text{für alle } i \geq \max(t_0, t_0^*) \ .$$

Die Idee ist, die Verschiebungslänge u zu bestimmen, indem man die Abstände $\Delta_j^*, \ldots, \Delta_{j+n-2}^*$ berechnet, und die Position p dieser Teilfolge in (Δ_i) sucht. Diese ist für genügend große n eindeutig. Es gilt

$$u = j - p \ .$$

Mit u ist die Position $t + k - q_t^*$ für ein z_t^* in (y_i^*) bekannt, die man aus

$$t + k - q_t^* = t + k - q_{t+u} \qquad \text{für alle } t \geq \max(t_0, t_0^*)$$

bestimmt.

So ist etwa mit dem bekannten Paar (z_j^*, j) die Verschiebung v bestimmbar, indem man die Position q von z_j^* in (y_i) sucht; v ergibt sich aus

$$v = j+k-q_j^*-q = j+k-q_{j+u}-q$$

Diese Analyse benötigt als Anlaufrechnung die Generierung der Folgen (Δ_i) und (q_i). Dies kann mit dem folgenden Algorithmus geschehen:

Algorithmus delta.q

```
BEGIN

    FOR i = 0 TO t_0 - 1

        T (x_i mod k) ← i

    NEXT i

    d1 ← T (x_{t_0} mod k)

    T (x_{t_0} mod k) ← i

    FOR i = t_0 + 1 TO t_0 + 1 + λ_x

        d2 ← T (x_i mod k)

        T (x_i mod k) ← i

        Δ_{i-1} ← d2 - d1

        q_i ← i - d2

        d1 ← d2

    NEXT i

END
```

Die Berechnung der Abstände

$$\Delta_j^*, \ldots, \Delta_{j+n-2}^*$$

erfolgt so, daß man einen beliebigen Bezugspunkt y_b in (y_i),
und durch eine Vorwärts-Suche jeweils die Abstände δ_t von
y_b und z_t^* in (y_i) für $t = j, \ldots, j+n-1$ bestimmt. Damit erhält
man

$$\Delta_t^* = \delta_{t+1} - \delta_t \qquad \text{für } t = j, \ldots, j+n-2.$$

Zur Suche der Teilfolge $\Delta_j^*, \ldots, \Delta_{j+n-2}^*$ in (Δ_i) verwende man
effiziente Matching-Algorithmen.
Geeignete Algorithmen sind etwa bei SEDGEWICK, Algorithms,
Addison-Wesley 1983, Kap. 19,20 angegeben. (RETTER) diskutiert
ein ausführliches Kryptoanalyse-Beispiel eines MACLAREN-

MARSAGLIA-Systems mit linearen Kongruenzen-Generatoren als
Komponenten.

IV.5   SCHIEBEREGISTER-FOLGEN

> *"There are many like myself*
> *who think that the world was*
> *created with shift registers as*
> *part of the package - to imagine*
> *a world without them is difficult"*
>
>   *J.D.ANDREWS, cit. in: I.J.GOOD,*
>   *Report on T.H.FLOWER's Lecture*
>   *on Colossus*

Eine weithin benutzte, weil leicht hardmäßig implementierbare
Methode zur Erzeugung von Pseudo-Zufallszahlen-Folgen bilden
die sogenannten *Schieberegister*. Zu einer vorgegebenen
Primzahl p, einer natürlichen Zahl $k \in \mathbb{N}$ und einer Funktion
$R : \mathbb{F}_p^k \to \mathbb{F}_p$ definiere man die Funktion

$$f_p : \mathbb{F}_p^k \to \mathbb{F}_p^k$$

durch

$$(x_0,\dots,x_{k-1}) \mapsto (x_1,\dots,x_{k-1},R(x_0,\dots,x_{k-1})).$$

Für ein beliebiges Element $\underline{x} \in \mathbb{F}_p^k$ heißt dann die durch f
definierte Output-Feedback-Folge (vgl. Kap. IV.2) *k-faches*
Schieberegister mit Rückkopplungsfunktion R zum Startwert $\underline{x}$
$(SR_R(\underline{x}))$.

In der Terminologie von Kap. I.2.1 läßt sich hieraus ein
endlicher Automat zur Erzeugung von Folgen über $\mathbb{F}_p$ gewinnen.
Dieser wird durch eine Ausgabefunktion

$$B : \mathbb{F}_p^k \to \mathbb{F}_p$$

beschrieben.

Hierbei bezeichnet $(b_i)_{i \geq 1}$ mit $b_i := B(\underline{x}_i)$ die *Ausgabefolge* und $(\underline{x}_i)_{i \geq 1}$ die ursprüngliche *OFB-Folge*. Im Bild 1 ist die Wirkungsweise des Schieberegisters schematisch dargestellt.

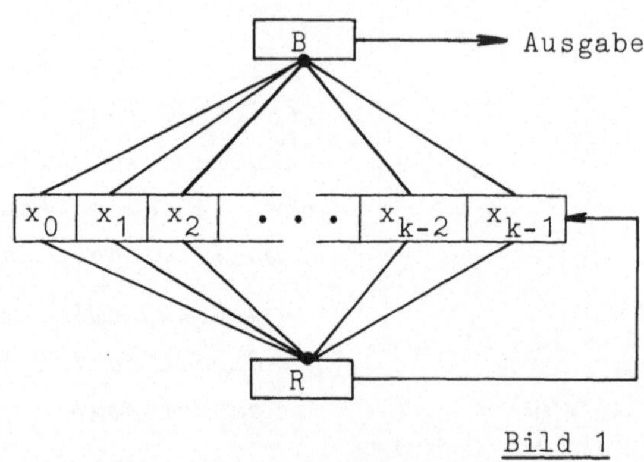

<u>Bild 1</u>

Wählt man speziell eine lineare Funktion R

$$R(x_0,\ldots,x_{k-1}) = \sum_{i=0}^{k-1} a_i x_i \quad \text{mit } a_0 \neq 0$$

in diesem Modell, spricht man von einem k-fachen *linearen* Schieberegister zu einem Startvektor $\underline{x} \in \mathbb{F}_p^k$ und bezeichnet dies mit $\mathrm{LSR}_k(\underline{x})$.

Die OFB-Folge läßt sich dann als lineare Abbildung mittels der *Steuermatrix*

$$T = \begin{pmatrix} 0,1 & & & & \\ & & & & 0 \\ & & & & \\ & & & & \\ 0 & & & & 1 \\ a_0, & \cdots\cdots\cdots, & a_{k-2}, & a_{k-1} \end{pmatrix} \in \mathrm{GL}(k,\mathbb{F}_p)$$

beschreiben. Es gilt $\det T = (-1)^{k+1} a_0$, wie man sofort aus der LAPLACE-Entwicklung nach der 1. Spalte erkennt. Das Minimalpolynom zu T über $\mathbb{F}_p$ (vgl. (LANG, Kap. XV)) ist

$$\phi_R(X) = X^k - a_{k-1}X^{k-1} - \ldots - a_0 \in \mathbb{F}_p(X)$$

Es läßt sich leicht zeigen, daß dieses identisch mit dem charakteristischen Polynom $f_T(X) = \det(T - X \cdot I)$ ist (loc.cit.).

Das "Einsetzungs"-Prinzip für Polynomringe induziert durch die Zuordnung $X \rightarrow T$ einen Isomorphismus

$$\mathbb{F}_p(X) \big/_{\langle \phi_R \rangle} \; \overset{\sim}{=} \; \mathbb{F}_p(T)$$

des Polynomrings $\mathbb{F}_p(X)$ modulo ϕ_R zu dem endlichen $\mathbb{F}_p$ - Vektorraum $\mathbb{F}_p(T)$ der Dimension k. Somit existiert eine natürliche Zahl n

$$n^* := \min\{\nu \in \mathbb{N} \mid T^\nu = I\}.$$

<u>Satz 15:</u>

Für jedes $\underline{x} \in \mathbb{F}_p^k \setminus \{\underline{0}\}$ bezeichne n die Periode von $LSR_k(\underline{x})$. Damit gilt:

a) Ist ϕ_R irreduzibel über $\mathbb{F}_p$, so ist $n = n^*$ und $n^* \mid p^k - 1$.

b) Es ist $n^* = p^k - 1$ genau dann, wenn ϕ_R irreduzibel über $\mathbb{F}_p$ ist und ϕ_R kein Teiler eines Polynoms $X^\mu - 1$ mit $\mu < p^k - 1$ ist.

<u>Beweis:</u>

Wir zeigen zunächst b).

$$\mathbb{F}_p(T) \; \overset{\sim}{=} \; \mathbb{F}_p(X) \big/_{\langle \phi_R \rangle}$$

ist ein kommutativer unitärer Ring.

Die Menge

$$\{T^\mu \mid 0 \leq \mu < n^*\} \subseteq F_p(T) \setminus \{0\} =: F_p(T)^\times \tag{1}$$

ist aufgrund der Definition von n^* eine zyklische Gruppe der Ordnung n^*.

Ist nun $n^* = p^k - 1$, so ist die Elementanzahl dieser Gruppe maximal, d.h. in (1) gilt Gleichheit. Damit ist $\mathbb{F}_p(T)^\times$ eine zyklische Gruppe, woraus folgt, daß $\mathbb{F}_p(T)$ ein Körper ist.

Für $\mu \in \mathbb{N}$ gilt

$$T^\mu = I \text{ dann und nur dann, wenn}$$
$$\phi_R \text{ Teiler von } X^\mu - 1 \text{ ist} \tag{2},$$

denn aus der eindeutigen Darstellung $X^\mu - 1 = h_\mu \cdot \phi_R + r_\mu$ mit $\text{gr } r_\mu \leq k - 1$ im Polynomring $\mathbb{F}_p(X)$, folgt sofort

$$r_\mu(T) = 0.$$

Da aber ϕ_R das Minimalpolynom von T war, muß aus Gradgründen $r_\mu \equiv 0$ gelten. Die Umkehrung ist trivial.

Aus (2) schließt man im Falle $n^* = p^k - 1$, daß für $\mu < n^*$

$$\phi_R \text{ kein Teiler von } X^\mu - 1 \tag{3}$$

ist.

Ist andererseits ϕ_R irreduzibel und gilt (3) für $\mu < p^k - 1$, so folgt aus dem Satz von LAGRANGE

$$n^* \mid p^k - 1$$

also $n^* = p^k - 1$ aus (2), womit b) gezeigt ist.

Für a) ist noch $n = n^*$ zu zeigen. Es ist klar, daß stets $n \leq n^*$ gilt. Aus der Periodizität folgt insbesondere

$$T^{2n}\underline{x} = T^n\underline{x} \, ,$$

also

$$T^n(T^n - I) = \underline{x} = 0.$$

Die Regularität von T liefert dann

$$(T^n - I)\underline{x} = 0 \ ,$$

und wegen $\underline{x} \neq 0$ ist

$$T^n = I.$$

Wegen der Minimalität von n^* folgt

$$n \geq n^* \ ,$$

insgesamt die gewünschte Gleichheit in a). ∎

Man erhält im Falle $p = 2$ ein Schieberegister mit maximaler
Periode, wenn man k als eine Primzahl wählt, für die $2^k - 1$
ebenfalls prim ist. Derartige Primzahlen heißen MERSENNE-
Primzahlen (vgl. (KNUTH 2), p. 389 ff).
Lineare Schieberegister mit maximaler Periode sind in der
algebraischen Codierungstheorie von Bedeutung, da sie
zyklische Codes maximaler Wortlänge erzeugen. Grundsätzlich
können alle zyklischen Codes durch lineare Schieberegister
erzeugt werden (ASH), (HEISE) .
Die kryptographische Verwendung linearer Schieberegister-
folgen in Stromsystemen ist selbst bei großen Periodenlängen
nicht ratsam. Der folgende Satz illustriert z.B. eine kryptographische Schwäche der Ausgabe-Funktion $B(x_0,\ldots,x_{k-1})=x_{k-1}$,
die einen BK-Angriff gegen ein solchermaßen konstruiertes
Stromsystem ermöglicht.

$\underline{Satz\ 16:}$

Es sei ϕ_R ein über $\mathbb{F}_p$ irreduzibles Minimalpolynom zum linearen
Schieberegister $LSR_k(\underline{x})$ mit Anfangszustand
$\underline{x}=(x_0,\ldots,x_{k-1}) \in \mathbb{F}_p^k$. Dann genügt die Kenntnis von $2\cdot k$ aufeinanderfolgenden Werten $x_t,\ldots,x_{t+2k-1}$ zur Rekonstruktion
der Koeffizienten von ϕ_R, und somit zur Berechnung der gesamten Folge $(x_i)_{i\geq k}$.

<u>Beweis:</u>

Die Kenntnis der $2 \cdot k$ aufeinanderfolgenden Werte erlaubt die
Betrachtung des Gleichungssystems

$$
\begin{pmatrix}
x_{t+1}, & \cdots & , & x_{t+k} \\
x_{t+2}, & \cdots & , & x_{t+k+1} \\
\cdot & & & \\
\cdot & & & \\
\cdot & & & \\
x_{t+k}, & \cdots & , & x_{t+2k-1}
\end{pmatrix}
= T \cdot
\begin{pmatrix}
x_t & , & \cdots & , & x_{t+k-1} \\
\cdot & & & & \cdot \\
\cdot & & & & \cdot \\
\cdot & & & & \cdot \\
\cdot & & & & \cdot \\
x_{t+k-1}, & & \cdots & , & x_{t+2k-2}
\end{pmatrix}
$$

wobei T die Steuermatrix von LSR_k bezeichnet. Die Matrix der
rechten Seite ist regulär. Damit kann T ermittelt werden.
Zum Beweis der Regularität setze man

$$
\underline{x} =
\begin{pmatrix}
x_t \\
\cdot \\
\cdot \\
\cdot \\
x_{t+k-1}
\end{pmatrix}
\quad .
$$

Dann lassen sich ihre Zeilen als $(T^\nu \underline{x})$ mit $0 \le \nu \le k - 1$
schreiben. Diese sind aber linear unabhängig. Angenommen
nämlich, es existieren Elemente $b_i \in \mathbb{F}_p$ $(i = 0,\ldots,k-1)$, so
daß

$$
\sum_{i=0}^{k-1} b_i (T^i \underline{x}) = 0 \text{ ist,}
$$

nicht aber alle $b_i = 0$ sind.
Hieraus folgt schon

$$
\sum_{i=0}^{k-1} b_i T^i = 0 \quad .
$$

Aus Gradgründen steht dies im Widerspruch zur Minimalpolynom-
eigenschaft von ϕ_R, so daß $b_i = 0$ für alle $i = 0,\ldots,k-1$
sein muß. ∎

Die Steuermatrix T läßt sich unter einem BK-Angriff in
polynomialer Zeit ermitteln, denn die Inversion der Matrix
erfordert $O(k^3)$ viele Operationen, die Matrizenmultiplikation
$O(k^2)$. Der kryptoanalytische Aufwand hängt nicht von der
Periodenlänge n des Schieberegisters ab, sondern lediglich
von der Vielfachheit des Schieberegisters (=Anzahl der
Spalten in der Steuermatrix) ab.

Wir wenden uns nun dem umgekehrten Problem zu. Gegeben sei
eine periodische Folge $(b_i)_{i \geq 0}$ von Elementen eines endlichen
Körpers $\mathbb{F}_p$ mit einer eventuellen Vorperiode (vgl. Kap. IV.2).
Gesucht ist ein lineares Schieberegister mit minimalem k,
so daß die spezielle Ausgabefunktion

$$B : \mathbb{F}_p^k \to \mathbb{F}_p$$

$$(x_0,\ldots,x_{k-1}) \mapsto x_{k-1}$$

die vorgegebene Folge erzeugt.
Bei einem vorgegebenen LSR_k mit Startwert $\underline{x} = (x_0,\ldots,x_{k-1})$
gilt

$$x_t = \sum_{i=0}^{k-1} a_i x_{t-k+i} \qquad \text{für } t \geq k$$

und somit

$$b_i = x_{k+i-1} \qquad \text{für } i \geq 1.$$

Zur weiteren Analyse des Problems betrachten wir die folgenden Gleichungen, mit den Unbestimmten $c_1,\ldots,c_k \in \mathbb{F}_p$

$$b_1 = c_1$$

$$b_2 = a_0 \cdot b_1 + c_2$$

$$\vdots \qquad\qquad\qquad\qquad\qquad (4)$$

$$b_k = a_0 b_{k-1} + \ldots + a_{k-2} b_1 + c_k$$

$$b_t = \sum_{i=0}^{k-1} a_i b_{t-k+i} \qquad \text{für } t > k .$$

Das Gleichungssystem (4) ist zu der Kongruenz

$$G(X) \cdot H(X) \equiv F(X) \bmod X^{t+1} \tag{5}$$

mit den Polynomen

$$F(X) = \sum_{i=1}^{k} c_i X^i$$

$$G(X) = \sum_{i=1}^{t} b_i X^i + \sum_{i=t+1}^{\infty} b_i X^i$$

$$H(X) = 1 - \sum_{i=0}^{k-1} a_i X^{i+1}$$

äquivalent.

Unter unserer Voraussetzung sind darin nur die ersten t Koeffizienten des Polynoms G bekannt, gerade die ersten t Glieder der vorgegebenen Folge. Das Ziel ist es, F(X) und H(X) zu bestimmen, so daß (5) gilt und grH(X) so klein wie möglich ist.

Die Kongruenz (5) ist in der Codierungstheorie als "Schlüssel-Gleichung" im Zusammenhang mit der Decodierung binärer BCH-Codes bekannt.

Ein effizienter Algorithmus zur Bestimmung der beiden Polynome H(X) und F(X) wurde erstmals in (BERLEKAMP),p. 181 gegeben, den man am besten mit dem EUKLIDischen Algorithmus für Polynome interpretiert.

Es seien A,B Polynome aus $\mathbb{F}_p(X)$ mit $gr(A) \geq gr(B)$. Der größte gemeinsame Teiler wird wie folgt ermittelt:

E1: Setze $R_{-1} = A \quad R_0 = B$

$\qquad U_{-1} = 0 \quad U_0 = 1$

$\qquad V_{-1} = 1 \quad V_0 = 0$

$\qquad i = -1$

E2: Bestimme durch Division mit Rest im Polynomring $\mathbb{F}_p(X)$ Polynome Q_{i+2} und R_{i+2}, so daß

$$R_i = Q_{i+2} \cdot R_{i+1} + R_{i+2}$$

$$\text{mit } gr(R_{i+1}) < gr(R_{i+1})$$

E3: Berechne

$$U_{i+2} = Q_{i+2} \cdot U_{i+1} + U_i$$

$$V_{i+2} = Q_{i+2} \cdot V_{i+1} + V_i$$

E4: Falls $R_{i+2} \neq 0$ setze $i = i+1$ und gehe zu E2.

Im anderen Falle ist R_{i+1} der gesuchte g.g.T.(A,B).

Für $i \geq 0$ gilt dabei stets

$$\begin{pmatrix} R_{i-1} \\ R_i \end{pmatrix} = (-1)^i \begin{pmatrix} V_{i-1} & -U_{i-1} \\ -V_i & U_i \end{pmatrix} \cdot \begin{pmatrix} A \\ B \end{pmatrix}$$

also insbesondere

$$R_i \equiv (-1)^i U_i \cdot B \bmod A . \tag{6}$$

Aus der Matrizengleichung läßt sich eine Darstellung des g.g.T. als Summe von Vielfachen der Polynome A und B herleiten.

Algorithmus E bezeichnet man als "Kettenbruch-Version" des EUKLIDischen Algorithmus. Für einen Beweis verweisen wir auf (KNUTH 2), Chap. 4.5.3 .

<u>Satz 17:</u>   MASSEY-BERLEKAMP

Es seien r-1 Elemente $b_1,\ldots,b_{r-1} \in \mathbb{F}_p$ beliebig vorgegeben.
Im Sinne von Algorithmus E setze $A(X) = X^r$ und
$B(X) = b_1 X + \ldots + b_{r-1} X^{r-1}$.
Der unten angegebene Algorithmus MB liefert eindeutig
Polynome H(X) und F(X), so daß

$$B(X) \cdot H(X) \equiv F(X) \bmod X^r \tag{7}$$

mit $gr(F) \leq \frac{1}{2} r - 1$, $gr(H) \leq \frac{1}{2} r$ und $H(0) = 1$ gilt.

Algorithmus MB

MB 1: Finde i mit Algorithmus E, so daß

$$gr(R_{i-1}) \geq \frac{r}{2} \text{ und } gr(R_i) \leq \frac{r-2}{2} \text{ ist.}$$

MB 2: Wähle ein Element $\delta \in \mathbb{F}_p$, so daß

$$H(X) = \delta \cdot U_i(X) \text{ mit } H(0) = 1$$

gilt (δ kann so bestimmt werden)

MB 3: Setze

$$F(X) = (-1)^i \cdot \delta \cdot R_i(X).$$

Beweis:

Die Gültigkeit von (7) mit den so gefundenen Polynomen folgt aus (6). Ferner gilt $gr(F) = gr(R_i) < \frac{1}{2} r - 1$ und

$$gr(H) = gr(U_i) = gr(A) - gr(R_{i-1}) \leq r - \frac{1}{2} r = \frac{1}{2} r$$

Die Eindeutigkeit, sowie die Minimalität des Grades von $H(X)$ folgt aus (MAC WILLIAMS-SLOANE) Th. 16, p. 367 . ∎

Das so gefundene k - fache lineare Schieberegister, mit minimalem k, bezeichnet man als *lineares Äquivalent* der Ausgabefolge. Man kann auf verschiedene Arten nicht-lineare Pseudozufallszahlen-Generatoren aus linearen Schieberegistern konstruieren. Ein Maß für deren Nicht-Linearität ist das zugehörige lineare Äquivalent.
Zur Illustration betrachte man im Fall p = 2 die folgenden drei Beispiele.
Im ersten Beispiel verwende man die nicht-lineare Ausgabe-funktion B mit $B(x_0, \ldots, x_{k-2}, x_{k-1}) = x_{k-2} \cdot x_{k-1}$. Das zuge-hörige lineare Äquivalent hat die Länge
$\frac{1}{2} \cdot k \cdot (k+1)$ (vgl. (KEY)). Dennoch besteht für kryptographi-sche Anwendungen das Problem, daß

$$Prob(B(x_0, \ldots, x_{k-1}) = 0) = \frac{3}{4}$$

ist.

Das Problem bleibt erhalten, wenn man als nicht-linearen
Generator zwei Schieberegister maximaler Periode verwendet,
und diese wie in der Skizze angegeben, miteinander verknüpft.

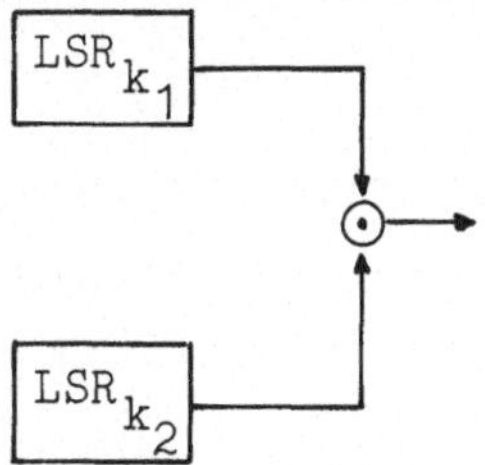

Die Periodenlänge dieses Generators ist das k.g.V.$(2^{k_1}-1, 2^{k_2}-1)$,
und wenn k_1 und k_2 teilerfremd sind, hat das lineare

Äquivalent die Länge $k_1 \cdot k_2$ (KEY) . Die ausgegebenen Werte
sind in 75 % aller Fälle gleich 0. Weder die Periodenlänge
noch das lineare Äquivalent sind für sich adäquate Maße für
die Kryptokomplexität dieses Generators.
Als drittes Beispiel sei der sogenannte GEFFE-Generator
genannt (GEFFE) , der die oben genannte Schwäche nicht hat.

Man verwendet 3 lineare Schieberegister LSR$_{k_i}$ (i = 1,2,3)
jeweils mit maximaler Periode. Die Ausgabefolgen seien mit
$(x_i)_{i\geq1}$, $(y_i)_{i\geq1}$, $(z_i)_{i\geq1}$ bezeichnet. Die von allen LSR ausgegebene Binärfolge $(b_i)_{i\geq1}$ wird durch

$$b_i = x_i y_i \oplus z_i (1 \oplus y_i)$$

definiert. LSR$_{k_2}$ übernimmt hierbei eine Kontrollfunktion. Es
kontrolliert, ob die Ausgabe von LSR$_{k_1}$ oder LSR$_{k_3}$ ausgegeben
wird:
Ist y_i = 1, so folgt $b_i = x_i$, für y_i = 0 ist $b_i = z_i$.
Für die Periodenlänge λ des GEFFE-Generators gilt

$$\lambda = k.g.V.(2^{k_1}-1, 2^{k_2}-1, 2^{k_3}-1)$$

und das lineare Äquivalent ist $k_1 \cdot k_2 + k_3 \cdot k_2 + k_3$.

Die ausgegebenen Werte "0" und "1" sind gleichgewichtig.
Durch Kaskadierung von GEFFE-Generatoren kann man sehr
komplexe Pseudozufallszahlenfolgen erzeugen. In Anbetracht
der bisherigen Überlegungen und dieser drei Beispiele ergibt
sich die Frage

> Gibt es Pseudo-Zufalls-Bit-Generatoren,
> die *kryptographisch brauchbare* pseudozu-
> fällige Folgen von Binärblöcken fester
> Länge erzeugen?

Zunächst schwächen wir die Frage so ab, daß nach "guten"
Pseudozufallsblock-Folgen im Sinn von Kap. IV.1 gefragt wird.
Dazu studieren wir eine interessante Verallgemeinerung der
linearen Schieberegister.
Zu einem vorgegebenen LSR_k mit Minimalpolynom ϕ_R und maximaler
Periodenlänge $n^* = 2^k - 1$ schreibt man die Ausgabefolge $(x_i)_i$
in $r \leq k$ Spalten. Jede der r Spalten enthält also zunächst
die gleichen Elemente $x_1, \ldots, x_n$. In jeder Spalte erzeugt man
nun eine Phasenverschiebung zur 1. Spalte; d.h. man wählt
eine natürliche Zahl $v \in \{1, \ldots, n^*\}$ aus und beginnt die μ-te
Spalte$(\mu=2,\ldots,r)$ mit dem Element $x_{v(\mu - 1)}$ der Folge. Alle
anderen Elemente derselben Spalte werden entsprechend zyklisch
vertauscht. Als Ausgabewert verwendet man einen r-Bit-Block
W_i, der aus den r Elementen der i-ten Zeile besteht
$(i \in \{1,\ldots,n^*\}$ beliebig, aber fest).
Man bezeichnet den so konstruierten Generator als
verallgemeinertes lineares Schieberegister der Länge k $(VLSR_k)$.
Seien wie vorhin die Koeffizienten des Rückkopplungspolynoms
mit a_i $(i=0,\ldots,k-1)$ bezeichnet, so folgt aus

$$x_t = \sum_{i=0}^{k-1} a_i \cdot x_{t-k+i} \qquad \text{für } t \geq k$$

die analoge Beziehung

$$W_t = \sum_{i=0}^{k-1} a_i \cdot W_{t-k+i} \qquad \text{für } t \geq k.$$

für die ausgegebenen Zeilen. Die Addition ist hierbei komponentenweise zu verstehen. Eine wichtige Folgerung hieraus ist, daß die r-Bit-Folgen $(W_i)_i$ ebenfalls die Periode $n^* = 2^k - 1$ besitzen.

Als typisches Beispiel untersuchen wir den $VLSR_k$-Algorithmus, mit dem primitiven Polynom

$$\phi_R = x^p + x^q + 1 \qquad (p, q \in \mathbb{P}, q < p)$$

als Minimalpolynom.

Dieses spezielle Schieberegister wird nach (TAUSWORTHE), (LEWIS - PAYNE) als TLP-Generator bezeichnet. Der unterliegende Körper ist $\mathbb{F}_2$. Die algorithmische Erzeugung des so bestimmten $VLSR_p$ verläuft folgendermaßen:

TLP 1: Initialisiere eine $p \times r$ - Matrix mit den Zeilen

$W_1, \ldots, W_{p-1}$ der Länge r und phasenverschobenen

Spalten der Länge p. Dies sind die Startwerte

für das unterliegende LSR_p.

TLP 2: $i \leftarrow 0$, $j \leftarrow q$.

TLP 3: REPEAT

$\quad\quad i \leftarrow (i+1) \bmod p$

$\quad\quad j \leftarrow (j+1) \bmod p$

$\quad\quad W_i \leftarrow W_i \text{ EOR } W_j$

$\quad$ UNTIL $i = 0$

Die Schleife im 3. Schritt erzeugt immer p aufeinanderfolgende Ausgabewerte. Zur Berechnung der nächsten r-Bit-Blöcke ist TLP 3 erneut aufzurufen. Für das Weitere wird eine Verschärfung des Begriffs der k-Verteiltheit benötigt. Eine Folge $(W_i)_{i \geq 0}$ heißt *l-verteilt*, wenn alle Vektoren $(W_1, \ldots, W_l) \in (\mathbb{F}_2^r)^l \setminus \{\underline{0}\}$ genau (2^{k-lr})-mal in der Periode vorkommen und der Nullvektor $\underline{0}$ genau $(2^{k-lr} - 1)$-mal vorkommt.

<u>Lemma 2</u>: (GOLOMB)

Gegeben sei ein $LSR_k(\underline{x})$ mit $n^* = 2^k-1$. Dann existiert zu jedem Vektor $\underline{e} = (e_1,\ldots,e_k) \in \mathbb{F}_2^k \setminus \{\underline{0}\}$ genau eine natürliche Zahl $n < 2^k$, so daß für alle $t \geq k$

$$x_{t+n} = \sum_{i=0}^{k-1} e_i \cdot x_{t-k+i} \qquad (8)$$

gilt.

<u>Beweisskizze:</u>

Man setze $\alpha_t = (x_{i+t-1})_{i \geq 0}$ für $1 \leq t \leq 2^k-1$ und $\alpha_0 = (0)_{i \geq 0}$. Dann ist die Menge

$$A := \{\alpha_j \mid 0 \leq j \leq 2^k-1\}$$

mit der komponentenweisen Addition eine elementar-abelsche Gruppe vom Rang k, in der jedes Element durch eine Linearkombination von k Basiselementen dargestellt werden kann. Jedes α_t ist durch seinen Startwert eindeutig bestimmt. Hieraus folgt insbesondere die Abgeschlossenheit von A, d.h. für j und j' $\quad 0 \leq j, j' \leq 2^k-1$ ist $(\alpha_j + \alpha_{j'}) \in A$. Ferner gilt $\alpha_j + \alpha_j = \alpha_0$ und $\alpha_j + \alpha_0 = \alpha_j$ für alle $0 \leq j \leq 2^k-1$.
∎

<u>Lemma 3</u>: (ENISON)

Im Fall $r = k$ ist $VLSR_k$ genau dann 1-verteilt, wenn die Matrix

$$\mathfrak{W} = \begin{pmatrix} W_0 \\ \cdot \\ \cdot \\ \cdot \\ W_{k-1} \end{pmatrix}$$

regulär ist.

<u>Beweis:</u>

Wir zeigen zunächst, daß W_n für alle $0 \leq n < 2^k$ im linearen Erzeugnis $\langle W_0, \ldots, W_{k-1} \rangle_{\mathbb{F}_2}$ liegt. $\qquad (9)$

Dies ist richtig für n = 0,...,k-1. Angenommen, die Behauptung sei für alle j < m bewiesen. Wegen der Schieberegistereigenschaft:

$$W_m = \sum_{i=0}^{k-1} a_i \cdot W_{m-k+i}$$

und der Abschätzung m - k + i < m für die Indizes i=0,...,k-1 folgt die Behauptung auch für m selbst. Aus der Definition der 1-Verteiltheit ergibt sich die folgende Kette von Äquivalenzen:

$VLSR_k$ ist 1 verteilt $\Longleftrightarrow$ Alle $W \in \mathbb{F}_2^k \setminus \{\underline{0}\}$ kommen genau einmal in der Periode vor.

$$\Longleftrightarrow 2^k - 1 \leq \#(\langle W_0,\ldots,W_{k-1}\rangle_{\mathbb{F}_2} \setminus \underline{0})$$

(9)

$$\Longleftrightarrow 2^k \leq \#(\langle W_0,\ldots,W_{k-1}\rangle_{\mathbb{F}_2})$$

$$(\#(\langle W_0,\ldots,W_{k-1}\rangle) \leq 2^k) \overset{\Longleftrightarrow}{} \dim_{\mathbb{F}_2}(\langle W_0,\ldots,W_{k-1}\rangle_{\mathbb{F}_2}) = k$$

$$\Longleftrightarrow \mathfrak{W} \text{ ist regulär.} \quad \blacksquare$$

Aus diesem Lemma gewinnen wir das

Korollar:

Gegeben sei $VLSR_k$ und r < k. Die Spalten der (k×r)-Matrix

$$\begin{pmatrix} W_0 \\ \cdot \\ \cdot \\ \cdot \\ W_{k-1} \end{pmatrix}$$

sind genau dann linear unabhängig, wenn alle $W \in \mathbb{F}_2^r \setminus \{\underline{0}\}$ gleich häufig in der Periode vorkommen, und W = $\underline{0}$ einmal weniger als W $\neq$ $\underline{0}$.

Die $W \in \mathbb{F}_2^r \setminus \{\underline{0}\}$ treten genau 2^{k-r}-mal, $W = \underline{0}$ $(2^{k-r}-1)$-mal auf.

Das $VLSR_k$ hat die gleiche Periodenlänge des ursprünglichen Schieberegisters, wie bereits oben festgestellt wurde.

Im folgenden wird (FUSHIMI, TEZUKA) folgend die $m = \left\lfloor \frac{k}{r} \right\rfloor$- Verteiltheit eines $VLSR_k$ mit

$$\phi := \phi_R = \sum_{i=0}^{k} a_i X^i, \quad a_k = 1$$

studiert.

Dazu betrachten wir zu der elementar-abelschen Gruppe A (Lemma 2) die Schiebe-Funktion

$$\tau : A \to A$$

$$\alpha_j \to \alpha_{j+1} \cdot$$

Für alle $j = 0,\ldots,2^k-1$ gilt:

$$\phi(\tau) \ (\alpha_j) = 0 \ .$$

Für einen r-Bit Ausgabevektor $W_t = b_{t,1},\ldots,b_{t,r}$ des $VLSR_k$ gilt dann entsprechend

$$\phi(\tau) \ ((b_{t,\nu})_{t\geq 0}) = 0 \qquad \text{für} \quad \nu \in \{1,\ldots,r\}.$$

Wir betrachten den zusammengesetzten Vektor

$$V_t = W_t \| \ldots \| W_{t+m-1} \in \mathbb{F}_2^{m\cdot r}$$

Mit $\nu \in \{1,\ldots,r\}$ und $\mu \in \{1,\ldots,m\}$ bezeichnet $b_{t+\mu-1,\nu}$ das $(r(\mu-1) + \nu)$- te Bit von V_t.

Für festes μ und ν gilt

$$\phi(\tau) \ ((b_{t+\mu-1,\nu})_{t\geq 0}) = 0$$

Demnach ist $(V_t)_{t\geq 0}$ eine $VLSR_k$-Folge von $(m\times r)$-Bit Wörtern. Der Zusammenhang zwischen $(V_t)_{t\geq 0}$ und $(W_t)_{t\geq 0}$ bewirkt,

daß $(V_t)_{t\geq 0}$ genau dann 1-verteilt ist, wenn $(W_t)_{t\geq 0}$ m-verteilt ist.

Zum Beweis hierfür vergleichen wir die Matrizen der Anfangswerte

$$\mathfrak{x} := \begin{pmatrix} V_0 \\ \cdot \\ \cdot \\ \cdot \\ V_{k-1} \end{pmatrix} \quad \text{und} \quad \mathfrak{W} := \begin{pmatrix} W_0 \\ \cdot \\ \cdot \\ \cdot \\ W_{k-1} \end{pmatrix} .$$

Man darf ohne Einschränkung annehmen, daß die Folge $(b_{t,1})$ identisch mit der Ausgabefolge (x_t) des LSR_k ist. Nach Lemma 2 existiert zu jedem $\nu \in \{1,\dots,r\}$ ein Vektor $\underline{e}_\nu^{(\mu)} = (e_{\nu,1}^{(\mu)},\dots,e_{\nu,k}^{(\mu)}) \in \mathbb{F}_2^k \setminus \{\underline{0}\}$ mit

$$b_{t+\mu-1,\nu} = \sum_{\lambda=1}^{k} e_{\nu,\lambda}^{(\mu)} \cdot x_{t+\lambda-1} \qquad (t \geq 0) \qquad (10)$$

Diese Eigenschaft stellt die Beziehung zwischen $\mathfrak{x}$ und $\mathfrak{W}$ her. Aus dem Korollar zu Lemma 3 folgt, daß $(V_t)_{t \geq 0}$ genau dann 1-verteilt ist, wenn die Spalten von $\mathfrak{x}$ linear unabhängig sind. Dies bedeutet jedoch, daß aus einer Beziehung

$$\sum_{\mu,\nu} \alpha_{\mu,\nu} \, b_{t+\mu-1,\nu} = 0 \qquad (11)$$

stets $\alpha_{\mu,\nu} = 0$ für alle μ,ν folgt. $\qquad\qquad\qquad\qquad (12)$
Es sei

$$0 = \sum_{\mu,\nu} \alpha_{\mu,\nu} \, b_{t+\mu-1,\nu} = \sum_{\mu,\nu} \alpha_{\mu,\nu} \Big(\sum_{\lambda=1}^{k} e_{\nu,\lambda}^{(\mu)} x_{t+\lambda-1} \Big)$$

$$= \sum_{\lambda=1}^{k} \Big(\sum_{\mu,\nu} \alpha_{\mu,\nu} e_{\nu,\lambda}^{(\mu)} \Big) x_{t+\lambda-1} \qquad (13)$$

Wir setzen zur Abkürzung

$$\beta_\lambda := \sum_{\mu,\nu} \alpha_{\mu,\nu} \cdot e_{\nu,\lambda}^{(\mu)} \qquad (14)$$

und nehmen $(\beta_1,\dots,\beta_k) \neq \underline{0}$ an.
Nach Lemma 2 existiert ein $n \in \mathbb{N}$, so daß

$$\sum_{t=1}^{\lambda} \beta_\lambda \cdot x_{t+\lambda-1} = x_{t+n}$$

für alle t gilt.

Hieraus folgert man aber mit (13) $x_{t+n} = 0$ für alle t.
Widerspruch!

Demnach sind die β_λ aus (14) sämtlich gleich Null.
(12) ist damit dazu äquivalent, daß die Vektoren $\underline{e}_\nu^{(\mu)}$ für
$\nu \in \{1,\ldots,r\}$ und $\mu \in \{1,\ldots,m\}$ linear unabhängig sind.
Insgesamt ergibt sich damit folgender

Satz 18:

Es sei ein verallgemeinertes lineares Schieberegister $VLSR_k$
mit einerAusgabe von r-Bit Wörtern gegeben.
$VLSR_k$ ist $m = \left\lfloor \dfrac{k}{r} \right\rfloor$ - verteilt genau dann, wenn die $\underline{e}_\nu^{(\mu)}$ linear
unabhängig über $\mathbb{F}_2$ sind ($\nu \in \{1,\ldots,r\}$; $\mu \in \{1,\ldots,m\}$).
(vgl. (FUSHIMI)). ∎

Man kann diesen Satz zur Erzeugung maximal-verteilter TLP
Generatoren verwenden. Das folgende Verfahren liefert linear
unabhängige Vektoren $\underline{e}_\nu^{(\mu)}$. Dazu sei E eine $m \cdot r \times k$-Matrix,
deren ($m(\mu-1) + \nu$)- te Zeile $\underline{e}_\nu^{(\mu)}$ ist ($\nu=1,\ldots,r$; $\mu=1,\ldots,m$).
Alle Zeilen von E sind linear unabhängig, wenn E äquivalent
zu den ersten $m \cdot r$ Zeilen einer $k \times k$ unteren Dreiecksmatrix
ist, deren Hauptdiagonalelemente sämtlich 1 sind. Daher
liefert die folgende Setzung eine ausreichende Bedingung für
die lineare Unabhängigkeit:

$$\text{Setze} \quad e_{\nu,\lambda} = \begin{cases} 1 & \lambda = m(\nu-1) + 1 \\ 0 & \text{falls} \quad \lambda > m(\nu-1) + 1 \\ \text{bel.} & \text{sonst} \end{cases}$$

Damit sind die Bedingungen des obigen Satzes erfüllt. Das
nachstehende Verfahren führt zur Konstruktion einer Startmatrix für den $VLSR_k$-Algorithmus des TLP-Generators

1. Wähle $(x_0,\ldots,x_{p-1}) \in \mathbb{F}_2^p \setminus \{\underline{0}\}$ beliebig

2. Berechne $x_p,\ldots,x_{2p-2}$ rekursiv aus
$$x_t = x_{t-p} \oplus x_{t-q} \qquad t = p,\ldots,2p-2$$

3.   Für alle $t = 1,\ldots,p$ und $\nu = 1,\ldots,r$ berechne

$$b_{t,\nu} = \sum_{\lambda=1}^{p} e_{\nu,\lambda}\, a_{t+\lambda-1}$$

Aus den Elementen $b_{t,\nu}$ wird eine $(p \times r)$ - Matrix $\mathfrak{W}$ gebildet.
Sie ist die Startmatrix der VLSR_p - Folge und alle weiteren
Werte können mit dem oben angegebenen Algorithmus TLP
berechnet werden.

Eine **Aussage** über die m - Verteiltheit bezieht sich bei
allen VLSR_k-Folgen auf die *volle* Periode n*. Damit ist jedoch
keine Aussage über die "Güte" von *lokalen* Teilfolgen gemacht. Für kryptographische Anwendungen kann dies jedoch
von Bedeutung sein, so daß sich die anfangs gestellte Frage
mit diesen Mitteln nicht exakt beantworten läßt.
Zur Beurteilung der Teilfolgen sind Tests der in Kap. IV.1
beschriebenen Art immer noch unentbehrlich.
Für weitere Untersuchungen von nicht-linearen Generatoren,
die auf linearen Schieberegistern beruhen, sei z.B. auf
(GOLOMB), (BETH) verwiesen. (BRIGHT) beschreibt den
Einsatz von Block-Generatoren in kryptographischen Systemen.

Die in Kap. IV.1 und IV.2 formulierten statistischen Ansprüche
an Pseudozufallsfolgen genügen in kryptographischer Hinsicht
nicht, wenn diese als Schlüsselströme in additiven Stromsystemen zu verwenden sind. Die Unsicherheit gegenüber BK-
Attacken beruht auf der Möglichkeit, durch Rekursionen den
Schlüsselstrom beliebig vorwärts oder rückwärts zu rekonstruieren.
In OFB-Systemen $(G,G,S,\mathcal{L},v)$ wird der Schlüsselstrom $(\phi_i)_{i\geq 1}$
erzeugt durch

$$\phi_i : G \to G \tag{15}$$

$$p_i \mapsto p_i \oplus gf(X_{i-1}) \quad (i \geq 1)$$

mit einer Funktion $f : X \to X$ auf einer endlichen Zustandsmenge X und einer Ausgabe-Funktion $g : X \to G$ zu einem

Schlüssel $s = X_0 \in X$.

Ist durch einen BK-Angriff der Zustand $X_i = f(X_{i-1})$ bekannt,
so kann man oft durch Rückberechnen X_0 bestimmen. Es ist also
für kryptographische Anwendungen erforderlich, daß sowohl
Rückwärts- als auch Vorwärts-Analyse des Schlüsselstromes bzw.
der Folge $X_{i+1} = f(X_i)$ erschwert oder verhindert werden. Dies
kann durch folgende Maßnahmen geschehen:

1. Rückwärts-Analyse:

Man wählt f so, daß bis auf wenige (unvermeidliche) Ausnahmen

$$\# f^{-1}(X) \geq 2 \text{ für } X \in f(X) \tag{16}$$

gilt.

Die Komplexität einer Rückwärts-Berechnung wird hierdurch erhöht. Die Mehrdeutigkeit der Umkehrrelation f^{-1} soll die
Redundanz der Klartexte übersteigen.

Beispiele:

a) Auf $X = \mathbb{Z}/p\mathbb{Z}$ mit einer großen Primzahl p haben die
   quadratischen Funktionen

$$f(X) \equiv X^2 + a \bmod p$$

   mit $a \in \{1,\ldots,p-1\}$ die Eigenschaft (16).
   $g : X \to G$ wird entsprechend dem Alphabet G gewählt; falls
   $G = \mathbb{F}_2$ ist, "erzeugt" g jeweils nur ein Bit.

b) Auf $X = \mathbb{F}_2^{n+1}$ konstruiere man f als nichtlineares Schieberegister, d.h. $f(a_0,a_1,\ldots,a_n) = (a_1,\ldots,a_n,h(a_0,\ldots,a_n))$

   mit einer nicht-linearen Funktion $h : \mathbb{F}_2^{n+1} \to \mathbb{F}_2$.

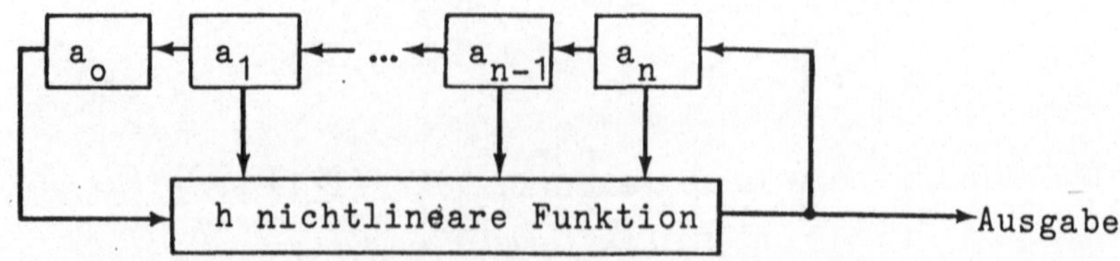

f ist injektiv dann und nur dann, wenn ein $h': \mathbb{F}_2^n \to \mathbb{F}_2$ mit

$$h(a_0,\ldots,a_n) = a_0 \oplus h'(a_1,\ldots,a_n)$$

existiert. Anderenfalls erfüllt f die Bedingung (16).

Es ist bei dieser Methode allerdings zu beachten, daß die Periodenlänge λ einer Folge $X_{i+1} = f(X_i)$ durch (16) i.a. stark eingeschränkt wird, da $f(X) \subset X$ ist. Die mittlere Periodenlänge $\bar{\lambda}$ kann durch $\bar{\lambda} = \sqrt{\pi \# X/8} + 1/3$ abgeschätzt werden, wenn man das statistische Modell zufällig gewählter f und X_0 in (15) verwendet und annimmt, daß alle möglichen Funktionen f und alle $X_0 \in X$ gleichwahrscheinlich sind (KNUTH 2, **p.** 519).

Zu gegebener Klartext-Länge n muß man also $\# X$ so wählen, daß $\sqrt{\# X} \gg n$ ist, um ein genügend großes λ zu erhalten.

2. Vorwärts-Analyse

Zur Verhinderung einer Vorwärts-Analyse geht man ähnlich vor wie in 1., mit einem kleinen "Trick":

Es seien $f, g, s = X_0$ wie in (15) und $C = (c_1,\ldots,c_n)$ der Chiffretext zu $P = (p_1,\ldots,p_n)$ mit $c_i = p_i \oplus g(f(X_{i-1}))\,(i=1,\ldots,n)$. Seien $\tilde{f} : X \to X$ und $\tilde{g} : X \to G$ zwei weitere Funktionen, und $Y_0 \in X$; $\tilde{f}$ erfülle ebenfalls die Anforderungen (16). Dann bilde man

$$\tilde{c}_{t-i+1} := c_{t-i+1} \oplus \tilde{g}(\tilde{f}(Y_{i-1})) \quad (i=1,\ldots,t).$$

Eine Vorwärts-Analyse der Folge $X_{i+1} = f(X_i)$ im Chiffretext $\tilde{C} = (\tilde{c}_1,\ldots,\tilde{c}_t)$ ist somit äquivalent zu einer Rückwärts-Analyse der Folge $Y_{i+1} = \tilde{f}(Y_i)$ $(i=0,\ldots,t-1)$.

Andere Ansätze zur Erzeugung BK-sicherer Ströme beruhen auf der Verwendung von Einbahn-Funktionen $f : X \to X$. Das sind Bijektionen, bei denen $f(x)$ stets leicht, aber $f^{-1}(y)$ überall schwer zu berechnen ist. Beispiele solcher Funktionen sind die Verschlüsselungsfunktionen v_s starker Block-Systeme, der z.B. in Kap. V behandelten Art.

Wie (SHAMIR 1981) betont, ist es sehr schwer, formale Beweise
für die Sicherheit solcher Systeme anzugeben. Dies gilt auch
für Schlüsselströme, die nicht durch den OFB-Modus aus einer
Einbahn-Funktion f erzeugt werden. Ein einfaches Beispiel
ist der "Zähler-Modus" über $\mathbb{F}_2^n$. Hier faßt man $X = \mathbb{F}_2^n$ als
Teilmenge von $\mathbb{N}$ auf und bildet zum "seed" $X_0 \in \mathbb{F}_2^n$ den Schlüsselstrom (Y_i)

$$Y_i = f(X_0 + i)$$

(vgl. (WINTERNITZ) zu diesem Thema).

V Design und Analyse von Blocksystemen

Mit der Zunahme der elektronischen Kommunikation und der
wachsenden Notwendigkeit von Datensicherung im weitesten
Sinne wurden kryptographische Verfahren erforderlich, die
den verwendeten Medien angepaßt sein mußten. Ebenso wie die
Medien selber hat auch diese Entwicklung ihren Ausgangspunkt
in den USA. Dort ersuchte das NBS (National Bureau of
Standards) in einer öffentlichen Ausschreibung um Vorschläge
für Verfahren zur computerunterstützten Datenverschlüsselung.
Gestützt auf die Ideen von (SHANNON, 1949) konzentrierte man
sich insbesondere bei IBM seit Ende der 60er Jahre auf die
Erforschung von Block-Produktchiffren, um in den eigenen
Produkten eine höhere Datensicherheit anbieten zu können.
Seither haben Blocksysteme an Bedeutung für die kommerzielle
Nutzung gewonnen. Dies wurde durch eine Standardisierung von
Verschlüsselungsverfahren unterstützt. Das NBS hat z.B. einen
von IBM entwickelten Algorithmus als DES (Data Encryption
Standard) im Jahr 1977 für die USA normiert.
Für die dortigen Bundesbehörden ist die Verschlüsselung ver-
traulicher und sensitiver Information vor einer Datenübertra-
gung mit dem DES vorgeschrieben, die Verwendung des DES im
Bereich der Wirtschaft wird empfohlen. Eine weltweite Nor-
mierung nach amerikanischem Vorbild wird derzeit in der ISO
versucht, der sich auch das DIN anschließen wird.

V.1 ALLGEMEINE KONSTRUKTIONSIDEEN

Es bezeichne A eine endliche abelsche Gruppe und $S \neq \emptyset$ eine beliebige endliche Menge. Die Abbildung $C^a : A \to A$ sei die
Translation mit dem Element $a \in A$. Ferner seien $\phi : S \times A \to A$ eine
beliebige und $\pi : S \to \mathrm{Aut}(A)$ eine injektive Funktion. Mit diesen
Bezeichnungen ist für alle $s \in S$ eine Abbildung $\Phi_s : A \times A \to A$

durch

$$\Phi_s(1,r) := \pi(s)^{-1} \, C^{\phi(s,r)} \, \pi(s)(1)$$

erklärt.

Vermöge $\tilde{\Phi}_s(1,r):=(\Phi_s(1,r),r)$ wird hieraus eine Bijektion $\tilde{\Phi}_s:A\times A \to A\times A$ hergeleitet.

Dies sieht man so: Mit den Definitionen

$$\psi_s(1,r):= \pi(s)^{-1}C^{-\phi(s,r)}\pi(s)(1) \text{ und } \tilde{\psi}_s(1,r) = (\psi_s(1,r),r)$$

zeigt die Identität

$$(\tilde{\psi}_s \circ \tilde{\Phi}_s)(1,r)=\psi_s(\pi(s)^{-1}C^{\phi(s,r)}\pi(s)(1),r)=$$

$$=(\pi(s)^{-1}C^{-\phi(s,r)}\pi(s)(\pi(s)^{-1}C^{\phi(s,r)}\pi(s)(1)),r)=$$

$$=(1,r)$$

daß $\tilde{\psi}_s$ und $\tilde{\Phi}_s$ zueinander invers sind.

Speziell für die abelsche Gruppe $A=\mathbb{F}_2^n$, ist $\tilde{\Phi}_s$ sogar involutorisch für alle $s\in S$, denn weil $a=-a$ für alle $a\in \mathbb{F}_2^n$ gilt, folgt $\Phi_s=\psi_s$, was wiederum $\Phi_s^2=\text{id}_{A\times A}$ bewirkt.

$\mu:A\times A \to A\times A$ mit $\mu(1,r)=(r,1)$ bezeichne die Vertauschungsabbildung.

<u>Satz 1</u>:

Sei $A=\mathbb{F}_2^n$ und $k\in \mathbb{N}$ beliebig. Dann ist die vermöge

$$V_{(s_1,\ldots,s_k)}=\tilde{\Phi}_{s_k}\circ\mu\circ\ldots\circ\mu\circ\tilde{\Phi}_{s_1}$$

definierte Abbildung

$$V:S^k\times A\times A \to A\times A$$

eine monoalphabetische Substitution.

<u>Beweis</u>:

Die Abbildung $E:S^k\times A\times A \to A\times A$, die durch

$$E_{(s_1,\ldots,s_k)}=\tilde{\Phi}_{s_1}\circ\mu\circ\ldots\circ\mu\circ\tilde{\Phi}_{s_k}$$

erklärt ist, hat die Eigenschaft

$$E_{(s_1,\ldots,s_k)}\circ V_{(s_1,\ldots,s_k)}=\text{id}_{A\times A}. \qquad\blacksquare$$

Das folgende Fluß-Diagramm erklärt die Arbeitsweise eines solchermaßen aufgebauten Blocksystems.

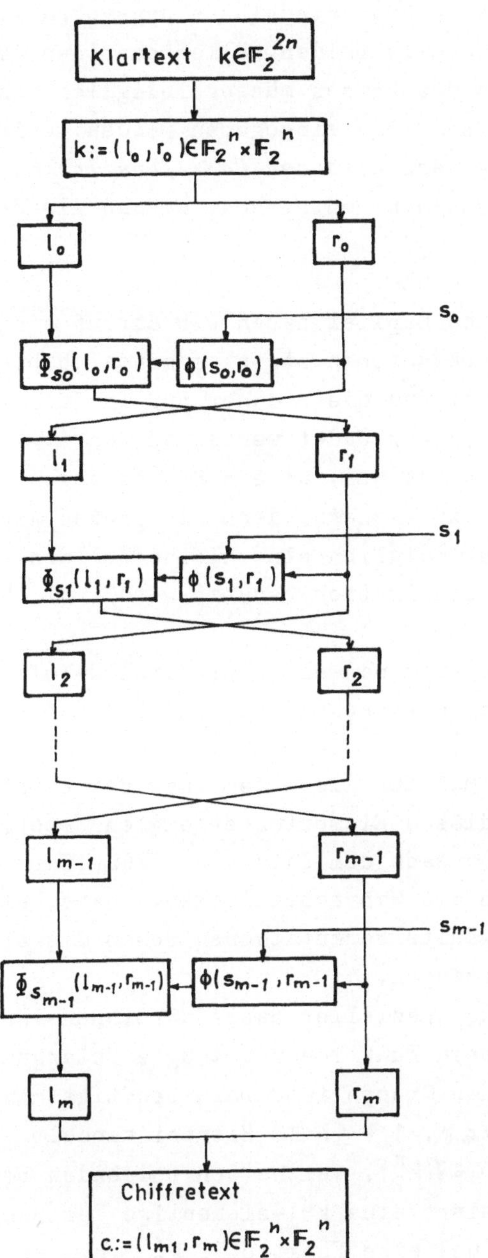

Klartext $k \in \mathbb{F}_2^{2n}$
$k := (l_0, r_0) \in \mathbb{F}_2^n \times \mathbb{F}_2^n$
l_0
r_0
s_0
$\Phi_{s0}(l_0, r_0)$
$\phi(s_0, r_0)$
l_1
r_1
s_1
$\Phi_{s1}(l_1, r_1)$
$\phi(s_1, r_1)$
l_2
r_2
l_{m-1}
r_{m-1}
s_{m-1}
$\Phi_{s_{m-1}}(l_{m-1}, r_{m-1})$
$\phi(s_{m-1}, r_{m-1})$
l_m
r_m
Chiffretext
$c := (l_m, r_m) \in \mathbb{F}_2^n \times \mathbb{F}_2^n$

Die Involutions-Eigenschaft der Funktion $\tilde{\Phi}_s$ über $\mathbb{F}_2^n$ erleichtert den Ver- und Entschlüsselungsvorgang. Man kann dieselbe Abbildung in beiden Fällen benutzen. Unter den Voraussetzungen des Satzes müssen lediglich Schlüssel in der umgekehrten Reihenfolge eingegeben werden. Chiffren, die durch die Verknüpfung verschiedener *Basisfunktionen*, wie etwa den zu Beginn angegebenen, entstehen, werden als *Produktchiffren* bezeichnet.

Bereits im ersten Kapitel haben wir darauf hingewiesen, daß es sich bei Blocksystemen stets um monoalphabetische Substitutionen handelt, und diese daher nur im Zusammenhang mit großen Alphabeten verwendet werden dürfen (vgl. I.1.9). Dies alleine reicht nicht aus, um ein System gegen kryptoanalytische Angriffe zu sichern, denn ein großes Alphabet nützt nur wenig, wenn lediglich eine kleine Teilmenge davon tatsächlich zur Kommunikation benutzt wird (vgl. hierzu Kap. II).

Ein Blocksystem kann man als eine Zufalls-Kollektion von Elementen der symmetrischen Gruppe $\mathfrak{S}(\mathbb{F}_2^n)$ auffassen.

Als ein grobes Maß für die Güte eines Blocksystems ist die Größe der von diesen Elementen erzeugten Untergruppe von $\mathfrak{S}(\mathbb{F}_2^n)$ anzusehen. Nach dem Satz von DIXON (Satz 2 in Kap. III) ist für große n die Wahrscheinlichkeit nahe bei 1, daß zwei zufällig ausgewählte Permutationen schon die alternierende Gruppe $\mathfrak{A}(\mathbb{F}_2^n)$ erzeugen.
Unter Verwendung spezieller Basisfunktionen läßt sich zeigen, daß die von diesen Funktionen erzeugte Untergruppe definitiv die alternierende Gruppe ist. Dazu benötigt man sogenannte *k-Funktionen*, $k \in \mathbb{N}$, $1 \leq k \leq n-1$. Hierbei handelt es sich um Permutationen $\sigma \in \mathfrak{S}(\mathbb{F}_2^n)$, welche den folgenden Bedingungen genügen: es existiert eine $k+1$-elementige Teilmenge von $\mathbb{N}^n$, $\{i_1,\ldots,i_k,j\}$, und eine Funktion $f:\mathbb{F}_2^k \to \mathbb{F}_2$, so daß mit $\underline{a}:=(a_1,\ldots,a_n)$ und $\underline{b}:=(b_1,\ldots,b_n) \in \mathbb{F}_2^n$ die Komponenten

von $\underline{b}:=\sigma(\underline{a})$ durch

$$b_m = \begin{cases} a_m & m \neq j \\ \\ a_j \oplus f(a_{i_1},\ldots,a_{i_k}) & m=j \end{cases} \quad \text{erklärt sind.}$$

Eine k-Funktion läßt also bis auf eine alle Komponenten ihres
Eingabeblocks unverändert. Außerdem ist jede k-Funktion σ
eine Involution, so daß bei Verwendung von k-Funktionen als
Basisfunktionen in einem Verschlüsselungsalgorithmus die
oben erwähnten Vorteile beim Entschlüsseln erhalten bleiben.
Bezeichnet man mit $U_{k,n}$ die von den k-Funktionen erzeugte
Untergruppe von $\mathcal{T}(\mathbb{F}_2^n)$ für ein festes k, dann liefert der
folgende Satz das Gewünschte:

$\underline{Satz\ 2}$:

 (i) Mit $n \geq 4$ und $2 \leq k \leq n-2$ gilt: $U_{k,n} = \mathfrak{A}(\mathbb{F}_2^n)$

(ii) Für jedes $n \geq 2$ ist stets $U_{n-1,n} = \mathcal{T}(\mathbb{F}_2^n)$.

Den $\underline{Beweis}$ findet man in (COPPERSMITH/GROSSMAN).

Es liegt daher nahe, solche k-Funktionen zur Konstruktion der
oben betrachteten Abbildung Φ heranzuziehen.

V.2   LUCIFER - ALGORITHMUS

Der LUCIFER-Algorithmus wurde Anfang der 70er Jahre bei IBM ·
von H. FEISTEL entwickelt. Er gilt als Prototyp aller modernen
kryptographischen Blockschlüsselungsverfahren zur Datenüber-
tragung. Er arbeitet mit Schlüsseln von 128 Bits Länge und
ebenso großen Klartext- und Chiffretextblöcken.
Der Ausgangspunkt seiner Konstruktion ist der Vorschlag von
(SHANNON, p. 712), alternierende Folgen von Transpositions- und
Substitutionssystemen zur Bildung von Produkt-Chiffren zu
benutzen.
Bild 1 zeigt eine sehr naive Realisierung dieser Idee unter

Verwendung sogenannter S- und T-Boxen. Eine T-Box bewirkt
jeweils eine Permutation der 128 Input-Bits; die S-Boxen
sind bijektive Funktionen $\mathbb{F}_2^4 \to \mathbb{F}_2^4$. Die 128 Output-Bits einer
T-Box werden zu 32 4-Bit-Blöcken zusammengefaßt, die dann in
den S-Boxen weiterverarbeitet werden. Insgesamt 16 Runden
dieser Art sind zu durchlaufen.
Dabei wird folgende Problematik der Schlüsselerzeugung klar.
Die Stärke des Systems hängt von den S-Boxen ab. Den Schlüssel
bilden jeweils die eingesetzten S-Boxen.
Da eine S-Box durch 16 4-Bit-Wörter beschrieben wird, müßte
man bei 32 vorhandenen S-Boxen und einer Iteration des Verfahrens über 16 Runden einen Schlüssel von $16 \cdot 4 \cdot 32 \cdot 16 = 32768$
Bits Länge zur Verfügung haben. Der Aufwand zur Erstellung
eines solchen Schlüssels wäre in keinem praktischen System
vertretbar.

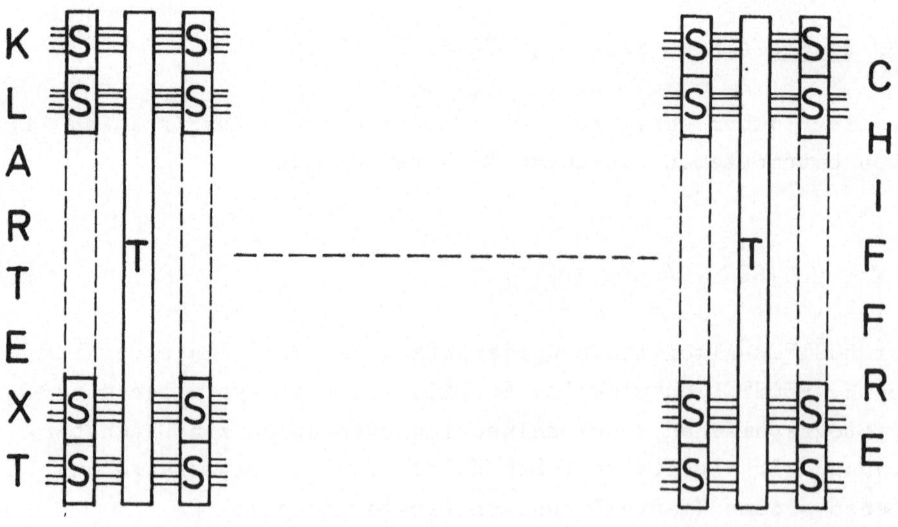

Bild 1

H. FEISTEL hatte zur Lösung dieses Problems die folgenden
Ideen:

(i) Man verwende nur zwei verschiedene S-Boxen, wobei jeweils
durch 1 Bit des Schlüssels eine von beiden ausgewählt
wird. Dadurch werden nur noch $32 \cdot 16 = 512$ Bits für einen
Schlüssel benötigt.

(ii) Man verwendet einen "Schlüssel-Erweiterungs-Algorithmus",
der aus einem Initialisierungswert von eben den ge-
wünschten 128 Bits Länge den eigentlichen Schlüssel von
512 Bits generiert.

Im folgenden werden einige neue Definitionen benötigt. Mit
S_0 und S_1 bezeichnen wir die beiden verschiedenen Abbildungen
$\mathbb{F}_2^4 \rightarrow \mathbb{F}_2^4$ aus (i) und mit $\mu : \mathbb{F}_2^4 \times \mathbb{F}_2^4 \rightarrow \mathbb{F}_2^4 \times \mathbb{F}_2^4$ die Komponentenver-
tauschung.

KRITERIUM 1:
===

Eine notwendige Voraussetzung für die Sicherheit des Systems
ist die Nicht-Affinität der beiden S-Boxen S_0 und S_1.

Begründung:

Im anderen Fall wird die Verschlüsselungsfunktion affin. Also
existieren $A_s \in GL_{128}(\mathbb{F}_2)$ und $b_s \in \mathbb{F}_2^{128}$ zum Schlüssel s, so daß
der zum Klartextblock $k \in \mathbb{F}_2^{128}$ gehörende Chiffretextblock
$c \in \mathbb{F}_2^{128}$ sich aus $c = A_s \cdot k \oplus b_s$ berechnet.
Sind nun aus einem BK-Angriff die Tupel
$(k_0, c_0), \ldots, (k_{128}, c_{128}) \in \mathbb{F}_2^{128} \times \mathbb{F}_2^{128}$ bekannt, dann bildet man
zunächst $k_i := k_i \oplus k_0$ und $c_i := c_i \oplus c_0$ für $i = 1, \ldots, 128$. Mit
$K := (k_1 \ldots k_{128})$ und $C := (c_1 \ldots c_{128})$ gilt $C = A_s \cdot K$.
Falls jetzt K invertierbar ist, so erhält man $A_s = C \cdot K^{-1}$. Den
Vektor b_s errechnet man anschließend aus $b_s = c_0 - A_s k_0$.
Folglich ist das System gebrochen, ohne daß s explizit

berechnet wurde!

Dieses Kriterium ist im Falle der im LUCIFER angegebenen
S-Boxen (vergl. (SORKIN)) erfüllt.

Die Konstruktion des LUCIFER-Verfahrens geschieht in mehreren
Schritten (vergl. (GIRSDANSKY),(SORKIN)).

Mit Hilfe von S_0, S_1 und μ wird eine Abbildung

$$\Sigma : \mathbb{F}_2 \times \mathbb{F}_2^4 \times \mathbb{F}_2^4 \to \mathbb{F}_2^4 \times \mathbb{F}_2^4$$

$$(\beta,1,r) \to \Sigma_\beta(1,r) := (S_0 + S_1) \circ \mu^\beta (1,r)$$

erklärt.

Jetzt setze man zur Abkürzung $B := \mathbb{F}_2^8$ ($\hat{=}$ 1 Byte) und $A := B^8$

und definiere $\gamma : B \times A \to A$ durch

$$((\beta_0,\dots,\beta_7),(b_0,\dots,b_7)) \to (\Sigma_{\beta_0}(b_0),\dots,\Sigma_{\beta_7}(b_7)).$$

Mit einem konstanten Permutationsautomorphismus $P_f : B \to B$ und
der Erweiterung $P = P_f \dotplus \dots \dotplus P_f$ bilde man für ein beliebiges

$s = s_0,\dots,s_7 \in A$ die Funktion

$$\phi : A \times A \to A$$

$$(s,a) \to P(s \oplus \gamma(s_0,a)).$$

Für das i-te Byte von $\phi(s,a)$ ergibt sich somit:

$$[\phi(s,a)]_i = P_f(s_i \oplus \Sigma_{\sigma_i}(a_i))$$

mit dem i-ten Bit σ_i von s_0. s_0 wird als *Substitutions-
Kontroll-Byte*, die σ_i als *Tausch-Kontroll-Bits* bezeichnet.

Die Abbildung π wird als Konstante π_0 gewählt:
Mit einer fest gewählten Permutation ω von $\{0,1,\dots,7\}$
definiere man $\pi_0 : A \to A$ durch

$$\pi_0(a_{i,j}) = a_{i+\omega(j) \bmod 8,j} \, ,$$

wobei $a_{i,j}$ das j-te Bit des i-ten Bytes bezeichnet.

Zu $s \in A$ erhält man schließlich eine Abbildung der in Kap.V.1
beschriebenen Art, nämlich

$$\Phi_s : A \times A \to A \qquad \text{mit}$$

$$\Phi_s(1,r) = \pi_0^{-1} c^{\phi(s,r)} \pi_0(1).$$

Als Schlüsselraum wählt man $S:=A^2=B^{16}$. Mittels

$$\rho: A^2 \to A^{16}$$

$$(b_0, \ldots, b_{15}) \to (s_0, \ldots, s_{15}) \qquad s_i \in A=B^8,$$

wobei $s_i = b_{i7 \bmod 16} b_{7i+1 \bmod 16}, \ldots, b_{7i+7 \bmod 16}$ gilt,

erhält man für $i=0, \ldots, 15$ je acht ausgewählte Schlüsselbytes. Die Verschlüsselungsfunktion für LUCIFER wird wie in Satz 1 gebildet. Es ergibt sich also folgende Abbildung:

$$\text{LUCIFER}: S \times A \times A \to A \times A,$$

sodaß für ein $s \in S$ $\text{LUCIFER}_s(1,r) := \tilde{\Phi}_{s_{15}} \text{o}\mu\text{o} \ldots \text{o}\mu\text{o}\tilde{\Phi}_{s_0}(1,r)$ ist.

Die von IBM verwendeten Werte für die S-Boxen und die Permutationen kann man einer Tabelle im Anhang entnehmen (SORKIN). Mit der bisherigen Notation hat man folgenden Verschlüsselungsalgorithmus:

```
BEGIN
INPUT: "Klartext" k=(1,r)=(l_0,...,l_7,r_0,...,r_7) ∈ A×A
INPUT: "Schlüssel" s=(b_0,...,b_15) ∈ S
     FOR j=0 TO 15 DO
         FOR i=0 TO 7 DO
```

$$c_i = (r_{i,0}, r_{i,1}, r_{i,2}, r_{i,3})$$

$$d_i = (r_{i,4}, r_{i,5}, r_{i,6}, r_{i,7})$$

$$\text{IF } b_{7j \bmod 16, i} = 1 \text{ THEN } c_i = S_0(c_i) \; d_i = S_1(d_i)$$
$$\text{ELSE } c_i = S_1(c_i) \; d_i = S_0(d_i)$$

$$m = (c_i, d_i)$$

$$m = m \oplus b_{7j+i \bmod 16}$$

$$m = (m_{P_f^{-1}(0)}, \ldots, m_{P_f^{-1}(7)})$$

$$l_{i,5} = l_{i,5} \oplus m_{P_f^{-1}(0)} : l_{(i+1),3} = l_{(i+1),3} \oplus m_{P_f^{-1}(1)}$$

$$l_{(i+2),2} = l_{(i+2),2} \oplus m_{P_f^{-1}(2)}$$

$$l_{(i+3),6} = l_{(i+3),6} \oplus m_{P_f^{-1}(3)}$$

$$l_{(i+4),7} = l_{(i+4),7} \oplus m_{P_f^{-1}(4)}$$

$$l_{(i+5),4} = l_{(i+5),4} \oplus m_{P_f^{-1}(5)}$$

$$l_{(i+6),1} = l_{(i+6),1} \oplus m_{P_f^{-1}(6)}$$

$$l_{(i+7),0} = l_{(i+7),0} \oplus m_{P_f^{-1}(7)} \quad \text{mit} (i+j) := i+j \bmod 8$$

```
        ENDDO
        zw=r,r=l,l=zw
      ENDDO
  zw=r,r=l,l=zw
  OUTPUT: "Chiffretext":; (l,r)
  END
```

Für die Entschlüsselung beachte man die Identität $7 \cdot (-9) \equiv 1 \bmod 16$. Neben der Nicht-Affinität der S-Boxen wurde bereits im I. Kapitel eine weitere Forderung an Blocksysteme gestellt: die Fehlerpropagation. Sie macht implizit eine Aussage über die Güte der verwendeten S-Boxen.

KRITERIUM 2:

Bei jeder S-Box ruft die Veränderung eines Input-Blocks um 1 Bit eine Veränderung von mindestens 2 Output-Bits hervor.

Begründung:

Dadurch läßt sich erreichen, daß bei Änderung eines Klartext- bzw. Schlüsselbits im Mittel die Hälfte aller Chiffretextbits geändert werden.

Die Überprüfung dieser Eigenschaft erfolgt sehr effizient mit dem nachstehenden *Lawinentest*. Es bezeichne p die Wahrscheinlichkeit, daß ein bestimmtes Ausgabebit unter den gemachten

Voraussetzungen verändert wird. Setzt man voraus, daß die
Veränderungen in den einzelnen Positionen voneinander unabhängig sind, so erhält man für die Wahrscheinlichkeit $p_n(r)$,
daß sich r-viele von n möglichen Bits verändern, aufgrund der
Binomialverteilung

$$p_n(r) = \binom{n}{r} \cdot p^r \cdot q^{n-r} \quad ; \quad q = 1-p \; .$$

Für npq >> 1 gibt der lokale Grenzwertsatz von de MOIVRE-LAPLACE
((FELLER)) eine gute Näherung für $p_n(r)$ an:

$$p_n(r) \simeq 1/\sqrt{2\pi npq} \cdot \exp(-(r-np)^2/2npq)$$

$$\text{falls } |r-np| = 0(\sqrt{npq})$$

Der Lawinentest besteht in folgenden Schritten:

    L1. Erzeuge N zufällige Klartext-Blöcke $k_1, \ldots, k_N$

    L2. Erzeuge eine Folge $k_1', \ldots, k_N'$, so daß sich k_i und k_i'

        um ein zufällig ausgewähltes Bit unterscheiden

    L3. Berechne die Chiffretexte c_i und c_i'

    L4. $N_r = \#\{i \mid d_H(c_i, c_i') = r\}$

        (Für $c, c' \in \mathbb{F}_2^n$ gilt $d_H(c, c') = \{i \mid i\text{-tes Bit von } c =$

                                        $i\text{-tes Bit von } c'\})$

    L5. $p_n(r) = N_r/N$

Der 4. Schritt zählt die Chiffretexte c_i und c_i' mit einer
festen HAMMING-Distanz r. Der Test gilt als bestanden, wenn
die gemessene Verteilung p_n der theoretisch vorhergesagten
p_n "möglichst gut" angepaßt ist (mit einem geeigneten Maß für
den Meßfehler).

Ein von uns durchgeführter Test für den LUCIFER-Algorithmus
ergab die in Bild 2 dargestellte Verteilung. Hieraus ermittelt
man bei einem Mittelwert von $\mu = 64$ veränderten Bits mit einer
Wahrscheinlichkeit $p_n(\mu) \simeq 0{,}0713$ theoretisch den erwarteten
Wert $p_n \simeq 0{,}5053$. Dies stimmt mit anderen in der Literatur genannten experimentellen Befunden überein ((SMITH); (SORKIN)).

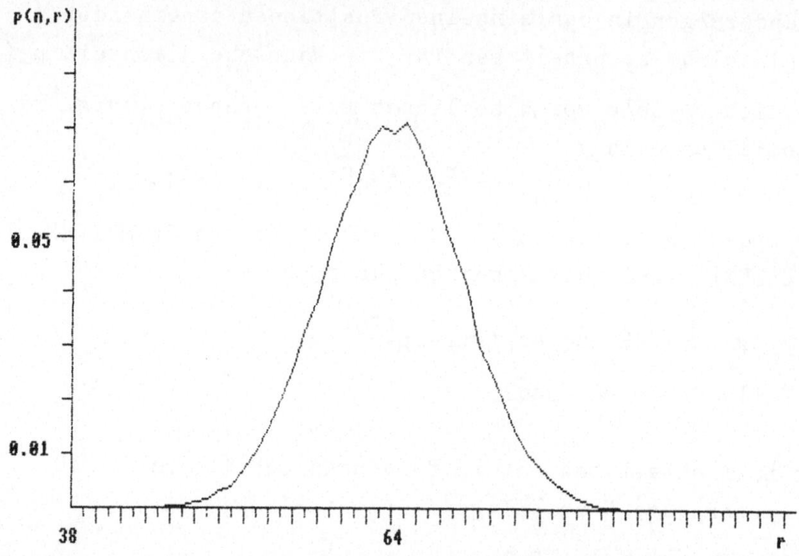

Bild 2: Lawinentest für den LUCIFER-Algorithmus
N = 50.000

Die Aussage bleibt auch gültig, wenn an Stelle eines Klartextbits ein zufälliges Schlüsselbit geändert, der Klartext aber
beibehalten wird.

Die folgenden Experimente geben Aufschluß über die Fehlerpropagation, wenn statt der vollen Zahl von 16 Runden im
LUCIFER-Algorithmus nur N-viele (N<15) durchlaufen werden.
Insbesondere soll die Minimal-Anzahl von Runden gefunden
werden, die für ein positives Ergebnis des Lawinentests erforderlich sind. Die Ergebnisse sind in den Bildern 3 und 4
dargestellt.
Im Bild 3 wurde jeweils ein Klartextbit verändert. Die einzelnen Stadien der Annäherung an die ideale Verteilung p_n sind
deutlich zu erkennen. Nach 8 Runden ist die "Entfernung" von
der endgültigen Verteilung bereits so klein, daß unter diesem
Standpunkt eine Iteration von nur 8 Runden im LUCIFER-
Algorithmus als ausreichend erscheint.

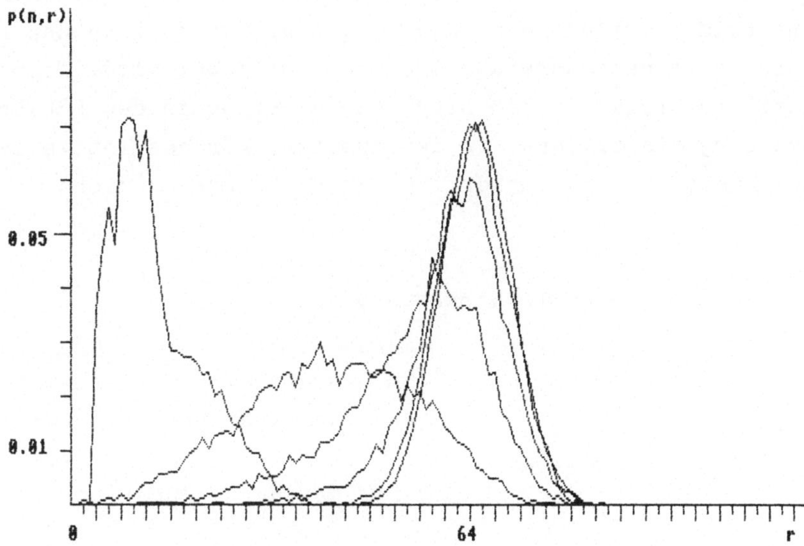

Bild 3: Lawinentest bei Änderung eines Klartextbits für 2, 3, 5, 6, 7, 8 und 16 Runden

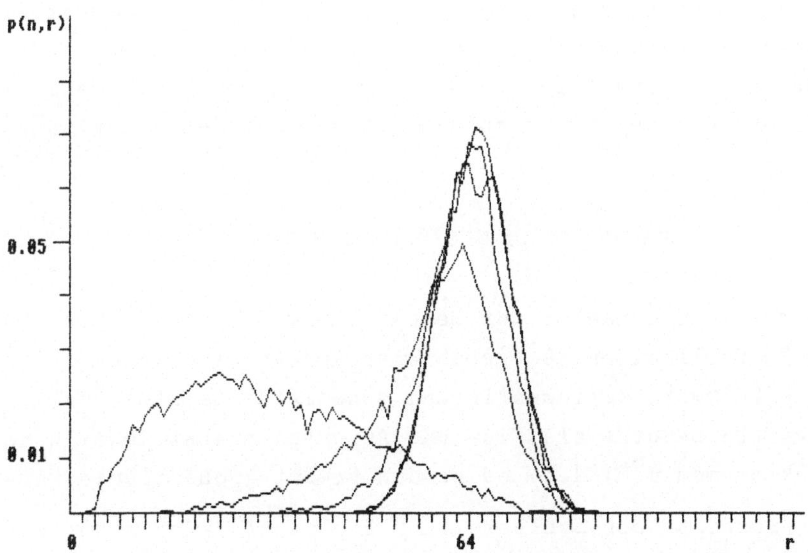

Bild 4: Lawinentest bei Änderung eines Schlüsselbits für 5, 7, 8, 10 und 16 Runden

Anders ist es bei der zufälligen Änderung eines Schlüsselbits.
Aus Bild 4 erkennt man, daß hier eine Näherung an den Endzustand erst nach ungefähr 10 Runden erreicht wird. Dies ist
damit zu erklären, daß sich eine Änderung in den Schlüsselbytes b_8 bis b_{14} erst in der zweiten, für das letzte Byte
überhaupt erst in der dritten Runde bemerkbar macht.

V.3 DATA ENCRYPTION STANDARD (DES)

> *"Ihr schönen Kinder laßt mich wissen:*
> *Seid ihr nicht auch von Luzifers*
> *Geschlecht?"*
>
> J.W.v.Goethe,   Faust

Auf den Erfahrungen mit dem LUCIFER-System aufbauend wurden
bei IBM unter der Leitung von W.L. TUCHMAN ((EHRSAM,W.F.et al)
1976) weitere Blocksysteme studiert. Eines davon wurde 1977
als Data Encryption Standard vom amerikanischen NBS
(National Bureau of Standards) standardisiert. Die öffentliche
Diskussion um die Sicherheit des DES-Algorithmus war ein
wesentlicher Anstoß für die öffentliche Forschung auf dem
Gebiet der Kryptologie in den vergangenen 10 Jahren. Dieser
Aspekt erscheint uns noch wichtiger als der Algorithmus selbst.

V.3.1 BESCHREIBUNG DES ALGORITHMUS

Wir folgen zunächst der Beschreibung des Algorithmus in der
FIPS Publikation 46, geben aber später eine andere, für z.B.
die Software-Implementierung günstigere Darstellung.
Der DES benutzt als Ein- und Ausgabealphabet jeweils den
Vektorraum $\mathbb{F}_2^{64}$; d.h. es werden 64-Bit große Blöcke verschlüsselt. Der Schlüsselraum S besteht dagegen nur aus $\mathbb{F}_2^{56}$,
er ist also kleiner als beim LUCIFER-Algorithmus. Bild 5a
skizziert den Ablauf des Algorithmus. Ein Klartextblock k wird
zunächst unter einer Anfangspermutation AP auf $k_0 = AP(k)$
abgebildet.

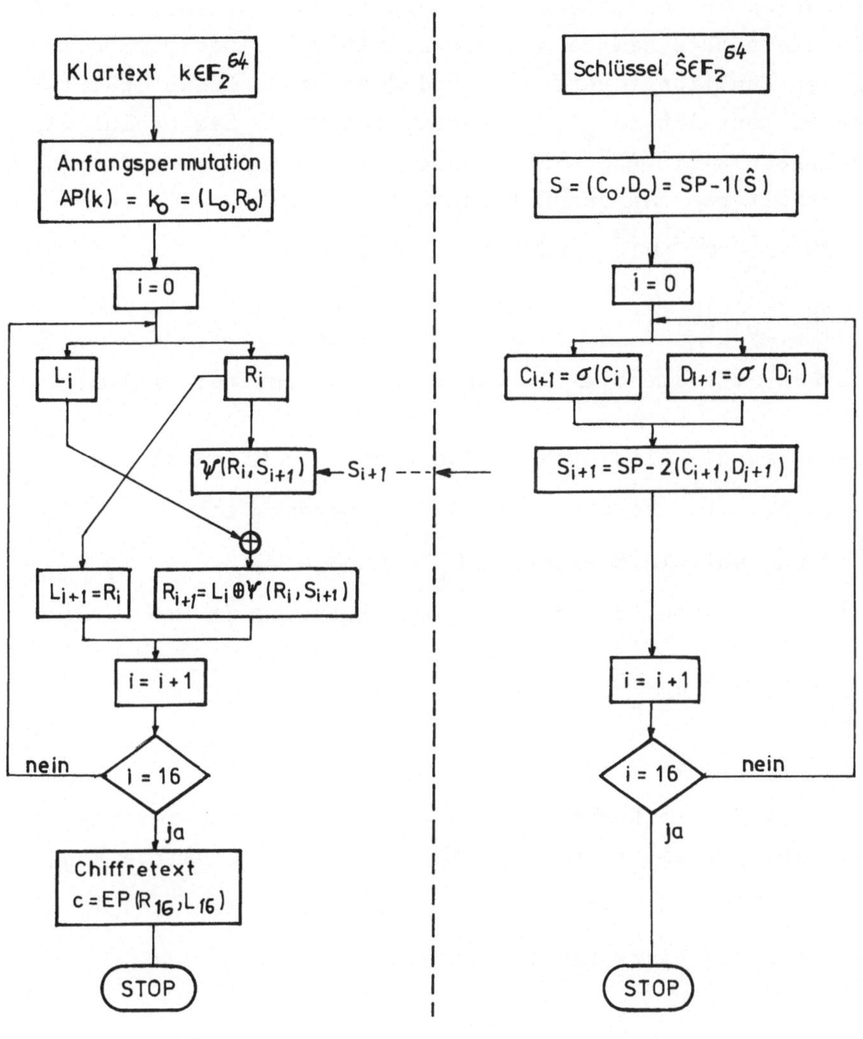

Bild 5 a   Bild 5 b

Danach werden 16 Schritte einer Schleife durchlaufen, bei der jeweils die rechte Hälfte des Blocks mittels einer parameter-abhängigen Funktion f verändert und dann diese "neue" Hälfte mit der "alten" linken Hälfte vertauscht wird. Zum Schluß wird dieses Ergebnis mit $AP^{-1}=:EP$ (Endpermutation) permutiert. Daraus erhält man den endgültigen Chiffretext:

Also DES: $\mathbb{F}_2^{56} \times \mathbb{F}_2^{32} \times \mathbb{F}_2^{32} \rightarrow \mathbb{F}_2^{32} \times \mathbb{F}_2^{32}$ mittels

$$DES_S(L_0,R_0)=f(R_{15},S_{16})\circ\mu\circ\ldots\circ\mu\circ f(R_0,S_1)(L_0,R_0)$$

wobei $S \in \mathbb{F}_2^{56}$ und die $S_i \in \mathbb{F}_2^{48}$ werden aus S ermittelt i=1,...,16 .

Numeriert man die Bits eines jeden Blocks $b \in \mathbb{F}_2^n (n \in \mathbb{N})$ von links mit $b_1 \ldots b_n$, so wirkt die Anfangspermutation $AP:\mathbb{F}_2^{64} \rightarrow \mathbb{F}_2^{64}$ auf ein Element $x \in \mathbb{F}_2^{64}$ vermöge $[AP(x)]_u = x_t$, wobei $u = 8 \cdot i+j$ $(i \in \{0,1,\ldots,7\}$ $j \in \{1,\ldots,8\})$ und

$$t \equiv \begin{cases} 2i-8j+2 \bmod 64 & i=0,1,2,3 \\ 2i-8j-7 \bmod 64 & i=4,5,6,7 \end{cases} \qquad (1<t<64)$$

Wenn man mit K_i das Ergebnis des i-ten Schrittes bezeichnet (i=1,...,16) und mit L_i,R_i die linke bzw. rechte Hälfte von K_i, also $K_i=L_iR_i$ mit $L_i:=k_1,\ldots,k_{32},R_i:=k_{33},\ldots,k_{64}$, so gilt rekursiv für die einzelnen Schritte:

$$L_i = R_{i-1}$$

$$R_i = L_{i-1} \oplus \Psi(R_{i-1},S_i).$$

Die Ableitung der Teilschlüssel $S_i \in \mathbb{F}_2^{48}$ aus $S \in \mathbb{F}_2^{56}$ wird weiter unten beschrieben. Man beachte, daß nach der letzten Iteration die rechten und linken Hälften von K_{16} nicht mehr vertauscht werden; der Block (R_{16},L_{16}) wird lediglich durch EP permutiert.
Zur Entschlüsselung verwendet man denselben Algorithmus mit der einzigen Ausnahme, daß zunächst der Schlüssel S_{16} in die erste Iteration eingegeben wird,

dann S_{15} und zum Schluß S_1. Dies ist so, da die Endpermutation EP das Inverse zur Anfangspermutation AP bildet und

$$R_{i-1} = L_i$$

$$L_{i-1} = R_i \oplus \Psi(L_i, S_i) \text{ gilt.}$$

Man beachte, daß gemäß den Überlegungen aus Kap. V.1 die Reihenfolge der Schlüsseleingabe umgekehrt wird, nicht aber der eigentliche Algorithmus.

Bild 6 skizziert die Wirkungsweise der Funktion Ψ auf einer Hälfte R_{i-1}. Zuerst wird R_{i-1} zu einem 48-Bit-Block ausgedehnt; dies geschieht mittels der Erweiterungsfunktion

$$E: \mathbb{F}_2^{32} \to \mathbb{F}_2^{48}$$

$$x \to E(x).$$

Dabei gilt $[E(x)]_u = x_t$ mit $u = 6i + j$ ($i \in \{0, \ldots, 7\}$ $j \in \{1, \ldots, 6\}$) und $t \equiv 4i + j - 1 \bmod 32$ $(1 < t < 32)$.

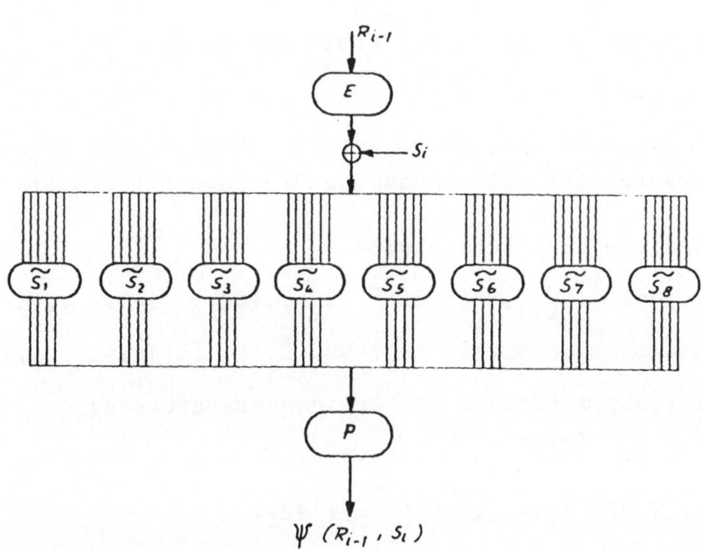

Bild 6

Anschließend wird zur Erweiterung von R_{i-1} der Teilschlüssel S_i addiert; man erhält also:

$$E(R_{i-1}) \oplus S_i =: B_{i_1} \ldots B_{i_8} \ , \ B_{i_j} \in \mathbb{F}_2^6 \ \ j=1,\ldots,8.$$

Statt der invertierbaren $4{\times}4$-S-Boxen wie beim LUCIFER-Algorithmus werden beim DES 8 S-Boxen mit je 6 Input- und 4 Output-Bits verwendet. Jedes Bit B_{i_j} wird in die entsprechende S-Box $S_j : \mathbb{F}_2^6 \to \mathbb{F}_2^4$ gesteckt. Da man insgesamt 8 solcher Blöcke hat, erhält man als Ergebnis durch Zusammenfügen einen Vektor aus $\mathbb{F}_2^{32}$. Dessen Bits werden daraufhin einer festen Permutation $P \in \gamma_{32}$ unterworfen. Insgesamt entsteht die Funktion $\Psi : \mathbb{F}_2^{32} \times \mathbb{F}_2^{48} \to \mathbb{F}_2^{32}$ als

$$\Psi(R_{i-1}, S_i) := P(S_1(B_{i_1}) S_2(B_{i_2}) \ldots S_8(B_{i_8})), \text{ wobei}$$

$$B_{i_1} \ldots B_{i_8} = E(R_{i-1}) \oplus S_i \text{ ist.}$$

Zum Zwecke der nachfolgenden Analyse wollen wir nun eine andere Darstellung des DES geben. In jeder Runde wird die entsprechende rechte Hälfte ermittelt durch

$$R_i = L_{i-1} \oplus P(\tilde{S}(E(R_{i-1}) \oplus S_i)) \qquad i=1,\ldots,16 \ ,$$

wobei $\tilde{S}$ die Anwendung aller acht S-Boxen auf ein Element $x \in \mathbb{F}_2^{48}$ beschreibt. Die Anwendung der inversen Permutation P^{-1} auf diese Gleichung ergibt

$$P^{-1}(R_i) = P^{-1}(L_{i-1}) \oplus \tilde{S}(E \circ P(P^{-1}(R_{i-1})) \oplus S_i) \qquad i=1,\ldots,16 \ .$$

Mit den Setzungen $\tilde{R}_i := P^{-1}(R_i)$ und $\tilde{L}_i = P^{-1}(L_i) (i=0,\ldots,16)$ und der Abkürzung $\tilde{E}$ für die Hintereinanderausführung $E \circ P : \mathbb{F}_2^{32} \to \mathbb{F}_2^{48}$ folgt

$$\tilde{L}_i = \tilde{R}_{i-1} \text{ und } \tilde{R}_i = \tilde{L}_{i-1} \oplus \tilde{S}(\tilde{E}(\tilde{R}_{i-1}) \oplus S_i)$$

Den Chiffretextblock C erhält man aus

$$C = EP(P(\tilde{R}_{16}), P(\tilde{L}_{16})).$$

Statt der Berechnung des Chiffretextblocks $C \in \mathbb{F}_2^{64}$ aus dem Klartextblock $K \in \mathbb{F}_2^{64}$ und dem Schlüssel $\hat{S} \in \mathbb{F}_2^{56}$ mit dem DES kann also auch folgendes Verfahren herangezogen werden.

(1) Bilde die Anfangspermutation $\pi_0 := (P^{-1}, P^{-1}) \circ AP$

   dann ist $\pi_0^{-1} = EP \circ (P,P)$

(2) Definiere L_0 und R_0 in $\mathbb{F}_2^{32}$ durch $(L_0, R_0) = \pi_0(K)$

(3) Bilde rekursiv für $i=1,\ldots,16$:
$$L_i = R_{i-1}$$
$$R_i = L_{i-1} \oplus \tilde{S} (\tilde{E}(R_{i-1}) \oplus S_i)$$

(4) Setze $C := \pi_0^{-1}(R_{16}, L_{16})$

Dann ist in der Tat $C = DES(\hat{S}, K)$.
Spätestens anhand dieser Darstellung des DES läßt sich das "Geschlecht LUCIFER´s" nicht mehr leugnen.

Es fehlt bisher noch die Beschreibung der Teilschlüsselerzeugung. In jedem Schritt i wird ein neuer Schlüssel $S_i \in \mathbb{F}_2^{48}$ benötigt, der sich aus dem ursprünglichen Schlüssel $\hat{S}$ berechnet. Bild 5b illustriert die Konstruktion.
Wie bereits gesagt wurde, ist der Schlüssel $\hat{S}$ 56 Bits groß. In der Praxis wird auch er als Folge von 8 Bytes, also 64 Bits angegeben, wobei jedoch dann die Bits in den Positionen 8,16,...,64 fortgelassen werden. Die restlichen 56 Bits werden anschließend permutiert. Der gesamte Vorgang kann als eine Funktion $SP\text{-}1 : \mathbb{F}_2^{64} \to \mathbb{F}_2^{56}$ beschrieben werden.

Mit C_0 und D_0 werden die linke bzw. rechte Hälfte des 56-Bit-Blocks $SP\text{-}1(\hat{S})$ bezeichnet. Mit der festen Permutation $\sigma = (1,28,\ldots,3,2) \in \Upsilon_{28}$ wird nach folgendem Schema die Permutation

$$\sigma_i := \begin{cases} \sigma & i=1,2,9,16 \\ \sigma^2 & \text{sonst} \end{cases}$$

eingeführt.

Rekursiv definiert man für $i=1,\ldots,16$:

$$C_i := \sigma_i(C_{i-1}) \qquad D_i := \sigma_i(D_{i-1}) \ .$$

Aus den vorhandenen 56 Bits von $C_i D_i$ werden lediglich 48 Bits selektiert und dann permutiert. Dieser Vorgang wird insgesamt durch eine Funktion $SP\text{-}2 : \mathbb{F}_2^{56} \to \mathbb{F}_2^{48}$ beschrieben. Damit definiert man

$$S_i := SP\text{-}2(C_i D_i) \qquad (i=1,\ldots,16)$$

Die Auswahlpermutationen SP-1 und SP-2 sind im Anhang notiert.

Bei der Verschlüsselung jedes 64-Bit-Blocks werden stets die selben 16 48-Bit-Teilschlüssel $S_1,\ldots,S_{16}$ verwendet. Eine zweckmäßige Software-Implementierung des DES berechnet die $S_1,\ldots,S_{16}$ ein für alle Mal in einem Anlaufschritt und speichert sie für die weitere Verwendung ab. In der Kombination mit dem oben beschriebenen Verfahren ergab sich bei einer DES-Implementation der Autoren auf einem 8-Bit-Mikrocomputer mit 2MHz 6502-CPU eine mittlere Verarbeitungszeit von ca. 70 ms pro 8-Byte-Block.

Soweit die Beschreibung des DES. Gegenüber LUCIFER sind einige augenfällige Veränderungen eingetreten. Einerseits wurde die Blockgröße halbiert und der Schlüssel auf 56 Bits verkürzt. Andererseits ist der Schlüsselerzeugungsmechanismus komplexer geworden. Die kryptographischen Hauptkomponenten - mit 6×4 S-Boxen beim DES, bei LUCIFER die invertierbaren 4×4 S-Boxen - sind verschieden. Hinzugekommen sind beim DES die Anfangs- und Endpermutation.

V.3 ANALYSE

Die S-Boxen des DES wurden als BOOLE'sche Funktionen
$\phi:\mathbb{F}_2^6 \to \mathbb{F}_2^4$ aufgefaßt. Mit geringfügigem Rechenaufwand kann
verifiziert werden, daß keine dieser Funktionen affin ist,
daß es also keine Darstellung der Form $\phi(\underline{x})=A\underline{x}\oplus\underline{b}$ mit einer
4×6-Matrix A über $\mathbb{F}_2$ und einem Vektor $\underline{b}\in\mathbb{F}_2^4$ gibt. Insgesamt
folgt daraus, daß DES $(\hat{S},):\mathbb{F}_2^{64} \to \mathbb{F}_2^{64}$ für keinen Schlüssel
$\hat{S}\in\mathbb{F}_2^{56}$ affin ist.

Der simple BK-Angriff aus der Begründung zu Kriterium 1 für
den LUCIFER-Algorithmus führt auch beim DES nicht zum Ziel.
Das Kriterium 2 ist wiederum mit kleinem Aufwand zu
verifizieren.

Zur Überprüfung der Fehlerpropagation wurden verschiedene
Experimente mit dem Lawinentest gemacht. Die Ergebnisse
werden durch die Bilder 7 und 8 illustriert.

Auch im Falle des DES haben wir die Minimal-Anzahl von
Schritten in der Hauptschleife des Algorithmus bestimmt, die
zum positiven Ausgang des Lawinentests erforderlich sind. Es
zeigt sich, daß sowohl bei der Klartext-Änderung um 1 Bit als
auch bei der Schlüssel-Änderung um 1 Bit dazu i.a. nicht mehr
als 5 Schritte gebraucht werden.
Die Bedeutung des Lawinentests darf aber nicht überschätzt
werden. DAVIES (DAVIES) hat mehrere Schlüssel angegeben,
die Symmetrien in der Schlüssel-Folge $S_1,\ldots,S_{16}$ verursachen.

Experimente auch mit solchen Schlüsseln haben zu einem positiven Verlauf des Lawinentests geführt.
Die mathematische Komplexität des DES und somit seine kryptographische Stärke wird z.B. stark reduziert, falls die in
jeder Runde verwendeten Schlüssel S_i gleich sind. Es gibt
genau 4 sogenannte *schwache* Schlüssel, die zu diesem Ergebnis
führen.

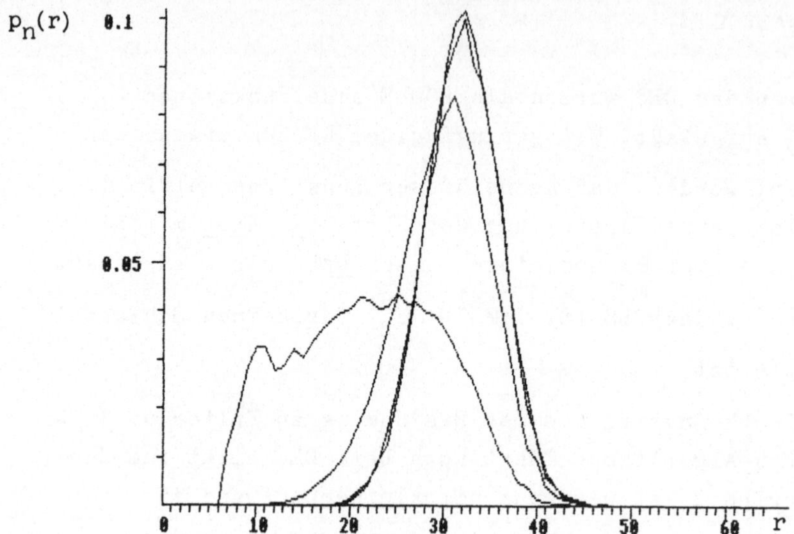

Bild 7: Lawinentest für den DES bei Änderung
eines Klartextbits (3, 4, 5 und 16 Runden).

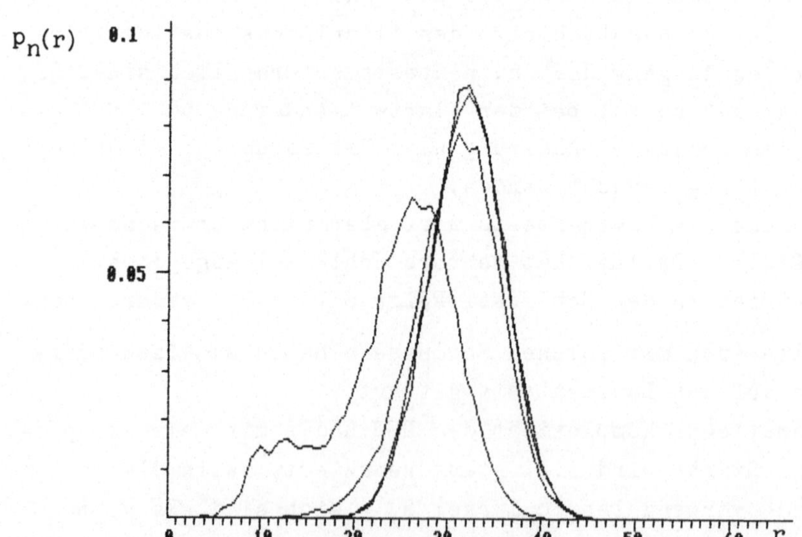

Bild 8: Lawinentest für den DES bei Änderung
eines Schlüsselbits (3, 4, 5 und 16 Runden)

Als hexadezimale Zahlen dargestellt sind das:

```
01 01 01 01 01 01 01 01
FE FE FE FE FE FE FE FE
1F 1F 1F 1F 1F 1F 1F 1F
E0 E0 E0 E0 E0 E0 E0 E0
```

Die schwachen Schlüssel zeichnen sich ferner durch die Eigenschaft aus, daß sie keinen Unterschied zwischen Ver- und
Entschlüsselungsoperation machen. D.h., für einen Klartext
k und einen schwachen Schlüssel s gilt die Implikation

$$c = DES(k,s) \Rightarrow k = DES(c,s) \ .$$

Weiter existiert eine Menge von Schlüsselpaaren (s,s'), so
daß die Entschlüsselungsoperation zu s gerade die Ver-
schlüsselungsoperation mit s' ist, d.h. für einen Klartext k:

$$c = DES(k,s) \Rightarrow k = DES(c,s') \ .$$

Möglich wird dies, wenn die internen Schlüssel C_i und D_i
$(i=0,\ldots,16)$ bestimmte Bitmuster - z.B. eine alternierende
Folge von 0 und 1 - aufweisen. Die Anwendung von σ führt dann
zu nur 2 verschiedenen Mustern, nämlich 0101...0101 und
1010...1010, die je achtmal auftreten. Sind alle Bits gleich,
findet überhaupt keine Änderung statt. Da die Entschlüsselung
mittels umgekehrter Generierung der Schlüssel-Folge $S_1,\ldots,S_{16}$
erfolgt, weist der zweite Schlüssel das gleiche, allerdings
um eine Stelle nach links verschobenes Muster in den internen
Schlüsseln auf. Es gibt 6 Paare solcher *dualen* Schlüssel:

s_1=E0 FE E0 FE F1 FE F1 FE s_1'=FE E0 FE E0 FE F1 FE F1

s_2=1F FE 1F FE 0E FE 0E FE s_2'=FE 1F FE 1F FE 0E FE 0E

s_3=01 FE 01 FE 01 FE 01 FE s_3'=FE 01 FE 01 FE 01 FE 01

s_4=1F 0E 1F E0 0E F1 0E F1 s_4'=E0 1F E0 1F F1 0E F1 0E

s_5=01 E0 01 E0 01 F1 01 F1 s_5'=E0 01 E0 01 F1 01 F1 01

s_6=01 1F 01 1F 01 0E 01 0E s_6'=1F 01 1F 01 0E 01 0E 01

Als *semischwach* bezeichnet man Schlüssel, die in der internen
Schlüsselfolge vier verschiedene Bitmuster erzeugen, von denen

jedes je viermal während der 16 Runden vorkommt. Der gleiche
interne Schlüssel taucht dabei nie zweimal hintereinander auf.
Insgesamt kennt man 48 semischwache Schlüssel (loc. cit.). Im
Vergleich zur Gesamtzahl von 2^{56} möglichen Schlüsseln ist die
genannte Anzahl von schwachen, dualen und semischwachen
Schlüsseln verschwindend gering. Die bloße Existenz solcher
Schlüssel ist keine ernsthafte Beeinträchtigung der Sicherheit
des Algorithmus, zumal die Verwendung dieser Schlüssel leicht
vermieden werden kann. Dennoch kann eine weniger symmetrische
Auslegung des Generierungsalgorithmus aktiv derartige Aus-
nahmen vermeiden.

Versuche mit verschiedenen Schlüsselerzeugungs-Mechanismen
z.B. Zufallswahl der 16 48-Bit-Blöcke $S_1,\ldots,S_{16}$ oder
pseudozufällige Erzeugung haben jedenfalls keinen Einfluß auf
das Verhalten im Lawinentest erkennen lassen.
Durch Verwendung von symmetrischen Schlüsseln wird eine
Kryptoanalyse durch einen BK-Angriff denkbar, die analog zu
dem in Kap. III.2.4 beschriebenen Verfahren bei Rotor-
Chiffriermaschinen verläuft.

Entscheidend für das statistische Verhalten des DES sind
vielmehr die S-Boxen selbst. Die Qualität eines Blocksystems
hängt davon ab, ob jedes Bit des Ausgabe-Blocks eine kom-
plizierte Funktion *aller* Bits des Eingabe-Blocks und des
Schlüssels ist. Die wichtigste kryptographische Transformation in jedem Schritt des DES wird durch die Funktion
$\Psi : \mathbb{F}_2^{32} \times \mathbb{F}_2^{48} \to \mathbb{F}_2^{32}$ mit

$$\Psi(X,Y) = \tilde{S}(\tilde{E}(X) \oplus Y)$$

geleistet. Der Bit-Vektor $X=(x_1,\ldots,x_{32}) \in \mathbb{F}_2^{32}$ wird von $\tilde{E}$
in den 8×6=48-Bit-Vektor

$$\tilde{E}(X) = (\xi_1,\ldots,\xi_8) \quad \text{mit}$$

$$\underline{\xi}_1 = x_{25}x_{16}x_7x_{20}x_{21}x_{29} \qquad \underline{\xi}_5 = x_{10}x_2x_8x_{24}x_{14}x_{32}$$
$$\underline{\xi}_2 = x_{21}x_{29}x_{12}x_{28}x_{17}x_1 \qquad \underline{\xi}_6 = x_{14}x_{32}x_{27}x_3x_9x_{19}$$
$$\underline{\xi}_3 = x_{17}x_1x_{15}x_{23}x_{26}x_5 \qquad \underline{\xi}_7 = x_9x_{19}x_{13}x_{30}x_6x_{22} \qquad (*)$$
$$\underline{\xi}_4 = x_{26}x_5x_{18}x_{31}x_{10}x_2 \qquad \underline{\xi}_8 = x_6x_{22}x_{11}x_4x_{25}x_{16}$$

abgebildet. Schreibt man $\underline{\xi}_i = (a_i, b_i, c_i, d_i, e_i, f_i)$ $(i=1,\ldots,8)$, so erkennt man, daß stets

$$e_i = a_{i+1} \text{ und } f_i = b_{i+1} \qquad (i=1,\ldots,8;$$
$$\text{Indizes mod } 8)$$

gibt.

An der Darstellung $(*)$ wird ersichtlich, von welchen Eingabebits die jeweiligen Ausgabebits der verschiedenen S-Boxen beeinflußt werden. Das Ergebnis ist in der folgenden Tabelle zusammengefaßt:

	Nr. des Ausgabebits			
	1	2	3	4
S_1	f_2 b_3	f_4 b_5	d_6	d_8
S_2	f_3 b_4	e_7 a_8	c_1	c_5
S_3	e_6 a_7	e_4 a_5	c_8	c_2
S_4	c_7	e_5 a_6	c_3	f_8 b_1
S_5	e_2 a_3	c_4	f_6 b_7	d_1
S_6	e_1 a_2	f_7	d_3 b_8	d_5
S_7	e_8 a_1	e_3 a_4	c_6	d_2
S_8	f_1 b_2	d_7	d_4	f_5 b_6

Sie beantwortet die Frage, welche Eingabebits einer bestimmten
S-Box im (i+1)-ten Schritt von welchen S-Box-Ausgabebits des
i-ten Schritts beeinflußt werden, z.B. hängen sowohl das
fünfte Bit der vierten S-Box als auch das erste Bit der
fünften S-Box jeweils vom zweiten Bit der dritten S-Box ab.
Dabei ist zu beachten, daß die genannten Bits nicht in un-
mittelbarer Wechselbeziehung stehen. Die Eingabe hängt linear
von den Ausgabebits ab, da der für die entsprechende Runde
ermittelte Schlüssel noch dazu addiert wird.
Die Aussage der Tabelle wird noch sehr viel deutlicher durch
3 aus ihr abgeleitete Graphen, die DAVIES (loc.cit.) gefunden
hat. Die Knoten stellen dabei die S-Boxen dar, ein Pfeil
(Kante)

$$\text{(i)} \quad \rightarrow \quad \text{(j)}$$

bedeutet im ersten (bzw. zweiten bzw. dritten) Graphen, daß
das Eingabebit-Paar (a_j, b_j) (bzw. (c_j, d_j) bzw. (e_j, f_j)) der
j-ten S-Box von den Ausgabebits der i-ten S-Box beeinflußt
wird.

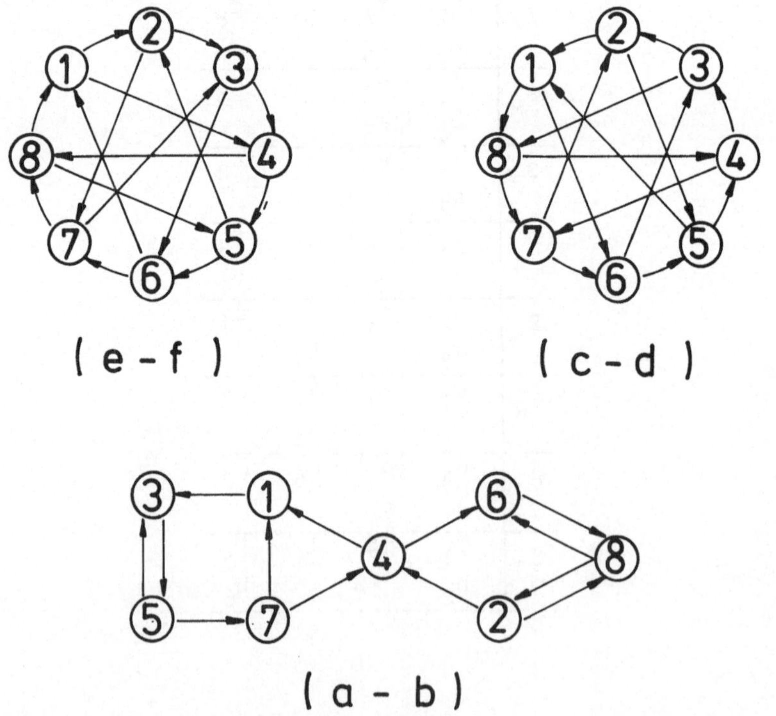

Es fällt auf, daß unter Beachtung der Richtung keine Kante
doppelt auftritt. Andererseits kommt nicht jede Kante vor, so
fehlen z.B. $6 \rightarrow 4$, $3 \rightarrow 1$, $2 \rightarrow 6$, $4 \rightarrow 2$ usw..
Durch eine Überlagerung aller drei Graphen erhält man also
keinen *vollständigen* Graphen, d.h. keine S-Box steht in un-
mittelbarer Wechselbeziehung zu allen anderen. Die Graphen
(e-f) und (c-d) sind symmetrisch. Sie
enthalten *HAMILTON'sche Zykel*-Rundwege, bei denen jeder
Knoten genau einmal auftritt - nämlich:

$$(1,2,3,4,5,6,7,8) \text{ und } (1,4,8,5,2,7,3,6) \text{ in (e-f)}$$

sowie $(8,7,6,5,4,3,2,1)$ und $(8,4,7,2,5,1,6,3)$ in (c-d).

Eine Veränderung eines Bits vom Typ c,d,e oder f pflanzt sich
wegen eines solchen Zykels nach acht Schritten über alle
S-Boxen fort. Tatsächlich wird diese Rundenzahl aber garnicht
benötigt, da jede S-Box gleichzeitig auf zwei andere wirkt.
Im Graphen (c-d) z.B. betrifft die Änderung eines der mittleren Input-Bits von S_1 in der nächsten Runde S_6 und S_8, dann
S_3, S_5, S_7 und S_4, und schließlich alle. Entsprechende Betrachtungen gelten für den Graphen (e-f).

Anders verhält es sich in (a-b). Wird hier eines der ersten
beiden Bits von S_1 geändert, so betrifft dies in der ersten
darauffolgenden Runde S_5 und S_3, in der zweiten zusätzlich
S_7, in den nächsten zwei Runden S_4 und S_6 und in der fünften
Runde alle S-Boxen. Da in jeder Runde lediglich die Hälfte
der Klar- bzw. Chiffretextbits in den Links-Rechts-Registern
geändert werden, sind im Mittel die doppelte Anzahl der
Runden zur vollständigen Verstreuung nötig. Ohne Berücksichtigung der Wechselbeziehungen wären dies also 6 bzw. 10 Runden.

Tatsächlich sind die Wechselwirkungen so stark, daß im
Durchschnitt fünf Runden zur Auflösung aller Abhängigkeiten
zwischen Klar- und Chiffretext-Bits bzw. Schlüssel- und
Chiffretext-Bits benötigt werden.

Zwar erweist sich der DES in dieser Hinsicht bereits dem
LUCIFER überlegen, doch wirft gerade die aufgedeckte Symmetrie
neue Fragen auf. Diese Symmetrie ist von den DES-Designern
gewollt, sie ist nicht durch Zufallswahl der S-Boxen
zustande gekommen. Ein kleines Experiment zeigt die
Stärke dieser Symmetrieeigenschaft. Selbst bei Abänderung
einer S-Box zur Identität wurde der Lawinentest immer
noch nach 5 Runden positiv.

Eine einfache Überlegung macht den "Spielraum" der Designer
zur Suche nicht-affiner S-Boxen klar. Die Menge Ω aller
Funktionen $\mathbb{F}_2^a \to \mathbb{F}_2^b$ hat die Mächtigkeit

$(2^b)^{2^a}$. Die Menge $\mathbb{A}$ aller affinen Abbildungen $\mathbb{F}_2^a \to \mathbb{F}_2^b$ hat
die Mächtigkeit $2^{(a+1)b}$, denn jede affine Abbildung besteht
aus einer linearen Abbildung $\mathbb{F}_2^a \to \mathbb{F}_2^b$ und einer Translation
mit einem Vektor aus $\mathbb{F}_2^b$. Die relative Häufigkeit nicht-affiner
Abbildungen $\mathbb{F}_2^a \to \mathbb{F}_2^b$ beträgt somit

$$\frac{\#\mathbb{A}}{\#\Omega} = 2^{(a+1-2^a)b}; \text{ für } a = 6 \text{ und } b = 4 \text{ ist z.B. } \frac{\#\mathbb{A}}{\#\Omega} = 2^{-228} \approx 10^{-69}.$$

Zum Vergleich bestimmen wir die relative Häufigkeit invertier-
barer nicht-affiner Abbildungen $\mathbb{F}_2^a \to \mathbb{F}_2^a$. Bei einer affinen
invertierbaren Abbildung $\mathbb{F}_2^a \to \mathbb{F}_2^a$ ist der lineare Anteil
invertierbar. Die Gruppe $GL_a(\mathbb{F}_2)$ aller invertierbaren
$a \times a$-Matrizen hat nach (HUPPERT) die Ordnung

$$\#GL_a(\mathbb{F}_2) = (2^a-1)(2^a-2)(2^a-2^2) \cdot \ldots \cdot (2^a-2^{a-1}),$$

so daß sich die gesuchte relative Häufigkeit zu

$$\frac{(2^a-1)(2^a-2)(2^a-2^2) \cdot \ldots \cdot (2^a-2^{a-1}) \cdot 2^a}{2^a!}$$

ergibt. Für $a = 2$ ist dieser Wert 1, so daß also alle invertierbaren Abbildungen von $\mathbb{F}_2^2$ auf sich affin sind, für $a = 3$
ergibt sich 1/30 als relative Häufigkeit und im LUCIFER-Fall

a = 4 ist dieser Wert

$$\frac{1}{64.864.800} \approx 1{,}54 \cdot 10^{-8}.$$

Der Vergleich dieser Größenordnung offenbart den großen
Flexibilitätszuwachs beim DES-Design.
Umso bemerkenswerter wurde von einigen Autoren die folgende
Eigenart der siebten S-Box verzeichnet ((HELLMAN et al.)).
Schreibt man $F:\mathbb{F}_2^6 \rightarrow \mathbb{F}_2$ für die erste Komponentenfunktion,
so wirkt diese Box auf die Bits (a,b,c,d,e,f) als

$(a,b,c,d,e,f) \rightarrow$
$(F(a,b,c,d,e,f),F(a,b,c,d,e,\bar{f})\oplus\bar{f},F(\bar{a},\bar{b},\bar{c},\bar{d},\bar{e},f)\oplus f,F(\bar{a},\bar{b},\bar{c},\bar{d},\bar{e},\bar{f}))$

sie hat also eine starke innere Struktur, die im wesentlichen
durch F allein bestimmt ist.
Es gibt kein gutes Maß für die Nicht-Affinität BOOLE'scher
Funktionen. Bezeichnet man die Verknüpfung durch logisches
ODER (Disjunktion) mit "v" und diejenige durch logisches UND
(Konjunktion) mit ".", sowie die Negation von $a \in \mathbb{F}_2$ mit $\bar{a}$,
dann gilt immerhin folgender

<u>Satz 2:</u> (BOOLE'sches Normalform Theorem)

Sei $n \in \mathbb{N}$. Jede BOOLE'sche Funktion $F:\mathbb{F}_2^n \rightarrow \mathbb{F}_2$ besitzt die
eindeutige "disjunktive" kanonische Form

$$F(x_1,\ldots,x_n) = \bigvee_{(\alpha_1,\ldots,\alpha_n)=:\underline{\alpha}\,\in\,\mathbb{F}_2^n} x_1^{\alpha_1} \cdot \ldots \cdot x_n^{\alpha_n} \cdot F(\underline{\alpha})$$

worin $x_i^0:=\bar{x}_i$ und $x_i^1:=x_i$ gesetzt wird.

Beweisskizze:
Für jede BOOLE'sche Funktion $F:\mathbb{F}_2^n \rightarrow \mathbb{F}_2$ gilt

$$F(x_1,\ldots,x_i,\ldots,x_n) = x_i \cdot F(x_1,\ldots,1,\ldots,x_n) \; v \; \bar{x}_i \cdot F(x_1,\ldots,0,\ldots x_n)$$

Denn ist $x_i = 1$, so gilt $\bar{x}_i = 0$. Auf der rechten Seite ergibt
sich dann

$$1 \cdot F(x_1,\ldots,1,\ldots,x_n) \; v \; 0 \cdot F(x_1,\ldots,0,\ldots,x_n) \; .$$

Der zweite Term hat den Wert O, der erste ist identisch mit der linken Seite. Der Fall $x_i = 0$ ist analog zu behandeln.

Sukzessives Herausziehen einer Veränderlichen x_i aus der Funktion F liefert die Existenz der Darstellung. ∎

Außer dieser kanonischen disjunktiven Darstellung kann die BOOLE'sche Funktion F aber durchaus auch weitere disjunktive Darstellungen haben, d.h. Darstellungen durch Disjunktion von Ausdrücken der Form $x_{i_1}^{\alpha_{i_1}} \cdot \ldots \cdot x_{i_t}^{\alpha_{i_t}}$ mit $t \leq n$. Derartige Ausdrücke bezeichnet man als Min-Terme.

In (MILLER, Chap. 4.2 und 4.3) sind zwei Computer-Algorithmen angegeben, die eine disjunktive Darstellung einer BOOLE'schen Vektor-Funktion $\mathbb{F}_2^a \to \mathbb{F}_2^b$ findet, bei der die Summe der Min-Terme der b Komponenten-Funktionen minimal ist. Diese Summe ist zumindest ein schwaches Komplexitätsmaß.

Nach (MEYER, MATYAS, p. 165) haben die im DES implementierten S-Boxen eine höhere Min-Terme-Summe als die zufällig gewählter S-Boxen $\mathbb{F}_2^6 \to \mathbb{F}_2^4$. Allerdings wird betont, daß nicht diejenigen S-Boxen im Design verwendet wurden, die unter allen gefundenen Beispielen die höchste Summe hatten. Als Gründe hierfür werden Konstruktionserleichterungen bei LSI-Realisierungen des DES angeführt. Mikroprozessor-Realisierungen machen dieses Argument obsolet. Wahrscheinlicher scheint uns, daß die Einhaltung anderer Design-Kriterien wichtiger war.

Einige weitere statistische Untersuchungen des DES beziehen sich im wesentlichen auf die sogenannte OFB-Betriebsart - vgl. hierzu Kap. V.4.

V.3.3   Angriffe gegen den DES

Keines der im vorigen Abschnitt erwähnten Konstruktions-
merkmale des DES hat bislang zu einem analytischen Lösungs-
Ansatz etwa durch einen BK-Angriff geführt, zumindest wird
in den öffentlich zugänglichen Arbeiten zu diesem Thema kein
solcher Ansatz skizziert. Wie mehrfach hervorgehoben wurde,
konnte auch in keiner der zahlreichen Untersuchungen eine
statistische Unregelmäßigkeit festgestellt werden. Die vollständige Suche über den Schlüsselraum scheint als einzige
Alternative übrig zu bleiben. Die Meinungen darüber, ob die
Größe des Schlüsselraumes mit 2^{56} Schlüsseln ausreichend ist,
um eine computerunterstützte Suche zu verhindern, gehen weit
auseinander (HELLMAN). Es gibt heute viele effiziente Verfahren mit denen unter der Voraussetzung eines BK-Angriffes
eine direkte Suche nach dem verwendeten Schlüssel durchgeführt
werden kann. Wir wollen einige im folgenden kurz vorstellen
und ihre Vor- und Nachteile erläutern. Dabei ist zu beachten,
daß wegen der sogenannten *Komplementaritäts-Eigenschaft* des
DES nur die Hälfte aller Versuche nötig ist. Bezeichnen k,c,s
Klar-, Chiffretext und Schlüssel zum DES und $\bar{k},\bar{c},\bar{s}$ deren
Komplement, so folgt aus c = DES(k,s) die Gleichheit
$\bar{c}$ = DES($\bar{k},\bar{s}$). In einem VG-Angriff, sei c_1 = DES($\bar{k}$,s) bekannt.
Für t $\in \mathbb{F}_2^{56}$ berechnet man nun c = DES(k,t). Wenn c = c_1, so
hat man s = t, im Fall c = c_2 s = $\bar{t}$ gefunden. War der Test
nicht erfolgreich, dann versucht man es mit einem anderen
$t_1 \neq t,\bar{t}$. Dadurch ist die Anzahl der Versuche auf 2^{55}
reduziert.

V.3.3.1 Kryptoanalyse als computerunterstützte Suche

Es sei $\Re = (E,A,S,\Omega,v)$ ein beliebiges synchrones Chiffresystem
mit $N = \#S$ vielen Schlüsseln. Unter den Voraussetzungen eines
VG-Angriffs kann Kryptoanalyse allgemein als Suchproblem aufgefaßt werden. Dabei kann zunächst zwischen zwei naiven Ver-
fahrensweisen unterschieden werden:

1. Vollständige Suche

Ein Kryptogramm (oder eine Passage) wird mit allen möglichen
N Schlüsseln entschlüsselt; die Ergebnisse werden jeweils
mit bekanntem oder vermutetem Klartext verglichen. Fällt ein
Vergleich positiv aus, so hat man mit gewisser Wahrscheinlichkeit den Schlüssel gefunden.
Zählt man jede Entschlüsselung mit dem zugehörigen Vergleich
als eine Operation, dann benötigt man $O(N)$ Operationen.

2. Tabellen-Vergleich

Es sei $\Re$ ein Blocksystem, und (k,c) ein Paar von korrespon-
dierendem Klar- und Chiffretext. Man berechnet

$$c_s := v(k,s) \quad \text{für alle } s \in S$$

und speichert die Paare (c_s,s) in einer Tabelle

$$T := \{(c_s,s) \mid s \in S\}.$$

Der Vergleich von c mit den Eintragungen in T liefert den
Schlüssel s zu c. Der Tabellen-Vergleich erfordert $O(N)$ viel
Speicherplatz. Im Falle von Stromsystemen kann man bis auf
eine Einschränkung ebenso verfahren: Es sei c eine Chiffretext-
Kette, deren Teilkette $c_{i+1} \ldots c_{i+n}$ das Kryptogramm zum
Klartext k ist. Dann existiert ein $\hat{s} \in S$, so daß
$v(k,s) = c_{i+1} \ldots c_{i+n} = c_{\hat{s}}$ ist. Vergleichen von c mit den
Eintragungen in T liefert die Menge

$$\hat{S}' := \{s \in S \mid c_s = c_{\hat{s}}\}.$$

In $\hat{S}$ ist der Schlüssel $\hat{s}$ enthalten, der c von der Position i
ab entschlüsselt. Für $i>0$ ist der tatsächliche Schlüssel zu c
durch Rückberechnung bestimmbar.

Die beiden Verfahren sind gewissermaßen als zwei Extreme anzusehen: Die vollständige Suche benötigt ein Maximum an
Rechenaufwand, jedoch keinen Speicherplatz, während der
Tabellen-Vergleich viel Speicherplatz bei geringem Rechenaufwand voraussetzt. Der Aufwand, um die Tabelle T zu berechnen, wird hier nicht berücksichtigt, da dies zu einer
beliebigen Zeit geschehen kann und somit minimale Kosten
verursacht, die zudem nur einmal entstehen. Der Time-Memory
Trade-Off (TMTO) nach (HELLMAN, 1980) ist ein probabilisti-
sches Such-Verfahren, das einen günstigen Kompromiß zwischen
Rechenaufwand und Speicherplatzbedarf herstellt (nichts anderes besagt die Bezeichnung Time-Memory Trade-Off).

Exkurs: Grundlegende Methoden der Datenspeicherung und
        -rückgewinnung

Zur Veranschaulichung der Abhängigkeit zwischen Rechenzeit
und Speicherplatzbedarf bei der Lösung von Suchproblemen betrachten wir die Menge aller Datenmengen von 2^a vielen
b-Bit-Wörtern

$$\Delta := \{ D \subseteq \mathbb{F}_2^b \mid D = 2^a \} \text{ mit } a \leq b \in \mathbb{N}.$$

Zu einem fest vorgegebenen Speicher von M 1-Bit-Zahlen sollen
zwei Algorithmen A und B gefunden werden, die folgendes
leisten:

<u>1</u>. Zu einer beliebigen Menge $D \in \Delta$ schreibt A Daten in den
   M-Bit-Speicher.

<u>2</u>. Zu jedem beliebigen Wort $s \in \mathbb{F}_2^b$ gibt B den Wert

$$W(s,d) := \begin{cases} 1 \text{ falls } s \in D \\ 0 \text{ falls } s \notin D \end{cases}$$

aus. Dazu soll B nur auf die von A im M-Bit-Speicher ab-
gelegte Information zurückgreifen.

Wir bestimmen das Verhältnis von Speicherkapazität und
Rechenaufwand in einigen Spezialfällen. Der Rechenaufwand wird
an der mittleren Anzahl der Bit-Zugriffe gemessen.

a) Tabellen-Vergleich

Falls $M \geq 2^b$ ist, kann jedem $s \in \mathbb{F}_2^b$ eindeutig ein Bit b_s zugeordnet werden.

Algorithmus A

```
BEGIN
i ← 0
REPEAT
  b_i ← W(i,D)
  i ← i+1
UNTIL i = 2^b
END
```

Algorithmus B (Tabellen-Vergleich)

```
BEGIN
INPUT s ∈ F_2^b
PRINT b_s
END
```

B benötigt nur einen Bit-Zugriff.

b) Logarithmische Suche

Es sei $M = b \cdot 2^a$. Diese Kapazität reicht aus, um $D \in \Delta$ in beliebiger Ordnung vollständig zu speichern. Wir bringen die Elemente von D in numerisch aufsteigende Reihenfolge $D = \{s_1, \ldots, s_{2^a}\}$, $s_i < s_j$ für $i < j$. Der Speicher sei in Wörtern $w_1, \ldots, w_{2^a}$ von je b Bits Länge organisiert.

Algorithmus A

```
BEGIN
FOR i = 1 TO 2^a
  w_i ← s_i
NEXT i
End
```

<u>Algorithmus B</u> (Binäre Suche)

```
BEGIN
INPUT s ∈ 𝔽₂ᵇ
u ← 1 : o ← 2ᵃ
REPEAT
  i ← ⌊(u+o)/2⌋
  IF s>wᵢ THEN u ← i+1 ELSE o ← i-1
UNTIL (wᵢ=s) OR (u>o)

IF wᵢ = s PRINT "i" ELSE PRINT "o"

END
```

Algorithmus B inspiziert das mittlere Speicherwort der Tabelle.
Nach einem Größenvergleich mit dem Schlüssel s wird entweder
in der unteren oder oberen Hälfte der Tabelle weitergesucht,
wobei wieder das mittlere Speicherwort kontrolliert wird.
Dieser Vorgang wird wiederholt, bis entweder der Algorithmus
mit w_i = s erfolgreich abbricht, oder bis u>o ist, was bedeutet, daß s nicht in D vorkommt. Dazu werden maximal
$1+\log_2 2^a$ = a+1 Vergleiche benötigt. Für s ∈ D macht Algorithmus
B im Mittel $\log 2^a -1$ = a-1 Vergleiche, wenn alle Schlüssel
gleichwahrscheinlich sind (KNUTH 3, p. 411).
Durch bitweisen Vergleich (absteigend von links nach rechts)
kann im Mittel durch b/2 Bit-Zugriffe die als nächste abzu-
fragende Adresse bestimmt werden. Die mittlere Anzahl der
notwendigen Bit-Zugriffe bei erfolgreicher Suche ist somit
b(a-1)/2.

c) Vollständige Suche

Es sei M = $(b-a)2^a$. Wieder sei D ∈ Δ in numerisch aufsteigender
Reihenfolge notiert.
$D^- := \{d_1, \ldots, d_{2^a} \mid d_1 = s_1, d_i = s_i - s_{i-1}$ für $2 \leq i \leq 2^a\}$ bezeichne die

Menge der Differenzen zweier aufeinanderfolgender Elemente
aus D. Diese Differenzen haben eine mittlere Länge von
$\log(2^b/2^a) = b-a$ Bits, wenn man die linksseitigen überflüssigen
Nullen jeweils abschneidet. Der Speicher sei so organisiert,

daß jedem $d \in \bar{D}$ ein Speicherwort w_d der Länge von d zugeordnet ist. Die Kapazität M des Speichers wird so genau ausgeschöpft.

<u>Algorithmus A</u>

```
BEGIN
i ← 1
REPEAT
  w_{d_i} ← d_i
  i ← i+1
UNTIL i > 2^a
END
```

<u>Algorithmus B</u>

```
BEGIN
INPUT s ∈ F_2^b
i ← 1 : S ← 0
REPEAT
  S ← S+w_{d_i}
  i ← i+1
UNTIL (S ≥ s) OR (i > 2^a)
IF S = s PRINT "1" ELSE PRINT "0"
END
```

Die Summenvariable S durchläuft ganz D, so daß s gefunden wird, falls $s \in D$ ist. Sind alle Schlüssel s gleichwahrscheinlich, so macht Algorithmus B bei erfolgreicher Suche im Mittel 2^{a-1} Vergleiche. Durch jeweils bitweisen Vergleich werden im Mittel $(b-a)2^{a-2}$ Bit-Zugriffe benötigt.

d) Hashing

Hashing bezeichnet das "feine Zerkleinern eines Gegenstandes" bzw. das Vermischen der Teile. Ein Hashing-Algorithmus zerlegt eine Datenmenge und streut diese über die "Hash-Tabelle". Die hierzu verwendete Hash-Funktion ordnet den Daten der Datenmenge Adressen der Hash-Tabelle zu.

Es sei $M = b2^{a+1}$.

Weiter seien (W,P) ein endlicher Wahrscheinlichkeitsraum mit dem Wahrscheinlichkeitsmaß P und $Z : W \to \mathbb{F}_2^b$ eine Zufallsvariable.

Man nennt

$$H : \mathbb{F}_2^b \times Z \to A$$

eine *Hash-Funktion*, wenn die Familie

$$(H(\ ,j) \circ Z)_{j \in Z}$$

eine Familie unabhängiger gleichverteilter Zufallsvariablen auf W ist.

Der Speicher sei organisiert in 2^{a+1} Wörter der Länge von b Bits mit den Adressen $r \in A = \{0,\ldots,2^{a+1}\}$. Diesen Speicherbereich nennt man eine *Hash-Tabelle* oder *Streutafel*. Für die Datenmenge $D = \{s_1,\ldots,s_{2^a}\} \in \Delta$ verfährt man wie folgt:

Algorithmus A

```
BEGIN
i ← 1 : n ← 1
REPEAT
  r ← H(s_i,n)
  IF (w_r unbelegt) THEN DO
     w_r ← s_i
     i ← i+1 : n ← 1
  END DO
  ELSE n ← n+1
UNTIL (i >2^a)
END
```

<u>Algorithmus B</u>

```
BEGIN
INPUT s ∈ 𝔽₂ᵇ
n ← 0
REPEAT
  n ← n+1
  r ← H(s,n)
UNTIL (w_r=s) OR (w_r unbelegt)
IF (w_r=s) PRINT "1" ELSE PRINT "0"

END
```

Die Wahrscheinlichkeit mit dem Algorithmus A im i-ten Durchgang auf einen bereits belegten Speicherplatz zu treffen ist $\dot{p}_i=(i-1)/2^{a+1}$; $q_i=1-p_i$ ist die Wahrscheinlichkeit, einen freien Platz zu adressieren. Die Wahrscheinlichkeit, erst im k-ten Zugriff einen freien Speicherplatz für das Datum i zu finden, ist $P(k)=p_i^{k-1}\cdot q_i$. Als erwartete Anzahl $E(n,i)$ der Zugriffe zur Ablage des i-ten Daten-Elementes ergibt sich

$$E(n,i) = q_i \cdot \sum_{k=0}^{\infty} (k+1)p_i^k$$

$$= q_i \cdot \sum_{k=0}^{\infty} kp_i^k + q_i \cdot \sum_{k=0}^{\infty} p_i^k$$

Mit den Grenzwerten der beiden Reihen (vergl. (KNUTH 1, p.33) für die linke Reihe) folgt

$$E(n,i)=q_i \cdot \lim_{k\to\infty} (kp_i^{k+2}-(k+1)p_i^{k+1}+p_i)/(p_i-1)^2+q_i/(1-p_i)$$

$$=q_i(p_i/(1-p_i)^2+1/(1-p_i))$$

$$=1+p_i/q_i$$

Daher gilt in allen Durchgängen $1\leq i\leq 2^a$ für die erwartete Zahl von Zugriffen $1\leq E(n,i)\leq 2$.

Für das mittlere Verhalten von Algorithmus B ergibt sich für
ein Element $s \in \mathbb{F}_2^b$

im Fall $s \in D$: Wie für Algorithmus A ist der Erwartungswert
für die Anzahl der Zugriffe kleiner als 2.

im Fall $s \notin D$: Bei jedem Versuch ist die Wahrscheinlichkeit,
einen belegten Speicherplatz anzutreffen,
gleich 1/2. Die erwartete Anzahl von Zugriffen
ist daher

$$\sum_{k=0}^{\infty} k/2^k = 2$$

Insgesamt macht Algorithmus B im Mittel 2b Bit-Zugriffe.

Im Idealfall würde eine Hash-Funktion mit konstantem rechten
Argument j auf der Datenmenge eine strikte Totalordnung
induzieren, d.h. man könnte die Daten anhand ihrer Funktions-
werte in eindeutiger Weise in die Tabelle einordnen.
Da jedoch solche Funktionen im allgemeinen nicht injektiv
sind, ist entsprechend dem Geburtstagsphänomen (vgl. Kap.I.1.7)
damit zu rechnen, daß verschiedenen Daten gleiche Adressen
zugeordnet werden. Eine solche *Kollision* macht die Erzeugung
einer *Sekundäradresse* notwendig, um einen freien Platz zu
finden. Eine einfache Möglichkeit ist es, die Tabelle nach
einer Kollision linear nach einem freien Platz abzusuchen.
Die in Algorithmus A und B verwendete Funktion hat dann etwa
die Form $H(s,j+1) = H(s,j)+1 \bmod 2^{a+1}$. Hierdurch wird die
Voraussetzung der Unabhängigkeit verletzt, und es würden
Ballungen um die Primäradressen auftreten. Um die Voraussetzungen über die Hash-Funktion anzunähern, bieten sich Abbildungen der Form $H(s,j) = h(s)+g(j) \bmod 2^{a+1}$ mit linearen
oder quadratischen Kongruenzen-Funktionen g und h an (vgl.
Kap. IV).
Die mittlere Zugriffszeit verschlechtert sich mit wachsender
Belegungsdichte der Tabelle. Im Einzelfall müssen Tests entscheiden, ob eine Funktion bei Art und Umfang der jeweiligen
Daten akzeptable Ergebnisse liefert. Für Anwendungen wird auf
die vielfältigen Variationen der Methode hingewiesen
(vgl. (KNUTH 3 , chap. 6.4)).

In der folgenden Tabelle sind die Werte für Rechenaufwand und
Speicherbedarf der vorgestellten Verfahren zusammengefaßt.

Verfahren	Speicherkapazität in Bits	Mittlere Anzahl der Bit-Zugriffe
vollständige Suche	$(b-a)\cdot 2^a$	$(b-a)2^{a-2}$
logarithmische Suche	$b\cdot 2^a$	$\frac{1}{2}b(a+1)$
Hashing	$b\cdot 2^{a+1}$	$2b$
Tabellen-Vergleich	$\geq 2^b$	1

V.3.3.2 EIN TIME-MEMORY TRADE-OFF

Es sei $\Re=(E,A,S,\mathfrak{L},v)$ ein synchrones Chiffresystem, und für
$n\in\mathbb{N}$ sei

$$R:\Omega_n(A) \to S \tag{1}$$

eine Abbildung, die Zeichenketten der Länge n über dem Aus-
gabealphabet A auf Elemente des Schlüsselraumes abbildet.
Mit R und der Verschlüsselungsfunktion v bilden wir die
Funktion

$$F:\Omega_n(E)\times S \to S \tag{2}$$
$$(k,s) \mapsto R(v(k,s))$$

$$f:=F_k:S \to S \tag{3}$$
$$s \mapsto F(k,s)$$

bezeichne die Partialfunktion zu einem fest gewählten
$k\in\Omega_n(E)$. Mit beliebigen, fest gewählten $m,t\in\mathbb{N},s_1,\ldots,s_m\in S$,
und einem Klartext $w\in\Omega_n(E)$ definieren wir die Menge $T\subseteq S$
durch

$$T:=T(w):= \bigcup_{i=1}^{m}\{s_i,f(s_i),f^2(s_i),\ldots,f^{t-1}(s_i)\}$$

Sei jetzt ein Chiffretext $c\in\{v(w,s)\mid s\in S\}$ gegeben, etwa
$c=v(w,s^*)$.

Falls zusätzlich $s^* \in T$ gilt, etwa

$$s^* = f^\nu(s_i) \qquad \text{mit} \qquad \nu \leq t-1 \qquad\qquad (4)$$

folgt

$$f^{t-\nu-1}(R(c)) = f^{t-\nu-1}(R(v(w,s^*))) = f^{t-\nu}(s^*) = f^t(s_i) \qquad (5)$$

Der Erfolg dieses Suchverfahrens hängt davon ab, daß die
Tabelle T den Schlüssel s^* enthält.

In der Wahl der Parameter m und t liegt die Möglichkeit zum
Kompromiß zwischen dem Aufwand an Rechenzeit und Speicherplatz.
Die Schlüssel $f^t(s_i)$ $(i=1,\dots,m)$ werden einmal berechnet und
die Paare $(s_i, f^t(s_i))$ gespeichert, so daß bei jeder Anwendung
beliebig hierauf zurückgegriffen werden kann. Alle übrigen
Elemente von T werden bei Bedarf durch höchstens $t-1$ Operationen
neu berechnet. Der Speicherbedarf wird daher durch m bestimmt,
während t die benötigte Rechenzeit beeinflußt. Im folgenden
Algorithmus TMTO zählen wir jede Berechnung der Funktion f
und den Vergleich mit den Schlüsseln $f^t(s_i)$ $(i=1,\dots,m)$ als
eine Operation.

Satz 3:
========

Gegeben sei ein Paar $(c,w) \in \Omega_n(A) \times \Omega_n(E)$, von dem die
Eigenschaft

$$c \in \{v(w,s) \mid s \in T\}$$

bekannt ist. Mit mindestens t, aber höchstens $t(1+m(t-1)/2)$
vielen Operationen findet der nachfolgend beschriebene
Algorithmus ein $s^* \in T$ mit $c = v(w,s^*)$.

<u>Algorithmus TMTO</u>

Voraussetzung: Die Elemente s_i und $f^t(s_i)$ (i=1,...,m) sind in den Feldern s(1...m) und e (1...m) abgespeichert.

```
DEF PROCEDURE TMTO (w,c,m,t,s(1,...,m),e(1,...,m))

  j ← 0:found ← FALSE
  y ← R(c)
  REPEAT
    j ← j+1 : k ← 0
    REPEAT
      k ← k+1
      IF y=e(k) THEN DO
        s ← FN getkey(s(k),t-j)
        IF v(w,s)=c THEN found ← TRUE
      END DO
    UNTIL found OR k=m
    IF NOT found AND j<t THEN y ← f(y)
  UNTIL found OR j=t
  IF found THEN PRINT s
  ELSE PRINT "Schlüssel nicht gefunden"
END PROCEDURE


DEF FN getkey(S,l)
  FOR i=1 TO l
    S ← f(S)
  NEXT i
  =S
END FN
```

<u>Beweis:</u>

Nach der Voraussetzung gibt es kleinste $\mu, \nu \in \mathbb{N}'$ mit $1 \leq \mu \leq m$, $0 \leq \nu \leq t-1$, so daß für $s^*:=f^{\nu}(s_\mu)$ $c=v(w,s^*)$ gilt.

Der Algorithmus startet mit $j=1$ und $y=R(C)=R(v(w,s^*))=f(s^*)$; für $j=t-\nu$ und $k=\mu$ gilt

$$y=f^j(s^*)=f^{t-\nu}(s^*) = f^t(s_\mu) = e(\mu) \tag{6}$$

So wird mit s^*=FN getkey $(s(k),t-j)=f^\nu(s_\mu)$ in mindestens t
Operationen der Schlüssel s^* gefunden.
Es bleibt zu prüfen, ob für ein j mit $1\leq j\leq t-\nu$, und ein $k\leq m$
zwar $y=f^j(s^*)=f^t(s_k)$ gilt, jedoch $v(w,s^{**})\neq C$ ist mit
$s^{**}=f^{t-j}(s_k)$. Dann existiert ein $\rho\in\mathbb{N}'$ mit $0\leq\rho<j$, so daß
$f^\xi(s^*)\neq f^{t-j+\xi}(s_k)$ für $0\leq\xi\leq\rho$, und $f^\xi(s^*)=f^{t-j+\xi}(s_k)$ für
$\rho<\xi\leq j$ gilt. Dieses Ereignis wird als *Fehlalarm (FA)* bezeichnet.
Ein Fehlalarm im Durchgang $j\leq t$ erfordert $t-j$ zusätzliche
Operationen. Insgesamt sind höchstens

$$m\cdot\sum_{j=1}^{t}(t-j) = m\cdot\sum_{j=1}^{t-1}j = mt(t-1)/2 \qquad (7)$$

zusätzliche Operationen nötig, um Fehlalarme zu identifizieren.
Folglich sind mindestens t und höchstens $t(1+m(t-1)/2)$
Operationen nötig, um s^* mit $c=v(w,s^*)$ zu finden. ∎

Die Wahrscheinlichkeit, daß Algorithmus TMTO zu einem Paar
(c,w) einen Schlüssel $s\in S$ mit $c=v(w,s)$ findet, wird im
folgenden anhand eines probabilistischen Modells der Funktion
f abgeschätzt. Die Parameter m und t seien zunächst unbe-
stimmt.
Es sei (W,P) ein Wahrscheinlichkeitsraum, und

$$Z:W \to S^m \qquad (8)$$
$$\omega \mapsto Z(\omega)=(s_1,\ldots,s_m)$$

eine Zufallsvariable. Mit den Abbildungen

$$Y:S^m \to (S^m)^t \qquad (9)$$
$$(s_1,\ldots,s_m) \mapsto (f^\nu(s_\mu))_{\mu=1,\ldots,m \atop \nu=0,\ldots,t-1}$$

$$Y_{i,j}:(S^m)^t \to S \qquad (1\leq i\leq m,\ 0\leq j\leq t-1) \qquad (10)$$
$$(s_{\mu,\nu})_{\mu,\nu} \mapsto s_{i,j}$$

erhalten wir die Zufallsvariablen

$$X:W \xrightarrow{Z} S^m \xrightarrow{Y} (S^m)^t$$

$$\omega \to Z(\omega) \to (f^{\nu}(s_{\mu}))_{\nu,\mu} \tag{11}$$

und

$$X_{i,j}:=(Y_{i,j}\circ X):W \to S \quad (1\leq i,\ldots,m,\ 0\leq j\leq t-1) \tag{12}$$

$$\omega \to Y_{i,j}(X(\omega)=f^{j}(s_{i})$$

Wir nehmen an, daß die Tabelle T durch die Zufallsvariable X bestimmt wird, und setzen voraus, daß für $i=1,\ldots,m$ und $j=0,\ldots,t-1$ die Projektionen $X_{i,j}$ unabhängig und gleich - verteilt sind. Dann gilt für jedes $s \in S$

$$P(s):=P(\{\omega|\text{es exist. } i,j \text{ mit } X_{i,j}(\omega)=s\})=\#T/\#S \tag{13}$$

Sind die Bilder $x_{i\,j}:=X_{i,j}(\omega)$ für $i=1,\ldots,m$ und $j=0,\ldots,t-1$ paarweise voneinander verschieden, so gilt $\#T=mt$ und nach (13) $P(s)=mt/\#S$ für jedes $s \in S$. Dies kann jedoch aufgrund des Geburtstagsphänomens nicht erwartet werden (vgl. Kap. I.1.7). Es gilt

<u>Satz 4:</u>

Mit $\#S=N$ gilt unter den genannten Voraussetzungen

$$P(s)\geq 1/N\cdot \sum_{i=1}^{m} \sum_{j=1}^{t} (1-it/N)^{j}$$

für alle $s \in S$.

<u>Beweis:</u>

Mit $x_{ij}=X_{i,j}(\omega)$ sei

$$T_{ij}:=\{x_{\nu\mu}(1\leq\nu\leq i-1,\ 0\leq\mu\leq t-1\}\cup\{x_{i0},\ldots,x_{ij-1}\} \text{ gesetzt.}$$

Für den Erwartungswert $E(\#T)$ gilt

$$E(\#T) = \sum_{i=1}^{m} \sum_{j=0}^{t-1} P(x_{ij} \notin T_{ij})$$

$$= \sum_{i=1}^{m} \sum_{j=0}^{t-1} P(\{\omega | X_{i,j}(\omega) \notin T_{ij}\}) \qquad (14)$$

Aus dem Multiplikationssatz für bedingte Wahrscheinlichkeiten
(FELLER, p. 116) folgt

$$P(x_{ij} \notin T_{ij})$$

$$\geq P(x_{i0} \notin T_{i0}, x_{i1} \notin T_{i1}, \ldots, x_{ij} \notin T_{ij})$$

$$= P(x_{i0} \notin T_{i0}) P(x_{i1} \notin T_{i1} | x_{i0} \notin T_{i0}) \; P(x_{i2} \notin T_{i2} | x_{i0} \notin T_{i0}, x_{i1} \notin T_{i1})$$

$$\ldots P(x_{ij} \notin T_{ij} | x_{i0} \notin T_{i0}, x_{i1} \notin T_{i1}, \ldots, x_{ij-1} \notin T_{ij-1})$$

$$= P(x_{i0} \in S \backslash T_{i0}) \cdot P(x_{i1} \in S \backslash T_{i1} | x_{i0} \in S \backslash T_{i0})$$

$$\ldots P(x_{ij} \in S \backslash T_{ij} | x_{i0} \in S \backslash T_{i0}, \ldots, x_{ij-1} \in S \backslash T_{ij-1})$$

$$= \prod_{k=0}^{j} (N - \#T_{i0} - k)/N.$$

Es gilt $\#T_{i0} \leq (i-1) \cdot t$ für $1 \leq i \leq m$, also folgt

$$(N - \#T_{i0} - k)/N \leq (N-it)/N \text{ für } 0 \leq k \leq t-1$$

und somit

$$P(x_{ij} \notin T_{ij}) \geq ((N-it)/N)^{j+1} \qquad (15).$$

Aus (14) und (15) ergibt sich

$$E(\#T) \geq \sum_{i=1}^{m} \sum_{j=0}^{t-1} ((N-it)/N)^{j+1}$$

und mit $P(s) = E(\#T)/\#S$ folgt die Behauptung. ∎

Unter den gleichen Voraussetzungen läßt sich die erwartete
Anzahl von Fehlalarmen abschätzen.

<u>Satz 5:</u>

Für die erwartete Anzahl $E(F)$ der in Algorithmus TMTO auftretenden Fehlalarme gilt

$$E(F) = mt(t+1)/2N$$

<u>Beweis:</u>

Es bezeichne $P(F_{ij})$ die Wahrscheinlichkeit für das Auftreten des Fehlalarms

$$"f^j(s^*) = f^t(s_i) \text{ und } s^* \neq f^{t-j}(s_i)"$$

in Algorithmus TMTO. Der Fehlalarm F_{ij} kann infolge der Mehrdeutigkeit der Umkehrrelation f^{-1} auf j mögliche Weisen entstehen, von denen jede mit der Wahrscheinlichkeit $1/N$ auftritt. Also gilt $P(F_{ij})=j/N$, und somit

$$E(F) = \sum_{i=1}^{m} \sum_{j=1}^{t} P(F_{ij})$$

$$= \sum_{i=1}^{m} \sum_{j=1}^{t} j/N = mt(t+1)/2N \qquad \blacksquare$$

Für $mt<N$ gilt

$$\sum_{i=1}^{m} \sum_{j=1}^{t} (1-it/N)^j \simeq \sum_{i=1}^{m} \sum_{j=1}^{t} \exp(-ijt/N),$$

denn aus der Näherung $\ln(1-x) \simeq -x$ für kleine $0 \leq x < 1$ folgt mit $it \leq mt < N$

$$j \cdot \ln(1-it/N) \simeq -ijt/N,$$
also
$$(1-it/N)^j \simeq \exp(-ijt/N)$$

Für $P(s)$ ergibt sich die Abschätzung

$$mt/N \geq P(s) \geq 1/N \cdot \sum_{i=1}^{m} \sum_{j=1}^{t} \exp(-ijt/N) . \qquad (16)$$

Falls m und t so festgelegt werden, daß $mt^2 \ll N$ ist, wird $\exp(-mt^2/N) \simeq 1$, und daher $P(s) \simeq mt/N$.

Für $mt^2 \gg N$ gilt hingegen $\exp(-mt^2/N) \simeq 0$, die Steigerung des Suchaufwandes beeinflußt $P(s)$ somit kaum.

Am Zweckmäßigsten ist es folglich, m,t so zu wählen, daß

$$mt^2 = N$$

wird. Schätzt man in (16) die Summanden jeweils durch $\exp(-ijt/N) \geq \exp(-it^2/N)$ nach unten ab, so erhält man

$$P(s) \geq t/N \sum_{i=1}^{m} \exp(-it^2/N) \ .$$

Die näherungsweise Berechnung der Summe durch das Integral $\int_1^m \exp(-it^2/N)di$ ergibt

$$P(s) \geq (1-\exp(-1))mt/N = 0{,}63mt/N \ . \qquad (17)$$

Für die erwartete Anzahl von Fehlalarmen gilt mit $mt^2 = N$

$$E(F) = (1+mt/N)/2 = (1+1/t)/2 \ . \qquad (18)$$

Nach dem Beweis von Satz 5 ist $(t-1)/2$ die mittlere Anzahl der zusätzlichen Operationen für einen Fehlalarm.

Korollar:

Für $mt^2=N$ und $t \gg 1$ hat die Anzahl von Operationen von Algorithmus TMTO den Erwartungswert $t+(t-1)/4$.

Beispielsweise für $m=t=N^{1/3}$ lautet (17)

$$N^{-1/3} \geq P(s) \geq 0{,}63N^{-1/3} \qquad (19)$$

Um diese niedrige Erfolgswahrscheinlichkeit zu erhöhen, schlägt HELLMAN vor, den Algorithmus mit $O(N^{1/3})$ verschiedenen Tabellen $T(\omega)$ zu paarweise verschiedenen Funktionen anzuwenden. Der benötigte Speicherplatz für die Paare $\{(s_i,f^t(s_i))|i=1,\ldots,m\}$ aller Tabellen und die Rechenzeit für eine Suche sind jeweils von der Größenordnung $O(N^{2/3})$.

Um die Rechenzeit für eine Operation möglichst gering zu halten, kann man die lineare Prozedur der inneren REPEAT-UNTIL-Schleife in Algorithmus TMTO durch ein effizientes Suchverfahren ersetzen. Ein solches Verfahren muß für jedes $y \in S$ und jede Tabelle T folgendes leisten:

$$\text{IF } y \in \{f^t(s_i)\,|\,i=1,\dots,m\}$$

$$\text{THEN RETURN } (\{s_i\,|\,f^t(s_i)=y\})$$

$$\text{ELSE RETURN (information: } y \notin \{f^t(s_i)\,|\,i=1,\dots,m\})$$

Hierzu kann logarithmische Suche oder Hashing verwendet werden.

Im Fall eines "guten" Kryptosystems kann man erwarten, daß
die statistischen Eigenschaften der Verschlüsselungsfunktion
v die Bildung geeigneter Funktionen f erlauben.
Die dazu verwendete Funktion $R:\Omega_n(A) \to S$ sollte idealerweise
injektiv sein, zumindest aber soll die Kardinalität der Fasern
$\#R^{-1}(s)=\#\{k \in \Omega_n(A)\,|\,R(k)=s\}$ im Mittel klein sein im Vergleich
zu $\#\Omega_n(A)=\#A^n$. Aus Effizienzgründen muß R darüber hinaus leicht
zu berechnen sein.

Kann so über ganz S eine mittlere Periodenlänge $\bar{\lambda}$ für die
Folgen $(f^i(s))_i$ realisiert werden, so ist für ein "gutes"
Chiffresystem die Gültigkeit der Abschätzung von P(s) und E(F)
zu erwarten. Es empfiehlt sich, das periodische Verhalten der
Funktion f im Feedback-Betrieb zu testen. In Kap. IV wurden
hierzu einschlägige Algorithmen bereitgestellt.
Eine praktische Schwierigkeit bei der Anwendung des TMTO ist
i.a. die Lokalisierung des wahrscheinlichen Klartextes im
Chiffretext. Bei Stromsystemen stößt man möglicherweise auf
das Problem, daß ein gefundener Schlüssel zwar den Chiffretext
von der Position des wahrscheinlichen Klartextes ab entschlüsselt, nicht aber den davorstehenden Chiffretext.

V.3.3.3 ANWENDUNG DES TMTO AUF ROTOR - SYSTEME

Außer der eben genannten Schwierigkeit steht der Anwendung
des TMTO auf Stromsysteme nichts im Wege. Wir erläutern das
Verfahren am Beispiel der Rotorsysteme ENIGMA, TYPEX und
HEBERN.

Um das Verfahren auf einem Mikrocomputer zu realisieren, wurde
eine Reduktion der Schlüsselräume vorgenommen. Bei konstanter
Walzenlage wurde auf die Berücksichtigung der veränderlichen
Alphabet-Ringstellungen des ENIGMA- und TYPEX-Systemes verzichtet, sowie bei der ENIGMA auf die Berücksichtigung der
Stecker-Verbindungen und bei der TYPEX entsprechend auf die
beiden Ein-/Ausgangsstatoren. Die Testergebnisse verlieren
hierdurch nicht an Gültigkeit, da das statistische Verhalten
der Rotorsysteme sich höchstens verschlechtert. Tatsächlich
ist dies jedoch nicht zu erwarten, wie auch statistische Tests
gezeigt haben, da Stecker-Verbindungen und Statoren zu gegebenem Schlüssel jeweils zwei konstante monoalphabetische
Substitutionen bewirken.
Zu den reduzierten Systemen wurden jeweils feste Primär-
schlüssel vorausgesetzt.
Die eingeschränkten Schlüsselräume sind $S_E'=S_T'=S_H'=\mathbb{Z}_{26}^3$ mit $N=26^3$.

Die Wahl der Parameter $m=t=26$ liefert mit 13 Tabellen

$$0,5 \geq P(s) \geq 0,315$$

für jedes System. Als Klartext w wurde ein Wort der Länge
$n = 10$ verwendet. Die 13 verschiedenen Funktionen

$$R_i : \Omega_{10}(\mathbb{Z}_{26}) \rightarrow \mathbb{Z}_{26}^3$$

wurden folgendermaßen konstruiert:

$$R_i(k_1,\ldots,k_{10})=(k_{i_1}^2+k_{i_2} \bmod 26, k_{i_3}^2+k_{i_4} \bmod 26, k_{i_5}^2+k_{i_6} \bmod 26)$$

mit $\qquad i_\nu \in \{1,\ldots,10\}, i_\nu \neq i_\mu (\nu \neq \mu)$.

Es wurden zu jedem System 500 Versuche durchgeführt. Dabei
wurde jeweils w mit einem zufällig gewählten Schlüssel
$s \in \mathbb{Z}_{26}^3$ verschlüsselt, und der Chiffretext zur Analyse vorgegeben.
Im einzelnen wurden für jedes System die folgenden Daten
ermittelt:

Gesamtanzahl der durchgesehenen Tabellen (TA)
Gesamtzahl der Fehlalarme   (FA)
Gesamtzahl der Erfolge   (EF)

Anzahl der Fehlalarme pro Tabelle   (E(F) emp.)
Anzahl der Erfolge/500   (P(s) emp.)
TA/500   (TA rel.)
FA/500   (FA rel.)

Die Ergebnisse zeigen eine gute Annäherung an die theoretischen Werte für P(s) und E(F).

System	TA	FA	EF	E(F)	P(s)	TA/500	FA/500
HEBERN	5429	3173	156	0.58	0.312	10.86	6.53
ENIGMA	5236	3002	180	0.57	0.36	10.4	6.0
TYPEX	5411	3901	149	0.72	0.3	10.8	7.8

Versuchsergebnisse Time-Memory Trade - Off für Rotorsysteme

Vergleich der Versuchsergebnisse mit vollständiger Suche

Um eine Aussage über die Effizienz des TMTO in den untersuchten Fällen zu erhalten, wird festgestellt, wie viele erfolgreiche Analysen mindestens notwendig sind, bis der mittlere Rechenaufwand für vollständige Suche den mittleren Rechenaufwand für die Anwendung des TMTO übersteigt.

Bei Berücksichtigung der Vorberechnungen der 13 Tabellen erfordern k erfolgreiche Anwendungen des TMTO im Mittel k/P(s) Versuche und

$$m \cdot t \cdot 13 + (TA\ rel. \cdot 26 + FA\ rel. \cdot t/2) \cdot k \cdot (P(s))^{-1} \qquad (20)$$

Verschlüsselungen.

Sukzessive Suche über den Schlüsselraum erfordert im Mittel
jeweils N/2 Verschlüsselungen, also für k Erfolge im Mittel

$$kN/2 \qquad (21)$$

Verschlüsselungen.
Gleichsetzen von (20) und (21) und Auflösen nach k ergibt den
gesuchten Wert k_0.

Entsprechend den Ergebnissen erhält man folgende Werte für
k_0:

System	k_0	k_0(theoretisch)
ENIGMA	1.1	1.06
TYPEX	1.16	1.06
HEBERN	1.1	1.06

Die mittlere Anzahl von Verschlüsselungen bei k=1000 erfolgreichen Analysen ergibt entsprechend (20) und (21)

System	TMTO emp.	TMTO theor.	Vollst.Suche
ENIGMA	$9.76 \cdot 10^5$	$5.4 \cdot 10^5$	$8.79 \cdot 10^6$
TYPEX	$1.29 \cdot 10^6$	$5.4 \cdot 10^5$	$8.79 \cdot 10^6$
HEBERN	$9.78 \cdot 10^5$	$5.4 \cdot 10^5$	$8.79 \cdot 10^6$

V.3.3.4 Ein Hardware - Modell zum TMTO

Je nach Verfahren sind zur Kryptoanalyse eines Blocksystems
durch Suchverfahren unterschiedliche Voraussetzungen nötig.
Während eine erschöpfende Suche unter einem BK-Angriff durchgeführt werden kann, benötigen Tabellen-Vergleiche und auch
der TMTO einen VG-Angriff.
Um eine Vorstellung von der Wirksamkeit der verschiedenen
Suchalgorithmen zu geben, hat HELLMAN im Fall des DES Studien
zu hardware-mäßigen Implementationen auf Spezialrechnern
angestellt. Ziel war die gedankliche Konstruktion einer
Maschine, die den DES innerhalb eines Tages brechen kann.
HELLMAN führt im Fall des TMTO eine Kosten-Nutzen-Analyse
durch, die zugleich die Kosten der hypothetischen Maschine,
die Kosten pro Lösung und die Zeit pro Lösung klein halten
soll. Zu "vernünftigen" Größenordnungen kommt er mit der
Parameterwahl $m = 10^5$ und $t = 10^6$.
Unter Verwendung dieser Werte erhält man (vgl. Kap.V,3.3.2(13))

$$P(s) \simeq \frac{m \cdot t}{\#S} \simeq 10^{-6} \quad (\#S \simeq 10^{17})$$

als Erfolgswahrscheinlichkeit für jeweils einen Lösungsversuch.
Den Speicherbedarf schätzt er wie folgt ab:
Aufgrund der angegebenen Größe für P(s) werden ungefähr
10^6 Tabellen T benötigt, um mit hoher Wahrscheinlichkeit den
DES zu brechen. Insgesamt braucht man zum Abspeichern aller
Tabellen $10^6 \times 10^5 = 10^{11}$ Speicherworte von jeweils 112 Bits
Länge (je 56 Bits für $X_{i,0}$ und $f^t(X_{i,0})$, $i = 1,\dots,m$). Der
Speicherplatzbedarf beträgt also 10^{13} Bits. Da ein Magnetband
10^9 Bits speichern kann, werden 10000 Bänder benötigt. Um eine
Lösung an einem Tag zu erhalten, müssen die Bänder alle an
einem Tag eingelesen werden. Dies ist mit Hilfe von 100 Band-
geräten möglich, die überdies noch über einen frei verfügbaren
Speicher (RAM) von 10^7 Bits verfügen. Bei einer Tabellengröße
von 10^5 Wörtern ist dann eine Tabelle darin unterzubringen.
Hiermit ist der nötige Speicherplatzbedarf abgegrenzt.

Die benötigte Rechenzeit hängt davon ab, wie oft der DES-
Algorithmus (allgemein die Funktion f) durchlaufen werden muß.

Wiederum wegen $P(s) \simeq 10^{-6}$ und $t = 10^6$ sind im Mittel 10^{12}
Verschlüsselungen mit dem DES zur erfolgreichen Suche nötig.
Der Paralleleinsatz von 100 DES-Chips mit der Verschlüsselungsrate von jeweils 10µsec pro Klartext ermöglicht die Durchführung der 10^{12} Berechnungen innerhalb eines Tages ($\simeq 10^5$ sec).

Die bisherige Beschreibung führt zu einer Maschine, die die
Lösung für ein Problem liefert; eine parallele Behandlung von
z.B. 100 Problemen ist möglich, wenn jedes Bandgerät anstatt
mit einer mit 100 DES-Verschlüsselungseinheiten ausgestattet
wird.
Wie sieht es mit der technischen Realisierbarkeit einer derartigen Maschine aus? Zunächst ist festzustellen, daß einige
heutige DES-Chips bereits mit einer Verschlüsselungsrate von
5µsec/Block arbeiten. Die Großrechner der Giga-FLOPS-
Generation (10^9 floating-point-operations per second) etwa
Fujitsu VP-200, NEC SX-2 usw. ermöglichen es bereits heute,
gewisse Berechnungen mit 10^{12} Rechenschritten an einem Tage
durchzuführen. An Rechnern mit noch weitergehender Paralleli-
sierung wird bereits gearbeitet - vgl.: NSA Seeks Super
Parallel Processors in Elektronics-Week vom 17. 12. 1984.
HELLMAN schätzte 1979 die Baukosten für seine hypothetische
Maschine mit 3,6 Mio. Dollar.
Verteilt man dies über eine Laufzeit von 5 Jahren, so reduziert
er sich auf 2500 Dollar pro Tag, oder 25 Dollar pro Lösung.
Hierbei ist stets eine volle Auslastung der Maschine vorausgesetzt. Mit fallenden Preisen können die Lösungskosten auf
1 Dollar gesenkt werden. Außerdem ist mit dieser Maschine die
umfangreiche Vorberechnung der 10^6 Tabellen in akzeptabler Zeit
möglich. Jede Tabelle hat $m \cdot t = 10^{11}$ Eintragungen, so daß
$m \cdot t^2 = 10^{17} \simeq \#S$ - viele Verschlüsselungen vorzunehmen sind.
Ein einzelner DES-Chip mit einer Verschlüsselungszeit von 5µsec
würde daran 11.000 Jahre arbeiten, die vorhandenen 10.000 DES-
Einheiten bewältigen diese Aufgabe in etwas mehr als einem
Jahr.
Während einige Experten HELLMAN´s Schätzung für stark unter-
trieben hielten und seine Maschine im Reich der bloßen Utopie
ansiedelten, geben die in dem zitierten Artikel angegebenen

Produktionskosten von 100 Mio Dollar für den geplanten Rechner
durchaus den Rahmen an, in dem die Konstruktion einer kryptoanalytischen Maschine noch nützlich erscheint.

V.4   VERSCHIEDENE BETRIEBSWEISEN VON BLOCKSYSTEMEN

Für viele Belange bietet die Verschlüsselung allein keinen
ausreichenden Schutz einer Nachricht vor Sabotage in einem
Kommunikationsnetz. Z.B. kann die Aufforderung eines Kunden
an seine Bank, eine Geldüberweisung auszuführen, von einem
Feind aufgefangen werden, selbst wenn sie verschlüsselt ist.
Wird eine solche äußerlich korrekte Nachricht danach erneut
(Play-back) abgespielt, so führt dies zumindest zu Verwirrung
und Verunsicherung innerhalb des Kommunikationsnetzes.
Signaturen, welche verläßlich Auskunft über den Absender geben,
müssen daher noch mit einer unverfälschbaren"Zeitmarke"
versehen werden. Ein naheliegender Weg ist die Einbeziehung
von Datum und Zeit in die Nachricht durch eine geeignete
Verknüpfung zwischen beiden. Es muß insbesondere vermieden
werden, daß die Botschaft geändert wird - etwa durch Ersetzen
einer früher aufgefangenen - aber die richtige Signatur,
versehen mit der Zeitmarke, wieder angehängt werden kann.
Während dies bei der Verwendung eines synchronen Stromsystems
kein Problem verursacht (!) müssen bei Blocksystemen zusätzliche Schritte unternommen werden.

Eine denkbare Maßnahme ist das Prinzip der *Chiffreblock-
Verkettung*, die im wesentlichen die Übertragung des Autokey-
Systems (Kap. I.1.4) auf das Binär-Alphabet $\mathbb{F}_2^n$ ist.

Das unterliegende Blocksystem wird durch eine Funktion
$B : S \times \mathbb{F}_2^n \to \mathbb{F}_2^n$ beschrieben (vgl. Kap. I.1.9). Mit dem neuen,
erweiterten Schlüsselraum

$$\hat{S} = S \times \mathbb{F}_2^n$$

wird ein aus B abgeleitetes Kryptosystem über dem Alphabet $\mathbb{F}_2^n$
durch Angabe der Verschlüsselungsfunktion

$$\hat{B} : \hat{S} \times \Omega(\mathbb{F}_2^n) \to \Omega(\mathbb{F}_2^n)$$

gebildet auf folgende Weise.

Zu $\hat{s} = (s,I) \in \hat{S}$ und einem Klartext $k = k_1 \ldots k_t \in \Omega_t(\mathbb{F}_2^n)$ definiert man

$$c := \hat{B}(\hat{s},k) \in \Omega_t(\mathbb{F}_2^n) \text{ als}$$

$$c = c_1 \ldots c_t \text{ mit } c_i \in \mathbb{F}_2^n \ (i=1,\ldots,t)$$

ausgehend von der Setzung $c_0 := I$ durch die Rekursion

$$c_i := B(s,k_i \oplus c_{i-1}) \qquad (i=1,\ldots,t).$$

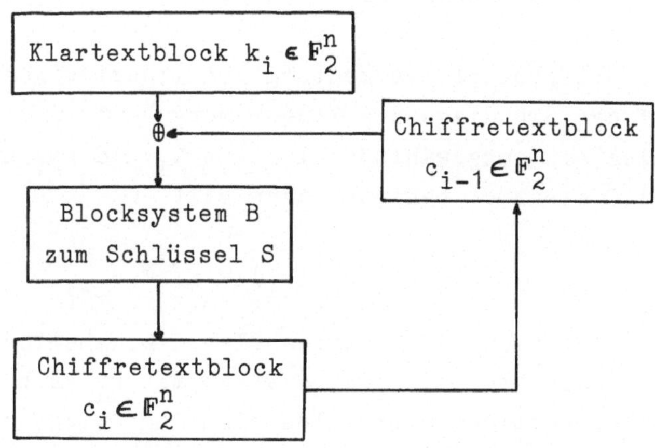

Bild 9

Die Entschlüsselungsoperation $\hat{E}_{\hat{s}} : \Omega(\mathbb{F}_2^n) \to \Omega(\mathbb{F}_2^n)$ zu $\hat{s} = (s,I)$ ist für $c = c_1 \ldots c_t \in \Omega_t(\mathbb{F}_2^n)$ definiert als

$$d := d_1 \ldots d_t := \hat{E}_{\hat{s}}(c) \in \Omega_t(\mathbb{F}_2^n)$$

mittels der Konvention $c_0 = I$ durch

$$d_i = c_{i-1} \oplus (B_s^{-1})(c_i) \qquad (i=1,\ldots,t).$$

Neben dem üblichen Schlüsselparameter s wird bei dieser Chiffreblock-Verkettung zu B als weiterer variabler Parameter der sogenannte *Initialisierungsblock* $I \in \mathbb{F}_2^n$ verwendet. Die Chiffreblock-Verkettung bietet mehrere Vorteile gegenüber dem ursprünglichen auf B beruhenden Blocksystem.

a) c_i hängt von allen vorangegangenen Chiffretextblöcken ab. Statistische Eigenschaften des Klartextes werden so über den ganzen Chiffretext diffundiert.

b) Aus diesem Grund kann der letzte Block als *Kontrollsumme* dienen. Jede Veränderung am Kryptogramm wird sich auf ihn auswirken und kann so überprüft werden.

c) Ein evtl. auftretender Übertragungsfehler im Block c_i betrifft höchstens zwei Blöcke, da nur die Blöcke d_i und d_{i+1} von c_i abhängen.

d) Die Chiffreblock-Verkettung verhindert einen VG-Angriff auf der Grundlage des Time-Memory Trade-Off!
Seien ein ausgewählter Klartext k_i und der zugehörige Chiffretext c_i bekannt, dann gilt

$$B_s^{-1}(c_i) = k_i \oplus c_{i-1}$$

Zur Bestimmung von s wären also die Tabellen der Anfangs- und Endpunkte mit $k_i \oplus c_{i-1}$ statt mit k_i zu bilden.
Die so gebildeten Tabellen sind aber nicht mehr universell für alle Schlüssel zu gebrauchen.
Ein BK-Angriff ist selbstverständlich noch möglich.

Eine weitere Variante der Verwendung von Blocksystemen ist die Methode des *Chiffretext-Feedback*. Sie wird in Fällen angewendet, in denen die Verschlüsselung von Daten Zeichen für Zeichen erfolgen soll (z.B. ASCII-Zeichen-weise), oder die Blocklänge $r \leq n$ beliebig aber fest wählbar sein soll.
Die folgende Konstruktion setzt die Vorgabe einer

Projektions-Funktion $P : \mathbb{F}_2^n \rightarrow \mathbb{F}_2^r$ und einer

Einbettungs-Funktion $E : \mathbb{F}_2^n \times \mathbb{F}_2^r \rightarrow \mathbb{F}_2^n$

voraus. Wieder mit dem erweiterten Schlüsselraum $\hat{S} = S \times \mathbb{F}_2^n$ wird ein aus B abgeleitetes Kryptosystem über dem Alphabet $\mathbb{F}_2^r$ durch Angabe der Verschlüsselungsfunktion

$$B : \hat{S} \times \Omega(\mathbb{F}_2^r) \to \Omega(\mathbb{F}_2^r)$$

gebildet auf folgende Weise:

Zu $\hat{s} = (s,I) \in \hat{S}$ und einem Klartext $k = k_1 \ldots k_t \in \Omega_t(\mathbb{F}_2^r)$ definiert man $c := \tilde{B}(\hat{s},k) \in \Omega_t(\mathbb{F}_2^r)$ als

$$c = c_1 \ldots c_t \text{ mit } c_i \in \mathbb{F}_2^r \quad (i=1,\ldots,t)$$

ausgehend von $c_1 := k_1 \oplus (P \circ B_s)(I)$ und der Setzung $x_1 = I$ durch die verschachtelte Rekursion

$$x_{i+1} = E(x_i, c_i)$$

$$i = 1, \ldots, t-1$$

$$c_{i+1} = k_{i+1} \oplus (P \circ B_s)(x_{i+1})$$

Die Technik, zugleich mit der Angabe der Entschlüsselungs-Operation, wird an Bild 10 erklärt.

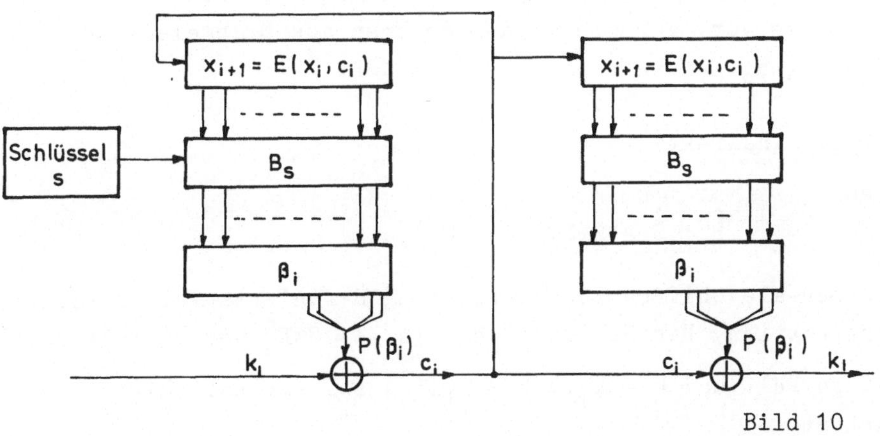

Bild 10

Man bezeichnet $(P(\beta_i))_{i>1})$ als *Schlüsselstrom*, um die Analogie zur VIGENÈRE-VERNAM-Verschlüsselung (Kap. I.1.3) herzustellen. Das Chiffretext-Feedback-Verfahren ist ebenfalls selbstsynchronisierend, da ein Übertragungsfehler höchstens ($\lfloor n/r \rfloor$ +1)-viele r Bit-Blöcke betrifft, die falsch entschlüsselt werden.

Man muß allerdings in Kauf nehmen, daß die Verschlüsselungs-
geschwindigkeit sinkt. Werden immer n>r-Bit-Blöcke verschlüsselt, so beträgt die Geschwindigkeit nur den $(\frac{n}{r})$-ten
Teil gegenüber der die man erhält, wenn man das Blocksystem
in seiner ursprünglichen Form benutzt. Für r = n erfolgt das
Feedback in ganzen Blöcken, so daß man nur eine geringe Ver-
zögerung in der Geschwindigkeit gegenüber dem Block-Modus
erhält.
Der Betrieb des Block-Systems B im OFB-Verfahren (vergl.
Kap. IV.1) ist eine dritte Alternative.

<u>Satz 6:</u>

Falls B sicher unter einem VG-Angriff ist, sind auch die
obigen 3 aus B abgeleiteten Stromsysteme sicher unter einem
VG-Angriff.

Wir führen den Beweis exemplarisch am Fall der Chiffreblock-
Verkettung vor. Für die beiden anderen aus B abgeleiteten
Systeme geht man in analoger Weise vor.

<u>Beweis:</u> (indirekt)

Es sei

$$\hat{B} : \hat{S} \times \Omega(\mathbb{F}_2^n) \to \Omega(\mathbb{F}_2^n)$$

die oben als Chiffreblock-Verkettung definierte Verschlüsse-
lungsfunktion. Der Schlüssel $\hat{s} = (s,I) \in S \times \mathbb{F}_2^n$ sei im folgenden

fest gewählt und $k = k_1 \ldots k_t \in \Omega_t(\mathbb{F}_2^n)$ sei ein beliebiger
Klartext.
Annahme:
$\hat{B}$ sei unter einem VG-Angriff lösbar.
Dann ist es möglich, ein $k_0 \in \mathbb{F}_2^n$ so zu bestimmen, daß

$$\hat{B}(\hat{s},k_0) = B(s,k_0 \oplus I) = \underline{0} =: c_0$$

gilt.
Ferner erhält man mit dem gleichen Argument $\tilde{c} := \hat{B}(\hat{s},k)$ mit
$\tilde{k} = k_0 k_1 \ldots k_t \in \Omega_t(\mathbb{F}_2^n)$, wobei $\tilde{c} = c_0 c_1 \ldots c_t$ durch

$$c_i = B(s, k_i \oplus c_{i-1}) \qquad (i=1,\ldots,t)$$

definiert ist.

Damit bildet man $\overline{k}_i := k_i \oplus c_{i-1}$ $(i=1,\ldots,t)$. Die daraus ent-stehende Folge $\overline{k} := k_0 \overline{k}_1 \ldots \overline{k}_t \in \Omega_{t+1}(\mathbb{F}_2^n)$ liefert, als Klartext aufgefaßt, den Chiffretext $\overline{c} = \hat{B}(\hat{s}, \overline{k}) =: \overline{c}_0 \overline{c}_1 \ldots \overline{c}_t \in \Omega_{t+1}(\mathbb{F}_2^n)$.

Aus der Definition der Chiffreblock-Verkettung folgt

$$\overline{c}_0 = B(s, k_0 + I) = c_0$$

$$\overline{c}_i = B(s, \overline{k}_i \oplus c_{i-1}) = B(s, k_i) \qquad (i=1,\ldots,t).$$

Damit ist das unterliegende Blocksystem B unter einem VG-Angriff gebrochen, im Widerspruch zu den Voraussetzungen des Satzes. $\blacksquare$

Im Zusammenhang mit der erschöpfenden Schlüsselsuche beim DES wurde eine doppelte Verschlüsselung mit unterschiedlichen Schlüsseln vorgeschlagen (etwa in (DIFFIE/HELLMAN)).

Allgemein kann man zu B ein Blocksystem über dem Alphabet $\mathbb{F}_2^n$ mit dem Schlüsselraum $\overline{S} = S \times S$ durch die Angabe von

$$\overline{B} : \overline{S} \times \mathbb{F}_2^n \rightarrow \mathbb{F}_2^n$$

als

$$\overline{B}(\overline{s}, k) := B_{s_2}(B_{s_1}(k))$$

zu

$$\overline{s} = (s_1, s_2) \in \overline{S} \text{ und } k \in \mathbb{F}_2^n \qquad \text{definieren.}$$

Wir wollen generell den Lösungsaufwand für $\overline{B}$ mit dem für B unter einem Such-Angriff vergleichen. Dazu beschreiben wir (MERKLE-HELLMAN folgend) einen BK-Angriff auf das System $\overline{B}$. (k,c) sei ein Paar zueinander gehörenden Klar- und Chiffretexts. Dann wird k unter allen $\#S$ Möglichkeiten für s_1 verschlüsselt und c für alle $\#S$ Möglichkeiten von s_2 entschlüsselt. Sobald sich dabei zwei gleiche Werte ergeben, hat man für das Paar (k,c) eine mögliche Schlüsselkombination gefunden. Deren Korrektheit ist an weiteren Paaren zu verifizieren. Falls letzteres mißlingt, spricht man auch hier von einem "Fehl-Alarm". Die Suche ist dann fortzusetzen.

Diesen Angriff bezeichnet man als "meet in the middle"-Attacke. Im Detail wird er durch folgenden Algorithmus beschrieben. n bezeichnet die Mächtigkeit des Schlüsselraumes $S = \{s_1, \ldots, s_n\}$, V und E die Ver- bzw. Entschlüsselungsfunktion.

1. FOR i = 1 TO n DO

    a) Tabelle (i) = $V_{s_i}(k)$

    b) Tabelle (n+i) = $E_{s_i}(c)$

    ENDDO

2. Sortiere die erste Hälfte der Tabelle durch Hashing.

3.$\underline{a}$ Suche in der Tabelle nach identischen Eintragungen in beiden Hälften:

$$V_{s_l}(k) = E_{s_m}(c) \ ?$$

mit $l \in \{1, \ldots, n\}$ und $m \in \{n+1, \ldots, 2n\}$

$\underline{b}$ Überprüfe das Paar (s_l, s_m) an zusätzlichen Klartext-Chiffretext-Paaren. Tritt ein Fehl-Alarm auf, so kehre zu 3a zurück. Anderenfalls endet der Algorithmus.

Der Schritt 3.$\underline{a}$ wird beim DES im Mittel 2^{48} Fehl-Alarme auslösen. Jedes der 64 Bits eines bekannten Klartextes erlaubt das Aufstellen einer Gleichung mit 112 binären Unbestimmten. Legt man die möglichen Kombinationen zugrunde (es existieren 2^{64} Gleichungen, aber 2^{112} Möglichkeiten für die Unbestimmten), so ergeben sich 2^{112-64} falsche Alarme. Kennt man jedoch weitere 64 Klartextbits, so kann im Schritt 3.$\underline{b}$ die Rate für falsche Alarme auf $2^{48-64} = 2^{-16}$ gesenkt werden.

Während eine Suche über alle 2^{112} Schlüssel nicht durchführbar ist, kann die Chiffre unter diesem BK-Angriff in derselben Zeit gebrochen werden wie bei der erschöpfenden Suche nach

einem einzigen 56-Bit langen Schlüssel, aber der Speicherplatzbedarf beträgt 2^{56} Wörter (á 64 Bits).
Falls man keine analytischen Lösungen findet, steigert die
Verwendung der doppelten Verschlüsselung die Sicherheit, weil
der einzige Algorithmus zur Kryptoanalyse die Implementie-
rungskosten wegen des großen Speicherplatzbedarfs gewaltig
erhöht. ((MERKLE / HELLMAN) schätzen, daß vom derzeitigen
technologischen Standpunkt aus über 80 Mrd. Dollar Kosten für
die Speicherung entstehen). Unter diesem Aspekt wäre eine
zweifache DES-Verschlüsselung in jedem Fall ein Kryptosystem
mit ausreichender praktischer Sicherheit.

V.5 ANHANG : KONTROVERSEN UM DEN DES

Die widersprüchlichen Meinungen zur Bewertung der Sicherheit
des DES sind aus einer unverständlichen Geheimhaltung der
Design-Kriterien entstanden. Wird einerseits die krypto-
graphische Stärke eines Algorithmus hervorgehoben, so sollten
andererseits die dazu nötigen Beweise auch in der Öffentlich-
keit vertreten werden können. Da dies im Fall des DES auf
Wunsch der amerikanischen Sicherheitsbehörde NSA (National
Security Agency) nicht geschieht, diese außerdem während der
Entwicklung bei IBM stets zugegen war, wirft dies für den
Beobachter einige fundamentale Fragen auf:

> Warum wurde eine Schlüssellänge von "nur" 56 Bits gewählt?
> Welche Kriterien bestimmen die Auswahl der S-Boxen?
> Werden durch die Geheimhaltungsmaßnahmen Schwächen des
> DES verschleiert, die eine einfache Kryptoanalyse erlauben?

Am Anfang der Entwicklung stand der LUCIFER-Algorithmus mit
einem Schlüssel von 128 Bits. Nach Angaben von IBM wurde der
56-Bit-Schlüssel gewählt, um die Implementierung auf einem
Chip zu ermöglichen. Ferner sollte ein Maximum an Sicherheit
bei gleichzeitig niedrigen Kosten gewährleistet werden. Als
zweiten Grund gibt man den potentiellen Export des Verfahrens
ins Ausland an. Die dazu nötigen Genehmigungen hätte man nicht
erhalten, wenn die Schlüssellänge wesentlich größer gewesen
wäre (KOLATA, 1977).

Nach (KONHEIM) sind die Algorithmen LUCIFER und DES zu ver-
schieden, als daß man von einer bloßen Reduzierung der
Schlüsselgröße reden könnte. Wie wir in den vorangegangenen
Abschnitten gesehen haben, sind sich beide jedoch sehr
ähnlich. Insbesondere ist auch zu dem "leichten" LUCIFER-
Algorithmus keine analytische Lösung öffentlich bekannt.
DIFFIE und HELLMAN wiesen nach der Veröffentlichung der Be-
schreibung des DES durch das nationale Standardisierungs-
Institut der U.S.A. (National Bureau of Standards) ausdrücklich
darauf hin, daß ein längerer Schlüssel die Sicherheit des
Verfahrens steigert. Die geringe Schlüsselgröße erschien
ihnen angesichts der Tatsache, daß bei normalen militärischen
Anwendungen bereits zwanzigmal größere Schlüssel verwendet
werden, unverständlich.
Durch einen geringen Mehraufwand während der Entwicklung hätte
man leicht die Verwendung anderer Schlüssellängen bewerkstelligen können. Trotz mehrfacher Anfrage hat das NBS dazu
nie Stellung genommen, obwohl mit der Veröffentlichung um
Kommentare gebeten wurde.
Warum hat die NSA über die Frage nach den Auswahlkriterien
der S-Boxen von IBM Geheimhaltung verlangt? Aussagen von IBM
gehen lediglich dahin, die S-Boxen seien so ausgewählt, daß
sie die Sicherheit des Verfahrens steigern. Beweise dafür sind
bislang nicht erbracht. Gerade hier könnte aber, neben der
erschöpfenden Schlüsselsuche, ein zweiter Weg der Kryptoanalyse
beschritten werden, welcher eventuell schneller zum Erfolg
führt. Wenn dies durch eine den S-Boxen innewohnende mathematische Struktur möglich ist, sind die ergriffenen Maßnahmen
der Geheimhaltung verständlich.

Aufgrund der zunehmenden Kritik initiierte das NBS im August
und September 1977 zwei Arbeitskreise, welche die Sicherheit
des DES beurteilen sollten. Man kam zu dem Ergebnis, daß der
DES zur Verschlüsselung privater Daten, im elektronischen
Zahlungsverkehr und für die elektronische Post sicher genug
sei.

Der Bau einer von HELLMAN vorgeschlagenen Maschine zur Suche
nach dem verwendeten Schlüssel sei nicht vor 1990 möglich,
die hohen Kosten machten sie in jedem Fall unwirtschaftlich -
aber siehe Kap. V.3.3.4.
Da ein staatliches Unternehmen nicht unbedingt wirtschaftlich
arbeiten muß, könnte es der NSA die Mühe wert sein, eine
solche Maschine zu bauen. Sie wäre selbst ohne Verwendung
einer analytischen Lösung damit in der Lage, den DES zu
brechen.

Insgesamt bleiben viele unbeantwortete Fragen und viele
Kritiker wundern sich über das NBS, welches einen Verschlüsselungsalgorithmus wählte, dessen Sicherheit in Frage gestellt
werden konnte.

VI Kryptographie und Berechnungskomplexität

In den vorausgehenden Kapiteln haben wir nur sehr vage
qualitative Begriffsbildungen zur Bewertung der Leistungsfähigkeit kryptographischer Systeme und ihre Resistenz gegenüber kryptoanalytischen Angriffen verwendet. Der entscheidende
neue Weg, den DIFFIE und HELLMAN in ihrer bahnbrechenden
Arbeit (DIFFIE-HELLMAN 1976) vorschlugen, war die Entwicklung
kryptographischer Verfahren auf der Grundlage der mathematischen Theorie der Berechnungskomplexität. Als Fernziel ist
eine quantitative Theorie der Sicherheit kryptographischer
Systeme gesetzt.

Davon ist man nicht zuletzt wegen der Ungelöstheit einiger
komplexitätstheoretischer Fragen allerdings noch weit entfernt.
Zum besseren Verständnis der Problematik rekapitulieren wir in
informeller Form einige wesentliche Grundbegriffe (vgl.
(RABIN 1977)). Ein *Berechnungs-Problem* ist eine Klasse L
ähnlicher Berechnungs-Aufgaben. Jedem *Einzelfall* $x \in L$ wird
ein geeignetes *Größen-Maß* $\ell(x) \in \mathbb{N}$ zugeordnet; falls der Einzelfall x durch eine Binärkette beschrieben wird, kann man etwa
deren Länge als Größen-Maß für x verwenden. Ein *Berechnungs-
verfahren* oder *Algorithmus* A zur Lösung von L führt zur Bearbeitung des Einzelfalls x eine Folge F_x von Rechen-Operationen
aus. Zur Messung des Rechen-Aufwandes zur Lösung des Einzelfalls x verwendet man ein durch die Folge F_x bestimmtes Maß
$\rho(F_x)$. Üblicherweise unterscheidet man jetzt zwischen der
worst-case-Komplexität W_A und der *average-behavior-Komplexität*
M_A. W_A ist definiert durch

$$W_A(n) = \max\{\rho(F_x) \mid x \in L \text{ und } \ell(x) = n\}.$$

Zur Definition von M_A muß man die Existenz und Kenntnis einer
Wahrscheinlichkeitsfunktion P_n auf dem Raum $L_n = \{x \in L \mid \ell(x) = n\}$
voraussetzen - damit setzt man

$$M_A(n) = \sum_{x \in L_n} P_n(x)\, \rho(F_x) \ .$$

Während die Analyse von Algorithmen auf die möglichst präzise
Bestimmung der Komplexitätsfunktionen für einen speziellen
Algorithmus A zur Lösung des Problems L ausgerichtet ist, ver-
sucht die Theorie der Berechnungskomplexität, Aussagen über
alle möglichen Algorithmen zur Lösung des Problems L zu machen.
Zwei Hauptfragen liegen auf der Hand:

(1) Gibt es "effiziente" Algorithmen zur Lösung von L?

(2) Gibt es eine untere Schranke für den mit dem Problem L
    verbundenen Berechnungsaufwand? Also etwa:
    Gibt es eine Funktion f, so daß für jeden Algorithmus A
    zur Lösung von L

$$f(n) \leq W_A(n)$$

    für alle n oberhalb einer von A abhängigen Schranke ist?

Im Falle der Kryptographie besteht das Berechnungsproblem in
der Bestimmung des Schlüssels. Eine allzu einfache Übertragung
der komplexitätstheoretischen Begriffe birgt große Gefahren.

a) Die Theorie der Berechnungskomplexität behandelt Einzelfälle von Problemen. Dem Kryptoanalytiker stehen demgegenüber
   eine große Anzahl statistisch verwandter Einzelfälle zur
   Lösung von Frage (1) zur Verfügung.

b) Gut bekannt ist heutzutage in den meisten Problemen nur die
   worst-case-Komplexität. Aber nicht einmal das mittlere
   Verhalten ist ein adäquates Maß für die Sicherheit eines
   Kryptosystems, denn das zugehörige kryptoanalytische
   Problem kann erst dann als unzugänglich gelten, wenn fast
   alle Einzelfälle hinreichend "schwer" zu lösen sind.

Daher ist ein "Kryptokomplexitäts-Maß" dringend erforderlich,
welches genau der zuletzt gemachten Überlegung Rechnung trägt.
Zwar haben Untersuchungen dieser Art bereits stattgefunden,
aber man ist noch weit von einer endgültigen Lösung dieser
Problematik entfernt (vgl. Kap. VI.5)

Ein weiterer Gedanke von DIFFIE und HELLMAN war es, neue
Kryptosysteme auf erwiesenermaßen schwierigen mathematischen
Berechnungssystemen aufzubauen durch Einbeziehung sogenannter
Falltür-Information, die die Verschlüsselung und die Ent-
schlüsselung durch die autorisierten Schlüsselbesitzer leicht
macht. Hier stellt sich das Problem,

c) daß gerade diese zusätzliche Information die Komplexität
   des ursprünglichen Berechnungsproblems zerstört.

Im folgenden werden die vorangehenden Überlegungen detailliert
ausgeführt. Sie sind insbesondere für die Untersuchung von
asymmetrischen Verschlüsselungssystemen von grundlegender
Bedeutung.

VI.1 TURING - BERECHENBARKEIT UND NP - VOLLSTÄNDIGKEIT

In diesem Abschnitt beschreiben wir eine für viele Zwecke
nützliche mathematische Präzisierung des Berechenbarkeits-
begriffes, die überdies die Vorstellung von beliebiger Parallelität als wesentliches Merkmal effizienter kryptoanalytischer
Maschinen erfaßt.

Eine nichtdeterministische TURING-Maschine (NDTM) besteht aus
einer Steuereinheit mit endlich vielen Kontroll-Zuständen und
$k \geq 3$ Bandeinheiten. In jeder Bandeinheit wird ein unendliches,
in Zellen unterteiltes Band verarbeitet. Jede Zelle enthält
jeweils genau ein Zeichen aus einem festen Band-Alphabet,
welches auch ein Leerzeichen (=blank) verwendet. Jede Bandeinheit besitzt einen Bandkopf, der jeweils genau eine Zelle
des Bandes "beobachtet", sowie eine Bandführung, mit der das
Band um eine Stelle nach links oder rechts verschoben werden
kann.
Die Maschine arbeitet taktweise: bei jedem Takt lesen die
Bandköpfe die in den jeweiligen Zellen befindliche Information,
geben sie an die Steuereinheit weiter und überschreiben den
Zelleninhalt (evtl. mit dem Leerzeichen), sodann werden die

Bänder nach Maßgabe der Steuereinheit nach links oder rechts bewegt oder fest gelassen, und die Steuereinheit geht in einen neuen Zustand über.

Eine nichtdeterministische TURING-Maschine wird durch die Angabe einer TURING-*Tafel* programmiert. Die TURING-Tafel spezifiziert für jeden Zustand der Steuereinheit aus den jeweiligen Bandsymbolen die möglichen Aktionen der Maschine.

Formal ist eine NDTM eine 6-tupel (E,B,Z,τ,z_0,z_f) bestehend aus

  (i) dem Bandalphabet B, welches das Sonderzeichen
      $\not{b}$ = Leerzeichen enthält,

 (ii) dem Eingabealphabet $E \subset B \setminus \{\not{b}\}$

(iii) der endlichen Zustandsmenge Z

 (iv) dem Anfangszustand z_0 und dem Endzustand z_f und

  (v) der TURING-Tafel $\tau : Z \times B^k \to \mathfrak{P}(Z \times (B \times \{L,R,S\})^k)$
      mit $1 \leq \#\tau(z,b_1,\ldots,b_k)$ für alle $(z,b_1,\ldots,b_k) \in Z \times B^k$

In einem *Zug* im Zustand z liest die NDTM die Zeichen $b_1,\ldots,b_k$ von den Bändern und __wählt__ ein Element

$$(z^*,(b_1^*,r_1^*),\ldots,(b_k^*,r_k^*)) \in \tau(z,b_1,\ldots,b_k)$$

aus. Sie geht in den Zustand z^* über, überschreibt die gelesenen Zellen der Bänder mit den Zeichen b_i^* und verrückt die Bänder in Richtung r_i^* (i=1,...,k). Man verwendet eines der k Bänder als *Eingabeband* mit dem Alphabet E.

Hat man eine Eingabe $x \in \Omega(E)$, dann wird die nichtdeterministische Turing-Maschine durch folgende Bedingungen gestartet:

  (i) Die nichtdeterministische Turing-Maschine befindet
      sich im Zustand z_0

 (ii) Ist n die Länge des Wortes x, so werden die ersten n
      Zellen des Eingabebandes mit den Buchstaben von x beschrieben und das Band wird so eingestellt, daß sich der
      Lesekopf über dem ersten Buchstaben von x befindet.

(iii) Alle anderen Bandzellen werden mit Leerstellen aufge-
      füllt.

Wenn die Folge der Züge der Maschine zu dem Zustand z_f gelangt,
stoppt die Maschine; man sagt, der Input x wird *akzeptiert*.
Die Menge L aller von der nichtdeterministischen Turing-
Maschine akzeptierten Inputs ist das *Berechnungsproblem*,
welches von der nichtdeterministischen Turing-Maschine gelöst
wird.
Eine Turing-Maschine heißt *deterministisch*, wenn in der Bedingung (v) der Definition stets $\#\tau(z,b_1,\ldots,b_k) = 1$, also
jeder Folgezustand eindeutig durch den vorhergehenden Zustand
und die Bandinhalte bestimmt ist.
Als Größen-Maß für die Einzelfälle des Problems L, also die
Inputs der nichtdeterministischen Turing-Maschine,verwendet
man die Länge ℓ der Input-Ketten. Man hat zwei auf der Hand
liegende Maße für den Rechenaufwand bei der Bearbeitung eines
Einzelfalls x von L, die Laufzeit und den Speicherplatz.
Eine nichtdeterministische Turing-Maschine zur Berechnung von
L hat eine *Laufzeit* $t : \mathbb{N} \to \mathbb{N}$, wenn jede Berechnung der
Turing-Maschine auf eine Eingabe $x \in \Omega_n(E) \cap L$ höchstens $t(n)$
viele Schritte benötigt. t wird auch als *Schrittfunktion*
bezeichnet.
Eine nichtdeterministische Turing-Maschine zur Berechnung von
L benötigt *Speicherplatz* $m : \mathbb{N} \to \mathbb{N}$, wenn für jede Eingabe
$x \in \Omega_n(E) \cap L$ höchstens $m(n)$ verschiedene Zellen jedes Arbeitsbandes abgetastet werden.
Ein Problem $L \subseteq \Omega(E)$ heißt *in der Zeit t berechenbar*, falls es
eine deterministische Turing-Maschine mit Laufzeit t gibt,
so daß L genau die Menge der akzeptierten Inputs dieser
Maschine ist.
Eine Funktion $f : \Omega(E) \to \Omega(A)$ heißt in polynomialer (nichtdeterministisch polynomialer) Zeit berechenbar, wenn es eine
deterministische (nichtdeterministische) Turing-Maschine und
eine Polynom-Funktion $t : \mathbb{N} \to \mathbb{N}$ gibt, so daß die Maschine für
alle $x \in \Omega_n(E)$ nach $O(t(n))$ Zügen den Wert $f(x)$ auf einem vor-
bezeichneten Band ausgibt. Die Berechnung einer Funktion mit
einer nichtdeterministischen Turing-Maschine kann man auf

zweierlei Weisen interpretieren:

- einmal, daß die Maschine die "richtige" Zugfolge zur Berechnung von $f(x)$ rät, und der gefundene Weg in polynomialer Zeit verifiziert werden kann,

- zum anderen, daß die Maschine parallel alle möglichen Wege durchprobiert und (in polynomialer Zeit) stoppt, sobald sich bei irgendeinem Weg der Wert $f(x)$ eingestellt hat.

Zunächst mag es scheinen, als ob nichtdeterministische Turing-Maschinen eine größere Funktionsklasse berechnen könnten als deterministische. Der folgende Satz sagt aus, daß das nicht der Fall ist.

<u>Satz 1:</u>

Sei $L \subset \Omega(E)$ ein von einer nichtdeterministischen Turing - Maschine N in $O(t(n))$ - vielen Schritten berechenbares Problem.
Dann kann L schon von einer deterministischen Turing-Maschine M berechnet werden und die Anzahl der benötigten Schritte beträgt $O(c^{t(n)})$ für ein $c \in \mathbb{N}$.
<u>Beweis:</u> siehe (AHO, p. 367).

Mit Hilfe der bisherigen Betrachtungen kann man zwei Mengen P und NP von Problemen unterscheiden, wobei grob gesprochen P Probleme enthält, die mittels einer deterministischen Turing-Maschine "in Polynomzeit lösbar" und NP solche, die in "polynomialer Zeit unlösbar" sind.

$L \subset \Omega(E)$ bezeichne ein Problem, M sei eine Turing-Maschine. Dann sind P und NP wie folgt definiert:

$$P := \{L \,|\, \text{es existiert eine deterministische Turing-Maschine, die L in polynomialer Laufzeit akzeptiert}\ \}$$

$$NP := \{L \,|\, \text{es existiert eine nichtdeterministische Turing-Maschine, die L in nichtdetermi - nistisch polynomialer Laufzeit akzeptiert}\ \}$$

Im Sinne der obigen Interpretation kann man NP als die Klasse
der Probleme betrachten, für die eine geratene Lösung in polynomialer Zeit von einer deterministischen Turing-Maschine auf
ihre Richtigkeit hin überprüft werden kann. P dagegen ist die
Klasse der Probleme, für die effiziente Lösungsalgorithmen
bestehen.
Offensichtlich gilt, da jede deterministische Turing-Maschine
auch als spezielle nichtdeterministische Turing-Maschine angesehen werden kann, die Inklusion

$$P \subseteq NP$$

Es wird *vermutet*, daß diese Inklusion scharf ist, d.h. es gibt
Probleme in NP, die nicht in P enthalten sind.

Eine starke Unterstützung erfährt diese Vermutung durch die
Existenz der Teilmenge der NP-*vollständigen* Probleme in NP.
Dazu folgende

Definition 1:

  (i) Eine Abbildung $f : \Omega(E) \rightarrow \Omega(A)$ heißt (polynomzeit-
      berechenbare)*Transformation*, wenn f in Polynomzeit auf
      einer Turing-Maschine berechenbar ist. (E und A müssen
      nicht notwendig verschieden sein.)

  (ii) Seien $L_1 \subseteq \Omega(E)$ und $L_2 \subseteq \Omega(E)$ zwei Probleme. L_1 ist
       polynomiell auf L_2 *transformierbar*, in Zeichen $L_1 \leq L_2$,
       wenn eine Transformation f existiert, so daß x dann und
       nur dann in L_1 liegt, wenn $f(x) \in L_2$ für alle $x \in \Omega(E)$
       gilt.

 (iii) $L \subset \Omega(E)$ heißt *NP-vollständig*, wenn zugleich

        α) L in NP liegt, und

        β) jedes Problem L' in NP polynomiell auf
           L transformierbar ist.

Hieraus ergibt sich der wichtige

<u>Satz 2:</u>

Sei L_0 NP-vollständig.

   a) L_0 liegt dann und nur dann in P, wenn die beiden Klassen
      P und NP gleich sind.

   b) Ist ein Problem L_0 auf ein Problem $L_1 \in$ NP polynomiell
      transformierbar, so ist L_1 selbst NP-vollständig.

Der Teil a) des Satzes besagt, daß NP-vollständige Probleme
die schwierigsten Probleme in NP sind. Wenn ein NP-vollständiges Problem sich als in polynomieller Zeit lösbar erweist,
dann sind schon alle Probleme aus NP in Polynomzeit lösbar.
Umgekehrt, wenn $P \neq$ NP gilt (was allgemein vermutet wird),
dann sind NP-vollständige Probleme nicht in Polynomzeit
lösbar! Man kennt in der Tat für keines der vielen hundert
bekannten NP-vollständigen Berechnungsprobleme einen
effizienten Lösungsalgorithmus.

<u>Beweis:</u>

ad a) " $\Leftarrow$ " Dies ist trivial.

      " $\Rightarrow$ " Sei $L_0 \in$ P. Dann existiert eine deterministische
Turing-Maschine M, die L_0 in Polynomzeit berechnet (akzeptiert). Sei etwa das Polynom p eine obere Schranke für die
Laufzeit der Turing-Maschine. Nun wähle man ein $L \in$ NP
beliebig aus.

Da nach Voraussetzung L_0 NP-vollständig ist, gilt nach der
Definition $L \leq L_0$. Es existiert also eine Transformation f,
so daß gilt:

$$x \in L \quad \Leftrightarrow \quad f(x) \in L_0$$

Sei N eine deterministische Turing-Maschine, welche f berechnet, und q sei ein Polynom, daß die obere Schranke der Laufzeit von N angibt. Man setzt nun die beiden Turing-Maschinen
so zusammen, daß sich folgende Arbeitsweise ergibt: Auf die
Eingabe von $x \in L$ hin berechnet die zusammengesetzte Turing-
Maschine zunächst wie die Turing-Maschine N den Wert f(x) in

q(ℓ(x)) - vielen Schritten. Dann setzt sie ihren Kopf in höchstens ℓ(f(x)) - vielen Schritten auf das erste Zeichen von f(x) und geht in den Initialzustand von M über. Die zusammengesetzte Turing-Maschine arbeitet dann wie M und führt die Berechnung an der Eingabe $f(x) \in L_0$ in maximal p(ℓ(f(x))) - vielen Schritten aus. Die zusammengesetzte Turing-Maschine akzeptiert das eingegebene Wort f(x), da es von M akzeptiert wird. Die Laufzeit der zusammengesetzten Turing-Maschine ist durch

$$q(\ell(x)) + \ell(f(x)) + p(\ell(f(x)))$$

nach oben beschränkt. Zur Bestimmung einer Schranke für ℓ(f(x)) ist zu beachten, daß eine Turing-Maschine einen Schritt ausführen muß, um eine neue Zelle zu überschreiben. Also gilt:

$$\ell(f(x)) \leq \ell(x) + q(\ell(x)) \ .$$

Damit erhält man die Schranke

$$q(\ell(x))+\ell(x)+q(\ell(x))+p(q(\ell(x))+\ell(x)) \leq r(\ell(x))$$

für die Laufzeit der zusammengesetzten Turing-Maschine einer geeigneten Polynomfunktion r. Somit liegt L in P

ad b) genügt es zu zeigen, daß für alle $L \in NP$ $L \leq L_1$ gilt.

Sei $L \in NP$ beliebig. Dann gilt $L \leq L_0$, und es existiert eine Transformation f mit

$$x \in L \iff f(x) \in L_0 \ .$$

Ferner ist $L_0 \leq L_1$. Also gibt es eine Transformation g mit

$$y \in L_0 \iff g(y) \in L_1$$

Für $y := f(x) \in L_0$ folgt speziell die Äquivalenzen-Kette

$$x \in L \iff f(x) \in L_0 \iff g(f(x)) \in L_1 \ .$$

gof transformiert L auf L_1 in Polynomzeit (siehe a.), was zu zeigen war. ∎

Welche Bedeutung haben nun die bisherigen Betrachtungen für
die Entwicklung starker kryptographischer Systeme? Die
intuitive Vorstellung von einem effizienten Algorithmus
modelliert man durch eine deterministische Turing-Maschine
mit polynomialer Laufzeit. In (AHO, Kap. I) findet man einige
starke Argumente, die diese Modell-Wahl unterstützen.

1) Die Forderung nach schneller Ausführbarkeit, sowohl der
   Verschlüsselung als auch der Entschlüsselung durch die
   autorisierten Benutzer führt dazu, daß diese Funktionen
   zur Komplexitätsklasse P gehören müssen.

2) Dann kann jedoch der Kryptoanalytiker einen Schlüssel er-
   raten und diese Lösung in polynomialer Zeit auf ihre
   Richtigkeit testen. Deshalb gehört die Kryptoanalyse eines
   Verschlüsselungsalgorithmus aus P immer zu Klasse NP! Man
   beachte, daß jedes kryptoanalytische Problem gelöst werden
   kann, indem man den Schlüssel, das Urbild der Chiffre o.ä.
   aus einer endlichen Menge bestimmt. Wählt man einen
   Schlüssel nichtdeterministisch aus, dann ist in polynomialer Zeit eine Verifikation möglich. In einem BK-Angriff
   z.B. könnte der Klartext simultan unter allen möglichen
   m Schlüsseln chiffriert und mit dem Kryptogramm verglichen
   werden. Da dies aber in polynomialer Zeit möglich ist, ist
   die Kryptoanalyse höchstens aus NP. Falls es m mögliche
   Schlüssel gibt, führt ein m-facher Parallelismus dieses
   Vorgangs in polynomialer Zeit zum Ziel.

3) Um den höchsten Grad an Sicherheit zu erhalten, sollte man
   daher Kryptosysteme verwenden, deren Kryptoanalyse ein
   NP-vollständiges Problem ist.

VI.2 ZAHLENTHEORETISCHE BERECHNUNGSPROBLEME

Als Beispiel für die Begriffsbildungen des vorigen Abschnittes
behandeln wir das "Problem der zusammengesetzten Zahlen".
Zahlentheoretische Berechnungsprobleme bilden überdies die
Grundlage mehrerer asymmetrischer Verschlüsselungsverfahren,
die im nächsten Kapitel studiert werden.

VI.2.1 PRIMZAHLEN UND ZUSAMMENGESETZTE ZAHLEN

Den Ausgangspunkt bildet das Problem, von einer gegebenen natürlichen Zahl festzustellen, ob sie zusammengesetzt ist oder
nicht.
Bislang kennt man keine effiziente Methode zur Beantwortung
dieser Frage. Gleichwohl kann man leicht einen überzeugenden
Beweis der Zusammengesetztheit erbringen, wenn die Zahl tatsächlich zusammengesetzt ist: dazu reicht die Ausführung der
Multiplikation der beiden Faktoren, aus denen die Zahl besteht.
Eine kleine Anekdote mag die Bedeutung dieser Tatsache verdeutlichen.

Im Jahre 1903 machte sich Frank COLE diese Eigenschaft der
zusammengesetzten Zahlen zunutze, indem er bei einem Treffen
der American Mathematical Society (AMS) eine fast 200 Jahre
alte Vermutung von MERSENNE widerlegte. Obwohl er die Sonntage
dreier Jahre benötigte, um die Faktoren von $2^{67}-1$ zu finden,
konnte er innerhalb weniger Minuten, ohne weitere Worte
darüber zu verlieren, ein großes Publikum davon überzeugen,
daß diese Zahl keine Primzahl war, indem er einfach die Arithmetik der Berechnungen von $2^{67}-1$ und $193707721 \times 761838257287$
aufschrieb!

Zur formalen Deutung des Ergebnisses identifiziert man die
Menge $\mathbb{N}'$ mit der Menge $\Omega^-(\mathbb{F}_2)$ aller Binärketten. Als Größen-
Maß einer Zahl $n \geq 1$ verwende man die Länge $1+\lfloor \mathrm{ld}\, n \rfloor$ der zugehörigen Binärkette. Die Multiplikation zweier Zahlen $< n$
erfordert nach (KNUTH, p. 253) $O((\mathrm{ld}\, n)^2)$ - viele elementare

binäre Rechenoperationen. Sie kann nach [AHO, Kap. 1] von einer Turing-Maschine in einer (in ld n) polynomialen Rechenzeit durchgeführt werden. Das "Raten" der Faktoren einer zusammengesetzten Zahl mit anschließender Verifikation beschreibt gerade die Aktivität einer nichtdeterministischen Turing - Maschine, die in nichtdeterministisch polynomialer Zeit die Zusammengesetztheit entscheidet. Bezeichnet man die Menge aller Primzahlen mit $\mathbb{P}$, so wird also die Menge $\mathbb{N}\backslash\mathbb{P}$ von dieser Maschine akzeptiert. Das Problem $\mathbb{N}\backslash\mathbb{P}$ liegt in NP. Das komplementäre Problem, zu entscheiden, ob eine Zahl Primzahl ist oder nicht, ist von dem Zusammengesetztheits-Problem sorgfältig zu unterscheiden.

Die Frage, ob es eine nichtdeterministische Turing-Maschine gibt, die die Menge $\mathbb{P}$ in polynomialer Zeit akzeptiert, wurde tatsächlich ebenfalls positiv entschieden.

Eine Zahl n ist eine Primzahl, wenn die Restklassengruppe $\mathbb{Z}/_{n\mathbb{Z}}$ ein Element der Ordnung n-1 enthält [LANG, II, §2].

Mit $\mathrm{ord}_n x$ wurde die Ordnung einer Restklasse x mod n in $\mathbb{Z}/_{n\mathbb{Z}}$ bezeichnet.

Lemma 1:

Es gilt $\mathrm{ord}_n x = n-1$ dann und nur dann, wenn die folgenden beiden Bedingungen (i) und (ii) erfüllt sind:

(i) $x^{n-1} \bmod n = 1$

(ii) $x^{(n-1)/p} \neq 1 \bmod n$ für alle Primteiler p von n-1.

Beweis:

" $\Leftarrow$ " Angenommen, es gelte $x^s \equiv 1 \bmod n$. Dies ist äquivalent

dazu, daß s die Ordnung von x mod n in $\mathbb{Z}/_{n\mathbb{Z}}$ teilt.

Wenn nun (i) und (ii) gelten und $k := \mathrm{ord}_n x$ ist,

folgt $k|n-1$, aber $k\nmid\frac{n-1}{p}$ für jeden der Primfaktoren

von n-1. Wegen $k \neq 1$ bleibt k = n-1 als einzige Möglichkeit übrig.

"⇒" trivial. ∎

Man kann nun einen kompletten Primheits-Beweis in der Form eines Baumes darstellen, dessen Knoten (=Verzweigungspunkte) die Tupel $(q,x) \in (\mathbb{N}^+)^2$ sind, welche den folgenden Bedingungen genügen:

(α) Für jeden Knoten (q,x) gilt: $x^{q-1} \equiv 1 \bmod q$.

(β) Jedes Blatt (=Endpunkt) hat die Form $(2,1)$

(γ) Für jede Verzweigung von (q,x) nach (p,y) gilt:

$$x^{(q-1)/p} \not\equiv 1 \bmod q \;\wedge\; p \,|\, q-1$$

(δ) Jeder Knoten (q,x) und seine unmittelbaren Nachfolger $(q_1,x_1),\ldots,(q_k,x_k)$ erfüllen die Gleichung

$$q = q_1 \cdots q_k + 1.$$

Aus diesen Bedingungen folgt nach obigem Lemma sofort, daß q eine Primzahl und x eine primitive Wurzel mod q ist, d.h. ein erzeugendes Element der primen Restklassengruppe $\mathfrak{P}(q)$.

<u>Beispiel:</u>

Der Baum

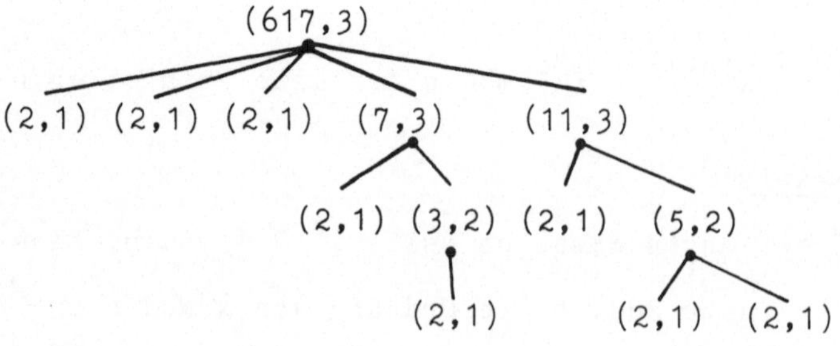

beweist, daß $617 \in \mathbb{P}$ und 3 eine primitive Wurzel mod 617 ist.

<u>Satz 3:</u> (PRATT)

Jeder nach den obigen Bedingungen (α) – (δ) erstellte Baum

zur Überprüfung der Primheit von p hat höchstens
$f(p) := 2 \cdot \text{ld } p - 1$ viele Knoten.

Der <u>Beweis</u> erfolgt durch vollständige Induktion über p.
Induktionsanfang:
Für p=2 ist f(2)=1 und der Baum hat genau einen Knoten.
Für p=3 ist f(3)>2 und der Baum hat zwei Knoten.

K_p bezeichne die Anzahl der Knoten des Baumes mit Wurzel p.
Sei $p \in \mathbb{P}$ eine beliebige Primzahl mit p>3 und $p = p_1 \cdots p_k + 1$ die
Primfaktorzerlegung von p-1 und k>2.
Angenommen, für alle Primzahlen q<p sei die Ungleichung
$K_q \leq f(q)$ bereits bewiesen.
Die Größe des Baumes läßt sich nun wie folgt aus denjenigen
der Bäume der kleineren Primzahlen abschätzen:

$$K_p = 1 + \sum_{i=1}^{k} f(p_i) = 1 + 2 \sum_{i=1}^{k} \text{ld } p_i - k = 1 + 2 \cdot \text{ld } (p-1) - k =$$

$$= 2 + f(p-1) - k < f(p)$$

Die letzte Abschätzung folgt wegen $k > 2$ und $f(p) > f(p-1)$. ∎

Dieser Satz zeigt, daß die Verifizierung der Primheit einer
Zahl p in polynomialer Zeit möglich ist. Der obige Algorithmus
leistet dies, so daß seine Rechenzeit nur polynomial mit der
Stellenzahl der Eingabe wächst. Ferner sind alle Berechnungen
in dem angegebenen Prüfbaum in $O((\text{ld } p)^2)$ - vielen Schritten
durchführbar, so daß die gesamte Zeichenzeit $O((\text{ld } p)^3)$
beträgt.
Dies zeigt uns, daß die Bestimmung der Menge der Primzahlen $\mathbb{P}$
ein Problem der Klasse NP ist. Es existiert also eine nichtdeterministische Turing-Maschine M, deren Laufzeit bei Eingabe
von $p \in \mathbb{P}$ mit $O((\text{ld } p)^3)$ abgeschätzt werden kann.

VI.2.2 Die Berechnungskomplexität zahlentheoretischer Funktionen

Bislang wurden nur Erkennungsprobleme komplexitätstheoretisch
untersucht. Für die Anwendung bei Kryptosystemen ist es jedoch
weitaus wichtiger, die Berechnungskomplexität gewisser zahlen-
theoretischer Funktionen zu analysieren. Wie wir später sehen
werden, ist dies manchmal durch die Reduzierung auf ein Er-
kennungsproblem möglich. Im folgenden wird gezeigt, daß eine
Klasse von Funktionen existiert, deren Berechnung nicht nur in
nichtdeterministisch polynomialer Zeit möglich ist. Dies
wird auf das oben erzielte Resultat zurückgeführt, daß die
Menge der Primzahlen aus NP ist. U.a. gehört die Bestimmung
der Primfaktorzerlegung einer vorgegebenen natürlichen Zahl
zu dieser Klasse.

Die Funktionen der oben erwähnten Klasse sind aufeinander
reduzierbar. Vor der formalen Definition betrachte man
folgendes Beispiel. Die EULER'sche Phi-Funktion $\phi(n)$ ist
definiert als die Anzahl der zu n teilerfremden Zahlen. Es
läßt sich zeigen, daß $\phi(n)$ aus der Zerlegung

$$n = p_1^{\nu_1} \ldots p_m^{\nu_m}$$

von n in Primfaktorpotenzen als

$$\phi(n) = \prod_{i=1}^{m} p_i^{\nu_i - 1} \cdot (p_i - 1)$$

berechnet werden kann.

Dies erfordert höchstens $\mathrm{ld}\, n$ - viele Multiplikationen, die
wiederum in polynomialer Zeit (in Abhängigkeit von $\mathrm{ld}\, n$)
berechnet werden können. Vom komplexitätstheoretischen Standpunkt aus kann man also sagen: "Wenn man die Primfaktorisierung
einer natürlichen Zahl n "schnell" berechnen kann, so ist auch
die Berechnung von $\phi(n)$ "schnell" möglich. Im weiteren Verlauf wird bewiesen, daß unter Annahme der verallgemeinerten
RIEMANN'schen Vermutung auch das Umgekehrte gilt.

Zunächst behandeln wir aber die Formalisierung und Verallgemeinerung dieses Beispiels.

Definition 2:

f und g seien zwei Funktionen. Dann heißt f *in polynomialer
Zeit auf g reduzierbar*, in Zeichen: $f \leq_p g$, wenn eine Turing-
Maschine existiert, die auf die Eingabe von n und g(n) hin
den Wert f(n) in $O(\mathrm{ld}\, n)^k$-vielen Schritten berechnet. Dabei
ist $k \in \mathbb{R}$ eine beliebige Konstante.
Ferner heißt f *in polynomialer Zeit äquivalent zu g*, in
Zeichen $f \sim_p g$, falls $f \leq_p g$ und $g \leq_p f$.

Diese Definition besagt im Fall zweier polynomiell zeit-
äquivalenter Funktionen, daß sich die oberen (unteren)
Grenzen ihrer Laufzeit höchstens um die Addition eines Polynoms
unterscheiden.

Neben der EULER'schen Phi-Funktion spielt im folgenden auch
die CARMICHAEL'sche λ-Funktion eine wichtige Rolle. Für

$$n = p_1^{\nu_1} \, \cdots \, p_m^{\nu_m} \text{ ist sie durch}$$

$$\lambda(n) = \mathrm{k.g.V.}\{p_1^{\nu_1-1} \cdot (p_1-1), \ldots, p_m^{\nu_m-1} \cdot (p_m-1)\} \text{ definiert.}$$

Schließlich wird auch die Funktion $\lambda'(n) = \mathrm{k.g.V.}\{p_1-1, \ldots, p_m-1\}$
behandelt.

Lemma 2:

Die Funktionen ϕ, λ, λ' sind alle in polynomialer Zeit auf die
Funktion "Primfaktorzerlegung" reduzierbar, also
ϕ, λ, $\lambda' \leq_p$ "Primfaktorzerlegung" ("PFZ")

Beweis:

$\phi \leq_p$ "PFZ" folgt sofort aus obigem Beispiel.

Um $\lambda, \lambda' \leq_p$ "PFZ" zu zeigen, beachte man folgende Identitäten

(i) $k.g.V.(a,b) = a \cdot \dfrac{b}{g.g.T.(a,b)}$

(ii) $k.g.V.(a,b,c) = k.g.V.(k.g.V.(a,b),c)$.

Alle Operationen, insbesondere der EUKLIDische Algorithmus
(vgl. (KNUTH, S. 316 ff)), sind in $O((\text{ld } n)^k)$ - vielen Schritten
durchführbar mit einem geeignet groß gewählten konstanten
$k \in \mathbb{N}$. Mit der Definition von λ und λ' ist alles gezeigt. ∎

Aus diesem Lemma folgt, daß die Primfaktorzerlegung *nicht*
in polynomialer Zeit berechnet werden kann, falls die EULER'sche
ϕ-Funktion *nicht* in polynomialer Zeit berechnet werden kann.
Damit bliebe trotzdem die Möglichkeit, einen Weg zur "schnellen"
Berechnung von $\phi(n)$ zu finden, ohne einen schnellen Algorithmus
zur Primfaktorzerlegung zu haben. Das nächste Lemma zeigt
allerdings, daß unter Annahme der verallgemeinerten RIEMANN'schen
Vermutung die Berechnung von ϕ, λ und λ' nicht "leichter" als
die Zerlegung einer Zahl in ihre Primfaktoren ist.

<u>Lemma 3:</u>

Unter Verwendung der verallgemeinerten RIEMANN'schen Vermutung
gilt für eine beliebige Funktion g mit den Eigenschaften

$\qquad$ (1) $\lambda'(n) | g(n)$

$\qquad$ (2) $\text{ld } g(n) = O((\text{ld } n)^k)$ $\quad$ für eine Konstante k

die Aussage

$\qquad$ "PFZ" $\leq_p g$.

<u>Beweis:</u> siehe Anhang E.

Funktionen g, die die Bedingung (2) erfüllen, werden als
Funktionen von *syntaktisch polynomialem Wachstum* bezeichnet
(SPW). Damit hat man folgenden Satz bewiesen.

<u>Satz 4:</u> (MILLER)

Unter Annahme der verallgemeinerten RIEMANN´schen Vermutung
gilt:

Die zahlentheoretischen Funktionen ϕ, λ, $\lambda´$ und "PFZ" sind
alle in polynomialer Zeit äquivalent zueinander:

$$\phi \sim_p \lambda \sim_p \lambda´ \sim_p \text{"PFZ"} \, .$$

Für die weiteren Betrachtungen reicht ein schwächerer Redu-
zierbarkeitsbegriff aus.

Eine Funktion f *ist in polynomialer Zeit Turing-reduzierbar*
auf g, $f \leq_p^T g$, wenn eine Turing-Maschine mit den folgenden Eigenschaften existiert:

(1) Die Turing-Maschine hat ein besonderes Band, von der
    sie die Werte von g abrufen kann. Der Zeitaufwand um
    diese Werte z.B. für g(m) aufzurufen, beträgt
    (ld m + ld g(m))-viele Schritte .

(2) Die Turing-Maschine berechnet dann f(n) in $O((\text{ld } n)^k)$-
    vielen Schritten mit einer Konstanten $k \in \mathbb{R}$.

f und g heißen in *polynomialer Zeit Turing-äquivalent*, $f \sim_p^T g$,
wenn $f \leq_p^T g$ und $g \leq_p^T f$ gilt.

<u>Lemma 4:</u>

Über der Klasse von Funktionen mit SPW haben die Relationen
$\leq_p$, $\sim_p$, $\leq_p^T$ und $\sim_p^T$ die folgenden Eigenschaften:

(1) $\leq_p$ und $\leq_p^T$ sind transitive Relationen. Also sind $\sim_p$

    und $\sim_p^T$ Äquivalenzrelationen, da Symmetrie und
    Reflexivität trivialerweise erfüllt sind.

314

(2) Jede in polynomialer Zeit auf g reduzierbare Funktion
    f ist in polynomialer Zeit Turing-reduzierbar auf g.

(3) Die Klasse der in polynomialer Zeit berechenbaren
    Funktionen bilden eine Äquivalenzklasse
    mod $\sim_p$ und mod $\sim_p^T$.

<u>Beweis:</u>
Zu (1):
Seien f, g und h drei beliebige Funktionen, und es gelte

$$f \leq_p g \quad \text{und} \quad g \leq_p h.$$

Definitionsgemäß existieren eine Turing-Maschine M, die auf
die Eingabe von n und h(n) in $O((\text{ld } n)^{k_1})$ Schritten g(n) berechnet und eine Turing-Maschine N, die auf die Eingabe von n
und g(n) hin in $O((\text{ld } n)^{k_2})$ Schritten f(n) berechnet.
Betrachtet man eine aus M und N zusammengesetzte Turing-
Maschine L, so kann man die Berechnung von f(n) auf die Eingabe von n und h(n) hin wie folgt abschätzen: Zunächst berechnet L genau wie M in $O((\text{ld } n)^{k_1})$ Schritten g(n) aus vorgegebenem n und h(n). L sei so konstruiert, daß g(n) auf das
Arbeitsband geschrieben wird. Dann stellt L den Lesekopf des
Eingabebandes auf den Beginn der Zeichenkette n in ld n
Schritten zurück und den kombinierten Schreib-/Lesekopf des
Arbeitsbandes in ld g(n) Schritten auf den Beginn der berechneten Zeichenkette von g(n). Da nun nach Voraussetzung g von
syntaktisch polynomialem Wachstum ist, existiert eine Konstante k_3, so daß ld g(n) = $O((\text{ld } n)^{k_3})$ gilt.
Nun berechnet die Turing-Maschine L wie die Turing-Maschine N
den Wert f(n) in $O((\text{ld } n)^{k_2})$ Schritten. Die Schrittzahl von L
beträgt
$$O((\text{ld } n)^{k_1}) + O(\text{ld } n) + O((\text{ld } n)^{k_2}) + O((\text{ld } n)^{k_3}).$$
Sei K = max$\{k_1, k_2, k_3\}$, dann ist die Berechnung von f(n) aus
n und h(n) in $O((\text{ld } n)^K)$ Schritten möglich und es gilt also
$f \leq_p h$.

Ein analoger Beweis gilt für " $\leq_p^T$ "

Zu (2):

$f \leq_p g$, d.h., es existiert eine Turing-Maschine M, die in

$O((ld\ n)^{k_1})$ Schritten $f(n)$ aus der Eingabe von n und g
berechnet.

Angenommen, man habe eine Turing-Maschine N mit einer etwas
besseren Ausstattung, die in einem zusätzlichen Band besteht,
von welchem $g(m)$ in $(ld\ m + ld\ g(m))$- vielen Schritten abge-
lesen werden kann. Diese Turing-Maschine N berechnet auf eine
Eingabe n hin den Wert $f(n)$ wie folgt:
Zunächst wird der Wert $g(n)$ in $(ld\ n + ld\ g(n))$ Schritten
abgerufen. Da $g \in SPW$ gilt wiederum $O((ld\ n)^{k_2}) = ld\ g(n)$.

Dann berechnet N wie M in $O((ld\ n)^{k_1})$ Schritten den Wert für
$f(n)$. Wenn $K = \max\{k_1, k_2\}$, dann wird also $f(n)$ in $O((ld\ n)^K$
Schritten berechnet.Dies impliziert $f \leq_p^T g$ mittels der
Turing-Maschine N.

Zu (3):
Da alle Funktionen in polynomialer Zeit berechenbar sind,
gilt insbesondere $f \leq_p$ id für alle Funktionen f die in poly-
nomialer Zeit berechenbar sind, und $id \leq_p f$ mittels einer
Turing-Maschine die n in $ld\ n$ Schritten vom Eingabe- auf das
Arbeits-Band überträgt. Der Rest folgt mit (1) und (2). ∎

Für den Rest dieses Abschnittes wollen wir Funktionen betrachten, deren Definitionsbereich die Menge der natürlichen
Zahlen ist.
Damit werden in Analogie zu den Klassen P und NP der Erkennung
von Problemen, Klassen P und NP definiert, die jeweils die
in deterministischer Zeit bzw. nicht-deterministischer Zeit
berechenbaren Funktionen enthalten. Es wird gezeigt, daß die
zahlentheoretischen Funktionen "PFZ", ϕ, λ und λ' zu den Elementen aus NP zählen und somit als "schwierig" zu berechnende
Funktionen zu betrachten sind. Diese Eigenschaft wird dann im
folgenden Kapitel zum Design asymmetrischer Verschlüsselungsfunktionen genutzt.

Es gelte für den Rest dieses Kapitels $E = \{0,1,2,\ldots,9\}$, also $\Omega^-(E) = \mathbb{N}'$.

Man setzt

$P^* := \{f \text{ Funktion} \mid f : L \to \mathbb{N}, L \subseteq \mathbb{N}, f(x)$ ist für alle $x \in L$ auf einer deterministischen Turing-Maschine mit polynomialer Laufzeit berechenbar$\}$

$NP^* := \{f \text{ Funktion} \mid f : L \to \mathbb{N}, L \subseteq \mathbb{N}, f(x)$ ist für alle $x \in L$ auf einer nichtdeterministischen Turing-Maschine mit polynomialer Laufzeit berechenbar$\}$

<u>Lemma 5:</u>

Für zahlentheoretische Funktionen $f, g : \mathbb{N} \to \mathbb{N}$ mit

$$f \leq^T_p g \text{ und } g \in NP^* \text{ gilt } f \in NP^*.$$

<u>Beweis:</u>

Sei M eine Turing-Maschine, die f so berechnet, wie es die Definition von $f \leq^T_p g$ angibt. Sei M' eine Maschine, die g in nichtdeterministisch polynomialer Zeit berechnet. Um eine Turing-Maschine zu konstruieren, die f berechnet, werden die Aufrufe der Werte von g in M durch die Berechnungen von M' ersetzt.

Nun arbeitet die neue Maschine in nichtdeterministisch polynomialer Zeit, da M höchstens polynomial viele Werte von g aufruft, diese aber nicht-deterministisch von M' berechnet werden. ∎

<u>Satz 5:</u>

$$\text{"PFZ"} \in NP^*$$

<u>Beweis:</u>

Eine Turing-Maschine errät einfach zu einer vorgegebenen natürlichen Zahl n eine Primfaktorzerlegung. Das Erkennen der Primzahlen ist ein Problem aus NP. Die Bestätigung der Primheit der Faktoren ist in polynomialer Zeit möglich. Da es höchstens ld n viele Faktoren gibt, läuft die Turing-

Maschine in polynomialer Zeit bis zur Ausgabe der Primfaktorzerlegung.

Korollar:
$$\phi, \ \lambda, \ \lambda' \ \in NP^*.$$

Beweis:

Da alle 3 Funktionen Turing-reduzierbar auf die Funktion "PFZ" sind, folgt aus dem Satz 5 und Lemma 5 die Behauptung. ∎

"Ein wenig anders ist es beim Rucksack. Auch hier ist es nützlich, mit dem Trainingszeug den Rücken zu beehren. Aber Vorsicht vor der Stopfwut! Im Rucksack, der von Hause aus formlos ist, bringt jede Gewaltanwendung unliebsame Beulen und Verschlingungen mit sich, die man beim Tragen zu spüren bekommt."

W. SCHERF, Das große Lagerbuch

VI.3 DAS TORNISTER - PROBLEM

Eine BOOLE´sche Formel ist eine mittels der logischen Verknüpfung $\wedge$, $\vee$ oder $\neg$ gebildete Verknüpfung von Aussagevaria-
blen. Unter dem *Erfüllbarkeits-Problem* des Aussagenkalküls
versteht man das Berechnungsproblem, zu bestimmen, ob es eine
Einsetzung der Variablen einer BOOLE´schen Formel gibt, so
daß diese den Wert "WAHR" annimmt. Der offensichtliche
Algorithmus mittels Durchprobieren erfordert für eine BOOLE´sche
Formel mit n Variablen etwa 2^n Rechenschritte. Es ist nicht
bekannt, ob es einen nicht-exponentiellen Algorithmus gibt.
Vielmehr wurde ein direkter Beweis des folgenden Satzes
gefunden.

Satz_von_COOK (1971):

Das Erfüllbarkeits-Problem des Aussagenkalküls ist NP-
vollständig.
Beweis: (AHO, Th. 10.3).

Mittels polynomialer Transformation läßt sich der Beweis der
NP-Vollständigkeit mehrerer Hundert anderer bekannter Be-
rechnungsprobleme auf den Satz von COOK zurückführen. (AHO,
Chap. 10.5) enthält mehrere Beispiele solcher Reduktionen.
Ein NP-vollständiges Problem besonderer Bedeutung für die
Entwicklung der Kryptographie in den letzten Jahren ist das
sogenannte Tornister-Problem (engl. knapsack-problem).
Beim *Tornister-Problem* handelt es sich um folgendes Erkennungs-
Problem:
Für vorgegebene natürliche Zahlen $s_1,\ldots,s_n$ und c ist festzu-
stellen, ob es eine Teilmenge I von $\{1,\ldots,n\}$ gibt, so daß

$$\sum_{i \in I} s_i = c$$

ist.
("Ein Tornister mit dem Fassungsvermögen c soll randvoll mit
einer Auswahl unter n Ausrüstungsgegenständen der Größe
$s_1,\ldots,s_n$ gepackt werden.")

Eine äquivalente Formulierung des Tornister-Problems lautet:
Gibt es zu einem Vektor $\underline{s} = (s_1,\ldots,s_n) \in \mathbb{N}^n$ und einer Zahl
$c \in \mathbb{N}$ einen 0-1-Vektor $\underline{k} = (k_1,\ldots,k_n) \in \{0,1\}^n$ mit

$$\underline{s} \cdot \underline{k} = \sum_{i=1}^{n} s_i k_i = c \ ?$$

Eine Lösung des Erkennungs-Problems führt nicht direkt zu
einer Bestimmung des Vektors $\underline{k}$, aber man kann zeigen, daß
ähnlich wie im vergangenen Abschnitt die Lösung des Erkennungs-Problems polynomial in eine Lösung der Berechnungs-
Aufgabe überführt werden kann. Deshalb verstehen wir im
folgenden unter dem Tornister-Problem die Aufgabe:

Berechne zu einem Vektor $\underline{s} \in \mathbb{N}^n$ und einer Zahl $c \in \mathbb{N}$ einen
Vektor $\underline{k} \in \{0,1\}^n$ mit $\underline{s} \cdot \underline{k} = c$, falls ein solcher Vektor
existiert.
Mit n als Größen-Maß ist kein allgemeiner Lösungsalgorithmus
bekannt, der eine in n polynomiale Anzahl von Lösungsschritten
erfordert. Wegen der NP-Vollständigkeit des Tornister-Problems
wird nicht erwartet, daß je ein solcher Algorithmus gefunden
werden wird.
Der beste zur Zeit bekannte allgemeine Lösungsalgorithmus
mit einem TMTO-artigen Verfahren erfordert
$O(2^{n/2})$ Rechenschritte und $O(2^{n/4})$ Speicherplätze. Gleichwohl
können ganze Klassen von Einzelfällen des Tornister-Problems
mit effizienten Methoden gelöst werden wie neue Arbeiten von
BRICKELL, LAGARIAS und ODLYZKO gezeigt haben (vgl. (CRYPTO 83,
p. 3 - 42 und die dort angegebene Literatur)).
Bevor wir darauf etwas näher eingehen, erläutern wir an einem
von (LEMPEL) stammenden Beispiel die Risiken, die mit einer
allzu naiven Verbindung von Kryptographie und Komplexitätstheorie verbunden sind. Es handelt sich dabei um ein Block-
System mit dem Schlüsselraum $S = \{0,1\}^n$, welches von einem
beliebigen, aber fest gewählten Parameter $\underline{a} = (a_1,\ldots,a_n) \in \mathbb{N}^n$
abhängt.

Als Blocklänge des Systems wird

$$m := 1 + \left\lfloor \mathrm{ld}\left(1+ \sum_{i=1}^{n} a_i\right)\right\rfloor$$

gewählt. Die Klartextblöcke aus $\mathbb{F}_2^m$ werden als Elemente von $\{0,1\}^m \subset \mathbb{N}^m$ aufgefaßt.

Für zwei Vektoren $\underline{X} = (x_1,\dots,x_m)$ und $\underline{Y} = (y_1,\dots,y_m)$ aus $\{0,1\}^m$ definiert man den Vektor $\underline{X} \oplus \underline{Y} := (z_1,\dots,z_m)$ aus $\{0,1\}^m$ durch

$$z_i = x_i + y_i - 2x_i y_i \qquad (i=1,\dots,m)$$

Die Verschlüsselung eines Blocks $\underline{k} = (k_1,\dots,k_m)$ mit dem Schlüssel $\underline{s} = (s_1,\dots,s_n)$ verläuft wie folgt:

(1) Man wählt einen beliebigen Vektor $\underline{r} = \underline{r}(\underline{k})$ in $\{0,1\}^n$

(2) Man berechnet die Zahl $c := \underline{a}.(\underline{s} \oplus \underline{r})$.

Sei $c = \sum_{\nu=0}^{t-1} b_{\nu+1} 2^{\nu}$ die 2-adische Darstellung von c. Unter

Beachtung von $\sum_{i=1}^{n} a_i x_i \leq \sum_{i=1}^{n} a_i$ für $\underline{x} = (x_1,\dots,x_n) \in \{0,1\}^n$

folgt $t \leq m$ nach der Wahl von m.

Man setze $\underline{b} := (b_1,\dots,b_m) \in \{0,1\}^m$

(evtl. sind rechts Nullen aufzufüllen).

(3) Als Chiffretextblock $\underline{c} \in \{0,1\}^{m+n}$ bilde man das Paar

$$\underline{c} = (\underline{k} \oplus \underline{b}, \underline{r})$$

Die Entschlüsselung von $\underline{c}$ mit dem Schlüssel $\underline{s}$ ist leicht:

(4) Mit der hinteren Komponente $\underline{r}$ von $\underline{c}$ wird $\underline{s} \oplus \underline{r}$ gebildet, und damit $c = \underline{a}.(\underline{s} \oplus \underline{r})$ berechnet.

(5) Aus c wird der Vektor $\underline{b}$ durch 2-adische Entwicklung gebildet.

(6) Addition ($\oplus$) von $\underline{b}$ zur ersten Komponente von $\underline{c}$ gibt $\underline{k}$ zurück.

Die kryptoanalytische Aufgabe, aus einem Paar $(\underline{k},\underline{c})$ zueinander gehörender Klar- und Chiffretext-Block den Schlüssel $\underline{s}$ zu bestimmen, läuft auf die Lösung des Tornister-Problems hinaus! Aus der ersten Komponente von $\underline{c}$ erhält man $\underline{b}$ durch Addition ($\oplus$) von $\underline{k}$ und bildet damit die Zahl

$$c = \sum_{\nu=0}^{m-1} b_{\nu+1} 2^{\nu}.$$

Mit der zweiten Komponente $\underline{r}$ von $\underline{c}$ ist eine Lösung von

$$(7) \qquad c = \underline{a} \cdot (\underline{s} \oplus \underline{r})$$

zu finden. Jede Lösung hiervon führt auf einen möglichen Schlüssel $\underline{s}$.

Demgegenüber betrachte man nun den Fall, daß man n Paare $(k_j,\underline{c}_j)$ hat, mit $\underline{c}_j = (k_j \oplus \underline{b}_j, \underline{r}_j)$ $(j=1,\ldots,n)$, für die die Vektoren $\underline{x}_j = (1,\ldots,1)-2\underline{r}_j$ $(j=1,\ldots,n)$ $\mathbb{R}$-linear unabhängig sind. Mit $c_j := \underline{a} \cdot (\underline{s} \oplus \underline{r}_j)$ und $c'_j = c_j - \underline{a} \cdot \underline{r}_j$ erhält man das Gleichungssystem

$$\begin{pmatrix} c'_1 \\ \cdot \\ \cdot \\ \cdot \\ c'_n \end{pmatrix} = X \begin{pmatrix} a_1 & & \sigma \\ & \cdot & \\ & & \cdot \\ \sigma & & \cdot \\ & & a_n \end{pmatrix} \begin{pmatrix} s_1 \\ \cdot \\ \cdot \\ \cdot \\ s_n \end{pmatrix}$$

worin X die Matrix ist, die den Vektor $\underline{x}_j$ als j-te Zeile hat. Wegen der linearen Unabhängigkeit der Zeilen ist X invertierbar über $\mathbb{R}$, $\underline{s}$ ist sofort zu berechnen. Die Vektoren $\underline{x}_j$ haben Komponenten ± 1. Die Wahrscheinlichkeit, daß N beliebig gezogene Vektoren mit Komponenten ± 1 den Vektorraum $\mathbb{R}^n$ erzeugen, geht mit wachsendem N-n rasch gegen 1, wie [LEMPEL] bemerkt. Also hat der oben beschriebene

Angriff eine hohe Erfolgswahrscheinlichkeit. Die worst-case-Komplexität des Verschlüsselungsverfahrens ist eben im allgemeinen kein adäquates Maß für die Kryptokomplexität des zugehörigen Kryptosystems - wie schon in Kap. III überdeutlich wurde.

Von ganz anderer Art sind neue Ansätze, ganze Klassen von Einzelfällen des Tornister-Problems effizient zu lösen. Alle uns bekannten neueren Methoden beruhen auf einem polynomialen Algorithmus zur Basisreduktion ganzzahliger Gitter, der von den Mathematikern A.K. LENSTRA, H.W. LENSTRA jr. und L. LOVAĈZ 1982 gefunden wurde. Im letzten Teil dieses Kapitels wollen wir die Grundgedanken dieses Verfahrens darstellen. Gegeben seien ein Vektor $\underline{s} = (s_1,\ldots,s_n) \in \mathbb{N}^n$ sowie eine Zahl $c \in \mathbb{N}$.

<u>Voraussetzung:</u> Es existieren n-1 Paare (W_j,M_j) $(j=1,\ldots,n-1)$ natürlicher Zahlen mit den Eigenschaften

$$(i)\quad 1 \leq W_j < M_j$$

$$(ii)\quad g.g.T.(W_j,M_j) = 1$$

$(*)$

(iii) Für die betraglich kleinsten Reste t_{ij} in den Restklassen

$$s_i W_j \bmod M_j \quad (i=1,\ldots,n) \text{ gilt}$$

$$\sum_{i=1}^{n} |t_{ij}| < M_j$$

für $j = 1,\ldots,n-1$.

Das Tornister-Problem zu $\underline{s}$ und c ist unter dieser Voraussetzung leicht zu analysieren.

Angenommen, es existiere eine Lösung $k = (k_1,\ldots k_n) \in \{0,1\}^n$

mit $\underline{s} \cdot \underline{k} = c$. Sei d'_j der betraglich kleinste Rest in der Restklasse $cW_j \bmod M_j$ $(j=1,\ldots,n-1)$; man setze

$$d_j = \begin{cases} d_j' & d_j' \leq t_j \\ d_j' - M_j & d_j' > t_j \end{cases} \quad , \text{ falls } \qquad \text{mit } t_j := \sum_{\substack{i=1 \\ t_{ij}>0}}^{n} t_{ij} \quad (j=1,\dots,n-1)$$

Es gilt nun

$$(8) \qquad \sum_{i=1}^{n} t_{ij} k_i = d_j \qquad (j=1,\dots,n-1).$$

Zum Beweis ist einerseits die Kongruenz

$$\sum_{i=1}^{n} t_{ij} k_i \equiv \sum_{i=1}^{n} s_i k_i W_j \bmod M_j \equiv c W_j \bmod M_j \equiv d_j \bmod M_j$$

$$(j=1,\dots,n-1)$$

zu beachten, andererseits die Ungleichungskette

$$t_j - M_j < \sum_{\substack{i=1 \\ t_{ij}>0}}^{n} t_{ij} - \sum_{i=1}^{n} |t_{ij}| = \sum_{\substack{i=1 \\ t_{ij}<0}}^{n} t_{ij} < \sum_{\substack{i=1 \\ t_{ij}<0}}^{n} t_{ij} k_i < \sum_{i=1}^{n} t_{ij} k_i - \sum_{\substack{i=1 \\ t_{ij}>0}}^{n} t_{ij} = t_j.$$

Mit der Matrix

$$A := \begin{pmatrix} s_1 & \cdots & s_n \\ t_{1,1} & \cdots & t_{n,1} \\ \cdot & & \cdot \\ \cdot & & \cdot \\ \cdot & & \cdot \\ t_{n,n-1} & \cdots & t_{n,n-1} \end{pmatrix}$$

und dem Vektor $\underline{c} := (c, d_1, \dots, d_{n-1})$ folgt also

$$(9) \qquad A \cdot \underline{k} = \underline{c}$$

Falls A invertierbar ist, folgt $\underline{k} = A^{-1} \underline{c}$

$\underline{Satz\ 5}$ (BRICKELL):

Falls es n-1 Paare (W_j, M_j) $(j=1,\ldots,n-1)$ gibt, die die obige Voraussetzung (*) erfüllen, und für die überdies die Matrix A invertierbar ist, kann das Tornister-Problem zu $\underline{s}$ und c durch n modulare Multiplikationen und die Multiplikation einer nxn-Matrix mit einem Vektor gelöst werden.

$\underline{Beweis}$: Nach den Vorüberlegungen leistet der folgende Algorithmus das Gewünschte.

(B1)   Bilde den Vektor $\underline{c}$

(B2)   Setze $\underline{k} := A^{-1}\underline{c}$

           Falls $\underline{k} \in \{0,1\}^n$ ist, ist das Tornister-Problem zu $\underline{s}$ und c unlösbar - STOP

(B3)   Sonst berechne $c' := \underline{s} \cdot \underline{k}$

(B4)   Falls $c' = c$ ist, ist das Tornister-Problem zu $\underline{s}$ und c unlösbar - STOP

           Anderenfalls ist $\underline{k}$ eine Lösung.   ■

Der entscheidende Schritt besteht nach diesem Satz darin, geeignete Paare (W_j, M_j) $(j=1,\ldots,n-1)$ der genannten Art zu finden. Zu diesem Zweck betrachte man die n Vektoren

$$\underline{v}_1 = \begin{pmatrix} 1 \\ ns_2 \\ \cdot \\ \cdot \\ ns_n \end{pmatrix}, \quad \underline{v}_2 = \begin{pmatrix} 0 \\ ns_1 \\ 0 \\ \cdot \\ 0 \end{pmatrix}, \quad \ldots, \quad \underline{v}_n = \begin{pmatrix} 0 \\ \cdot \\ \cdot \\ 0 \\ ns_1 \end{pmatrix}.$$

$\underline{v}_1, \ldots, \underline{v}_n$ sind $\mathbb{R}$-linear unabhängig. Mit $G(\underline{s})$ werde die Menge aller Linearkombinationen der Form

$$\sum_{i=1}^{n} y_i \underline{v}_i$$

mit ganzzahligen Koeffizienten $y_1, \ldots, y_n$ bezeichnet.

Ein *kurzer* Vektor in $G(\underline{s})$ ist ein Vektor $\underline{x} = (x_1, x_2, \ldots, x_n) \in G(\underline{s})$ mit $\sum_{i=2}^{n} |x_i| < ns_1$.

<u>Lemma 6:</u>

Für jeden kurzen Vektor $\underline{x} \in G(\underline{s})$ erfüllen die betraglich kleinsten Reste z_i in den Restklassen $s_i x_1 \bmod s_1$ die Bedingung (iii) der Voraussetzung (*), d.h.

$$\sum_{i=1}^{n} |z_i| < s_1 \ .$$

<u>Beweis:</u>

Als Element von $G(\underline{s})$ hat $\underline{x} = (x_1, \ldots, x_n)$ eine Darstellung der Form

$$\sum_{i=1}^{n} y_i \underline{v}_i$$

mit $y_i \in \mathbb{Z}$. Das bedeutet $x_1 = y_1$ und $x_i = y_i ns_1 + y_1 ns_i$ $(i=2,\ldots,n)$. Insbesondere liegen die $z_i' = x_i/n$ für $i=2,\ldots,n$ in $\mathbb{Z}$. Ferner gilt

$$z_i' \equiv s_i y_1 \bmod s_1 = s_i x_1 \bmod s_1 \text{ für } i=2,\ldots,n.$$

Mit $z_1' = 0 \equiv s_1 x_1 \bmod s_1$ folgt

$$\sum_{i=1}^{n} |z_i'| = 1/n \sum_{i=2}^{n} |x_i| < s_1 \ .$$

Wegen $|z_i'| \geq |z_i|$ $\quad (i=1,\ldots,n)$ folgt die Behauptung. ∎

<u>Korollar:</u>

Wenn das Gitter $G(\underline{s})$ n $\mathbb{R}$-linear unabhängige kurze Vektoren $\underline{x}_1, \ldots, \underline{x}_n$ enthält, sind die Voraussetzungen des Satzes von BRICKELL erfüllt.

<u>Beweis:</u>

Zu $\underline{y} = (y_1, \ldots, y_n) \in G(\underline{s})$ definiere man $\tilde{\underline{y}} = (\tilde{y}_1, \ldots, \tilde{y}_n)$ durch $\tilde{y}_1 := 0$ und $\tilde{y}_i := y_i/n$ $\quad (i=2,\ldots,n)$.

Da $\underline{x}_1,\ldots,\underline{x}_n$ $\mathbb{R}$-linear unabhängig sind, enthält die Menge

$\{\underline{\tilde{x}}_1,\ldots,\underline{\tilde{x}}_n\}$ eine $\mathbb{R}$-linear unabhängige Teilmenge von n-1

Vektoren. Seien o.E. $\underline{\tilde{x}}_1,\ldots,\underline{\tilde{x}}_{n-1}$ $\mathbb{R}$-linear unabhängig. Schreibt

man $\underline{x}_i = (W_i,*,\ldots,*)$, so erfüllen die Paare (W_i,s_n) mit

i=1,$\ldots$,n-1 die Voraussetzung (*). Definiert man die

(n-1)×(n-1)-Matrix $\tilde{A}$ durch

$$
\begin{pmatrix} 0 \\ \cdot \\ \cdot \\ \cdot \\ 0 \end{pmatrix} \tilde{A} \; := \; \begin{pmatrix} x_2 \\ \cdot \\ \cdot \\ x_n \end{pmatrix} ,
$$

so hat also

$$
\begin{pmatrix} s_1 & * \ldots * \\ 0 & \\ \cdot & \tilde{A} \\ \cdot & \\ 0 & \end{pmatrix}
$$

den Maximalrang n über $\mathbb{R}$, ist somit invertierbar. ∎

Jede ganzzahlige Lösung $\underline{y} = (y_1,\ldots,y_n) \in \mathbb{Z}^n$ des diophantischen
Systems

$$|y_i s_1 + y_1 s_i| \leq s_1/n \quad \text{für } i=2,\ldots,n$$

$$0 < y_1 < s_1$$

führt zu einem kurzen Vektor im $G(\underline{s})$. Der Erwartungswert der
Zahl der ganzzahligen Punkte im Bereich

$$D = \{(y_1,\ldots,y_n) \in \mathbb{R}^n \mid |y_i s_1 + y_1 s_i| \leq s_1/n \quad (i=2,\ldots,n)\ 0 < y_1 < s_1\}$$

ist nach L. SANTALO,(Integral Geometry and Geometrie Probalility,
Addison-Wesley (1976), p. 190 (Aussage 1.b)) gegeben durch
vol (D).
D ist ein n-dimensionales Quader mit den 2^n Ecken

$$(0, \pm \tfrac{1}{n}, \ldots, \pm \tfrac{1}{n}) \quad \text{und} \quad (s_1, s_2 \pm \tfrac{1}{n}, \ldots, s_n \pm \tfrac{1}{n}),$$

so daß also vol $(D) = s_1 \cdot (\tfrac{2}{n})^{n-1}$ wird. Für $s_1 \simeq n^n$ wird vol $(D) \simeq n \, 2^{n-1}$ groß sein, d.h. $G(\tilde{s})$ wird viele kurze Vektoren enthalten.

Allgemein nennt man $\delta(\underline{s}) := n/(\text{ld max}\{s_i \mid i=1,\ldots,n\})$ die

Dichte des Tornister-Problems zu $\underline{s}$ (und c). Für $\delta(\underline{s}) \leq 1/\text{ld } n$ wird max $\{s_i\} \geq n^n$. Man kann also nach den vorangehenden Überlegungen mit hoher Wahrscheinlichkeit für die Tornister-Probleme mit $\delta(\underline{s}) \leq 1/\text{ld } n$ annehmen, daß sehr viele kurze Vektoren in $G(\underline{s})$ liegen, mit deren Hilfe man aufgrund des Satzes von BRICKELL eine Lösung auf effiziente Weise berechnen kann.

Als letzte Aufgabe stellt sich damit die, eine effiziente Methode zur Bestimmung kurzer Vektoren in $G(\underline{s})$ anzugeben. Dies leistet der bereits zitierte Algorithmus von LENSTRA, LENSTRA & LOVACZ, kurz L^3-Algorithmus genannt. Die Details dieses Algorithmus sollen hier nicht behandelt werden, dazu sei auf die Originalarbeit (LENSTRA, LENSTRA & LOVACZ) sowie auf Darstellung bei (GOEBBELS) hingewiesen, die auch eine Implementation auf der CDC CYBER 76 des Rechenzentrums der Universität Köln beschreibt.

Als ein verfeinertes Maß für die Krypto-Komplexität wurde aufgrund dieser Erfahrungen vorgeschlagen, eine *prozentuale Komplexität $T(r,n)$* eines Problems einzuführen: hat man einen Bruch $0 \leq r \leq 1$ vorgegeben, so mißt sie die Zeit, die benötigt wird, um den Anteil r der leichtesten Problemschritte der Größe n zu lösen.

Die Überlegungen der folgenden Abschnitte gehen in diese Richtung.

<u>Anhang</u>: Basis-Reduktion in Gittern

Eine Teilmenge G in $\mathbb{R}^n$ heißt *$\mathbb{Z}$-Gitter*, wenn sie n $\mathbb{R}$-linear unabhängige Vektoren $\underline{v}_1,\ldots,\underline{v}_n$ enthält, so daß G die direkte Summe $G = \bigoplus\limits_{i=1}^{n} \mathbb{Z}\underline{v}_i$ ist. Einem Vektor $(\underline{v}_1,\ldots,\underline{v}_n)$ mit dieser

Eigenschaft nennt man *geordnete Basis* von G; ihr ist die

Matrix $V = \begin{pmatrix} \underline{v}_1 \\ \cdot \\ \cdot \\ \cdot \\ \underline{v}_n \end{pmatrix}$ zugeordnet.

Die Matrizen V_1 und V_2 zu verschiedenen geordneten Basen unterscheiden sich um eine unimodulare Matrix $U \in GL_n(\mathbb{Z}):V_2=UV_1$.

Durch Anwendung des GRAM-SCHMIDT´schen Orthogonalisierungsverfahren erhält man aus einer geordneten Basis $(\underline{v}_1,\ldots,\underline{v}_n)$ n neue $\mathbb{R}$-linear unabhängige Vektoren $(\underline{v}_1^*,\ldots,\underline{v}_n^*)$ durch die Rekursion

$$v_1^* := \underline{v}_1$$

$$\underline{v}_i^* := \underline{v}_i - \sum_{j<i} \mu_{ij}\underline{v}_j^* \qquad (i=2,\ldots,n)$$

$$\text{mit } \mu_{ij} := \frac{\underline{v}_i \cdot \underline{v}_j^*}{\underline{v}_j^* \cdot \underline{v}_j^*} \quad (i>j) \, .$$

Der L^3-*Algorithmus* leistet folgendes:

Auf die Eingabe einer geordneten Basis $(\underline{v}_1,\ldots,\underline{v}_n)$ von G hin mit $\|v_j\|^2 \le t$ $(\|\underline{x}\|^2:=\underline{x}\cdot\underline{x})$ berechnet er in höchstens $O(n^4 \text{ld } t)$ vielen arithmetischen Rechenoperationen eine geordnete Gitterbasis $(\underline{w}_1,\ldots,\underline{w}_n)$ von G mit

(i) $\|\underline{w}_i^* + \mu_{i,i-1}\underline{w}_{i-1}^*\|^2 \ge \frac{3}{4}\|\underline{w}_{i-1}^*\|^2$ für $2\le i\le n$

(ii) $|\mu_{ij}| \le \frac{1}{2}$ für $i>j$.

Die dabei auftretenden ganzen Zahlen haben höchstens $O(n \text{ ld } t)$ viele Bits. Man nennt $(\underline{w}_1,\ldots,w_n)$ eine *reduzierte* Gitterbasis. Entscheidend für die Anwendung ist folgender

<u>Satz 6:</u>

Für eine reduzierte Gitterbasis $(\underline{w}_1,\ldots,\underline{w}_n)$ von G gilt

$$\|\underline{w}_1\|^2 \le 2^{n-1} \min\{\|x\|^2 | \underline{x} \in G\setminus\{\underline{0}\}\}$$

<u>Beweis:</u> (LENSTRA, LENSTRA & LOVACZ, Prop. 1.12).

Auch die anderen Vektoren der reduzierten Basis haben "kleine Länge" $\|\underline{w}_i\|^2$ (loc.cit., Anmerkung zu Prop. 1.12).

Der Erfolg der BRICKELL'schen Methode hängt also davon ab, ob die vom L^3-Algorithmus gelieferte reduzierte Basis von $G(\underline{s})$ aus kurzen Vektoren besteht. LAGARIAS-ODLYZKO (LAGARIAS-ODLYZKO) verwenden eine andere Methode zur Behandlung von Tornister-Problemen mit kleiner Dichte, die ebenfalls auf dem L^3-Algorithmus beruht.

VI.4 WURZELN ÜBER ENDLICHEN RINGEN

Die Berechnung von Wurzeln über endlichen Körpern und Ringen
ist ein alt-bekanntes Problem der Zahlentheorie. Präzise
formuliert lautet es wie folgt:
$\mathfrak{R}$ sei ein (endliches) direktes Produkt endlicher Körper.
Wenn die Gleichung

$$X^V - c = 0 \quad \text{mit } v \in \mathbb{N} \text{ und } c \in \mathfrak{R}$$

eine Wurzel in $\mathfrak{R}$ hat, so ist diese explizit zu berechnen.

Ein Spezialfall dieses Problems hat besondere Bedeutung, weil
auf ihm das asymmetrische Verschlüsselungsverfahren von
R. RIVEST, A. SHAMIR und L. ADLEMAN beruht (siehe Kap. VII).
In diesem Spezialfall ist $\mathfrak{R} = \mathbb{F}_p \times \mathbb{F}_q$ das direkte Produkt der
Primkörper zu den beiden verschiedenen ungeraden Primzahlen
p und q und v eine zu $\phi(p.q) = (p-1)(q-1)$ teilerfremde Zahl
mit $1 \leq v < \phi(p.q)$. Setzt man R := p.q, so ist das Problem
äquivalent zu der Aufgabe:
Man bestimme explizit eine ganzzahlige Lösung der Kongruenz

$$(*) \qquad X^V \equiv C \bmod R \qquad \text{mit } 1 \leq C < R,$$

sofern eine solche existiert.

VI.4.1 ORAKEL UND ALGORITHMEN

Wie bereits betont wurde, stellen die bekannten Methoden der
Komplexitätstheorie zwar keine absoluten Komplexitätsmaße zur
Bewertung von Berechnungsproblemen bereit, sie gestatten aber
den relativen Vergleich des Rechenaufwandes zur Lösung zweier
verschiedener Probleme mittels des Verfahrens der polynomialen
Transformierung. Eine sehr durchsichtige Anwendung dieses
Prinzips ist die Verwendung von "Black-Box- oder Orakel-"
Komponenten in Algorithmen zur Lösung von Berechnungsproblemen.
Algorithmen sind stets konstruktive Prozesse, die *Orakel* sind
nicht konstruktiv. Man kann sie sich als Tabellen vorstellen,
deren Konstruktion aber nicht bekannt ist; der "Anruf des
Orakels" besteht einfach im Aufsuchen eines Tabellenwertes

zu einem bestimmten Index.

Die Funktion eines Orakels verdeutlichen wir an einem Beispiel. $\mathcal{Z}$ sei die Menge aller natürlichen Zahlen R, von denen bekannt ist, daß sie die Form R = p.q mit zwei verschiedenen ungeraden Primzahlen p und q haben. Die Existenz solcher Zahlen p und q gibt noch kein konstruktives Verfahren zu ihrer Berechnung an. In diesem Sinn ist die Funktion

$$\phi_F : \mathcal{Z} \to \mathbb{N} \times \mathbb{N},$$

die einem $R \in \mathcal{Z}$ das eindeutig bestimmte Paar (p,q) mit $p < q$ und $p \cdot q = R$ zuordnet als eine Black-Box oder ein Orakel zur Durchführung der Faktorisierung von R.

Mit Hilfe des Orakels ϕ_F erhält man einen Algorithmus (F) zur Lösung des Problems (*).

(F 1)   Anruf des Orakels ϕ_F zur Eingabe R liefert die beiden Primzahlen p und q.

(F 2)   Berechne $\phi(R) = R-(p+q) + 1$

(F 3)   Berechne mit dem EUKLIDISCHEN ALGORITHMUS (vgl. (KNUTH, p. 325)) eine Zahl $1 \leq e < R$ mit $e \cdot v \equiv 1 \bmod \phi(R)$

(F 4)   Berechne $X := C^e \bmod R$ nach dem in Kap. VII.2 angegebenen Algorithmus.

<u>Satz 7:</u>

Der Algorithmus (F) löst das Problem (*) bei der Verwendung des Orakels ϕ_F durch $O(ld\ R)$ viele arithmetische Rechenoperationen mit Zahlen der Binär-Länge $O(ld\ R)$.

<u>Beweis:</u>

Die in (F 4) berechnete Größe X ist tatsächlich eine Lösung von (*), denn es gilt $X^v \bmod R \equiv C^{e \cdot v} \bmod R \equiv C \bmod R$ nach dem Satz von EULER ((LANG, II, §2)). Die Anzahl der arithmetischen Rechenoperationen in (F 3) und (F 4) ist $O(ld\ R)$ nach (KNUTH 2, p. 320) und (KNUTH 2, p. 443).

Bei den verwendeten Algorithmen treten höchstens Zahlen der
Binär-Länge $\leq 2(1+\lfloor \mathrm{ld}\ R \rfloor)$ auf. ∎

Arithmetische Rechenoperationen mit r-stelligen Binärzahlen
lassen sich in $O(r^2)$ elementaren Bit-Operationen ausführen
(KNUTH, p. 250 ff). Der Algorithmus (F) benötigt also einen
Orakel-Anruf und $O(\mathrm{ld}\ R)^3)$ viele Bit-Operationen zur Lösung
des Problems (∗) für Zahlen $R \in \mathbb{Z}$, ist somit polynomial in der
Binär-Länge von R. <u>Jede</u> Ersetzung des nicht-konstruktiven
Orakels $\mathcal{A}_F$ durch einen konstruktiven Faktorisierungsalgorithmus
auf $\mathbb{Z}$ führt also zu einem konstruktiven Lösungsalgorithmus
von (∗). In diesem Sinn ist das Problem (∗) höchstens so
schwer wie das Faktorisierungsproblem - wie gelegentlich etwas
unpräzise gesagt wird.
Der obige Algorithmus würde offensichtlich auch mit Hilfe
eines Orakels $\mathcal{A}_\phi : \mathbb{Z} \to \mathbb{N}$ mit $\mathcal{A}_\phi(R) = \phi(R)$ zum Ziel führen -
nach dessen Aufruf einfach die Schritte (F 3) und (F 4) auszu-
führen sind. Der Schritt (F 2) besagt, daß $\mathcal{A}_F$ "polynomial" in
das Orakel $\mathcal{A}_\phi$ überführt werden kann. Aber es gilt auch die
Umkehrung.

<u>Satz 8:</u>

Die Orakel $\mathcal{A}_F$ und $\mathcal{A}_\phi$, d.h. die zugehörigen Berechnungsprobleme,
sind polynomial (in der Binär-Länge) äquivalent zueinander.

<u>Beweis:</u>

$$p + q = R - \phi(R) + 1$$
$$(p-q)^2 = (p+q)^2 - 4R$$
$$p = \frac{1}{2}((p+q) + (p-q))$$

Der Algorithmus (F) legt noch die Untersuchung eines dritten
Orakels $\mathcal{A}_\varepsilon$ ein. Setzt man $\hat{\mathbb{Z}} := \{(v,R) \mid R \in \mathbb{Z}, \mathrm{g.g.T.}(v, \phi(R))=1\}$,
so hat $\mathcal{A}_\varepsilon : \hat{\mathbb{Z}} \to \mathbb{N}$ die Eigenschaft $v \mathcal{A}_\varepsilon(v,R) \equiv 1 \bmod \phi(R)$.
Anruf des Orakels $\mathcal{A}_\varepsilon$ zu (v,R) und Ausführung von (F 4) mit
$e := \mathcal{A}_\varepsilon(v,R)$ löst (∗) wiederum. ∎

<u>Satz 9:</u>

Unter der Annahme der verallgemeinerten RIEMANN'schen
Vermutung gilt:
Die Orakel $\oint_F$ und $\oint_\varepsilon$ sind polynomial (in der Binär-Länge)
äquivalent zueinander.

Beweis:

Aufgrund von Satz 7 ist klar, daß $\oint_F$ polynomial in $\oint_\varepsilon$ überführt werden kann. Zum Beweis der Umkehrung führen wir
zunächst eine ausführliche Analyse durch.
Man setze $u := v_2(p-1)$ und $t := v_2(q-1)$, wobei für $n \in \mathbb{N}$,
$v_2(n) := 2^j$ mit j, so daß $2^j \mid n$ und $2^{j+1} \nmid n$ gilt. Wir unterscheiden nun die beiden Fälle $u > t$ und $u = t$.

1. Fall:

O.B.d.A. gelte $u > t$. Man wähle nun ein Element a mit
$0 < a < R$ und $\left(\frac{a}{p}\right) = -1$. Dies ist aufgrund der RIEMANN'schen
Vermutung in $O(\ln R)$ - vielen Schritten möglich.

Behauptung:
Mit $w := v_2(k)$ hat entweder a oder $a^{m/(2^{t+w+1})}$ mod $R-1$ einen
nichttrivialen Teiler mit R.

hierzu:
$m_0 := P/2^{t+w}$. Angenommen a habe einen trivialen g.g.T. mit R.
Nach den Voraussetzungen über a gilt dann schon g.g.T.$(a,R)=1$.
Da $p-1 \mid m_0$ und $v_2(m_0) = v_2(p-1) > v_2(q-1)$ gilt weiter:

$$q-1 \mid m_0/2 \Rightarrow a^{m_0/2} \equiv 1 \bmod q. \tag{1}$$

Weiter gilt: $(a^{m_0/2})^2 \equiv a^{m_0} \equiv 1 \bmod p$, woraus

$$a^{m_0/2} \equiv \pm 1 \bmod p$$

folgt.
Angenommen es gelte nun $a^{m_0/2} \equiv + 1 \bmod p$;

$\Rightarrow p-1 \mid (\mathrm{ind}_p a) \cdot (m_0/2) \Rightarrow \mathrm{ind}_p a$ ist gerade, denn $v_2(m_0) = u$

Andererseits:

$$\left(\tfrac{a}{p}\right) = -1 \;\Rightarrow\; a^{(p-1)/2} \equiv -1 \bmod p \;\Rightarrow\; \mathrm{ind}_p a \text{ ist ungerade}$$

Also gilt, im Gegensatz zur Annahme:

$$a^{m_0/2} \equiv -1 \bmod p \qquad\qquad (2)$$

$$
\begin{array}{ll}
(1) \;\; \overrightarrow{(a,R)=1} & q \,|\, a^{m_0/2} \bmod R - 1 \\[2ex]
(2) \;\; \overrightarrow{\substack{p\neq 2 \\ (a,R)=1}} & p \,|\, a^{m_0/2} \bmod R - 1
\end{array}
\left.\rule{0pt}{6ex}\right\} \;\Rightarrow\; \mathrm{g.g.T.}(a^{m_0/2} \bmod R-1,R)=q
$$

2. Fall:

u = t. In O(ln n) - Schritten wählt man ein Element 0<a<R mit $\left(\tfrac{a}{R}\right) = -1$.

Der <u>Beweis</u> obiger Behauptung läßt sich genau wie im ersten Fall ausführen, wenn man o.B.d.A. $\left(\tfrac{a}{p}\right) = -1$ und $\left(\tfrac{a}{q}\right) = +1$ annimmt. ∎

Nach dem Anruf des Orakels Φ_ε zur Eingabe (v,R) verfährt man mit e := Φ_ε(v,R) nach folgendem Algorithmus zur Berechnung der Faktoren p und q.

PHI 1   Eingabe m = k·φ(R) := v·e-1,R: i ← 0

PHI 2   w ← v_2(m)

PHI 3   Erzeuge eine Zufallszahl a∈ℕ mit 0<a<R

PHI 4   g ← g.g.T.(a,R): g≠1,R? wenn ja PHI 8
                                            wenn nein PHI 5

PHI 5   i ← i+1

PHI 6   g ← g.g.T.($a^{m/2^i}$ mod R-1,R):g ≠ 1,R? wenn ja PHI 8
                                                      wenn nein PHI 7

PHI 7   i = w? wenn ja gehe zu PHI 3
                         wenn nein gehe zu PHI 5

PHI 8   Ausgabe: g, R/g sind die Faktoren von R

Dieser Algorithmus kehrt nur dann nochmals zu PHI 3 zurück, wenn die gefundene Zufallszahl a nicht $(\frac{a}{p}) = -1$ oder $(\frac{a}{pq}) = -1$ erfüllt, je nach der Beziehung zwischen $v_2(p-1)$ und $v_2(q-1)$.

Aufgrund der RIEMANN'schen Vermutung ist die Anzahl der Schleifendurchläufe aber $O(\mathrm{ld}\ R)$. Mit den bereits erwähnten Algorithmen sind die übrigen Schritte wiederum in $O(\mathrm{ld}\ R)$ Schritten auszuführen. Damit ist die Polynomialität des Verfahrens bewiesen. ■

In der Praxis wird man im Mittel nicht mehr als 2 Schleifendurchläufe erwarten, denn läßt man den Fall $(\frac{a}{R}) = 0$ außer acht (der ohnehin eine sofortige Faktorisierung von R zur Folge hat), so ist $\frac{1}{2}$ die Wahrscheinlichkeit, daß ein zufällig gewähltes Element $a \in \mathfrak{P}(R)$ das Jacobi-Symbol $(\frac{a}{R}) = -1$ hat.

Die Verwendung der Orakel $\oint_F$, $\oint_\phi$ und $\oint_\varepsilon$ zur Lösung des Problems (*) ist bis auf einen polynomialen Rechenaufwand gleichwertig.

SIMMONS und NORRIS haben einen direkten Algorithmus zur Lösung von (*) vorgeschlagen [SIMMONS 77], der darauf beruht, daß die Ordnung δ der Restklasse $v \bmod \phi(R)$ endlich ist:

```
SN    A ← C mod R

      REPEAT
        X ← A
        A ← A^v mod R
      UNTIL A ≡ C mod R
      PRINT X; "mod R löst (*)"
```

Der Algorithmus bricht nach höchstens δ vielen Schritten ab, dann setzt man $C_1 := C \bmod R$, so enthält das Register A im i-ten Schleifendurchlauf den Wert $C_{i+1} \equiv C_i^v \bmod R \equiv C^{v^i} \bmod R$, so daß spätestens im δ-ten Durchlauf mit dem Satz von EULER

$$C^{v^\delta} \equiv C \bmod R$$

folgt.

Bezeichnet δ_0 die genaue Anzahl von Schleifendurchläufen, so ist

$$C \bmod R \equiv C_{\delta_0 + 1} \bmod R \equiv (C_{\delta_0})^V \bmod R$$

Das X-Register enthält bei Abbruch also in der Tat eine Lösung von (*).

Entscheidend für die Rechenzeit dieses Algorithmus ist die Anzahl δ_0 der Schleifendurchläufe, von der man zunächst nur weiß, daß sie ein Teiler von δ ist. (RIVEST, 1978) und (WILLIAMS-SCHMID) haben den Erwartungswert für δ_0 unter der zusätzlichen Voraussetzung analysiert, daß

(i) p und q von der Form

$$p = a'p' + 1 \quad \text{und} \quad q = b'q' + 1$$

mit Primzahlen p' und q' sind, und

(ii) die Primzahlen p' und q' die Form

$$p' = a''p'' + 1 \quad \text{und} \quad q' = b''q'' + 1$$

mit Primzahlen p'' und q'' sind und

(iii) die Zahlen a', b', a'' und b'' "klein" sind.

Die Anzahl der Zahlen Y mit $0 \leq Y < R$, die mit R einen echten gemeinsamen Teiler haben ist $p + q - 1$, denn wenn Y einen echten gemeinsamen Teiler mit R hat, muß p oder q ein Teiler von Y sein. Die relative Häufigkeit solcher Zahlen ist

$$\text{prob}(\text{g.g.T.}(Y,R) \neq 1 \text{ für } 0 \leq Y < R) = \frac{p+q-1}{R} = \frac{1}{p} + \frac{1}{q} - \frac{1}{R}$$

<u>Lemma 7:</u>

Ist p eine ungerade Primzahl und t ein Teiler von $p-1$, so gibt der Wert $\phi(t)$ der EULER-Funktion bei t die Anzahl der Elemente der Ordnung t in der primen Restklassengruppe $\mathfrak{P}(p)$ zu p an.

<u>Beweis:</u>

Bezeichnet $\psi(t)$ die Elementanzahl der Menge
$\{Y \in \mathfrak{P}(p) \mid \text{ord}(Y \bmod p) = t\}$, so gilt

$$\sum_{t \mid p-1} \psi(t) = p-1 = \#\mathfrak{P}(p).$$

Andererseits hat man die Beziehung

$$\sum_{t \mid p-1} \phi(t) = p-1 \; .$$

Zum Beweis der Behauptung genügt es daher zu zeigen, daß für jeden Teiler t von p-1 entweder $\psi(t) = 0$ oder $\psi(t) = \phi(t)$ gilt. Wenn Y mod p die Ordnung t hat, erzeugt die Klasse Y mod p aber die Gruppe aller Elemente der Ordnung t in $\mathfrak{P}(p)$; letztere Gruppe ist zyklisch. Wenn nun zwei Elemente Y mod p und $\tilde{Y}$ mod p beide die gleiche zyklische Gruppe erzeugen, muß $Y' \equiv Y^{\nu}$ mod p gelten mit g.g.T.$(\nu,t) = 1$. ∎

Korollar:

a′ ist die Anzahl der primen Restklassen modulo p, deren Ordnung nicht von p′ geteilt wird.

Beweis:

Nach der Eigenschaft (i) ist p′ genau dann kein Teiler der Ordnung einer Klasse Y mod p, wenn ord(Y mod p) ein Teiler von a′ ist. Aus dem Lemma folgt

$$a' = \sum_{t \mid a'} \phi(t) = \sum_{t \mid a'} \#\{Y \bmod p \in \mathfrak{P}(p) \mid \mathrm{ord}(Y \bmod p) = t\}$$

$$= \#\{Y \bmod p \in \mathfrak{P}(p) \mid p' \nmid \mathrm{ord}(Y \bmod p)\}. \quad ∎$$

Da die prime Restklassengruppe modulo R das direkte Produkt von $\mathfrak{P}(p)$ und $\mathfrak{P}(q)$ ist, folgt aus dem Korollar

$$\#\{Y \bmod R \in \mathfrak{P}(R) \mid p'q' \nmid \mathrm{ord}(Y \bmod R)\} = \phi(R) - ((p-1)-a') \cdot ((q-1)-b')) =$$
$$= a'(q-1) + b'(p-1) - a'b'.$$

Die relative Häufigkeit der primen Restklassen modulo R, deren Ordnung nicht von p′q′ geteilt wird, ist also

$$\text{prob}(Y \bmod R \in \mathfrak{P}(R) \text{ mit } p'q' \mid \text{ord}(Y \bmod R)) =$$

$$= \frac{a'(q-1)+b'(p-1)-a'b'}{a'b'p'q'} = \frac{1}{p'} + \frac{1}{q'} - \frac{1}{p'q'} \, .$$

Für eine Zahl C mit $1 \leq C < R$ mit g.g.T.$(C,R) = 1$, deren Restklasse modulo R die Ordnung k in $\mathfrak{P}(R)$ hat, gilt

$$\delta_0 = \min\{i \mid C^{v^i} \equiv C \bmod R\} = \text{ord} \ (v \bmod k).$$

Die relative Häufigkeit der v's, die von p' oder q' geteilt
werden, ist wie oben $\frac{1}{p'} + \frac{1}{q'} - \frac{1}{p'q'}$.

Sei C mod R ein Element von $\mathfrak{P}(R)$, dessen Ordnung k von $\phi(R)=p'q'$
geteilt wird.
Die Ordnung λ von v modulo $\phi(R)$ ist dann sicher ein Teiler der
Ordnung von v modulo k, also $\lambda \mid \delta_0$. Die relative Häufigkeit
der v in $\mathfrak{P}(\phi(R))$, deren Ordnung nicht von $p''q''$ geteilt wird,
ist analog zur obigen Überlegung $\frac{1}{p''} + \frac{1}{q''} - \frac{1}{p''q''}$ wegen der
Voraussetzung (ii).
Für ein C mod R, dessen Ordnung von $\phi(R)$ geteilt wird, gilt
also

$$p''q'' \mid \delta_0 \text{ mit der Wahrscheinlichkeit } 1-(\frac{1}{p''} + \frac{1}{q''} - \frac{1}{p''q''}).$$

Da $1-(\frac{1}{p'} + \frac{1}{q'} - \frac{1}{p'q'})$ die relative Häufigkeit solcher C mod R
ist, ist mit sehr hoher Wahrscheinlichkeit die Abschätzung

$$p''q'' \mid \delta_0$$

für die Anzahl der Schleifendurchläufe im Algorithmus (SN)
zu erwarten. Wegen der Bedingung (iii) ist sogar $p''q''$ von der
Ordnung R, d.h. der Algorithmus ist sicher nicht polynomial
in der Binär-Länge von R.
(HERLESTAM) beschreibt einen allgemeineren Algorithmus
ähnlicher Art, der von (WILLIAMS-SCHMID) sehr sorgfältig
analysiert wurde, mit dem gleichen negativen Resultat wie eben.
Die Frage, ob der Satz 7 umgekehrt werden kann, ist bis heute
ungelöst. Neben der vorhin gemachten Erfahrung, daß jeder der
untersuchten Lösungsansätze zu (*) zu einem Faktorisierungsalgorithmus führte, gibt es aber auch ein positives Ergebnis

im Hinblick auf diese Umkehrbarkeitsfrage.

Ein Spezialfall von (*) ist folgendes Berechnungs-Problem:

R sei eine zusammengesetzte Zahl der Form $R = p \cdot q$ mit zwei verschiedenen ungeraden Primzahlen p und q, die den Kongruenzen $p \equiv 3 \bmod 4$ und $q \equiv 3 \bmod 4$ genügen.

(Q) Man bestimme explizit eine ganzzahlige Lösung der *quadratischen* Kongruenz

$$X^2 \equiv C \bmod R \qquad \text{mit } 1 \leq C < R,$$

die selbst wieder quadratischer Rest modulo R ist, sofern eine solche Lösung existiert.

$\mathfrak{A}_Q$ sei ein Orakel, welches bei Eingabe von (R,C) im Falle der Lösbarkeit eine Lösung von (Q) ausgibt.

<u>Satz 10</u>:(RABIN)

Die Orakel $\mathfrak{A}_F$ und $\mathfrak{A}_Q$ sind polynomial äquivalent.

Zum Beweis benötigen wir das

<u>Lemma 8</u>:

Für ungerade Primzahlen $p < q$ mit $p \equiv q \equiv 3 \bmod 4$ und $R := p \cdot q$ ist die Abbildung

$$f : \mathfrak{P}(R)^2 \to \mathfrak{P}(R)^2 \qquad \text{vermöge } f(x) = x^2$$

eine Bijektion.

<u>Beweis:</u>

Sind p und q ungerade Primzahlen, so hat jedes $x \in \mathfrak{P}(R)^2$ vier verschiedene Quadratwurzeln. Sei etwa $x \equiv y^2 \bmod R$ und $y \equiv a \bmod p$ und $y \equiv b \bmod q$. Zwei Quadratwurzeln erhält man in $x_1 := y$ und $x_2 := -x_1$. Mit dem Chinesischen Restsatz ((LANG,S.63)) sucht man eine ganzzahlige Lösung x_3 der simultanen Kongruenzen

$$x_3 \equiv a \bmod p$$
$$x_3 \equiv -b \bmod q.$$

x_4 wird als $-x_3$ definiert. Die Wurzeln x_1, x_2, x_3, x_4 sind paarweise verschieden, weil p und q ungerade sind.

Zum Beweis des Lemmas genügt es zu zeigen, daß für ein $x \in \mathfrak{P}(R)^2$ genau eine der vier Quadratwurzeln x_1, x_2, x_3, x_4 wieder in $\mathfrak{P}(R)^2$ liegt. Da $p \equiv q \equiv 3$ ist, folgt $R \equiv 1 \bmod 4$, so daß das Jacobi-Symbol $(\frac{-1}{R}) = 1$ wird. Daraus folgt $(\frac{x_1}{R}) = (\frac{x_2}{R})$ und $(\frac{x_3}{R}) = (\frac{x_4}{R})$. Die LEGENDRE-Symbole $(\frac{x_1}{p})$ und $(\frac{x_3}{p})$ sind gleich, aber wegen $q \equiv 3 \bmod 4$ folgt

$$(\frac{x_1}{q}) = (\frac{b}{q}) \neq -(\frac{b}{q}) = (\frac{-b}{q}) = (\frac{x_3}{q}),$$

und daraus

$$(\frac{x_1}{R}) = (\frac{x_1}{p})(\frac{x_1}{q}) \neq (\frac{x_3}{p})(\frac{x_3}{q}) = (\frac{x_3}{R}) \ .$$

Da das Jacobi-Symbol ein Homomorphismus auf $\mathfrak{P}(R)$ ist, kann ein x_i mit negativem Jacobi-Symbol bei R kein Quadrat in $\mathfrak{P}(R)$ sein. Sei o.E. $(\frac{x_1}{R}) = (\frac{x_2}{R}) = 1$ und $(\frac{x_3}{R}) = (\frac{x_4}{R}) = -1$. Dann muß insbesondere $(\frac{x_1}{p}) = (\frac{x_1}{q})$ und $(\frac{x_2}{p}) = (\frac{x_2}{q})$ gelten.

Aber wegen $p \equiv 3 \bmod 4$ besteht die Ungleichung

$$(\frac{x_1}{p}) = (\frac{a}{p}) \neq -(\frac{a}{p}) = (\frac{-a}{p}) = (\frac{x_2}{p}) \ .$$

Also ist nur eine der beiden Wurzeln x_1 und x_2 sowohl mod p als auch mod q quadratischer Rest. Genau diese Eigenschaft bewirkt, daß die betreffende Wurzel in $\mathfrak{P}(R)^2$ liegt. ∎

Beweis von Satz 10:

Unter Verwendung des Orakels $\clubsuit_Q$ hat man folgenden in der Binär-Länge von R polynomialen Faktorisierungsalgorithmus:

(1)   Wähle $1 \leq X_0 < R$ mit g.g.T.$(X_0,R) = 1$ und $(\frac{X_0}{R}) = -1$.

(2)   Berechne $C \equiv X_0^2 \bmod R$

(3)   Setze $X := \oint_Q (C,R)$

(4)   Berechne $Y := $ g.g.T.(X_0+X,R) mit dem EUKLIDischen Algorithmus

(5)   PRINT Y, "ist ein Teiler von R" - STOP

Aufgrund von (2) ist die Kongruenz $X^2 \equiv C \bmod R$ lösbar; nach dem Lemma gibt es eine Lösung in $\mathfrak{P}(R)^2$, so daß das Orakel $\oint_Q$ tatsächlich auf (C,R) angewendet werden kann. Nach der Wahl von X_0 in (1) ist der in (3) ausgegebene Wert X von $-X_0$ verschieden. Der erste Teil des Beweises des Lemmas zeigt nun, daß entweder p oder q ein Teiler von $X_0 + X$ ist. Bereits früher haben wir notiert, daß alle relevanten Schritte in polynomial vielen arithmetischen Schritten zu erfüllen sind. Umgekehrt erhält man mit Hilfe des Orakels $\oint_F$ einen polynomialen Algorithmus zur Lösung von (Q). Sei (C,R) ein Paar, für das (Q) lösbar ist.

(1) Verwende das Orakel $\oint_F$ zur Bestimmung der Faktoren p und q von R.

(2) Bestimme die Lösung x_p der quadratischen Kongruenz
$X^2 \equiv C \bmod p$ mit $(\frac{x_p}{p}) = 1$ nach dem in (VINOGRADOV, p.65) angegebenen Algorithmus.
Bestimme die Lösung x_q der quadratischen Kongruenz
$X^2 \equiv C \bmod q$ mit $(\frac{x_q}{q}) = 1$ nach dem gleichen Verfahren.

(3) Berechne u,v mit $1 = up + vq$ nach dem EUKLIDischen Algorithmus

(4) Setze $x_1 = x_p vq + x_q up$

$\qquad x_2 = -x_p rq + x_q up$

$\qquad x_3 = x_p rq - x_q up$

$\qquad x_4 = -x_p vq - x_q up$

(dann ist $\quad \begin{aligned} x_i &\equiv \pm\, x_p \bmod p \\ x_i &\equiv \pm\, x_q \bmod q \end{aligned}$)

(5) Für genau ein $i \in \{1,2,3,4\}$ ist $(\frac{x_i}{p}) = (\frac{x_i}{q}) = 1$ - dann ist

$\qquad x_i$ die gesuchte Lösung - STOP.

Der Schritt (5) beruht gerade auf dem Lemma. Der in (2) verwendete Algorithmus benötigt $O(\mathrm{ld}\ p)$ bzw. $O(\mathrm{ld}\ q)$ viele
arithmetische Operationen - er wurde ca.1801 unabhängig
voneinander von GAUSS und LEGENDRE entwickelt. ∎

Die Aussage des Satzes von RABIN impliziert, daß die im Lemma
angegebene Funktion $f : \mathfrak{P}(R)^2 \to \mathfrak{P}(R)^2$, $f(x) = x^2$ eine
Einwegfunktion ist, sofern das Orakel $\mathcal{A}_F$ nicht durch einen
polynomialen Algorithmus ersetzt werden kann. Die Bezeichnung
als Einwegfunktion besagt, daß die Berechnung eines Bild-
elementes in polynomialer Zeit möglich ist, nicht aber die
Bestimmung des Urbildes zu einem beliebig vorgegebenen Element
des Bildbereiches.

VI.4.2   DER ÄQUIVALENZSATZ VON WILLIAMS

Für ein mit dem Problem (*) eng verwandtes Berechnungsproblem
konnte WILLIAMS 1979 den Nachweis der Polynomialen Äquivalenz
zum Faktorisierungsproblem erbringen. Man kann dies als
weitere Unterstützung der Vermutung ansehen, daß auch (*)
selbst zum Faktorisierungsproblem polynomial äquivalent ist.

$\mathcal{Z}_W$ bezeichne die Menge aller zusammengesetzten Zahlen R der
Form R = p·q mit Primzahlen p und q, die den Nebenbedingungen

$$p \equiv 3 \bmod 8 \qquad \text{und} \qquad q \equiv 7 \bmod 8$$

genügen. Im folgenden ist jeweils v eine zu $\phi(R)$ teilerfremde
Zahl mit $1 \leq v < \phi(R)$.
Es sei jetzt

$$\mathcal{R} := \left\{ x \geq 0 \;\middle|\; x < \begin{cases} \frac{1}{2}(\frac{R}{2} - 2) \\[2ex] \frac{1}{2}(\frac{R}{4} - 1) \end{cases} \right. , \text{ falls } (\frac{2x+1}{R}) = \begin{Bmatrix} -1 \\ +1 \end{Bmatrix} \right\} .$$

Man definiert damit die folgenden Funktionen

a. Sei $X \in \mathcal{R}$:

$$V_1(X) = \begin{cases} 4(2X+1) & \text{falls } \frac{(2X+1)}{R} = +1 \\[2ex] 2(2X+1) & \text{falls } \frac{(2X+1)}{R} = -1 \end{cases}$$

Wegen der Kongruenz $R \equiv 5 \bmod 8$ gilt in jedem Falle

$$(\frac{2}{R}) = (\frac{2}{p}) \, (\frac{2}{q}) = (-1)^{(R^2-1)/8} = -1$$

Deshalb ist stets

$$(\frac{V_1(X)}{R}) = \begin{cases} (\frac{4(2X+1)}{R}) = (\frac{2}{R})(\frac{2}{R}) \cdot (\frac{2X+1}{R}) = (-1)(-1) \cdot (+1) = +1 \\[2ex] (\frac{2(2X+1)}{R}) = (\frac{2}{R})(\frac{2X+1}{R}) = (-1)(-1) = +1 \end{cases}$$

Die seltene Möglichkeit $(\frac{2X+1}{R}) = 0$ wird nicht weiter beachtet.

b. $V_2(N) \equiv N^{2v}$ mod R $\qquad 0 < V_2(N) < R$

Die Zusammensetzung $V_2 \circ V_1 : \mathfrak{R} \to \mathbb{N}'$ wird im folgenden mit V bezeichnet.

$\mathfrak{C} = V(\mathfrak{R})$ bezeichne das Bild dieser Abbildung.

<u>Satz 11:</u>

Jede Gleichung

$$V(X) = C \qquad \text{mit} \qquad C \in \mathfrak{C}$$

hat eine eindeutig bestimmte Lösung in $\mathfrak{R}$.

<u>Beweis:</u>

Mit m := $(((p-1)(q-1)/4)+1)/2$ $(m \in \mathbb{N})$ löse man die Kongruenz

(1) $\qquad e \cdot v \equiv m$ mod $(\phi(R))$

für e und definiere

$$E_2(C) \equiv C^e \text{ mod } R \qquad 0 < E_2(C) < R \text{ und}$$

$$E_1 : \{1,\ldots,R-1\} \to \mathbb{N}' \text{ vermöge}$$

$$E_1(L) = \begin{cases} (\frac{L}{4}-1)/2 & L \equiv 0 \text{ mod } 4 \\ (\frac{(R-L)}{4}-1)/2 & L \equiv 1 \text{ mod } 4 \\ (\frac{L}{2}-1)/2 & L \equiv 2 \text{ mod } 4 \\ (\frac{(R-L)}{2}-1)/2 & L \equiv 3 \text{ mod } 4 \end{cases}$$

Die Zusammensetzung $E = E_1 \circ E_2$ auf $\mathfrak{C}$ hat die Eigenschaft

(2) $\qquad E(V(X)) = X \qquad \text{auf } \mathfrak{R} \; ,$

aus der die Behauptung unmittelbar folgt.

Für $X \in \mathfrak{R}$ ist $N = V_1(X)$ eine gerade Zahl zwischen 1 und R-1 mit dem Jacobi-Symbol $(\frac{N}{R}) = 1$.

Nun ist wegen(1)

$$L := E_2(V_2(N)) \equiv N^{2ev} \equiv N^{2m} \equiv N^{((p-1)(q-1)/4)+1} \bmod R$$

und $0 < L < R$.

Unter Verwendung der Kongruenz

(3) $\qquad N^{(p-1)(q-1)/4} \equiv \pm 1 \bmod R \qquad$ folgt

$\qquad L \equiv \pm N \bmod R$

Ist L gerade, so ist $L = +N$; für L ungerade wird

$\qquad L = R-N.$

Die Restklassen von L modulo 4 sind einzeln zu behandeln.

$$L \equiv 0 \bmod 4: \quad 2X+1 = \frac{N}{4} = \frac{L}{4}, \text{ also } X = (\frac{L}{4}-1)/2 = E_1(L) ,$$
$$\text{denn } 4 \mid N$$

$$L \equiv 1 \bmod 4: \quad 2X+1 = \frac{N}{4} = \frac{R-L}{4}, \text{ also } X = (\frac{R-L}{4}-1)/2 = E_1(L) ,$$
$$\text{denn } 4 \mid N \text{ und } R-L \equiv 0(4)$$

$$L \equiv 2 \bmod 4: \quad 2X+1 = \frac{N}{2} = \frac{L}{2}, \text{ also } X = (\frac{L}{2}-1)/2 = E_1(L) ,$$
$$\text{denn } 2 \mid N \text{ und } 4 \nmid N$$

$$L \equiv 3 \bmod 4: \quad 2X+1 = \frac{N}{2} = \frac{R-L}{2}, \text{ also } X = (\frac{R-L}{2}-1)/2 = E_1(L),$$
$$\text{denn } 2 \mid N \text{ aber } 4 \nmid N \text{ und } R-L \equiv 2(4)$$

was zu zeigen war. Zur Komplettierung des Beweises ist noch (3) zu verifizieren.

Da $(\frac{M}{pq}) = 1 = (\frac{M}{p}) \cdot (\frac{M}{q})$ ist, hat man 2 Fälle zu unterscheiden.

1. Fall: $(\frac{M}{p}) = (\frac{M}{q}) = +1$

$\qquad$ liefert $M^{(p-1)/2} \equiv 1 \bmod p$

$\qquad$ und $M^{(q-1)/2} \equiv 1 \bmod q,$

$\qquad$ also $M^{((p-1)/2)((q-1)/2)} \equiv 1 \bmod p$

$\qquad$ und $M^{((q-1)/2)((p-1)/2)} \equiv 1 \bmod q.$

$\qquad$ Damit folgt $M^{(p-1)(q-1)/4} \equiv 1 \bmod p \cdot q$

2. Fall: $(\frac{M}{p}) = (\frac{M}{q}) = -1$

liefert $M^{(p-1)/2} \equiv -1 \bmod p$ und $M^{(q-1)/2} \equiv -1 \bmod q$,

also $M^{((p-1)/2)((q-1)/2)} \equiv -1 \bmod p$

und $M^{((q-1)/2)((p-1)/2)} \equiv -1 \bmod q$

Da $\frac{p-1}{2}$ und $\frac{q-1}{2}$ ungerade sind, folgt

$M^{(p-1)(q-1)/4} \equiv -1 \bmod p \cdot q$. ■

Aufgrund dieses Satzes hat man das Berechnungsproblem

(∗∗) Man berechne explizit eine Lösung der Gleichung

$V(X) = C$ mit $C \in \mathbb{C}$

in $\mathfrak{R}$.

Satz 12: (WILLIAMS)

Unter den obigen Voraussetzungen ist jedes Orakel zur Berechnung der Lösung in (∗∗) polynomial in ld R äquivalent
zu dem Orakel $\spadesuit_F$ auf $\mathbb{Z}_W$.

Beweis:

Mit dem Orakel $\spadesuit_F$ erhält man einen zum Algorithmus (F) aus
Kap. VI.4.1 analogen Algorithmus zur Bestimmung einer
Lösung in (∗∗), der O(ld R) arithmetische Operationen mit
O(ld R) großen natürlichen Zahlen erfordert. Der Leser arbeite
die Details zur Übung aus.
Sei umgekehrt $\spadesuit_{∗∗}$ ein Orakel zur Bestimmung der Lösungen von
(∗). Der folgende Algorithmus liefert eine Faktorisierung von R.

P 1:   Löse
$$2^{4v} \cdot T \equiv 1 \bmod R$$

für T mit dem Euklidischen Algorithmus.
Nimm $\hat{X} \equiv \pm\, 2Z^2$ für ein zu R teilerfremdes Z

Setze $\gamma = 0$, $C_\gamma \equiv 4Z^4 \bmod R$.

P 2:   Erhöhe den Wert von γ um 1 und ersetze C_γ durch
$T \cdot C_\gamma \bmod R$

$$\gamma \leftarrow \gamma+1 : \quad C_\gamma \leftarrow T \cdot C_\gamma$$

P 3: $C_\gamma \in \mathfrak{C}$? Wenn nein: gehe zu P 2.
Wenn ja: wende $\maltese_{**}$ auf C_γ an, um X zu erhalten,
also $X = \maltese_{**}(C_\gamma)$

P 4:   Setze $Y \equiv V_1(X)^v \bmod R$
Dann ist $f = (2^{2\gamma v} \cdot Y - \hat{X},\ R)$ ein nichttrivialer
Faktor von R.

Nach dem ersten Schritt gilt
$$\left(\frac{\hat{X}}{R}\right) = -1$$

denn
$$\left(\frac{\hat{X}}{R}\right) = \left(\frac{\pm 2Z^2}{R}\right) = \left(\frac{\pm 2}{R}\right) = \left(\frac{2}{R}\right) = -1 \qquad \text{da } R \equiv 5 \bmod 8$$

und $\left(\frac{-1}{R}\right) = +\,1$.

Im zweiten Schritt (P2) hat man stets
$$C_\gamma = T^\gamma \cdot C_0 \bmod R,$$
also
$$2^{4v\gamma} \cdot C_\gamma \equiv (2^{4v}T)^\gamma \cdot C_0$$
$$\equiv 1 \cdot C_0 \equiv \hat{X}^2 \bmod R.$$

Wir zeigen unten, daß

(4)   ein $\bar{\gamma} < \frac{1}{2} \cdot \log R$ mit $C_{\bar{\gamma}} \in \mathfrak{C}$ existiert.

Für dieses $C_{\overline{\gamma}}$ ruft man nun das Orakel $\mathbb{A}_{..}$ an, und erhält

$$X = \mathbb{A}_{..}(C_{\overline{\gamma}}).$$

(Im anderen Fall gibt das Orakel keine Antwort.)

In P 4 ist wegen $Y \equiv V_1(X)^v \bmod R$ folgende Identität gegeben:

$$(2^{2\gamma v}Y)^2 \equiv 2^{2\gamma v} \cdot V_1(X)^{2v} \equiv 2^{4\gamma v} \cdot C_{\overline{\gamma}} \equiv \hat{X}^2 \bmod R$$

Weiter ist $(\dfrac{2^{2\gamma v}\, Y}{R}) = +1$

Hieraus folgt letztlich

$$\text{g.g.T.}(2^{2\gamma v} \cdot Y - \hat{X}, R) = p \text{ oder } q,$$

die Anzahl der Schleifendurchläufe ist $O(\mathrm{ld}\, R)$.

Zum Beweis von (4) beachte man zunächst, daß nach Lemma 8 aus Kap. VI.4.1 ein Z mit $Z^2 \equiv \hat{X}^2 \bmod R$ und $(\dfrac{Z}{R}) = -(\dfrac{\hat{X}}{R}) = 1$ existiert.

Sei N mit $1 \leq N \leq R-1$, so daß $\quad N^v \equiv Z \bmod R$ ist.

Setzt man $N' := \begin{cases} N & N \text{ gerade} \\ & , \text{ falls} \qquad\qquad \text{ ist} \\ R-N & N \text{ ungerade} \end{cases}$

und definiert N durch

$$2^{2\gamma} \cdot N = N'$$

wobei $2 \mid N$ und $8 \nmid N$,

so folgt

$$0 \leq \gamma = \mathrm{ld}\,(\dfrac{N'}{N}) \cdot \dfrac{1}{2} < \dfrac{1}{2}\, \mathrm{ld}\, R, \text{ da } N' < R \text{ und } N > 1 \text{ ist.}$$

Ferner gilt:

$$(\dfrac{N}{R}) = (\dfrac{N'}{R}) = (\dfrac{(N')^v}{R}) = (\dfrac{\pm(N)^v}{R}) = (\dfrac{\pm 1}{R})(\dfrac{Z}{R}) = 1$$

Deshalb existiert ein $k \in \mathfrak{R}$, so daß $V_1(k) = N$.

Also

$$2^{4\gamma v}\, V_2(N) = (2^2 \cdot N))^{2v} = (N')^{2v} = (\pm\bar{N})^{2v} \equiv Z^2 \equiv \hat{X}^2 \bmod R$$
$$= V_2(V_1(k))$$

Definiert man C durch $2^{4\gamma v} \cdot C \equiv \hat{X}^2$, so sieht man $V(k) = C$

$$(\text{für } 0 < C < R).$$

Damit haben wir (4) verifiziert. ∎

VI.4.3 Bit - Komplexität

Bei der Verwendung von zahlentheoretischen Berechnungsproblemen
in Kryptosystemen ist nicht nur die Eigenschaft von Bedeutung,
daß Chiffretexte vom unbefugten Benutzer nur mit "sehr hohem"
Aufwand in die ursprünglichen Klartexte zurücktransformiert
werden können, sondern im Sinne höchster Sicherheitsansprüche
ist zu verlangen, daß kein Chiffretext auch nur ein Bit an
Information über die Klartexte freisetzen kann.

Zum Problem (*) haben derartige Untersuchungen stattgefunden,
die beweisen, daß auch die einzelnen Bits in einem mathematisch präzisierbaren Sinn "schwer" zu berechnen sind. In
diesem Abschnitt wird ein typisches Ergebnis dieser Art be-
handelt. Mit $B : \mathbb{N}' \to \Omega^-(\mathbb{F}_2)$ bezeichnen wir die Binär-Entwicklung und mit $B_k : \mathbb{N}' \to \mathbb{F}_2$ die Projektion auf das Bit an der
Stelle k der Binär-Entwicklung. Zu untersuchen sind die Orakel

$$\mathit{A}_k : \{1 \leq C < R \mid g.g.T.(C,R)=1 \wedge \ell(B(C))=r\} \to \mathbb{F}_2$$

mit

$$\mathit{A}_k(C) = B_k(X), \text{ wobei } X^v \equiv C \bmod R$$

zu festem $r \in \mathbb{N}$ ($\ell(\ )$ ist wie üblich die Länge).
Für $k = 0$ ist $\mathit{A}_0(C) = 0$ bzw. $\mathit{A}_0(C) = 1$, wenn X eine gerade
Zahl bzw. eine ungerade Zahl ist.

<u>Satz 12:</u> ((GOLDWASSER-MICALI-TONG))

Unter Verwendung des Orakels A_0 gibt es einen in r polynomialen
Algorithmus zur Berechnung einer Lösung der Gleichung (*) für

alle $R \in \mathcal{Z}$ mit $\ell(B(R)) = r$.

<u>Beweis:</u>

$M : \Omega^-(\mathbb{F}_2) \rightarrow \mathbb{N}'$ bezeichne die Umwendlung von Binär-Ketten in natürliche Zahlen. Für zwei Binär-Ketten w_1 und w_2 mit $\ell(w_1) \leq \ell(w_2)$ sei $w_1 \ominus w_2$ die Teilkette der letzten $\ell(w_1)$ Bits von $B(M(w_2)-M(w_1))$. Es wird gezeigt, daß der folgende Algorithmus (A) das Gewünschte leistet unter Verwendung von $\mathbf{A}_0$.

A 1: Berechne mit dem EUKLIDISCHEN ALGORITHMUS ein
$\quad\quad$ Y in $\mathfrak{P}(R)$ $(1 \leq Y < R)$,
$\quad\quad$ so daß $\quad 2^V Y \equiv 1 \bmod R \quad$ ist.

A 2: $\quad C_1 := C$
$\quad\quad A_1 := \mathbf{A}_0(C_1)$
$\quad\quad$ FOR $i = 2$ TO r
$\quad\quad\quad$ IF $A_{i-1} = 0 \quad$ THEN $\quad C_i := C_{i-1}Y \bmod R$
$\quad\quad\quad$ ELSE $C_i := (N-C_{i-1})Y \bmod R$
$\quad\quad\quad A_i := \mathbf{A}_0(C_i)$
$\quad\quad$ NEXT i

A 3: $\quad t_r := A_r$
$\quad\quad$ FOR $i = r \quad$ TO $\quad 2 \quad$ STEP $\quad -1$
$\quad\quad\quad$ IF $A_{i-1} = 0 \quad$ THEN $\quad t_{i-1} := t_i \| \emptyset \quad$ ($\|$ =Verkettung)
$\quad\quad\quad$ ELSE $t_{i-1} = B(R) - (t_i \| \emptyset)$
$\quad\quad$ N E X T i
A 4: $\quad X := M(t_1)$
$\quad\quad$ PRINT X; "löst (*)"
$\quad\quad$ STOP

Es ist klar, daß der Algorithmus mit $O(r)$ vielen Schleifen-durchläufen auskommt, und daß alle auftretenden Zahlen in $O(r)$ viele Binärstellen haben. Es sei $X_i \in \mathfrak{P}(R)$ mit $1 \leq X_i < R$ eine

eine Zahl mit

$$X_i^v \equiv C_i \mod R \qquad (i=1,\ldots,r);$$

mit v_i bezeichnen wir die Binär-Entwicklung von X_i. Zum Beweis des Satzes genügt es zu zeigen, daß jedes v_i von der Form

$$(6) \qquad v_i = w_i \,\|\, t_r \qquad (i=1,\ldots,r)$$

ist.

Dann hat insbesondere nämlich v_1 die Form $v_1 = w_1 \,\|\, t_1$, und

weil $\ell(v_1) = \ell(t_1) = r$ ist, stimmen v_1 und t_1 bereits überein,

und es folgt $X = M(B(X)) = M(v_1) = M(t_1)$. Der Beweis von (6) erfolgt durch Rekursion nach i. Für i = r gilt nach A 3 und A 2

$$t_r = A_r = \mathbf{A}_0(C_r) = B_0(X_r) = v_r.$$

Für $i \leq r$ sei nun die Existenz einer Kette $w_i \in \Omega(\mathbb{F}_2)$ mit $v_i = w_i \,\|\, t_i$ bereits gezeigt.

1. Fall: $A_{i-1} = 0$

Dann ist nach A 2 $\quad C_i \equiv C_{i-1} Y \mod R$, also nach A 1

$C_{i-1} \equiv C_i 2^v \equiv (2X_i)^v \mod R$. Damit folgt $X_{i-1} = 2X_i$, also

$v_{i-1} = v_i \,\|\, \emptyset = w_i \,\|\, t_i \,\|\, \emptyset$. Nach A 3 ist aber $t_i \,\|\, 0$ gerade

gleich t_{i-1}.

2. Fall: $A_{i-1} = 0$

Hier ist nach A 2 $\quad C_i \equiv (N-C_{i-1}) Y \mod R$, also nach A 1

$C_{i-1} \equiv (N-C_i 2^v) \equiv (N-(2X_i)^v) \mod R$. Weil v ungerade ist, folgt

$(N-(2X_i)^v) \equiv (N-2X_i)^v \mod R$, also $X_{i-1} = N-2X_i$. Mit der

Definition von $\ominus$ ergibt sich hieraus die Existenz von $w_i \in \Omega(\mathbb{F}_2)$ mit

$$v_{i-1} = w_{i1} \,\|\, (B(R) \ominus (t_i \,\|\, \emptyset)).$$

Nach A 3 ist die Kette in der Klammer gleich t_{i-1}. $\blacksquare$

Ähnliches kann man über alle Bits der Positionen $1 \leq k < \mathrm{ld}\, R$ aussagen (vgl. (BEN-OR, CHOR, SHAMIR), Th. 10).

Jeder effiziente Algorithmus zur Bestimmung eines dieser Bits
hätte einen effizienten Lösungsalgorithmus für das Problem (*)
zur Folge. Umgekehrt, da das Problem schwer ist, ist die Bestimmung einzelner Bits schwer.
Entscheidend für die Qualität dieser Aussagen ist es, die Frage
der Implementierbarkeit von Orakeln zu prüfen. Wenn es schon
keine deterministischen TURING-Maschinen zur Implementation
eines Orakels gibt, die in polynomialer Zeit ein Berechnungsproblem löst, wie sieht es mit nichtdeterministischen
Maschinen aus, die in polynomialer Zeit arbeiten, wie groß
ist das Spektrum, welches zwischen diesen Extremfällen liegt?
Kann der Begriff "effizienter Algorithmus" weiter präzisiert
werden? Im folgenden Abschnitt werden Teillösungen dieser
Fragen mit besonderer Berücksichtigung der kryptographischen
Problematik behandelt.

VI.5 PROBABILISTISCHE ALGORITHMEN UND KRYPTOGRAPHISCH SICHERE PSEUDOZUFALLSZAHLEN - GENERATOREN

Das One-Time-Tape (Kap. I.1.7) ist ein im informationstheoretischen Sinne sicheres Kryptosystem. Seine unbedingte
Sicherheit beruht in der Unvorhersagbarkeit seiner Schlüsselströme - selbst aus langen Segmenten des Schlüsselstromes kann
keine Information über andere Segmente gewonnen werden. SHAMIR
(SHAMIR 1981) hat sich als erster mit dem Problem beschäftigt,
den informationstheoretischen Unvorhersagbarkeits-Begriff
durch einen komplexitätstheoretischen Unvorhersagbarkeits-
Begriff zu ersetzen, bei dem die "Vorhersagbarkeit" durch
"Berechenbarkeit mit vorgegebenem Rechenzeit- und Speicher-
Bedarf" auszudrücken ist.

Ein äquivalentes Problem ist die komplexitätstheoretische
Definition von Pseudozufallszahlen- Generatoren. Welche Pseudozufallszahlen-Generatoren erzeugen komplexitätstheoretisch un-
vorhersagbare Zahlen-Ströme? Wie in Kap. IV demonstriert wurde,
sind Pseudozufallszahlen-Generatoren, die gewisse statistische
Tests erfüllen, nicht notwendig kryptographisch geeignet.

SHAMIR analysiert einen auf dem Problem (*) aus Kap. VI.4
beruhenden Pseudozufallszahlen-Generator. R bezeichne wieder
ein Produkt zweier ungerader Primzahlen p und q; $(v_i)_{i \in \mathbb{N}}$
sei eine Folge natürlicher Zahlen mit g.g.T.$(v_i, \phi(R)) = 1$
und g.g.T.$(v_i, v_j) = 1$ für $i \neq j$. Mit dem EUKLIDischen Algorithmus bilde man die Folge $(e_i)_{i \in \mathbb{N}}$ über $\{1, \ldots, R-1\}$, so daß

$$e_i v_i \equiv 1 \bmod \phi(R) \qquad (i \in \mathbb{N})$$

ist. Damit definiert man $PZG_{Sh} : \mathfrak{P}(R) \rightarrow \mathfrak{P}(R)^{\mathbb{N}}$ vermöge

$$PZG_{Sh}(S) = (X_i)_{i \in \mathbb{N}} \text{ mit } X_i \equiv S^{e_i} \bmod R;$$

dies ist *SHAMIR's Pseudozufallszahlen-Generator*, der zum "seed"
S $(1 \leq S < R)$ in $\mathfrak{P}(R)$ die Pseudozufallszahlen-Folge $(X_i)_{i \in \mathbb{N}}$
erzeugt.

Man kann beispielsweise für $(v_i)_{i \in \mathbb{N}}$ die Folge der ungeraden
Primzahlen nehmen. Zwei Berechenbarkeitsprobleme stellen sich
für $R \in \mathbb{Z}$ und $S \in \mathfrak{P}(R)$, wenn p und q unbekannt sind:

(1) Man berechne die i-te Komponente X_i von $PZG_{Sh}(S)$

(2) Man berechne die i-te Komponente von $PZG_{Sh}(S)$, wenn die
    Komponenten $X_{i_1}, \ldots, X_{i_t}$ mit $i \neq i_1, \ldots, i_t$ bereits bekannt
    sind $(i_1 < \ldots < i_t)$.

Das Problem (1) ist nichts anderes als das Problem (*) aus
Kap. VI.4. Das Problem (2) ist eine erste Formalisierung der
komplexitätstheoretischen Unvorhersagbarkeit.

Satz 13:

$\mathcal{A}_{Sh}$ sei ein Orakel, welches zu $(R, S; i; X_{i_1}, \ldots, X_{i_t})$ die
Komponente X_i von $PZG_{Sh}(S)$ für alle R mit der Bitlänge r aus-
gibt. Dann gibt es einen in r polynomialen Algorithmus zur
Berechnung der Lösung von (1) für alle R mit der Bitlänge r.

Beweis:

Der Algorithmus läuft in 5 Schritten ab.

1. Schritt: Man berechnet $T \equiv S^{v_{i_1} \cdots v_{i_t}} \bmod R$ in $O(r)$ vielen arithmetischen Operationen (vgl. wieder Kap.VII.2).

Unter Beachtung der Kongruenz $X_i \equiv S^{e_i} \bmod R$, folgt $X_i^{v_i} \equiv S \bmod R$, also $T \equiv X_i^{v_i v_{i_1} \cdots v_{i_t}} \bmod R$.

2. Schritt: Zu $j = 1,\ldots,t$ bilde man $\hat{v}_j := \dfrac{v_{i_1} \cdots v_{i_t}}{v_{i_j}}$ und berechne

$$Y_{i_j} \equiv S^{\hat{v}_j} \bmod R$$

Dann gilt $Y_{i_j} \equiv X_i^{v_i \hat{v}_j} \equiv T^{e_{ij}} \bmod R$ $(j=1,\ldots,t)$, also sind $Y_{i_1},\ldots,Y_{i_t}$ Komponenten der Folge $PZG_{Sh}(T)$.

3. Schritt: Man ruft Λ_{Sh} zu $(R,T;i;Y_{i_1},\ldots,Y_{i_t})$ an und erhält Y_i mit

$$Y_i \equiv T^{e_i} \bmod R$$

Setzt man $\alpha_0 := v_{i_1} \cdots v_{i_t}$ und $\alpha_j := v_i \hat{v}_j$ $(j=1,\ldots,t)$, so folgt

$$g.g.T.(\alpha_0,\alpha_1,\ldots,\alpha_t) = g.g.T.(v_i,v_{i_1},\ldots,v_{i_t}) = 1$$

4. Schritt: Man berechnet mit dem EUKLID´ischen Algorithmus in $O(t \cdot r)$ arithmetischen Operationen eine Darstellung

$$1 = \alpha_0 \beta_0 + \alpha_1 \beta_1 + \ldots + \alpha_t \beta_t.$$

Dann wird $X_i \equiv (X_i^{\alpha_0})^{\beta_0} \ldots (X_i^{\alpha_t})^{\beta_t} \bmod R \equiv Y_i^{\beta_0} Y_{i_1}^{\beta_1} \ldots Y_{i_t}^{\beta_t} \bmod R$.

5. Schritt: Man berechnet X_i nach Kap. VII.2 in $O(t \cdot r)$ vielen arithmetischen Operationen.

Für festes t hat man $O(r)$ viele arithmetische Operationen auszuführen, also mit der Standard-Arithmetik aus (KNUTH,Chap.4.3), $O(r^3)$ viele Bitoperationen. ∎

Unabhängig davon also, wie viele Glieder der Folge $(X_i)_{i \in \mathbb{N}}$ bereits bekannt sind, ohne die Kenntnis von p und q erfordert die Berechnung jedes weiteren Folgengliedes die Lösung des Problems (*)!

Die Bedingung, daß man ein Orakel hat, welches stets die richtige Antwort liefert, ist zur Modellierung kryptographischer Sachverhalte zu schwach. Der Beweis-Algorithmus sagt auch mehr aus - immer wenn im 3. Schritt der richtige Wert Y_i gefunden wird, läßt sich das Ausgangsproblem (1) lösen. Im folgenden Satz wird die präzise Bedeutung dieser Bemerkung offenbar.

<u>Satz 14:</u>

$\tilde{A}_{Sh}$ sei eine auf der Menge aller (t+3)-tupel $(R,S;i;X_{i_1},\ldots,X_{i_t})$ zu $R \in \mathbb{Z}$ mit Binärlänge r definierte Funktion mit Werten in $\mathbb{N}$. $\rho(R)$ bezeichne jeweils die relative Häufigkeit des "seeds" $S \in \mathfrak{P}(R)$, für die

$$\tilde{A}_{Sh}(R,S;i;X_{i_1},\ldots,X_{i_t}) = X_i$$

ist. Dann gibt es einen in r polynomialen Algorithmus, der die Lösung von (1) in mindestens dem Bruchteil $\rho(R)$ aller seeds S findet für alle R der Bitlänge r in $\mathbb{Z}$.

<u>Beweis:</u>

Die Abbildung $S \to S^{\alpha_0}$ ist eine Bijektion auf $\mathfrak{P}(R)$. Nach der Voraussetzung ist also die relative Häufigkeit der $S \in \mathfrak{P}(R)$ mit

$$\tilde{A}_{Sh}(R,S^{\alpha_0};i;Y_{i_1},\ldots,Y_{i_t}) = Y_i$$

(in den Bezeichnungen von vorhin) ebenfalls gleich $\rho(R)$. In allen diesen Fällen ist nach dem 5. Schritt des obigen Algorithmus der ausgegebene Wert für X_i korrekt! ∎

$\tilde{A}_{Sh}$ kann man als ein Orakel ansehen, welches mit einer gewissen Erfolgswahrscheinlichkeit rät. Unter Verwendung von $\tilde{A}_{Sh}$ statt A_{Sh} liefert der Satz 13 einen Algorithmus, dessen Resultat nur mit einer gewissen Wahrscheinlichkeit richtig ist. Der letzte Satz zeigt, daß eine Theorie der Kryptokomplexität die Bedeutung solcher Orakel und Algorithmen zu studieren und

berücksichtigen hat. Mit den Worten von SHAMIR:
praktische Kryptosysteme müssen fast überall schwer zu lösen
sein, denn die Existenz eines kryptoanalytischen Verfahrens,
welches effizient für 1 % aller Schlüssel 1 % aller Nachrichten
entschlüsseln kann, reicht aus, dieses System wertlos zu machen.
Unter dem gerade herausgearbeiteten Aspekt kann man auch den
Äquivalenzsatz von WILLIAMS verschärfen. Statt des Orakels $\clubsuit_{..}$
verwende man ein Orakel $\tilde{\clubsuit}_{..}$, welches nur in dem Bruchteil
$\rho(R)$ aller Elemente von $\mathbb{C}$ korrekt entschlüsselt. Die Faktorisierung von R ist immer noch effizient durchzuführen unter der
Annahme, daß man einen *schnellen* Test kennt, der einem die
Elemente $C \in \mathbb{C}$ nennt, an denen $\tilde{\clubsuit}_{..}$ scheitert.

Dazu setze man

$$\mathfrak{x} = \{X \mid X^2 \equiv V(k)(R), k \in \mathfrak{R}, \left(\tfrac{X}{R}\right) = -1, \quad 0 < X < R\}.$$

Nach dem Lemma 8 aus Kap. VI.4.1 folgt $\#\mathfrak{x} \leq 2 \cdot \#\mathfrak{R}$.

Nach (VINOGRADOV)(S. 101-102) kann man zeigen, daß

$$\#\mathfrak{R} = 3(p-1)(q-1)/16 - \eta$$

gilt, wobei $\eta = \Theta \cdot \sqrt{R} \cdot \log R + 5/4$ geschrieben wird und
$|\Theta| < 1/2$ ist.
Wählt man nun ein X mit $\left(\tfrac{X}{R}\right) = -1$ und $0 < X < R$, so ist die Wahrscheinlichkeit, daß ein $k \in \mathfrak{R}$ mit $V(k) \equiv X^2$ mod R existiert,
sehr nahe bei 3/4. Falls $\tilde{\clubsuit}_{..}$ nun den Bruchteil $\rho(R)$ aller möglichen Chiffretexte entschlüsselt, kann man schnell (mit der
Wahrscheinlichkeit $\simeq 3 \cdot \rho(R)/4$) einen Wert X mit
$\left(\tfrac{X}{R}\right) = -1$ finden, so daß

$$V(k) = C \equiv X^2 \text{ mod } R$$

für ein $k \in \mathfrak{R}$ und $\tilde{\clubsuit}_{..}(C) = k$ gilt. Im Mittel erwartet man
$\left\lfloor \dfrac{4}{3 \cdot \rho(R)} \right\rfloor + 1$ Versuche, bis ein passender Wert gefunden ist.
Für großes $\rho(R)$ ist demnach die Zahl der Versuche gering. Hat
man nun X bestimmt, dann setze man

$$Y \equiv V_1(k)^v \equiv V_1(\tilde{\clubsuit}_{..}(C))^v \text{ mod } R.$$

Dann ist aber schon

$$g.g.T.(X-Y,R) \in \{p,q\}$$

und man hat R faktorisiert.

Falls $\rho(R) \leq \varepsilon$ ist für ein $\varepsilon > 0$ und alle R mit fester Bitlänge r, so ist der Rechenaufwand bei Verwendung des Orakels $\tilde{\text{\ding{122}}}_{\bullet\bullet}$ statt $\text{\ding{122}}_{\bullet\bullet}$ also polynomial in r und $1/\varepsilon$.

Der Pseudozufallszahlen-Generator von SHAMIR hat noch einen gewissen Makel. Während es sehr wohl sein kann, daß die Glieder jeder Folge $PZG_{Sh}(S)$ nur sehr schwer vollständig aus einer endlichen Menge von Folgengliedern rekonstruiert werden können, so ist doch denkbar, daß stets gewisse Bits dieser Glieder leicht zu berechnen sind. Für das jeweils letzte Bit gilt dies jedoch nicht nach Satz 12. Zu $PZG_{Sh}(S) = (x_i)_{i \geq 0}(S \cdot \mathfrak{P}(R))$ definiere man

$$PZG_{Sh}^0(S) := (b_i)_{i \geq 0} \qquad \text{durch}$$

$$b_i := B_0(x_i) \qquad (i \geq 0).$$

Dies gibt einen neuen Pseudozufallszahlen-Generator

$$PZG_{Sh}^0 : \mathfrak{P}(R) \to \{0,1\}^{\mathbb{N}'}$$

mit der Eigenschaft

$$b_i = B_0(x_i) = \text{\ding{122}}_0(x_i^{v_i}) = \text{\ding{122}}_0(S) = PZG_{Sh}^0(S)$$

mit dem in Kap. VI.4.3 definierten Orakel $\text{\ding{122}}_0$.
Vergröbert ausgedrückt bedeutet dies:
Die "Vorhersagbarkeit" der von PZG_{Sh}^0 erzeugten Binärfolgen ist polynomial äquivalent zur Lösbarkeit des Problems (*).
Auch auf andere schwierige zahlentheoretische Probleme kann man die "Unvorhersagbarkeit" von Pseudozufallszahlen gründen.
Zu zwei Primzahlen $p \equiv q \equiv 3 \bmod 4$ und $R = p \cdot q$ definiere man beispielsweise den Pseudozufallszahlen-Generator

$$PZG_{Ra} : \mathfrak{P}(R)^2 \to \mathfrak{P}(R)^{\mathbb{N}_0}$$

mit $PZG_{Ra}(x) = (x_i)_{i \geq 0}$ durch die rekursiv definierte Folge

$$x_0 := x$$

$$x_{i+1} \equiv x_i^2 \bmod R.$$

Die Folgen $PZG_{Ra}(x)$ sind stets periodisch; es gilt
$x_i \equiv x^{2^i} \bmod R \equiv x^{2^i \bmod \lambda(R)} \bmod R$ für $i \geq 0$.

Satz 10 besagt, daß die Berechnung des "seeds" x aus dem
i-ten Glied x_i der Folge polynomial zur expliziten Faktorisierung von R ist. Ganz analog zum vorigen Beispiel kann man
den Pseudozufallszahlen-Generator

$$PZG_{Ra}^0 : \mathfrak{P}(R) \to \{0,1\}_m^{\mathbb{N}'}$$

bilden. Die Rekonstruktion des "seeds" aus dem i-ten Glied ist
hier polynomial äquivalent zur Faktorisierung von R nach
Satz 10.

Daß die Rekonstruierbarkeit ein an sich schweres Problem ist,
ist wieder eine zu schwache kryptographische Forderung - in
fast keinem Fall darf der "seed" rekonstruierbar sein. Es
stellt sich die Frage, ob auch für die Generatoren PZG_{Ra}^0 und
PZG_{Sh}^0 Verschärfungen gelten, die der Verschärfung von
Satz 13 entsprechen.

Unter einer *probabilistischen TURING-Maschine* (siehe (GILL))
versteht man eine nichtdeterministische Turing-Maschine mit
gewissen ausgezeichneten Zuständen, in denen die Maschine
sich mit der Wahrscheinlichkeit $\frac{1}{2}$ für einen von zwei Folgezu-
ständen entscheiden kann, in den übrigen Zuständen ist der
jeweilige Folgezustand eindeutig bestimmt. Entsprechend zum
üblichen Algorithmenbegriff nennt man eine probabilistische
Turing-Maschine, die stets hält, einen *probabilistischen
Algorithmus*. Ein probabilistischer Algorithmus wählt, anschaulich gesprochen, bei der Lösung eines Einzelfalls eines
Berechnungsproblems eine Folge $r = b_1,...,b_k$ von "Zufalls-Bits"
b_i (i=1,...,k), ansonsten verfährt er völlig deterministisch.

Man sagt, ein *probabilistischer Algorithmus* zur Lösung eines

Berechnungsproblems habe die Rechenzeit $f : \mathbb{N} \to \mathbb{N}$, wenn die mittlere Anzahl von Rechenschritten zur Lösung aller Einzel-fälle der gleichen Größe $n \in \mathbb{N}$ höchstens $f(n)$ ist für alle möglichen Wahlen von r. Als Beispiel eines probabilistischen Algorithmus mit polynomialer Rechenzeit in einem Berechnungs problem, für das keine polynomialen deterministischen Algorithmen bekannt sind, sei auf den MILLER-RABIN-Algorithmus in Kap. VII.3 verwiesen. Die Existenz effizienter probabi-listischer Algorithmen zur Lösung konkreter Berechnungs-probleme zeigt die Bandbreite zwischen den polynomialen deterministischen Turing-Maschinen und den nicht-deterministi-schen polynomialer Turing-Maschinen mit beliebiger Parallelität an. Die Verwendung probabilistischer Algorithmen ist ein wichtiger Schritt in die Richtung einer mathematischen Präzi-sierung des Kryptokomplexitäts-Begriffs, wie die folgenden Darlegungen erläutern sollen.

Als *Prädiktor* bezeichnet man einen probabilistischen Algorith-mus, der in polynomialer Zeit $P : \mathbb{N} \to \mathbb{N}$ bei der Eingabe von $n \in \mathbb{N}$ und einer binären Folge $(b_1, \ldots, b_k)$ mit $k \leq P(\mathrm{ld}\ n)$ ein Element aus $\{0,1\}$ ausgibt. Ein Prädiktor A hat einen *ε-Vorteil zur Rekonstruktion* des Generators PZG_{Ra}^0, wenn

$$\text{die relative Häufigkeit der "seeds" } x \in \mathfrak{P}(R)^2 \text{ mit}$$
$$PZG_{Ra}^0(x) = (b_i)_{i \geq 0}, \text{ für die} \tag{1}$$
$$A(R; b_1, \ldots, b_k) = b_0 \quad \text{mit } k \leq P(\mathrm{ld}\ R) \text{ gilt,}$$

größer oder gleich $\frac{1}{2} + \varepsilon$ ist. Anschaulich gesprochen rät ein solcher Prädiktor den richtigen Wert b_0 mit einer Fehler - wahrscheinlichkeit $< \frac{1}{2} - \varepsilon$.

Kann es Prädiktoren mit einem ε-Vorteil zur Rekonstruktion des Generators PZG_{Ra}^0 überhaupt geben, bei denen die Erfolgswahr - scheinlichkeit merklich größer als $\frac{1}{2}$ ist, oder ist die Leistungsfähigkeit keines Prädiktors mit ε-Vorteil besser als die eines Gerätes, welches an jeder Stelle ein (faires) Münz-wurf - Experiment zur Bestimmung des jeweiligen Bits ausführt?

Die Beantwortung dieser Frage hängt mit einem sehr alten, schwierigen zahlentheoretischen Problem von C.F.GAUSS (GAUSS) zusammen. In moderne Terminologie übersetzt handelt

es sich um folgende Aufgabe. Gegeben sei eine aus zwei unbekannten Primzahlen p und q mit $p \equiv q \equiv 3 \bmod 4$ zusammengesetzte
Zahl $R = p \cdot q$. Man bestimme für ein Element x der primen
Restklassengruppe zu R mit dem Jacobi-Symbol $(\frac{x}{R}) = 1$, ob x
ein Quadrat in der primen Restklassengruppe zu R ist oder
nicht. Anders gesprochen: man finde einen Algorithmus zur Berechnung der Funktion

$$\rho: \mathfrak{P}(R)^+ = \{x \in \mathfrak{P}(R) \mid (\tfrac{x}{R})=1\} \to \{0,1\} \quad \text{mit}$$

$$\rho(x) = \begin{cases} 1 & x \in \mathfrak{P}(R)^2 \\ & , \text{ falls} \qquad \text{ist} \\ 0 & x \notin \mathfrak{P}(R)^2 \end{cases}$$

Es gibt sehr tiefliegende mathematische Gründe für die
Hypothese (ADLEMAN):

Für jeden probabilistischen Algorithmus A, der auf die
Eingabe von (R,x) (mit Binärlänge r) in polynomialer Zeit
(in r) entweder eine Null oder eine Eins ausgibt, und jedes
$t \in \mathbb{N}$ bleibt die

$$\text{relative Häufigkeit der } x \in \mathfrak{P}(R)^+ \text{ mit } A(n,x) = \rho(x)$$

$$(2)$$

echt kleiner als $1 - \dfrac{1}{r^t}$ für jedes R der Binärlänge r in
mindestens dem Bruchteil $1 - \dfrac{1}{r^t}$ aller solchen R, wenn r

hinreichend groß ist.

<u>Satz 15:</u> (BLUM-BLUM-SHUB)

Unter Verwendung der Hypothese von Adleman gilt:
Jeder polynomiale Prädiktor A hat für jedes $t \in \mathbb{N}$ höchstens
einen $\dfrac{1}{r^t}$ - Vorteil zur Rekonstruktion von PZG_{Ra}^0 für alle R's

mit der festen Binärlänge r bis auf höchstens den Bruchteil $\dfrac{1}{r^t}$

aller solchen R, falls r hinreichend groß ist.

Der Beweis benutzt eine wichtige Beweistechnik von
(GOLDWASSER-MICALI), die man als "Konzentrierung eines stochastischen Vorteils" bezeichnet. Auf ihr beruhen im Kern die

starken neuen Ergebnisse zur Kryptokomplexität. Es handelt sich dabei um ein Verfahren, aus einem Orakel, welches die *meisten* Einzelfälle eines Entscheidungsproblems richtig beantwortet, ein Orakel zu bilden, welches einen *bestimmten* Einzelfall mit beliebig hoher Wahrscheinlichkeit richtig beantwortet. Als Hilfsmittel wird zu diesem Zweck das schwache Gesetz der großen Zahl eingesetzt, dessen Formulierung zur Bequemlichkeit des Lesers wiederholt wird.

Seien $X_1,\ldots,X_k$ voneinander unabhängige gleichartig verteilte Zufallsvariable mit Werten in $\{0,1\}$ und etwa
$p = P(\{x \in W | X_i(x)=1\})$ $(i=1,\ldots,k)$, so gilt für den Erwartungswert S_k der Zufallsvariablen $X_1+\ldots+X_k$:

Für alle ε und $\delta > 0$ und jedes $k > \dfrac{1}{4\delta\varepsilon^2}$ ist die Wahrscheinlichkeit, daß

$$\left| \frac{S_k}{k} - p \right| > \varepsilon \ \text{ ist, kleiner als } \delta .$$

Die Größe $P(\delta,\varepsilon) = \dfrac{1}{4\delta\varepsilon^2}$ ist polynomial in δ^{-1} und ε^{-1}.

<u>Lemma 2:</u>

A sei ein probabilistischer Algorithmus, der auf die Eingabe von (R,x) (mit Binärlänge r) in polynomialer Zeit (in R) entweder eine Null oder eine Eins ausgibt. Falls die relative Häufigkeit der $x \in \mathfrak{P}(R)^+$ mit $A(R,x) = \rho(x)$ größer oder gleich $\frac{1}{2} + \varepsilon$ mit einem $\varepsilon \in \left]0,\frac{1}{2}\right]$ ist für alle R mit Binärlänge r, so gibt es zu jedem $\delta > 0$ einen probabilistischen Algorithmus A_δ, der in polynomialer Zeit in r, δ^{-1} und ε^{-1} zu jedem $x \in \mathfrak{P}(R)^+$ den Wert $\rho(x)$ mit einer Erfolgswahrscheinlichkeit $\geq 1 - \delta$ korrekt berechnet.

<u>Beweis:</u>

Sei $k > \dfrac{4}{\delta\varepsilon^2}$ gewählt und ein beliebiges $x \in \mathfrak{P}(R)^+$ vorgegeben. Ein Algorithmus A_δ werde durch die folgenden Schritte definiert

$A_\delta 0:$ Wähle zufällig Elemente $s_1, \ldots, s_k \in \mathfrak{P}(R)$ und bilde

$$x_i \equiv s_i^2 \bmod R \qquad (i=1,\ldots,k)$$

$A_\delta 1:$ Berechne $y_i \equiv xx_i \bmod R \qquad (i=1,\ldots,k).$

         Setze $R := 0$ und $R^* := 0$.

$A_\delta 2:$ FOR $i = 1$ TO k DO

                   IF $A(R,x_i)=1$ THEN $R := R+1$

                   IF $A(R,y_i)= 1$ THEN $R^* := R^*+1$

         ENDDO

$A_\delta 3:$ IF $\left| \dfrac{R^*}{k} - \dfrac{R}{k} \right| \leq \epsilon$ THEN PRINT "$x \in \mathfrak{P}(R)^2$"

                        ELSE PRINT "$x \notin \mathfrak{P}(R)^2$"

         END

Um zu zeigen, daß der Algorithmus A_δ die erforderlichen Eigenschaften hat, betrachten wir die relative Häufigkeit α der $x \in \mathfrak{P}(R)^2$ mit $A(R,x) = 1$ und die relative Häufigkeit β der $x \in \mathfrak{P}(R)^+ \setminus \mathfrak{P}(R)^2$ mit $A(R,x) = 1$.

Dann ist $\frac{1}{2} \alpha + \frac{1}{2}(1-\beta)$ die relative Häufigkeit der $x \in \mathfrak{P}(R)$ mit $A(R,x) = \rho(x)$. Nach der Voraussetzung ist diese $\geq \frac{1}{2} + \epsilon$, so daß $\alpha - \beta \geq 2\epsilon$ sein muß.

Für $k > \dfrac{4}{\delta \epsilon^2}$ ist nach dem schwachen Gesetz der großen Zahl die Wahrscheinlichkeit, daß

$$\left| \alpha - \frac{R}{k} \right| > \frac{\epsilon}{2} \qquad\qquad \text{kleiner als } \frac{\delta}{4}.$$

Sind $X_1, \ldots, X_k$ unabhängige, gleichverteilte Zufallsvariablen mit Werten in $\mathfrak{P}(R)^2$ bzw. $\mathfrak{P}(R)^+ \setminus \mathfrak{P}(R)^2$, so sind auch $Y_1, \ldots, Y_k$ mit $Y_i(w) = x \cdot X_i(w)$ unabhängige gleichverteilte

Zufallsvariable auf $\mathfrak{P}(R)^2$ bzw. $\mathfrak{P}(R)^+ \setminus \mathfrak{P}(R)^2$. Mit dem schwachen Gesetz der großen Zahl folgt

- für $x \in \mathfrak{P}(R)^2$:

$$\text{prob}(|\frac{R^*}{k} - \alpha| > \frac{\varepsilon}{2}) < \frac{\delta}{4}, \text{ also ist prob}(|\frac{R}{k} - \frac{R^*}{k}| \leq \varepsilon) \geq (1-\frac{\delta}{4})^2$$

- für $x \in \mathfrak{P}(R) \setminus \mathfrak{P}(R)^2$:

$$\text{prob}(|\frac{R^*}{k} - \beta| \leq \frac{\varepsilon}{2}) \geq 1-\frac{\delta}{4}, \text{ also mit } \alpha - \beta \geq 2\varepsilon \text{ auch hier}$$

$$\text{prob}(|\frac{R}{k} - \frac{R^*}{k}| \leq \varepsilon) \geq (1-\frac{\delta}{4})^2. \quad \blacksquare$$

<u>Beweis von Satz 15:</u>

Sei A ein "polynomialer" Prädiktor mit ε-Vorteil zur Rekonstruktion von PZG_{Ra}^0. Für $x \in \mathfrak{P}(R)^+$ und $x_0 = x^2 \mod R$ definiert

$$A'(R, x_0) := A(R; b_0, \ldots, b_{k-1}) \text{ für } (b_i)_{i \geq 0} = PZG_{Ra}^0(x)$$

einen polynomialen probabilistischen Algorithmus mit Ausgabewerten in $\{0,1\}$. Die Quadratwurzel von x_0 in $\mathfrak{P}(R)^2$ bezeichnen wir mit x_{-1}; x und $-x$ sind die Quadratwurzeln von x_0 in $\mathfrak{P}(R)^+$ (vgl. Lemma 8), also $x_{-1} = \pm x$.

Nach der Definition des Prädiktors A ist die

(3) relative Häufigkeit der $x_0 \in \mathfrak{P}(R)^2$, für die $A'(R, x_0)$ gleich dem letzten Bit von x_{-1} ist

größer oder gleich $\frac{1}{2} + \varepsilon$.

Setzt man $A''(R,x) := 1$, wenn $A'(R, x_0)$ gleich dem letzten Bit von x ist, und sonst $A''(R,x) := 0$, so ist damit ein weiterer polynomialer probabilistischer Algorithmus A'' definiert. Wir zeigen, daß die

(4) relative Häufigkeit der $x \in \mathfrak{P}(R)^+$ mit $A''(R,x) = \rho(x)$

größer oder gleich $\frac{1}{2} + \varepsilon$ ist. Da R ungerade ist, sind das letzte Bit von x und das letzte Bit von $-x$ voneinander verschieden. Nach der Definition liegt x dann und nur dann in $\mathfrak{P}(R)^2$ (d.h. $\rho(x) = 1$), wenn $x = x_{-1}$ ist, was aber genau dann der Fall ist, wenn das letzte Bit von x gleich dem letzten Bit von x_{-1} ist. Damit ist (3) in (4) übersetzt.

Nun wähle man $\varepsilon > \delta = \dfrac{1}{r^t}$ und wende das Lemma 9 an. Demnach existiert ein polynomialer probabilistischer Algorithmus $\hat{A}$, für den die

relative Häufigkeit der $x \in \mathfrak{P}(R)^+$ mit $\hat{A}(R,x) = \rho(x)$

mindestens gleich $1 - \dfrac{1}{r^t}$ ist, im Widerspruch zur Hypothese von ADLEMAN. ∎

Während die einzelnen Folgenglieder des Generators PZG_{Ra}^0 in polynomialer Zeit (in der Binärlänge) des "seeds" zu berechnen sind, kann kein probabilistischer Algorithmus in polynomialer Zeit aus irgendwelchen gegebenen Bits der Folge ein einziges früher vorkommendes Bit mit mehr als 50 % Erfolgswahrscheinlichkeit berechnen.

Jetzt liegen mehrere Definitionen bisher intuitiv verwendeter Begriffe auf der Hand.

Ein probabilistischer Algorithmus G heißt *Pseudozufalls - Bitfolgen-Generator*, wenn er bei Vorgabe von $t \in \mathbb{N}$ und $n \in \mathbb{N}$ in polynomialer Rechenzeit in n aus $O(n)$ "echten" Zufallsbits eine Binärkette $\alpha \in \Omega_{nt}(\mathbb{F}_2)$ berechnet. Allgemein wird man einen Pseudozufallsbitfolgen-Generator *kryptographisch sicher* nennen, wenn die Folgen im obigen Sinne weder nach links noch nach rechts aus gegebenen endlichen Teilfolgen durch polynomiale probabilistische Algorithmen mit mehr als 50 % Erfolgswahrscheinlichkeit vorhersagbar sind (siehe (BLUM-MICALI) für eine formale Definition). In dieser Art konstruieren BLUM und MICALI kryptographisch sichere Generatoren. BEN-CHOR hat auf der CRYPTO 84 bewiesen, daß der Generator PZG_{Sh}^0 kryptographisch sicher ist (modulo der Schwierigkeit des Problems (*)).

Ein probabilistischer Algorithmus T heißt *polynomialer statistischer Test* , wenn t und k in $\mathbb{N}$ existieren, so daß bei Eingabe von höchstens r^k vielen Binärzahlen der Länge r nach $O(r^t)$ Rechenzeit eine Binärkette β ausgegeben wird. Es sei $p(r,\beta)$ die relative Häufigkeit der Input-Ketten $x_1,\ldots,x_{r^k}$ mit $x_i \in \Omega_r(\mathbb{F}_2)$, für die $T(x_1,\ldots,x_{r^k}) = \beta$ ist. $P_G(r,\beta)$ bezeichne die Wahrscheinlichkeit, daß $T(x_1,\ldots,x_{r^k}) = \beta$ ist, wenn die x_i von dem Pseudozufalls-Bitfolgen-Generator G erzeugt wurden.

Man sagt, daß G den Test T besteht, wenn für alle

$$| p(r,\beta) - p_G(r,\beta)| < \frac{1}{r^\tau}$$

für alle $\tau \in \mathbb{N}$ und alle hinreichend großen r ist. Zur Interpretation dieser Definition stelle man sich vor, daß aus r^k Größen der Länge r eine Testgröße β ermittelt wird, mit der eine Prozentzahl $c(r,\beta)$ gebildet wird, die ein Konfidenz-Niveau für die Nicht-Zufälligkeit der erzeugten Binärketten repräsentiert - wie in Kap. IV.1.

Mit diesen Begriffsbildungen gilt der zentrale

Satz von YAO: (YAO)

Ein Pseudozufalls-Bitfolgen-Generator ist dann und nur dann kryptographisch sicher, wenn er jeden polynomialen statistischen Test besteht.

Eine Beweisskizze findet man in (BLUM-BLUM-SHUB), als Beweismittel wird wieder die "Konzentrierung einer stochastischen Variablen" eingesetzt. Der Satz von YAO ist ein Indiz dafür, warum einige der früher betrachteten "Pseudozufallszahlen-Generatoren" kryptographisch schwach waren - sie bestehen zwar einige, aber eben nicht alle statistischen Tests. Eine besondere Stärke des Satzes liegt darin, daß er einen "universellen" Test für die kryptographische Qualität bereitstellt. Er steht damit in völliger Analogie zu den Resultaten von (MARTIN-LÖF), in denen ein universeller Test für die im KOLMOGOROFF'schen Sinne zufälligen Folgen angegeben wird, wobei eine Bitfolge $\underline{b} = b_1...b_k$ *zufällig* im KOLMOGOROFF'schen Sinne heißt, wenn die kürzeste Folge von Zügen jeder Turing-Maschine zur Berechnung von $\underline{b}$ mindestens die Länge k hat. Im Sinne der KOLMOGOROFF'schen Zufälligkeitsdefinition kann es keine durch endliche Algorithmen definierten Zufallsfolgen geben, wie MARTIN-LÖF gezeigt hat. Die komplexitätstheoretische Definition behebt dieses Problem, zeigt aber andererseits die Grenze des Konzeptes auf-echte Zufälligkeit ist eben nicht algorithmisch zu erzeugen.

Diesen Grenzen sind natürlich auch alle Versuche unterworfen,
Methoden der künstlichen Intelligenz zur Vorhersage von Folgen
einzusetzen, wie es in recht elementarer Weise in (SCHMITTER)
vorgeschlagen wird.

Die Forschung der nächsten Jahre muß zeigen, ob die skizzierten
Ansätze die Basis einer tragfähigen umfassenden, praktisch
verwendbaren Theorie der Kryptokomplexität bilden.

VII Asymmetrische Verschlüsselungssysteme

Von den vielen neuen Ideen in DIFFIE und HELLMAN's berühmter
Arbeit (DIFFIE, HELLMAN, 1976) besitzt insbesondere die der
Kryptosysteme mit öffentlich bekanntem Schlüssel eine starke
Attraktivität - und sie hat bis heute nichts von ihrer Faszi-
nation verloren.
Wie fremd und neuartig die Idee auch scheinen mag, der Weg
dorthin war vorgezeichnet in den sogenannten "Log-in"
Prozeduren. Diese entstanden aus der Notwendigkeit eines ge-
regelten Benutzerzugriffs in "time-sharing"-Systemen. Die Verwendung von Kennwörtern, welche die rechtmäßigen Benutzer
ausweisen, führt sofort zu einem weiteren Problem. Eine Tafel
aller Wörter muß im Computer gespeichert werden, sie ist damit
in den meisten Fällen für denjenigen zu lesen, der die Stelle
im Computer-Gedächtnis kennt, an der diese Tabelle abgelegt
ist. Die Verwendung einer verschlüsselten Kennwörter-Tabelle
löst dieses Problem in folgender Weise:
Ein durch einen Benutzer eingegebenes Kennwort wird vom
Computer verschlüsselt und dann mit dem Wort in der Tabelle
verglichen. Der Besitz der Tabelle ist solange wertlos, wie
eine Entschlüsselung unmöglich ist. In diesem Zusammenhang hat
R. M. NEEDHAM erstmals die Einführung von Einbahn-Funktionen
vorgeschlagen, Funktionen, deren Werte sich leicht berechnen
lassen, die sich jedoch nur schwer invertieren lassen.
(vgl.(WILKES, p. 91)). Als Beispiel hierfür nennen wir die
Verwendung von Polynomen über einem Primkörper $\mathbb{F}_p$ der
Charakteristik p (PURDY) .
Ein Polynom $f(X) \in \mathbb{F}_p [X]$ hat höchstens gr (f)-viele Nullstellen,
wobei gr (f) den Grad des Polynoms f bezeichnet (LANG).
Zur Bestimmung der Nullstellen von $f \in \mathbb{F}_p [X]$ benötigen die
schnellsten bislang bekannten Algorithmen $c \cdot gr (f)^2 \cdot (\ln p)^2$
viele Operationen ((BERLEKAMP), (KNUTH), $c \geq 1$), sofern das
Polynom keine spezielle Form wie etwa $f(X) = X^K$, K > 1 hat.
Die Berechnung von f(X) zu vorgegebenem X dagegen erfordert
$c' \cdot \ln (gr (f)) \cdot \ln p$ - viele arithmetische Operationen mit
Zahlen der Bitlänge $O(\ln p)$ und ist damit in polynomialer Zeit
durchführbar.

Aus der Kenntnis eines mit f verschlüsselten Wortes w kann ein
Kryptoanalytiker durch einen Algorithmus ein ebenfalls
gültiges w´ nur durch Berechnung einer Wurzel von
$g(X) = f(X) - f(w) \in \mathbb{F}_p[X]$ bestimmen. Wählt man $p \simeq 10^{20}$ und
$n \simeq 10^{15}$, dann benötigt man den obigen Überlegungen zufolge
dazu ca. $10^{15} \cdot (20 \cdot \ln 10)^2 > 10^{19}$ Operationen. In der
Praxis werden sehr viele Koeffizienten von f gleich 0 gewählt
sein. Hier stellt sich sowohl das Problem einer präzisen komplexitätstheoretischen Definition des Begriffs "Einbahn-
Funktion" in der Art von Kap. VI.5, als gegebenenfalls auch
der Existenzbeweis in diesem strengen Sinn. (YAO) enthält
eine derartige Definition und weist für einige Beispiele
nach, daß sie Einbahn-Funktionen sind, wenn gewisse zahlentheoretische Probleme schwer sind. In Kap. VI.4.1 wurde auf
ein solches Beispiel hingewiesen. Ein "absoluter" Existenzbeweis für Einbahn-Funktionen steht noch aus.

Das fehlende Glied zu den asymmetrischen Verschlüsselungsverfahren sind die "Falltür"-Funktionen, spezielle "Einbahn"-
Funktionen, die sich durch Verwendung einer zusätzlichen,
geheimen Information *leicht* invertieren lassen. Beispiele
hierfür wurden bereits in Kap. I.1.10 vorgestellt.
Aufgabe dieses Kapitels ist eine kritische Betrachtung einiger
bislang bekannt gewordener asymmetrischer Kryptosysteme.

VII.1 DEFINITION

Wir betrachten im folgenden ein deterministisches Kryptosystem
$\mathcal{R}$ (vgl. Kap. I.2) mit gleichem Ein- und Ausgabealphabet,
E = A und dem gleichen Klar- und Chiffretextraum $K = C = \Omega(E)$.
Die zugrunde liegende Sprache $\mathfrak{L}$ umfasse alle Zeichenketten des
Eingabealphabetes, also $\mathfrak{L} = K$. Wir bezeichnen für alle $s \in S$
die partielle Verschlüsselungsfunktion durch $v_s := v(.,s):K \to C$.
Die Entschlüsselungsfunktion e_s zum Schlüssel s erfüllt die
Bedingung

$(\mathbb{K})$ $(e_s \circ v_s)(k) = k$ für alle $k \in K$

für deterministische Kryptosysteme.

Für alle Tupel $(k,c) \in K \times C$ sei

$$M(k,c) := \{s \in S \mid e_s(c) = k\} \subseteq S$$

die Menge aller Schlüssel, die eine Rückgewinnung des Klartextes aus einem vorgegebenen Chiffretext erlauben. Zu einem gegebenen Kryptosystem $\mathfrak{R}$ läßt sich dann die Abbildung

$$f_{\mathfrak{R}} : K \times C \to \mathfrak{P}(S)$$

$$(k,c) \to M(k,c)$$

in kanonischer Weise erklären. Aufgrund der Definition von $M(k,c)$ ist $f_{\mathfrak{R}}$ wohldefiniert. Diese Funktion spielt die wichtigste Rolle in der folgenden fundamentalen Definition, da die Sicherheit des Kryptosystems von ihrer Berechenbarkeitskomplexität abhängig gemacht wird.

Definition 1:

Es sei $\mathfrak{R}$ ein deterministisches Kryptosystem, dessen Parameter wie oben gewählt sind. $\mathfrak{R}$ heißt *asymmetrisches* Verschlüsselungssystem oder BS-System, wenn die folgenden Bedingungen erfüllt sind:

(ASY 1)   Zu jedem Schlüssel $s \in S$ und für jeden Klartext $k \in K$ gilt
$$(e_s \circ v_s)(k) = k$$

(ASY 2)   Bei Verwendung eines beliebigen Schlüssels $s \in S$ ist die Berechnung von v_s und e_s stets in polynomialer Zeit möglich, also
$$v_s \in P^* \text{ und } e_s \in P^*$$

(ASY 3)   Für jedes Tupel $(k,c) \in K \times C$ kann die Menge $M(k,c)$ zwar in nichtdeterministisch polynomialer Zeit bestimmt werden
$$f_{\mathfrak{R}} \in NP^* \quad ,$$
nicht aber in polynomialer Zeit unter Verwendung probabilistischer Algorithmen.

(ASY 4) Es sei A ein Algorithmus, der auf die Eingabe eines
beliebigen Schlüssels s ein Paar (v_s, e_s) von
Funktionen ermittelt, die den Bedingungen (ASY 1)
bis (ASY 3) genügen. Dann soll A mittels einer
deterministischen TURING-Maschine implementierbar
sein, für deren Laufzeit $t = O((\text{ld } s)^m)$ mit einer
Konstanten $m \in \mathbb{R}$ gilt.

In vielen Fällen, besonders beim Anbringen von Signaturen, ist
es nützlich, wenn als zusätzliche Bedingung gilt:

(ASY 1´) Für alle Schlüssel $s \in S$ und Klartexte $k \in K$ sei

$$(v_s \circ e_s)(k) = k$$

Die erste Bedingung wird von jedem deterministischen Kryptosystem erfüllt und ist daher identisch mit ($\mathbb{K}$). Wir haben sie
hier lediglich der Vollständigkeit halber mit aufgezählt. Die
schnelle Berechnung von Klar- bzw. Chiffretext ist grundlegend für die praktische Verwendbarkeit. Die Bedeutung von
(ASY 2) wird aber erst mit der folgenden wichtigsten Forderung
klar. Bei Erfüllung von (ASY 3) kann v_s öffentlich bekannt
gemacht werden, ohne daß die Sicherheit des Systems gefährdet
ist. Die Kenntnis von v_s erlaubt die Bestimmung polynomial
vieler Paare $(k,c) \in K \times C$. Es ist jedoch in einer von ld s ab-
hängigen polynomialen Zeitspanne nur für einen (mit wachsendem
ld s) beliebig klein zu machendem Bruchteil aller Paare in
$K \times C$ möglich, die Entschlüsselungsfunktion e_s mit $e_s(c) = k$
in einer polynomialen Zeitspanne anzugeben. Es wird also
genauer verlangt, daß $f_{\mathfrak{R}}$ eine Einbahn-Funktion im komplexitätstheoretischen Sinn von (YAO) ist.

Ein asymmetrisches Verschlüsselungsverfahren besteht aus zwei
Teilen; einer Familie $\{v_s\}_{s \in S}$ von Verschlüsselungsfunktionen
und einer Familie $\{e_s\}_{s \in S}$ von Entschlüsselungsfunktionen.
Die Trennung ist von der Art, daß die Kenntnis von v_s nichts
über e_s aussagt.

Man bezeichnet dies als *Vorwärts-Asymmetrie*. Bei der *Rückwärts-Asymmetrie* ist im Gegensatz dazu aus den Merkmalen von e_s in deterministisch polynomialer Zeit nichts über v_s zu erfahren. Wenn beides gilt, spricht man von *bidirektionaler Asymmetrie*.

Die letzte Bedingung (ASY 4) garantiert, daß man "schnell" ein Paar (v_s, e_s) finden kann. Dadurch können Schlüssel z.B. bei Verlust oder Kompromittierung sofort geändert werden.
Im Unterschied zum SHANNON'schen Ansatz versprechen die asymmetrischen Systeme dem Anwender keine *unbedingte* Sicherheit in dem Sinn, daß sie nicht zu brechen sind. Sie sind erdacht mit dem Ziel, den nötigen Aufwand zur Lösung unter Berücksichtigung <u>aller</u> möglichen algorithmischen Verfahren in Abhängigkeit von der Schlüsselgröße über jedes jeweils technisch machbare Maß beliebig weit hinauszuschieben - und dies in einem quantitativen Sinn.

VII.2 Asymmetrische Systeme auf der Basis des Tornister-Problems

Einige der ersten Realisierungsvorschläge eines asymmetrischen Verschlüsselungssystems beruhen auf dem Tornister-Problem.

Die grundlegende Idee haben wir schon durch die Bezeichnungswahl in Kap. VI.3 angedeutet. Der Klartext (in binärer Darstellung) wird in Blöcke der Form $\underline{k} = (k_1, \ldots, k_n) \in \{0,1\}^n$ fester Länge n aufgeteilt und mit Hilfe eines Schlüssels $\underline{s} = (s_1, \ldots, s_n) \in \mathbb{N}^n$ durch die Definition

$$v(\underline{s}, \underline{k}) := \sum_{i=1}^{n} k_i s_i$$

verschlüsselt. Identifiziert man $\mathbb{N}'$ mit $\Omega^-(\mathbb{F}_2)$, so erhält man die Verschlüsselungsfunktion

$$v : \mathbb{N}^n \times \mathbb{F}_2^n \rightarrow \Omega^-(\mathbb{F}_2).$$

v gibt nur dann Anlaß zu einem Kryptosystem, wenn zu jedem $\underline{s} \in \mathbb{N}^n$ eine Links-Inverse zu v_s angegeben werden kann. Bei der allgemeinen Definition von v führt die Berechnung einer

Links-Inversen auf die Lösung von Einzelfällen des Tornister-
Problems - auch für den rechtmäßigen Besitzer von $\underline{s}$!

Für speziell gewählte $\underline{s}$ läßt sich die Entschlüsselung allerdings in linearer Zeit (d.h. $O(n)$-Zeit) durchführen. Ist
nämlich $\underline{s} = (s_1,\ldots,s_n) \in \mathbb{N}^n$ *super-anwachsend*, d.h.

$$s_i > \sum_{j=1}^{i-1} s_j \qquad \text{für } i = 2,\ldots,n \ ,$$

so löst der folgende Algorithmus das Tornister-Problem zu $\underline{s}$
und c.
$\underline{k} = (k_1,\ldots,k_n)$ sei ein 1-dimensionaler ARRAY, dessen Eingänge
alle Null gesetzt sind.

```
FOR i := n TO 1 STEP -1

   IF c ≥ s_i THEN k_i := 1

   c := c - k_i * s_i                              (1)

NEXT i

IF c = ∅ THEN OUTPUT k = (k_1,...,k_n)
            ELSE PRINT "es gibt keine Lösung".
```

MERKLE und HELLMAN schlugen vor, die super-anwachsende Struktur
mittels modularer Arithmetik zu verstecken. Man beginnt dazu
mit einem super-anwachsenden Vektor $\underline{s}' = (s'_1,\ldots,s'_n) \in \mathbb{N}^n$,
wählt eine natürliche Zahl $M > 2s'_n$ und eine dazu relativ prime
Zahl $W \in \{1,\ldots,M-1\}$ und bildet $\underline{s} = (s_1,\ldots,s_n)$ mittels

$$Ws_i \equiv s'_i \bmod v \qquad (i=1,\ldots,n). \qquad (2)$$

Mit der Kenntnis von (W,M) kann die Entschlüsselung $e_{\underline{s}}$ leicht
ausgeführt werden. Sei $c = \underline{s} \cdot \underline{k}$ gegeben; nach der Wahl von M
ist $\sum_{i=1}^{n} s'_i k_i$ der kleinste positive Rest in der Restklasse

$$\sum_{i=1}^{n} s_i' k_i \bmod M \equiv \sum_{i=1}^{n} W s_i k_i \bmod M \equiv Wc \bmod M.$$

Bezeichnet c' den kleinsten positiven Rest in $Wc \bmod M$, so folgt also

$$c' = \sum_{i=1}^{n} s_i' k_i .$$

Zur Berechnung von $\underline{k} = (k_1, \ldots, k_n)$ verwendet man den Algorithmus (1).

Vektoren $\underline{s}$, die in der Art (2) konstruiert wurden, nennt man *MERKLE-HELLMAN-Tornister*.

Fußend auf der

Hypothese: MERKLE-HELLMAN-Tornister-Probleme der Größe n
können nicht durch Algorithmen gelöst werden, deren
Rechenzeit polynomial in n ist,

führten (MERKLE-HELLMAN) ein asymmetrisches Verschlüsselungssystem mit

- dem MERKLE-HELLMAN-Tornister $\underline{s} = (s_1, \ldots, s_n)$ als

ÖFFENTLICHEN Schlüssel

- dem Paar (W,M) als GEHEIMEN Schlüssel

ein. Verschlüsselung und Entschlüsselungsoperationen sind in der oben definierten Weise auszuführen. Aus praktischen Erwägungen wurden die zusätzlichen Einschränkungen

(i) s_i' ist eine n+i-1-bit-Zahl

(3)

(ii) M ist eine 2n-bit-Zahl

empfohlen, sowie n = 200 als Blocklänge. Mit diesen Größen sind ca. 10K-Bytes Speicher zur Aufnahme des Schlüssels nötig; die Verschlüsselung eines Blocks erfordert höchstens 200 überlange Additionen, die Entschlüsselung höchstens 200 überlange Subtraktionen und eine modulare Multiplikation.
Eine Variante bilden die GRAHAM-SHAMIR-Tornister. Zur Blocklänge $n \in \mathbb{N}$ bilde man $t := 1 + \lfloor \mathrm{ld}\ n \rfloor$ und wähle $m > t$. Als nächstes wählt man n Paare von Zufalls-Binärketten l_i und r_i in $\{0,1\}^m$,

wobei aber die ersten t Kettenglieder von r_i jeweils 0 sind
$(i=1,\ldots,n)$. e_i sei die Kette in $\{0,1\}^m$, deren i-tes Glied 1
ist, deren andere Glieder aber alle 0 sind. Die Verkettung
$l_i|e_i|r_i =: s_i'$ wird als natürliche Zahl aufgefaßt, ebenso die
Teilkette $s_i'' := e_i|r_i$ $(i=1,\ldots,n)$. Jetzt wählt man

$$M > \sum_{i=1}^{n} s_i'$$

und ein $1 \leq W < M$, welches zu M teilerfremd ist. Der Vektor
$\underline{s} = (s_1,\ldots,s_n) \in \mathbb{N}^n$ mit

$$Ws_i \equiv s_i' \bmod M \qquad (i=1,\ldots,n)$$

ist ein *GRAHAM-SHAMIR-Tornister*. Man beachte, daß nicht
$(s_i',\ldots,s_n')$, wohl aber der Vektor $(s_1'',\ldots,s_n'')$ super-anwachsend
ist.

Mit einem
- GRAHAM-SHAMIR-Tornister als ÖFFENTLICHEN Schlüssel und
- dem zugehörigen Paar (W,M) als GEHEIMEN Schlüssel
erhält man wiederum ein asymmetrisches Verschlüsselungssystem.
Während die Verschlüsselung in der üblichen Weise definiert ist,
gestaltet sich die Entschlüsselung eines Chiffretext-Blocks
$c = \underline{s} \cdot \underline{k}$ einfacher als vorhin:
Bezeichnet wieder c' den kleinsten positiven Rest der Restklasse Wc mod M, so hat man wie oben das Tornister-Problem

$$c' = \sum_{i=1}^{n} s_i'k_i$$

zu lösen. Nach der Definition von s_i' ist $s_i'k_i = l_ik_i|e_ik_i|r_ik_i$
als Binärkette geschrieben. Nach der Wahl von m und der r_i
ist

$$r := \sum_{i=1}^{n} r_ik_i < 2^m.$$

Setzt man $l := \sum_{i=1}^{n} l_ik_i$, so wird

$$c' = \sum_{i=1}^{n} s_i' k_i = 1 | k_1 \ldots k_n | r,$$

man erhält also $\underline{k}$ als (m+1)-te bis (m+n)-te Stelle der Binärdarstellung von c' zurück.

Inzwischen sind zahlreiche andere Varianten von Tornister-
artigen asymmetrischen Verschlüsselungssystemen diskutiert
worden. Wir wollen uns als letztes Beispiel mit der Verwendung m-fach iterierter Tornister begnügen, die bereits von
MERKLE-HELLMAN in ihrer grundlegenden Arbeit eingeführt wurden.
Hierbei geht man von einer super-anwachsenden Folge
$(s_1', \ldots, s_n') \in \mathbb{N}^n$ aus. Dann wählt man rekursiv m Paare zueinander
teilerfremder natürlicher Zahlen (W_j, M_j) und definiert rekursiv
m Vektoren $(s_1^{(j)}, \ldots, s_n^{(j)})$ mit folgenden Eigenschaften

$$j=1: \quad M_1 > \sum_{i=1}^{n} s_i' , \qquad 1 \leq W_1 < M_1$$

$$W_1 s_i^{(1)} \equiv s_i' \bmod M_1 \text{ mit } 1 \leq s_i^{(1)} < M_1 \qquad (i=1,\ldots,n)$$

$$j \geq 2: \quad M_j > \sum_{i=1}^{n} s_i^{(j-1)}$$

$$W_j s_i^{(j)} \equiv s_i^{(j-1)} \bmod M_j \text{ mit } 0 \leq s_i^{(j)} < M_j \quad (i=1,\ldots,n).$$

Der Vektor $\underline{s}^{(m)} = (s_1^{(m)}, \ldots, s_n^{(m)})$ ist ein *m-fach iterierter
MERKLE-HELLMAN-Tornister*. Das auf solchen Tornistern beruhende
asymmetrische Verschlüsselungsverfahren verwendet
- $\underline{s}^{(m)}$ als ÖFFENTLICHEN Schlüssel (evtl. mit zusätzlicher
  Permutation der Komponenten)
- die Paare (W_j, M_j) (j=1,\ldots,m) als GEHEIMEN Schlüssel.

Zur Sicherheit dieser Systeme wurden analoge Hypothesen wie
für das ursprüngliche Verfahren von MERKLE-HELLMAN gemacht.
Inzwischen wurde jedoch bewiesen, daß diese Hypothesen falsch
sind. Das einfache MERKLE-HELLMAN-System und das GRAHAM-SHAMIR-
System wurden definitiv gebrochen, bei den m-fach iterierten
Systemen gibt es vielversprechende Lösungsansätze,

insbesondere für den Fall m = 2.
Die Lösungsverfahren für die ersten beiden Systeme werden nun
skizziert.

VII.2.1 Die Lösung des MERKLE - HELLMAN - Systems

$\underline{s}$ sei ein MERKLE-HELLMAN-Tornister zum super-anwachsenden
Vektor $\underline{s}' = (s_1', \ldots, s_n') \in \mathbb{N}^n$ und zum Zahlenpaar (W,M) mit der
Eigenschaft (2). $\underline{s}$ ist durch $\underline{s}'$ und (W,M) keineswegs eindeutig
bestimmt. Also kann auch _jeder_ andere super-anwachsende
Vektor $\underline{s}'' = (s_1'', \ldots, s_n'')$, der zusammen mit einem Zahlenpaar
(W',M') zum _selben_ Tornister $\underline{s}$ führt, zur Entschlüsselung
eines Chiffretextes verwendet werden, der mittels $\underline{s}$ ver-
schlüsselt wurde! SHAMIR's grundlegende Beobachtung war es,
daß aber stets die Brüche $\frac{W}{M}$ und $\frac{W'}{M'}$ zum selben $\underline{s}$ nahe beiein-
ander liegen, und daß umgekehrt jede hinreichend gute
Näherung von $\frac{W}{M}$ zur Lösung verwendet werden kann.
Um dies einzusehen, schreibe man $W' = \lambda W$ und $M' = \lambda M + \varepsilon$ mit dem
"kleinen" Fehlerterm ε und $\lambda > 0$. Es existieren nichtnegative
Zahlen $t_i \in \mathbb{N}'$ mit

$$Ws_i - Mt_i = s_i' \qquad (i=1,\ldots,n).$$

Mit diesen folgt $W's_i - M't_i = \lambda s_i' + \varepsilon t_i \quad (i=1,\ldots,n)$. Der
Vektor $\lambda\underline{s}'$ ist ebenfalls super-anwachsend, und für hinreichend kleines ε bleibt dann auch der gestörte Vektor
$\lambda\underline{s}' + \varepsilon(t_1,\ldots,t_n)$ noch super-anwachsend.

Seien $\underline{s}' = (s_1',\ldots,s_n') \in \mathbb{N}'$ ein super-anwachsender Vektor und
(W,M) ein Zahlenpaar wie in (2), ferner $\sigma \in S_n$ eine Permutation
und

$$Ws_i \equiv s_{\sigma(i)}' \bmod M \qquad\qquad (2)_\sigma$$

Die Sägezahn-Funktion f_i zur Steigung s_i auf dem Intervall ist
definiert durch

$$f_i(x) := s_i x - \lfloor s_i x \rfloor \qquad (i=1,\ldots,n);$$

sie hat Nullstellen bei den Vielfachen von $1/s_i$.

Durch Rekursion $i=n,\ldots,1$ folgt unter Beachtung von

$$\sum_{i=1}^{n} s_i' < M$$

für die Komponenten des super-anwachsenden Vektors $\underline{s}'$ die Abschätzung

$$s_i' \leq 2^{-n+i} M \qquad \text{für alle } i=1,\ldots,n.$$

Es folgt

$$f_{\sigma^{-1}(i)}\left(\tfrac{W}{M}\right) = \frac{s_i'}{M} \leq 2^{-n+i} \; .$$

Für $q_i \in \mathbb{N}$ mit

$$\frac{q_i}{s_{\sigma^{-1}(i)}} \leq \frac{W}{M} < \frac{q_i+1}{s_{\sigma^{-1}(i)}}$$

gilt dann

$$0 < \frac{W}{M} - \frac{q_i}{s_{\sigma^{-1}(i)}} \leq \frac{2^{-n+i}}{s_{\sigma^{-1}(i)}} \qquad (i=1,\ldots,n).$$

Sei $1 \leq W^* < M$ mit $WW^* \equiv 1 \bmod M$. Nach Kap. IV.3 kann angenommen werden, daß für fast alle W die Abbildung $x \mapsto W^* x \bmod M$ eine gleichverteilte Zufallsvariable auf $\{0,\ldots,M-1\}$ ist. Somit hat man für fast alle W:

$$s_i \geq \frac{1}{n^2} M \qquad \text{für alle } i=1,\ldots,n \; ,$$

und damit

$$0 < \frac{W}{M} - \frac{q_i}{s_{\sigma^{-1}(i)}} \leq \frac{n^2}{M} 2^{-n+i} \qquad (i=1,\ldots,n).$$

$\frac{W}{M}$ ist also ein Punkt, an dem sich Nullstellen der verschiedenen Sägezahn-Funktionen häufen.

Für fast alle W ergibt sich aus dem vorangehenden Ungleichungssystem das Ungleichungssystem

$$\left| \frac{q_i}{s_{\sigma^{-1}(i)}} - \frac{q_1}{s_{\sigma^{-1}(i)}} \right| \le \frac{n^2}{M} \, 2^{-n+i} \qquad (i=2,\ldots,n) \qquad (4).$$

Die am nächsten an $\dfrac{q_1}{s_{\sigma^{-1}(1)}}$ liegende Nullstelle von

$f_{\sigma^{-1}(i)}$ $\quad (i=2,\ldots,n)$ liegt im Intervall

$$\left[\frac{q_1}{s_{\sigma^{-1}(1)}} - \frac{1}{2s_{\sigma^{-1}(i)}} \, , \, \frac{q_1}{s_{\sigma^{-1}(1)}} + \frac{1}{2s_{\sigma^{-1}(i)}} \right]$$

der Länge $\dfrac{1}{s_{\sigma^{-1}(i)}} \le \dfrac{n^2}{M}$. Heuristisch nehmen wir an, daß die

Lage der Nullstellen von $f_{\sigma^{-1}(i)}$ in diesem Intervall eine

gleichverteilte Zufallsvariable ist. Die Wahrscheinlichkeit, daß die nächstliegende Nullstelle von $f_{\sigma^{-1}(i)}$ im Abstand

$$\le \frac{1}{2} \, \frac{n^2}{M} \, 2^{-n+i} \quad \text{von} \quad \frac{q_1}{s_{\sigma^{-1}(i)}} \quad \text{liegt, ist also etwa } 2^{-n+i}.$$

Die Wahrscheinlichkeit, daß jede solche Nullstelle in dem entsprechenden Intervall liegt für $i=2,\ldots,t$ ist also

$$2^{-n+2} \ \ldots \ 2^{-n+t} = 2^{-(t-1)n+t(t+1)/2-1}.$$

Als relative Häufigkeit der Häufungspunkte von Nullstellen der Sägezahnfunktionen gedeutet, bedeutet dies, daß

$$s_{\sigma^{-1}(1)} \, 2^{-(t-1)n+t(t+1)/2-1} \approx M2^{-(t-1)n+t(t+1)/2-1}$$

viele derartiger Häufungspunkte zu erwarten sind.
Als Dichte des Vektors $\underline{s}'$ hat man

$$\delta(\underline{s}') = \frac{n}{\text{ld}(\sum_{i=1}^{n} s_i')} > \frac{n}{\text{ld } M} \; ,$$

also

$$M \simeq 2^{\frac{n}{\delta(\underline{s}')}} \; .$$

Somit wird man einen eindeutig bestimmten Häufungspunkt erwarten, wenn

$$(\frac{1}{\delta(\underline{s}')} - (t-1))n+t(t+1)/2-1 < 0$$

ist. Für hinreichend große n ist diese Bedingung erfüllt, wenn

$$\delta(\underline{s}') > \frac{1}{t-1}$$

gilt. Für $\delta(\underline{s}') > \frac{1}{2}$ wird man die Eindeutigkeit des Häufungs-
punktes erwarten dürfen, wenn $t \geq 4$ und n hinreichend groß ist.
Dies ist insbesondere der Fall bei allen MERKLE-HELLMAN-
Tornistern mit der zusätzlichen Bedingung (3). Durch Multiplikation mit den Nennern erhält man aus (4) das Ungleichungssystem

$$\left| q_1 s_{\sigma^{-1}(i)} - q_i s_{\sigma^{-1}(1)} \right| \leq n^2 M 2^{-n+i} \qquad (i=2,3,4)$$

$$1 \leq q_i < s_{\sigma^{-1}(i)} \qquad\qquad (i=1,2,3,4),$$

welches nach den vorangehenden Überlegungen für $\delta(\underline{s}') > \frac{1}{2n}$
"fast immer" eine eindeutig bestimmte Lösung hat. (LAGARIAS)
gibt eine quantitative Verschärfung des Begriffs "fast immer"
an und erweitert den Anwendungsbereich auf alle $0 < \delta(\underline{s}') \leq 1$.
Der von Shamir vorgeschlagene Lösungsalgorithmus arbeitet in
2 Schritten.

1. Schritt:

Bilde zu jedem Quadrupel (i_1, i_2, i_3, i_4) von 4 verschiedenen Zahlen in $\{1, \ldots, n\}$ das lineare Ungleichungssystem

$$|Q_j s_{i_1} - Q_1 s_{i_j}| \leq n^2 2^{n+j} \qquad (j=2,3,4)$$

$$1 \leq Q_j < s_{i_j} \qquad (j=1,2,3,4)$$

Die Binärlänge der Koeffizienten ist stets $O(n)$.
LENSTRA´s Algorithmus zur ganzzahligen Optimierung (LENSTRA) entscheidet in polynomialer Zeit (in n), ob das System lösbar ist oder nicht und berechnet gegebenenfalls eine Lösung.
Da $O(n^4)$ Quadrupel zu untersuchen sind, ist der 1. Schritt in polynomialer Zeit in n durchführbar.
Als Ergebnis des 1. Schritts erhält man höchstens $O(n^4)$ viele Intervalle der Form

$$\left[\frac{q_1}{s_{i_1}}, \frac{q_1+1}{s_{i_j}}\right] \text{ in } [0,1] \, ,$$

von denen eines die rationale Zahl $\frac{W}{M}$ enthält.

Jedes solche Intervall enthält $O(n)$ Unstetigkeitsstellen (=Nullstellen) anderer Sägezahnfunktionen. Zwischen zwei sukzessiven Nullstellen sehen die n Sägezahnfunktionen f_i wie lineare Abschnitte aus. n lineare Abschnitte über dem selben Teilintervall von $[0,1]$ haben höchstens $O(n^2)$ viele Schnittpunkte. Zusammen mit den Nullstellen teilen die x-Koordinaten der Schnittpunkte jedes der im 1. Schritt ge-fundenen Intervalle in $O(n^2)$ viele Teilintervalle $[p_\mu, p_{\mu+1}[$, wobei über jedem derartigen Intervall eine wohldefinierte Reihenfolge π_μ der n verschiedenen sich nicht schneidenden f_i vorliegt. Es ist $\pi_\mu \in S_n$. Höchstens $O(n^6)$ viele Intervalle dieser Art sind zu untersuchen.
Aus Stetigkeitsgründen liefert jedes nahe bei $\frac{W}{M}$ liegende x nach den anfangs gemachten Beobachtungen den super-anwachsenden Vektor $(f_{\sigma^{-1}(i)}(x))_{i=1,\ldots,n} \in \mathbb{Q}^n$. Falls dabei $x \in [p_{\mu_0}, p_{\mu_0+1}[$

ist, heißt das

$$\text{(i)}\quad xs_{\pi_{\mu_0}(i)} - q_{\pi_{\mu_0}(i)} \;\overset{>}{}\; \sum_{\pi_{\mu_0}(j) > \pi_{\mu_0}(j)} \left(x \cdot s_{\pi_{\mu_0}(j)} - q_{\pi_{\mu_0}(j)} \right)$$

$$\tag{5}$$

$$\text{(ii)}\quad \sum_{i=1}^{n} (xs_i - q_i) < 1,$$

wobei q_1 die Zahl der Nullstellen von f_1 zwischen 0 und $\dfrac{q_1}{s_{i_1}}$

ist für $1 \neq i_1$.

2. Schritt:

Bilde zu jedem der höchstens $O(n^6)$ vielen $\pi_\mu \in S_n$ das lineare
Ungleichungssystem

$$xs_{\pi_\mu(i)} - q_{\pi_\mu(i)} \;\overset{>}{}\; \sum_{\pi_\mu(j) > \pi(i)} \left(xs_{\pi_\mu(j)} - q_{\pi_\mu(j)} \right)$$

$$\tag{6${}_\mu$}$$

$$\sum_{i=1}^{n} (xs_i - q_i) < 1 \;.$$

Für mindestens ein μ_* enthält $[p_{\mu_*}, p_{\mu_*+1}[$ ein nicht-leeres
Teilintervall $]l,r[$, dessen sämtliche Punkte $(6)_\mu$ erfüllen.
Mit dem CASSEL'schen Algorithmus zur diophantischen Approximation (CASSELS) findet man die kleinsten ganzen Zahlen W', M'
mit $\dfrac{W'}{M'} \in]l,r[$.
Jetzt sei c'' der kleinste positive Rest in der Restklasse
$W'c \bmod M'$ und $\tilde{s}''_i$ sei ein positiver Rest in $W's_{\pi_{\mu_*}(i)} \bmod M'$
$(i=1,\ldots,n)$, so daß

$$\sum_{i=1}^{n} k_{\pi_{\mu_*}(i)} \cdot \tilde{s}''_i = c''$$

ist. $s''_i = W's_{\pi_{\mu_*}(i)} - Mq_{\pi_{\mu_*}(i)}$ ist der kleinste positive Rest

in der Restklasse $W's_{\pi_{\mu_*}(i)} \bmod M'$ $\quad (i=1,\ldots,n)$. Nach $(6)_{\mu_*}$

ist $(s''_1,\ldots,s''_n)$ super-anwachsend.

Stets gilt $\tilde{s}_i'' \equiv s_i'' \bmod M'$. Wäre für i_* etwa $\tilde{s}_{i_*}'' > s_{i_*}''$, so wäre $\sum\limits_{i=1}^{n} \tilde{s}_i'' > M'$, im Widerspruch zu $(6)_{\mu_*}$ (ii).

Also folgt

$$\sum_{i=1}^{n} k_{\pi_{\mu_*}(i)}\, s_i'' = c'' \; .$$

Daraus ist $(k_{\pi_{\mu_*}(i)})$ mit dem Algorithmus (1) zu bestimmen. Anwendung der Permutation π_{μ_*} gibt den Klartext zurück. Der Aufwand zur Rekonstruktion des Klartextblocks der Länge n erfordert also "fast immer" einen in n höchstens polynomialen Rechenaufwand. Die MERKLE-HELLMAN'sche Hypothese ist demnach nicht haltbar. Das MERKLE-HELLMAN'sche Kryptosystem genügt nicht den in Kap. VII.1 gestellten Axiomen für ein asymmetrisches Verschlüsselungssystem. Es sei ausdrücklich darauf hingewiesen, daß andere Lösungsalgorithmen in der Praxis schneller zum Ziel führen können, das entscheiende Merkmal des SHAMIR'schen Verfahrens ist der Nachweis der Polynomialität.

VII.2.2 Die Lösung des GRAHAM-SHAMIR-Systems (ADLEMAN)

Zu einem GRAHAM-SHAMIR-Tornister $\underline{s} = (s_1, \ldots, s_n)$ gehören ein Vektor $\underline{s}' = (s_1', \ldots, s_n')$ und ein Paar (W, M) ganzer Zahlen mit $W s_i \equiv s_i' \bmod M$. Es existieren wiederum Zahlen $t_i \in \mathbb{N}'$ mit $1 \leq t_i < s_i$ und

$$W s_i - M t_i \equiv s_i \qquad (i=1,\ldots,n) , \qquad (7)$$

nämlich $t_i = \dfrac{W}{M}\, s_i$.

Man wähle b viele Gleichungen zufällig aus und setze

$$S_j = s_{i_j}, \quad T_j = t_{i_j} \text{ und } S_j' = s_{i_j}' \qquad (j=1,\ldots,b).$$

Über die Größe von b wird dabei erst später verfügt. Damit erhält man das nichtlineare System

$$1 \leq W S_j - M T_j = S_j' \qquad (j=1,\ldots,b). \qquad (8)$$

Wählt man $\alpha \geq 0$ maximal mit der Eigenschaft $\frac{M}{2^\alpha} \geq S_j'$ für alle

$j=1,\ldots,b$, so bekommt das nichtlineare Ungleichungssystem

$$1 \leq WS_j - MT_j \leq \frac{M}{2^\alpha} \qquad (j=1,\ldots,b) \qquad\qquad (9)$$

Für jedes beliebige $F \in \mathbb{N}$ folgt aus (9)

$$0 < \frac{F}{M} \leq \frac{F}{M} WS_j - FT_j \leq \frac{F}{2^\alpha} \qquad (j=1,\ldots,b) \ ,$$

also

$$\frac{F}{M}-WS_j \leq \frac{F}{M}WS_j-FT_j-\left(\frac{F}{M}-\left\lfloor\frac{F}{M}\right\rfloor\right)WS_j = \left\lfloor\frac{F}{M}\right\rfloor WS_j-FT_j \leq \frac{F}{2^\alpha} \qquad (j=1,\ldots,b)$$

Darin ist der linke Term für alle $j=1,\ldots,b$ positiv, wenn
$\frac{F}{M} - WS > 0$ mit $S := \max\limits_{j=1}^{b} S_j$ ist.

Für jedes beliebig, aber fest gewählte $F > MWS$ hat also das
lineare Ungleichungssystem

$$1 \leq X_0 S_j - X_j F \leq \frac{F}{2^\alpha} \qquad (j=1,\ldots,b) \qquad\qquad (10)$$

eine Lösung $\underline{X}^* = (X_0^*,\ldots,X_n^*)$ mit $X_j^* = T_j$ für $j=1,\ldots,b$ und
$\left\lfloor\frac{F}{2^\alpha S}\right\rfloor$ viele Lösungen $\underline{X}^{(\nu)}$ mit $X_1^{(\nu)} = \ldots = X_n^{(\nu)} = 0$ und

$X_0^{(\nu)} \in \{1,2,\ldots,\left\lfloor\frac{F}{2^\alpha S}\right\rfloor\}$. Nach einer ähnlichen Heuristik wie in

Kap. VII.2.1 kann man annehmen, daß dies für hinreichend groß
gewähltes b die einzigen Lösungen von (10) sind. Wenn davon
ausgeht, daß $M \simeq S$ und $M > W$ ist, so wird für $F > 2(2^\alpha S)^2$
das System (10) für hinreichend große b also "fast immer" genau
die angegebenen $1 + \left\lfloor\frac{F}{2^\alpha S}\right\rfloor$ Lösungen haben.

Zur Bestimmung einer Lösung $\underline{X}^* = (X_0^*,\ldots,X_n^*)$ des Systems

$$1 \leq X_0^* S_i - X_i^* F \leq F^{1-\delta} \qquad\qquad (i=1,\ldots,b)$$

mit $0 \leq \delta < 1$ verwendet man das Gitter $G(F;S_1,\ldots,S_b;\delta)$ in $\mathbb{R}^{b+1}$, welches von den Vektoren

$$\underline{v}_j = (0,\ldots,F^{1+\delta},0,\ldots,0) \qquad\qquad (j=1,\ldots,b)$$

$$\underline{v}_{b+1} = (F^\delta S_1,\ldots,F^\delta S_b,1)$$

aufgespannt wird. Dann gilt für den Vektor

$$\underline{u}:=(F^\delta(X_0^* S_1-X_1^* F),\ldots,F^\delta(X_0^* S_b-X_b^* F),X_0^*)=$$

$$X_0^*\underline{v}_{b+1} - \sum_{j=1}^{b} X_j^*\underline{v}_j \in G(F;S_1,\ldots,S_b;\delta)$$

$$\underline{u}\cdot\underline{u} \leq X_0^{*2} + bF^{2\delta}F^{2(1-\delta)},$$

also $\sqrt{\underline{u}\cdot\underline{u}} \leq \sqrt{b}\cdot F$, während für die Basisvektoren $\sqrt{\underline{v}_j\cdot\underline{v}_j} \simeq F^{1+\delta}$ ist. Man kann daher erwarten, daß (für geeignetes δ) der Vektor $\underline{u}$ in der reduzierten Basis vorkommt, die der L^3-Algorithmus zu $\underline{v}_1,\ldots,\underline{v}_{b+1}$ liefert. Als einen anderen Vektor dieser Basis wird man den von $\underline{u}$ linear unabhängigen Vektor

$$\underline{v} = (0,\ldots,0,F) = \sum_{j=1}^{b} S_j\underline{v}_j + F\underline{v}_{b+1} \in G(F;S_1,\ldots,S_b;\delta)$$

erwarten.

Durch $\underline{X}^*$ sind $T_1,\ldots,T_b$ in (8) bestimmt, so daß man das lineare Ungleichungssystem

$$1 \leq WS_j - MT_j \leq \frac{M}{2}\alpha \qquad\qquad (j=1,\ldots,b)$$

erhält, in dem W und M noch unbekannt sind. Jetzt wird die Voraussetzung eingebracht, daß $\underline{s}$ ein GRAHAM-SHAMIR-Tornister ist. Dieser Voraussetzung zufolge hat S_j die Form

$$S_j = 1_{i_j}|e_{i_j}|r_{i_j} \qquad\qquad \text{(als Binärzahl aufgefaßt)},$$

so daß

$$WS_j - MT_j \equiv (e_{i_j} \mid r_{i_j}) \bmod 2^{m+n} \qquad (j=1,\ldots,b)$$

folgt.

Für $i_j < \rho = \left\lfloor \frac{n}{2} \right\rfloor$ hat e_{i_j} ρ-viele führende Nullen. In diesem

Fall gibt es eine Zahl y_{i_j} mit

$$1 \leq WS_j - MT_j - y_{i_j} 2^{m+n} < 2^{m+n-\rho} .$$

Sei C eine c-elementige Teilmenge von $\{i_j \mid j=1,\ldots,b\}$, deren sämtliche Elemente kleiner als ρ sind. Dann gelten folgende simultanen Ungleichungen

$$1 \leq Ws_\gamma - Mt_\gamma \leq \frac{M}{2^\alpha} \qquad (\gamma \in C)$$

$$1 \leq Ws_\gamma - Mt_\gamma - y_\gamma 2^{m+n} < 2^{m+n-\rho} \qquad (11)$$

$\frac{1}{2^c}$ ist näherungsweise die relative Häufigkeit solcher C mit

$\gamma < \rho$ für alle $\gamma \in C$.

Nach den folgenden heuristischen Überlegungen haben für ein derartiges C alle Lösungen $\underline{Y} = (Y_1, Y_2, Y_3, \ldots, Y_{c+2})$ des simultanen Systems

$$1 \leq Y_1 s_\gamma - Y_2 t_\gamma \leq \frac{Y_1}{2^\alpha} \qquad (\gamma \in C)$$

$$1 - Y_1 s_\gamma - Y_2 t_\gamma - Y_\gamma 2^{m+n-} < 2^{m+n-\rho} \qquad (\gamma \in C)$$

etweder die Form
$\underline{Y} = (Y_1, Y_2, \underline{\tilde{Y}})$, worin $\underline{\tilde{Y}}$ ein von Null verschiedener c-dimensionaler Vektor und $Y_2 \gg M$ ist oder die Form

$$\underline{Y} = (Y_1, Y_2, 0, \ldots, 0).$$

Unter den Lösungen der zweiten Art ist das gesuchte Paar (W,M).
Sei $\underline{Y}$ eine Lösung der Form $\underline{Y} = (Y_1, Y_2, \underline{\tilde{Y}})$ mit $\underline{\tilde{Y}} \neq \underline{0}$ und $Y_2 \neq M$.

Für jedes feste $\gamma \in C$ ist $\frac{1}{2^\rho}$ die Wahrscheinlichkeit, daß
Nullen zwischen dem Bit $m + n$ und dem Bit $m + n - \rho$ von
$Y_1 s_\gamma - Y_2 t_\gamma$ vorkommen. $\frac{1}{2^{\rho c}}$ ist dann die Wahrscheinlichkeit,

daß das für alle $\gamma \in C$ der Fall ist. Für hinreichend große c
kommen Lösungen $\underline{Y}$ dieser Art also nur mit sehr geringer
Wahrscheinlichkeit vor. Ausgenommen sind die Lösungen, für
die Y_2 so klein ist, daß $Y_1 s_\gamma - Y_2 t_\gamma < 2^{m+n-\rho}$ gilt.

Diese geben Anlaß zu Lösungen der zweiten Art.
Zur Bestimmung der Lösungen des zweiten Types von (11) bildet
man das c+2-dimensionale Untergitter G von $\mathbb{R}^{2c}$, welches von
den Vektoren

$$\underline{v}_1 = (s_{\gamma_1}, \ldots, s_{\gamma_c}, \lambda s_{\gamma_1}, \ldots, \lambda s_{\gamma_c})$$

$$\underline{v}_2 = (t_{\gamma_1}, \ldots, t_{\gamma_c}, \lambda t_{\gamma_1}, \ldots, \lambda t_{\gamma_c})$$

$$\underline{v}_j = (0, \ldots, 0, 0, \ldots, 0, \lambda 2^{m+n}, 0, \ldots, 0) \qquad (j=1, \ldots, c)$$
$$\underset{(j+c)\text{-te Stelle}}{\uparrow}$$

(mit einem geeigneten Skalenfaktor der Größe $\lambda \simeq \frac{M}{2^{m+\rho}}$)
aufgespannt wird.
Für den Vektor

$$\underline{w} = W\underline{v}_1 - M\underline{v}_2 - \sum_{j=1}^{c} y_{i_j} \underline{v}_{j+2} \in G$$

hat man $\underline{w} \cdot \underline{w} \leq c(\frac{M}{2^\alpha})^2 + \lambda^2 \, 2^{2(m+n-\rho)} \simeq 2cM^2$. Nach den obigen

Überlegungen wird man annehmen können, daß die

$\underline{u} \neq \underline{w} \in G$ mit $\sqrt{\underline{u} \cdot \underline{u}} \leq M\sqrt{2c}$ im Erzeugnis $\langle \underline{v}_1, \underline{v}_2 \rangle$ liegen, daß
sonst aber $\sqrt{\underline{u} \cdot \underline{u}} \gg M\sqrt{2c}$ ist. Den Vektor $\underline{w}$ wird man also unter
den reduzierten Basisvektoren erwarten, die der L^3-Algorithmus
zu $\underline{v}_1, \ldots, \underline{v}_{c+2}$ erzeugt, er führt zur Lösung des GRAHAM-SHAMIR-
Systems.
ADLEMAN (loc. cit.) hat das Verfahren erfolgreich implementiert
und getestet.

Eine mathematische Version des Verfahrens, welche die
Heuristik durch einen Beweis ersetzt und den genauen Anwendungsbereich bestimmt, ist noch offen. Die Polynomialität
des Verfahrens resultiert aus der des L^3-Algorithmus.

> *"And you really solved it ? "*
> *"Readily; I have solved others of*
> *an abstruseness ten thousand*
> *times greater. "*
>
> $\mathcal{E}.A.POE$ *The Gold Bug*

VII.3   DAS RSA - SYSTEM

In diesem Abschnitt wird der bekannteste und wichtigste
Vertreter der asymmetrischen Verschlüsselungsverfahren, das
RSA-Verfahren von RIVEST, SHAMIR und ADLEMAN, ausführlich
behandelt.
Wir rufen kurz die Definition in Erinnerung. Als Schlüssel-
raum verwendet man die Menge

$$S = \{(R,v) \in \mathbb{Z} \times \mathbb{N} \mid 1 \leq v < \phi(R) \text{ und } g.g.T.(v,\phi(R) = 1\}.$$

Als Sprache verwendet man $\Omega^-(\{0,1,2,\ldots,9\})$ (oder $\Omega^-(\mathbb{F}_2)$).

Die Verschlüsselungsfunktion V_s : $\Omega^-(\{0,1,\ldots,9\}) \to \Omega^-(\{0,1,\ldots,9\})$
zum Schlüssel $s = (R,v)$ wird folgendermaßen definiert:
$k \in \Omega^-(\{0,1,\ldots,9\})$ besitzt eine (eindeutige) Darstellung durch
Blöcke k_i

$$k = k_1 | \ldots | k_t ,$$

so daß k_i (als Zahl in $\mathbb{N}'$) kleiner als R ist. Nun setzt man

$$V_s(k) = c_1 | \ldots | c_t,$$

worin c_i der kleinste positive Rest in der Klasse k_i^v mod R ist.
Das RSA-System ist ein deterministisches Blocksystem. Zu festem
Schlüssel (R,v) kann man die Verschlüsselungsfunktion, die im
folgenden einfach mit V bezeichnet wird, also als Funktion

$$V : \mathbf{Z}/_{R\mathbf{Z}} \to \mathbf{Z}/_{R\mathbf{Z}} \quad \text{mit}$$

$$V(B) \equiv B^V \bmod R$$

ansehen. Die zugehörige Entschlüsselungsfunktion

$$E : \mathbf{Z}/_{R\mathbf{Z}} \to \mathbf{Z}/_{R\mathbf{Z}} \quad \text{ist}$$

$$E(B) \equiv B^e \bmod R,$$

wobei e das multiplikative Inverse zu v modulo $\phi(R)$ ist, d.h.

$$ev \equiv 1 \bmod \phi(R) .$$

Sowohl Axiom (ASY 1) als auch (ASY 1′) sind erfüllt.

<u>Beweis:</u>

Sei $0 \le B < R$ gegeben. Dann ist

$$E(V(B)) = B^{v \cdot e} \bmod R$$

$$V(E(B)) = B^{e \cdot v} \bmod R .$$

Nach dem Satz von EULER ((LANG; II, § 2)) ist stets
$B^{\phi(R)} \equiv 1 \bmod R$. Es ist nach Voraussetzung $ev = 1 + l\cdot\phi(R)$ mit
einem $l \in \mathbf{Z}$.
Damit folgt

$$B^{v \cdot e} \equiv B^{e \cdot v} \equiv B \cdot (B^{\phi(R)})^l \equiv B \bmod R. \quad \blacksquare$$

Wir gehen nun detailliert auf die Implementation dieses Verfahrens ein. Zu jedem Schritt werden geeignete Algorithmen
angegeben.

a) Ver- und Entschlüsselung

Zur Berechnung von $C = B^V \bmod R$ verwendet man die Methode des
wiederholten Quadrierens und Multiplizierens modulo R.
Zunächst ist die Binärstellung $v_k v_{k-1} \cdots v_1 v_0$ des Exponenten

herzustellen. Der in (RIVEST 78a) angegebene Algorithmus
zur Berechnung von c arbeitet dann wie folgt:

(1) $C \leftarrow 1$: $i \leftarrow k + 1$

(2) $i \leftarrow i - 1$

(3) $C \leftarrow C^2 \bmod R$

(4) $v_i = 1$?   wenn ja $C \leftarrow C \cdot B \bmod R$

(5) $i = 0$?   wenn nein gehe zu (2)

(6) $C \equiv B^v \bmod R$.

Dieser Algorithmus benötigt nur für den Wert von B und das
laufende partielle Ergebnis einen Zwischenspeicher. Weil die
Binärdarstellung von links nach rechts abgetastet wird, bezeichnet man das Verfahren auch als *"Links-nach Rechts-Binär-
methode"*. Gewöhnlich liest man jedoch eine Binärdarstellung
den aufsteigenden Zweierpotenzen folgend, von rechts nach
links. Auf einem Binärcomputer kann man den binären Wert von
v jeweils um 1 Bit sukzessive nach rechts schieben, bis der
verbleibende Rest den Wert Null hat. Bei einem Dezimal-Computer
dividiert man durch 2, um die Binärdarstellung von rechts nach
links aus dem Divisionsrest zu erhalten. Deshalb kann man
obigen Algorithmus zu einer *"Rechts-nach-Links-Binärmethode"*
abändern:

(1) $C \leftarrow 1$: $V \leftarrow v$: $Z \leftarrow B$

(2) $V \leftarrow L^v/2$: V gerade?   wenn ja gehe zu (5)

(3) $C \leftarrow C \cdot Z \bmod R$

(4) $V = 0$?   wenn ja stoppt der Algorithmus : $C \equiv B^v \bmod R$

(5) $Z \leftarrow Z^2 \bmod R$: gehe zurück zu (2).

Bezeichnet man mit $\varepsilon(v)$ die Anzahl der Einsen in der Binärdarstellung von v, so benötigen beide Algorithmen $\lfloor \mathrm{ld}\, v \rfloor + \varepsilon(v)$ -
viele Multiplikationen und - jedenfalls auf einem Binärcompu-
ter - ebensoviele Divisionen. Dabei kann durchaus $\varepsilon(v) > \lfloor \mathrm{ld}\, v \rfloor$
sein. Wenn man in einem vorbereiteten Schritt das multiplikative

Inverse B^* zu B modulo R berechnet (falls g.g.T.$(B,R) = 1$),
kommt der folgende Algorithmus X stets mit höchstens $\frac{3}{2}$ k
vielen Schritten aus.

X1:   Falls $\varepsilon(v) \leq \frac{1}{2}$ k

      $C \leftarrow 1$

      FOR i = 1 TO k

      $C \leftarrow C^2 \bmod R$

      IF $v_{k-i} = 1$ THEN $C \leftarrow C \cdot B \bmod R$

      NEXT i

      END

X2:   Falls $\varepsilon(v) > \frac{1}{2}$ k

      $v \leftarrow 2^k - v$

      $C \leftarrow B$

      FOR i = 1 TO k

      $C \leftarrow C^2 \bmod R$

      IF $v_{k-i} = 1$ THEN $C \leftarrow C \cdot B^* \bmod R$

      NEXT i

      END

(Vgl. (KNUTH, chap. 4.6.3) zur interessanten Geschichte beider
Algorithmen.)

Die Binärmethode kommt nicht mit der *kleinstmöglichen* Zahl an
Multiplikationen aus. Zur Berechnung von x^{15} benötigt sie z.B.
6 Multiplikationen während man mit fünf auskommt, wenn man
zunächst $y = x^3$ ermittelt (2 Multiplikationen) und dann
$y^5 = x^{15}$ (in 3 Multiplikationen).
Eine Verallgemeinerung der Binärmethode ist die *m-äre Methode*.

Dazu betrachtet man zunächst die m-adische Darstellung des Exponenten $v = d_0 m^t + d_1 m^{t-1} + \ldots + d_t$, wobei $0 \leq d_i < m$ für $i = 0,\ldots,t$ gilt. Der Algorithmus zur Berechnung von $B^v \bmod R$ ermittelt zunächst die Potenzen B, $B^2 \bmod R$, $B^3 \bmod R$, $\ldots,B^{m-1} \bmod R$ und speichert diese ab. Dann werden die folgenden Schritte ausgeführt:

(1) $i \leftarrow 0$

      $C \leftarrow B^{d_0}$

(2) $i \leftarrow i + 1$

(3) $C \leftarrow C^m \bmod R$

(4) $d_i = 1?$ wenn ja $C \leftarrow C \cdot B^{d_i} \bmod R$

(5) $i = t?$ wenn nein gehe zu (2)

(6) $C \equiv B^v \bmod R$

Auch hier werden die Koeffizienten der m-adischen Darstellung von links nach rechts in Schritt (4) betrachtet. Für den Fall $m = 2$ erhält man den zuerst genannten Algorithmus. Man beachte, daß nur diejenigen Potenzen B^{d_i} vorab berechnet werden müssen, für die d_i in der m-adischen Darstellung von v vorkommt.

Bezeichnet man mit v die Anzahl der $d_i \neq 0$, so benötigt der Algorithmus $\lfloor \mathrm{ld}\, v / \mathrm{ld}\, m \rfloor + v + 1$ - viele Multiplikationen und Divisionen, wenn die vorab berechneten Potenzen nicht mitgezählt werden. Ihre Berechnung macht weitere $m-2$ Multiplikationen (und evtl. auch Divisionen) nötig, insgesamt $\lfloor \mathrm{ld}\, v / \mathrm{ld}\, m \rfloor + v + m - 1$. Da die m-adische Darstellung im allgemeinen aber vorher nicht bekannt ist, läßt auch dieser Algorithmus sich dahingehend abändern, daß die entsprechenden Koeffizienten von rechts nach links für jede Runde bestimmt werden. Es ergibt sich:

$$(1) \quad V \leftarrow v: \ Z \leftarrow B: \ Y_k \leftarrow 1 \ \text{für} \ 1 \le k < m$$

$$(2) \quad V \leftarrow 0? \quad \text{wenn ja} \quad k \leftarrow V \ \text{mod} \ m: \ \text{gehe zu} \ (3)$$
$$\text{wenn nein} \quad \text{gehe zu} \ (6)$$

$$(3) \quad k \ne 0? \quad \text{wenn ja} \quad Y_k \leftarrow Z \ \text{mod} \ R$$

$$(4) \quad Z \leftarrow Z^m \ \text{mod} \ R$$

$$(5) \quad V \leftarrow V/m : \ \text{gehe zu} \ (2)$$

$$(6) \quad \text{FOR} \ k = m-2 \quad \text{TO} \ 1 \quad \text{DO}$$

$$(7) \quad Y_k \leftarrow Y_k \cdot Y_{k+1} \ \text{mod} \ R$$

$$(8) \quad \textbf{NEXT} \ k$$

$$(9) \quad C \equiv B^V \equiv Y_1 \cdot Y_2 \cdot \ldots \cdot Y_{m-1} \ \text{mod} \ R$$

Hierzu sind $\lfloor \text{ld} \ v/\text{ld} \ m \rfloor + \nu + 2m-3$ - viele Multiplikationen
erforderlich, $O(m)$ mehr als im vorangehenden Algorithmus.
Für große Werte von v kommt die m-äre-Methode im Mittel mit
weniger Multiplikationen als die Binärmethode aus. Weitere
effiziente Potenzierungsalgorithmen werden in (KNUTH 2 ,
p. 444 ff) betrachtet.
In jedem der hier vorgestellten Algorithmen benötigt die
modulare Multiplikation die meiste Zeit, diese ist abhängig
von der Größe des Modulus R. Bei Software-Implementationen
realisiert man üblicherweise die modulare Multiplikation mit
Hilfe von Standard-Algorithmen für die überlange INTEGER-
Arithmetik. Es hat sich bei unseren Experimenten als zweck-
mäßig erwiesen, von den Algorithmen in (KNUTH, chap. 4.3)
auszugehen. Während wir KNUTH's Divisions-Algorithmus unverändert verwenden, haben sich divide-and-conquer-Techniken
(vgl. (AHO, 2.6), (MICHELMAN, p. 310)) für die überlange
Multiplikation als besser erwiesen. Je nach dem verwendeten
Rechner , insbesondere für Hardware-Implementationen aber
können Überlegungen angebracht sein, die Tatsache auszunutzen,
daß immer durch die selbe Zahl R dividiert wird.
Für numerische (nicht modulare) Berechnungen verwendet man bei
der Division durch einen festen Wert R die Multiplikation mit
einem genügend genauen Wert von R^{-1}. Eine Abänderung dieses

Verfahrens zur Bestimmung eines Produktes modulo R wurde von
(NORRIS und SIMMONS)entwickelt und von (BRICKELL) nochmals
verbessert.

Zur Berechnung von $A \cdot B \bmod R$ $(0 < A, B < R)$ beachte man, daß
stets

$$AB = Q \cdot R + C \qquad (0 \le C < R)$$

$$= \lfloor A \cdot B \cdot R^{-1} \rfloor \cdot R + C$$

gilt, wobei Q den ganzzahligen Anteil des Quotienten von AB
dividiert durch R bezeichnet. Hieraus folgt sofort

$$C = AB - \lfloor A B R^{-1} \rfloor \cdot R = \left(\frac{AB}{R} - Q \right) \cdot R.$$

C macht gerade das R-fache des gebrochenen Anteils von
$A B R^{-1}$ aus. Eine gute Näherung von $A B R^{-1}$ verspricht nicht
automatisch eine gute Näherung für den gebrochenen Anteil,
wie folgendes Beispiel zeigt:

Für $R = 22$, $A = 4$, $B = 11$ ist

$$A B R^{-1} = \frac{4 \cdot 11}{22} = 2 \, ,$$

und der gebrochene Anteil von $A B R^{-1}$ ist Null. Als Dezimalzahl
dargestellt ist $R^{-1} = 0,0\overline{45}$, so daß man eine gute Näherung $\hat{R}$
bekommt, wenn man diese Entwicklung nach "vielen" Stellen ab-
bricht. Bezeichnet man den entstandenen Fehler mit $\varepsilon > 0$, so
hat man $\hat{R} = \frac{1}{22} - \varepsilon$ als Näherung. Damit wird

$$AB\hat{R} - \lfloor AB\hat{R} \rfloor = 4 \cdot 11 \left(\frac{1}{22} - \varepsilon \right) - \left\lfloor 4 \cdot 11 \left(\frac{1}{22} - \varepsilon \right) \right\rfloor$$

$$= 2 - 44\varepsilon \qquad - \lfloor (2 - 44\varepsilon) \rfloor$$

$$= 1 - 44\varepsilon \qquad - \lfloor (1 - 44\varepsilon) \rfloor$$

$$= 1 - 44\varepsilon \neq 0 = 4 \cdot 11 \cdot 22^{-1} - \lfloor 4 \cdot 11 \cdot 22^{-1} \rfloor =$$

$$= A B R^{-1} - \lfloor A B R^{-1} \rfloor$$

so daß der gebrochene Anteil von $\hat{AB\!R}$ <u>stets</u> von demjenigen von ABR^{-1} verschieden ist, <u>unabhängig</u> davon, wie gut die Näherung für R^{-1} ist.

SIMMONS und NORRIS haben trotzdem eine geeignete Prozedur gefunden. Der Modulus R sei durch eine Binärkette der Länge n dargestellt,

$$0 < R < 2^{n}$$

und $B \cdot R^{-1}$ sei im voraus berechnet worden; ferner sei $0 \leq A < R$. Die möglicherweise unendliche Binärdarstellung des gebrochenen Anteils von $B \cdot R^{-1}$ wird an der (2n)-ten Position aufgerundet. Man erhält $(B\cdot R^{-1})^{\wedge}$ und bildet hiermit das Produkt $A\cdot(B\cdot R^{-1})^{\wedge}$. Der Bruchteil dieses Produkts, $A\cdot(B\cdot R^{-1})^{\wedge} - \lfloor A\cdot(B\cdot R^{-1})^{\wedge} \rfloor$, wird an der (2n)-ten Stelle abgeschnitten und mit R multipliziert. Der aus n Bits bestehende ganzzahlige Anteil dieses Ergebnisses ist der exakte Wert $C \equiv A \cdot B \bmod R$.
In diesem Beispiel scheint die Wahl der Rundungsparameter ($\triangleq$(2n)-te Position der Binärdarstellung) willkürlich gewählt zu sein, sie ist tatsächlich nur ein Spezialfall des folgenden Satzes. Zu seinem besseren Verständnis sei bemerkt, daß der Term

$$\lceil 2^{i} \cdot B \cdot R^{-1} \rceil 2^{-i}$$

aussagt, daß der gebrochene Anteil von $B\cdot R^{-1}$ an der i-ten Position abgeschnitten und aufgerundet wurde.

<u>Satz 1:</u>

Voraussetzung: $R > 1$; $A, B > 0$; $C \equiv A \cdot B \bmod R$ $\qquad 0 \leq C < R$

Ferner seien $i, j \in \mathbb{N}$ so bestimmt, daß

$$2^{i} > A(R-1), \quad 2^{j} \geq R^{2}$$

Behauptung:

$$\left\lfloor 2^{-j} \left\lceil 2^{j} \left(A\{ \lceil 2^{i} B\ R^{-1} \rceil 2^{-i} - \lfloor B\cdot R^{-1} \rfloor \} - \lfloor A\{ \lceil 2^{i} B\ R^{-1} \rceil 2^{-i} - \lfloor B\ R^{-1} \rfloor \} \rfloor \right) \right\rceil R \right\rfloor = C$$

<u>Beweis:</u>

Man zeigt zunächst

$$\lfloor A \lceil 2^i BR^{-1} \rceil 2^{-i} \rfloor = \lfloor AB \cdot R^{-1} \rfloor \tag{1}$$

Es gilt die folgende Abschätzung

$$A \lceil 2^i BR^{-1} \rceil 2^{-i} \geq A \cdot 2^i \cdot B \cdot R^{-1} \cdot 2^{-i} = ABR^{-1} \geq \lfloor ABR^{-1} \rfloor \tag{2}$$

Damit erhält man

$$A \cdot \lceil 2^i BR^{-1} \rceil \cdot 2^{-i} \underset{(2)}{\leq} ABR^{-1} + A(R-1)R^{-1} 2^{-i}$$

$$\leq \lfloor ABR^{-1} \rfloor + (R-1)R^{-1} + A(R-1)R^{-1} 2^{-i}$$

$$= \lfloor ABR^{-1} \rfloor + 1 - (1 - A(R-1)2^{-i})R^{-1}$$

$$< 1 + \lfloor ABR^{-1} \rfloor$$

weil wegen der Voraussetzung $0 < (1 - A(R-1)2^{-i}) < 1$ ist.
Hieraus folgt sofort (1).
Als nächstes verifiziert man die Identität.

$$A\{\lceil 2^i BR^{-1} \rceil 2^{-i} - \lfloor BR^{-1} \rfloor\} - \lfloor A\{\lceil 2^i BR^{-1} \rceil 2^{-i} - \lfloor BR^{-1} \rfloor\}\rfloor =$$

$$= A \lceil 2^i BR^{-1} \rceil 2^{-i} - \lfloor A \lceil 2^i BR^{-1} \rceil 2^{-i} \rfloor \tag{3}$$

Dazu genügt es zu zeigen, daß

$$-\lfloor A\lceil 2^i BR^{-1} \rceil 2^{-i}\rfloor = -A\lfloor BR^{-1}\rfloor - \lfloor A\{\lceil 2^i BR^{-1}\rceil 2^{-i} - \lfloor BR^{-1}\rfloor\}\rfloor \tag{2'}$$

ist. Nach (1) gilt einerseits:

$$\lfloor A\{...\}\rfloor = \lfloor \lfloor ABR^{-1}\rfloor - A\lfloor BR^{-1}\rfloor\rfloor$$

und andererseits

$$-\lfloor A\lceil 2^i BR^{-1}\rceil 2^{-i}\rfloor = -\lfloor ABR^{-1}\rfloor.$$

Weil $\lfloor ABR^{-1}\rfloor - A\lfloor BR^{-1}\rfloor$ eine ganze Zahl ist, folgt hiermit (2').

Es bleibt damit nur noch

$$\lfloor 2^{-j}\lceil 2^j(A\lceil 2^i BR^{-1}\rceil 2^{-i} - \lfloor A\lceil 2^i BR^{-1}\rceil 2^{-i}\rfloor)\rceil R\rfloor = C$$

$$(4)$$

zu zeigen:

$$2^{-j}\lceil 2^j(A\lceil 2^i BR^{-1}\rceil 2^{-i} - \lfloor A\lceil 2^i BR^{-1}\rceil 2^{-i}\rfloor)\rceil R$$

$$\geq (A\cdot\lceil 2^i BR^{-1}\rceil 2^{-i} - \lfloor A\lceil 2^i BR^{-1}\rceil 2^{-i}\rfloor)R$$

$$\underset{(1)}{\geq} (ABR^{-1} - \lfloor ABR^{-1}\rfloor)R$$

$$= AB - \lfloor ABR^{-1}\rfloor R = C$$

Andererseits gilt:

$$2^{-j}\lceil 2^j(A\lceil 2^i BR^{-1}\rceil 2^{-i} - \lfloor A\lceil 2^i BR^{-1}\rceil 2^{-i}\rfloor)\rceil R =$$

$$\underset{(1)}{=} 2^{-j}\lceil 2^j(A\lceil 2^i BR^{-1}\rceil 2^{-i} - \lfloor ABR^{-1}\rfloor)\rceil R$$

$$= 2^{-j}\lceil 2^j A\lceil 2^i BR^{-1}\rceil 2^{-i}\rceil R - \lfloor ABR^{-1}\rfloor R$$

$$\leq -\lfloor ABR^{-1}\rfloor R + 2^{-j}\left(2^j A\lceil 2^i BR^{-1}\rceil 2^{-i} + \frac{\max\{2^i,2^j\}-1}{\max\{2^i,2^j\}}\right)\cdot R$$

$$\leq -\lfloor ABR^{-1}\rfloor\cdot R + 2^{-j}\left(2^j A(2^i BR^{-1}+(R-1)R^{-1})\,2^{-i} + \frac{\max\{2^i,2^j\}-1}{\max\{2^i,2^j\}}\right)\cdot R$$

$$\leq (AB - \lfloor ABR^{-1}\rfloor R) + A\cdot(R-1)R^{-1}2^{-i} + \frac{\max\{2^i,2^j\}-1}{\max\{2^i,2^j\}}2^{-j}\cdot R$$

$$\leq C \qquad + A\cdot(R-1)R^{-1}2^{-i} + 2^{-j}R - \frac{R}{\max\{2^i,2^j\}}$$

$$< C \qquad + 2^i\cdot R^{-1}\cdot 2^{-i} + 2^{-j}R \leq C+1$$

Die letzte Abschätzung gilt wegen $2^{-j}\leq R^2$.

Damit ist die Behauptung vollständig bewiesen. ∎

Für den Fall, daß BR^{-1} nicht vorab berechnet werden kann,
gilt das folgende

<u>Korollar:</u>

Voraussetzungen: $R > 1$; $0 < A$, $B < R$; $C \equiv A \cdot B \bmod R$

        i, $j \in \mathbb{N}$ seien so gewählt, daß

$$2^i > A(R-1)^3, \qquad 2^j \geq R^2$$

Behauptung: Dann ist C auch ohne Kenntnis von $B \cdot R^{-1}$ mit
der Methode des Satzes berechenbar.

<u>Beweis:</u>

Setze für A das Produkt $A \cdot B$ und für $B = 1$. ∎

Bezeichnet n die Bitlänge des Modulus R, so läßt sich
$A \cdot B \bmod R$ in 2 n-Taktzyklen berechnen, wenn die Funktion des
Satzes mit Hilfe der Technik sogenannter kaskadierter Multi-
plikationsglieder implementiert wird. Diese Technik läßt sich
auf die Berechnung von $A^B \bmod R$ ausdehnen. Die mit dem Algorithmus X benötigte Zeit beträgt $\frac{3}{2}$ n·(2n + const.) Taktzyklen,
während die klassischen Verfahren $\frac{n^3}{8}$ Taktzyklen benötigen
[BRICKELL] , [KNUTH]. Legt man eine Taktzeit von 20 MHz zugrunde,
so kann bei Verwendung eines 336 Bit großen Modulus im Stan-
dardfall eine Verschlüsselungsrate von ca. 1400 Bits/sec., im
anderen Fall jedoch von ca. 30.000 Bits/sec. erreicht werden.

Mit einer von MIYAGUCHI entwickelten Berechnungsmethode, in
der Multiplikationen und Divisionen kombiniert und simultan
ausgeführt werden, wird bei einer Implementation auf
CMOS-LSI-Chips eine Verschlüsselungsrate von ungefähr
50 kBits/sec erreicht (MIYAGUCHI).
Durch diese Steigerung kann das RSA-Verfahren nun auch
praktisch genutzt werden, dennoch liegen diese Raten weit
unter denen anderer Blocksysteme. Hardware-Implementierungen
des DES erreichen 1 - 2 MBits/sec.

b) Bestimmung von v und e

Als Verschlüsselungsexponent v kann jede beliebige natürliche
Zahl in $\{1,\ldots,R-1\}$ gewählt werden, die der Bedingung
g.g.T.$(\phi(R),v) = 1$ genügt. Dies leistet z.B. jede Primzahl
größer als max$\{p,q\}$.
Die Bestimmung von e zu v mit $ev \equiv 1 \bmod \phi(R)$ erfolgt mit dem
EUKLIDISCHEN Algorithmus. Dieser findet eine Darstellung

$$1 = \text{g.g.T.}(\phi(R),v) = f \cdot \phi(R) + ev.$$

Es ist darauf zu achten, daß

$$v > ld\ R$$

gewählt wird, damit jede Botschaft B, außer $B = 0$ oder $B = 1$
während des Verschlüsselungsvorganges tatsächlich modulo R
reduziert wird.
Eine Darstellung des EUKLIDischen Algorithmus findet man
sowohl in seiner klassischen, als auch in binärer Form bei
[KNUTH 2, chap. 4.5.2].

Die Zuordnung $v \to e$ kann als gleichverteilte Zufallsvariable
angesehen werden (vgl. Kap. IV). Die direkte Suche nach e
erfordert demnach im Mittel $O(R^\delta)$ Versuche für ein δ = const.
(vgl. Kap. V).
Für praktische Implementationen werden feste Verschlüsselungsexponenten $v = 3$ oder $v = 2^{2^5} + 1$ etc. in Erwägung gezogen, bei
denen dann die Verschlüsselung (zumindest in Software) erheblich beschleunigt wird.

c) Primzahlbestimmung

Zur Herstellung eines Schlüssels benötigt man als Haupt-
ingredienzien zwei große Primzahlen. Eine große Primzahl erzeugt man so, daß man erst eine große Zahl erzeugt, und dann
die erste auf diese folgende Primzahl nimmt. Der Primzahlsatz
(Anhang) garantiert für eine große Zahl n, daß man etwa $\frac{1}{2}$ ln n
viele auf n folgende ungerade Zahlen testen muß, um auf eine
Primzahl zu stoßen.

Zur Durchführung dieser Prozedur benötigt man einen möglichst
effizienten Primzahltest. Besonders nützlich erweisen sich
Verfahren, die auf probabilistischen Algorithmen beruhen. Als
mögliches Beispiel behandeln wir den MILLER-RABIN-Test, der
dem ursprünglich von RIVEST, SHAMIR & ADLEMAN vorgeschlagenen
SOLOVAY-STRASSEN-Test stets überlegen ist (MONIER) .

Eine Zahl $a \in \mathbb{N}$ heißt *Zeuge* für das **Zusammengesetztsein der**
ungeraden natürlichen Zahl $n = 1 + 2^k \cdot q$ $(2 \nmid q)$, wenn die
folgenden Bedingungen erfüllt sind:

  (i) $n \nmid a$

  (ii) $a^q \not\equiv 1 \bmod n$

(iii) $a^{q \cdot 2^i} \not\equiv -1 \bmod n$ für alle $i \in \{0,1,\ldots,k-1\}$

Diese Definition ist zuverlässig. Angenommen, n sei prim,
obwohl (i) - (iii) gelten. Aufgrund von (i) und dem FERMAT'schen
Satz kann

$$a^{q \cdot 2^k} = a^{n-1} \equiv 1 \bmod n$$

gefolgert werden. Demnach ist der letzte Term der Folge

$$a^q, a^{q \cdot 2}, \ldots, a^{q \cdot 2^t}$$

kongruent 1 mod n, wegen (ii) aber nicht der erste.
Sei $j \in \{0,1,\ldots,k-1\}$ so bestimmt, daß $b := a^{q \cdot 2^j}$ der letzte
Term dieser Folge ist, für den

$$b \not\equiv 1 \bmod n$$

und

$$b^2 \equiv 1 \bmod n$$

gilt.
Weil der Restklassenring $\mathbb{Z}/n\mathbb{Z}$ für eine Primzahl n ein Körper
ist, sind $b \equiv \underline{\pm} 1 \bmod n$ die einzigen Lösungen der letzten
Kongruenz. Dann bleibt nur

$$b \equiv -1 \bmod n$$

möglich, was jedoch im Widerspruch zu (iii) steht.

Der folgende Algorithmus prüft, ob eine zufällig gewählte Zahl
$a \in \mathfrak{P}(n)$ Zeuge für das **Zusammengesetztsein** von n ist. Ist a kein
Zeuge, so wird "n wahrscheinlich Primzahl" ausgegeben. Der
Algorithmus umfaßt folgende Schritte:

(1)　　Stelle n in der Form $n = 1 + q \cdot 2^k$　　$2 \nmid q$ dar

　　　　Wähle eine Zufallszahl $a \in \mathfrak{P}(n)$

(2)　　$i = 0 : y = a^q \bmod n$

(3)　　$y = 1$?　　wenn ja　Ausgabe: "n wahrscheinlich
　　　　　　　　　　　　　　　　　　Primzahl" - STOP

(4)　　$y = n-1$? wenn ja　Ausgabe: "n wahrscheinlich
　　　　　　　　　　　　　　　　　　Primzahl" - STOP

(5)　　$y = 1$?　　wenn ja　Gehe zu (9)

(6)　　$i = i + 1$

(7)　　$i < k$?　　wenn nein　Gehe zu (9)

(8)　　$y = y^2 \bmod n$: Gehe zu (4)

(9)　　Ausgabe: "n zusammengesetzt" - STOP

Seine Bedeutung erhält der Algorithmus aus dem

<u>Satz 2:</u> ((RABIN))

Es sei $n = 1 + q \cdot 2^k$, $2 \nmid q$ eine zusammengesetzte ungerade
natürliche Zahl.
Die relative Häufigkeit der $a \in \mathfrak{P}(n)$, **die die Zeugeneigenschaf-**
ten <u>nicht</u> erfüllen, ist $\leq \frac{1}{4}$.
Die Wahrscheinlichkeit, daß keine von l zufällig gewählten
Zahlen in $\mathfrak{P}(n)$ die Zeugeneigenschaft erfüllt, ist also $\leq \frac{1}{4}^l$
für ungerade zusammengesetzte Zahlen.
Umgekehrt: findet man in l unabhängigen Versuchen keinen
Zeugen für das Zusammengesetztsein der ungeraden Zahl n, so
wird man annehmen, daß n Primzahl ist. Bei je 4^l solcher Tests
ist im Mittel diese Annahme nur einmal zu Unrecht gemacht.

Hier hat man ein klassisches Beispiel eines effizienten
probabilistischen Algorithmus. Bei einer praktischen Implementation wird man statt zufällig gewählter $a_1,\ldots,a_l$ etwa mit den
kleinsten ungeraden Primzahlen arbeiten.

Nimmt man beim RSA-Verfahren an Stelle einer Primzahl eine
zusammengesetzte Zahl, so erhält man falsche Ergebnisse beim
Ver- und Entschlüsseln. Durch Tests lassen sich diese Fehler
leicht beseitigen.

Die Durchführung des Tests mit festem l ($=30$ z.B.) erfordert
$O(\mathrm{ld}\ n)^3)$ Bit-Operationen ((KNUTH 2, p. 380)).

MILLER hat gezeigt, daß unter der zusätzlichen Annahme der
RIEMANN'schen Vermutung und der Bedingung $\sqrt[r]{n} \notin \mathbb{N}$ für alle
$r \geq 2$ entweder n prim ist oder aber ein Zeuge $a < 4 \cdot (\ln n)^2$
existiert. ((MILLER), (LENSTRA)).

In $O((\mathrm{ld}\ n)^5)$ wäre also unter Annahme der verallgemeinerten
RIEMANN'schen Vermutung ein definitiver Primzahltest in
polynomialer Zeit in der Binärlänge von n möglich. Bis heute
ist kein allgemeiner polynomialer Primzahltest bekannt.

Für spezielle Klassen von Primzahlen gibt es jedoch polynomiale Primzahltests, zu deren Beweis die RIEMANN'sche Vermutung
nicht nötig ist.

Der folgende Satz liefert einen Primzahltest polynomialer
Laufzeit, sofern die Faktorisierung von n-1 teilweise bekannt
ist. In Kap. VII.5 zeigen wir, wie mit Hilfe dieses Satzes
"sichere" Schlüssel erzeugt werden.

<u>Satz 3:</u> (BRILLHART, LEHMER, SELFFRIDGE)

Es sei $1 < n \in \mathbb{N}$ und

$$n - 1 = f \cdot c \quad \text{mit } f,c \in \mathbb{N}.$$

$r, s_1, \ldots, s_r,\ k_1, \ldots, k_r$ seien natürliche Zahlen, so daß

$$c := \prod_{i=1}^{r} g_i^{k_i} \qquad\qquad g_i := \prod_{j=1}^{s_i} p_{i,j}$$

mit paarweise teilerfremden g_i gilt. Ferner seien $b_i \in \mathbb{N}$ so gewählt, daß die folgenden 3 Bedingungen erfüllt sind:

$$(i) \quad \bigwedge_{1 \leq i \leq r} \quad \bigvee_{b_i \in \mathbb{N}} \quad \bigwedge_{1 \leq j \leq s_i} \quad p_{i,j} \geq b_i$$

$$(ii) \quad \bigwedge_{1 \leq i \leq r} \quad \bigvee_{a_i \in \mathbb{N}} \quad a_i^{n-1} \equiv 1 \bmod n, \ \text{g.g.T.}(a_i^{(n-1)/g_i}-1,n)=1$$

$$(iii) \quad n < (1+ \prod_{i=1}^{r} b_i^{k_i})^2$$

Dann ist n eine Primzahl !

Beweis:

Sei $p \in \mathbb{P}$ und $p|n$. Aus (ii) folgt für $1 \leq i \leq r$:

$$\operatorname{ord}_p(a_i)|n-1 \quad \text{und} \quad \operatorname{ord}_p(a_i) \nmid \frac{n-1}{g_i}$$

Daraus ergibt sich

$$q_i^{k_i} \mid \operatorname{ord}_p(a_i) \quad \text{für eine Primzahl } q_i \text{ mit } q_i \mid g_i$$

Ferner gilt

$$\operatorname{ord}_p(a_i) \mid p-1$$

und damit

$$q_i^{k_i} \mid p-1$$

Da nun die g_i alle paarweise teilerfremd sind, folgt

$$\prod_{i=1}^{r} q_i^{k_i} \mid p-1$$

Hieraus schließt man

$$p \geq 1 + \prod_{i=1}^{r} q_i^{k_i} \geq 1 + \prod_{i=1}^{r} b_i^{k_i} > \sqrt{n}$$
$$\quad\quad\quad\quad (i) \quad\quad\quad\quad\quad (iii)$$

was aber nur für p = n möglich ist. Also ist n schon selbst
eine Primzahl. ▪

Unabhängig vom verwendeten Testverfahren, sollte man bei der
Bestimmung der beiden Primzahlen p und q darauf achten, daß
sowohl p-1 als auch q-1 mindestens einen "großen" Primfaktor
haben, etwa $p-1 \simeq 10^{90} \simeq q-1$, wenn p und q ca. 100-stellig
sind. Angenommen, die Primteiler von p-1 seien sämtlich kleiner
als 1000, bis auf höchstens einen, der jedoch 10^5 nicht
übersteigt.
Setzt man $b := 2^{e_1} \cdot 3^{e_2} \cdot \ldots \cdot p_{168}^{e_{168}}$, wobei p_i die i-te Primzahl bezeichnet, und $e_i = \log 1000 / \log p_i$, dann führt der
folgende Algorithmus zu einer Faktorisierung von R = p · q.

(1) $A \leftarrow 2^b : \tilde{r} \leftarrow 997$

(2)   Wähle $r \in \mathbb{P}$ (mit $10^3 < r < 10^5$), r sei die auf $\tilde{r}$
       folgende Primzahl

(3) $g \leftarrow g.g.T. (A^r - 1, R)$

(4)   1 < g < R? wenn ja: g ist Faktor von R - STOP

              wenn nein: $\tilde{r} \leftarrow r$, falls $r < 10^5$,
                    gehe zu (2), sonst STOP

Um die Richtigkeit des Algorithmus unter der gegebenen
heuristischen Annahme über p-1 zu überprüfen, betrachte man
folgende Überlegung:
Sei D := b · r in Schritt (2). Gilt nun $\mathrm{ord}_p 2 | D$, so folgt
hieraus $p | 2^D - 1 = A^r - 1$, denn D ist nach Voraussetzung ein Viel-
faches von p-1. Aus dieser Teilereigenschaft schließt man
$g.g.T. (A^r - 1, R) = p$ im Schritt (3).

Aufgrund der Voraussetzungen wird (2) nur endlich oft ange-
sprungen, so daß der Algorithmus in (4) abbricht.

Die Obergrenze der zu testenden Zahlen r kann den entsprechenden Gegebenheiten angepaßt werden. Enthalten also p-1
q-1 nur "kleine" Primteiler, so liefert obiger Algorithmus
schnell eine Faktorisierung von R. Solche R sind für den
kryptographischen Einsatz unbrauchbar, wie weiter unten erläutert wird.
Der folgende Algorithmus findet Primzahlen p mit "großen"
Primteilern in p-1.

(1)   Bestimme eine Primzahl n mit lg n $\simeq$ 90.

(2) $\mu \leftarrow 1$

(3) $p \leftarrow 2 \cdot n \cdot \mu + 1$

(4)   p prim?   wenn ja: gebe p aus - STOP

       wenn nein: $\mu \leftarrow \mu + 1$: gehe zu (3)

Ein weiteres Verfahren zur Bestimmung geeigneter Primzahlen
geben wir in Kap. VII.5.
Alle unter a) bis c) vorgestellten Algorithmen wurden auf der
CYBER 76 von KOLLBACH ausführlich getestet. Hierzu vergleiche
man auch die Darstellung bei (ALBRECHT). Insgesamt haben wir
damit die Gültigkeit der Axiome (ASY 2) und (ASY 4) gezeigt.
Das bisher Gesagte illustrieren wir an einem Beispiel.

d) Ein einfaches Beispiel

Für dieses Beispiel wählten wir Primzahlen mit dem Primzahltest von SELFRIDGE & WAGSTAFF (Anhang) beliebig aus.
Es galt:

p = 8700511

q = 8700521

woraus

R = 75698978666231

und

$\Phi(R)$ = 75698961265200

folgt.

Als Verschlüsselungsexponent wurde

v = 3098787837169

gewählt, als Entschlüsselungsexponent ergibt sich die Primzahl

e = 8700529.

Der Klartext lautet:

"Allwissend bin ich nicht;
doch viel ist mir bewußt."
GOETHE, Faust

Daraus ergab sich folgender Chiffretext:

61826358184414
53962783032496
68688998519680
68606216711164
43543696665586
25861153173959
02761867053067
06559871848619

Dabei waren die Klartextbuchstaben wie folgt codiert:

A = 38, B = 39, ... , Z = 63.

"Circumstances, and a certain bias of
mind, have led me to take interest
in such riddles, and it may well be
doubted whether human ingenuity can
construct an enigma of the kind
which human ingenuity may not,
by proper application, resolve."

E.A.POE , The Gold Bug

e) Zusammenfassung

Die verschiedenen Algorithmen sind in der Praxis folgendermaßen zusammenzufügen.

(1) <u>Schlüssel-Erzeugung</u>

   (i) Jeder Teilnehmer an dem System wählt zwei GEHEIM zu
      haltende große Primzahlen p und q.
      Die praktisch sinnvolle Größenordnung von p und q
      wird in Kap. VII.5 untersucht.
      Mit den angegebenen Verfahren kann Sorge getragen
      werden, daß sich p und q um einige Dezimalstellen
      in der Größe unterscheiden, daß p-1 und q-1 jeweils
      einen "sehr großen" Primteiler haben, daß aber der
      größte gemeinsame Teiler von p-1 und q-1 "klein"
      ist - vgl. hierzu Kap. VII.5. Die Initialisierungs-
      werte für die Bestimmung von p und q können mit
      geeigneten nicht-linearen Pseudozufallszahlen-Gene-
      ratoren aus Kap. IV. erzeugt werden.

  (ii) Man bildet das Produkt R = p·q. R darf ver-
      ÖFFENTLICHT werden.

(iii) Die Zahl $\phi(R) = R - (p+q) + 1$ wird berechnet. Sie
ist GEHEIM zu halten!

(iv) Als nächstes wird pseudozufällig eine Zahl v beliebig zwischen 1 und R-1 gewählt, die keinen von 1
verschiedenen gemeinsamen Teiler mit der Zahl $\phi(R)$
hat. v darf verÖFFENTLICHT werden. Auch feste Wahlen
für v sind zulässig.

(v) GEHEIM wird in der angegebenen Art eine Zahl e mit
$1 \leq e < R$ berechnet, so daß

$$ev \equiv 1 \bmod \phi(R)$$

ist.

(vi) Anschließend sind möglichst alle Aufzeichnungen über
die Hilfsgrößen p, q und $\phi(R)$ zu vernichten!

(2) <u>Schlüssel</u>

(i) Als ÖFFENTLICHEN Schlüssel verwendet der Teilnehmer
das Paar (R,v).
Die öffentlichen Schlüssel aller Teilnehmer werden
in einem öffentlichen Schlüsselregister geführt.
Als GEHEIMEN Schlüssel verwendet der Teilnehmer die
Zahl e.
Jeder Teilnehmer ist für die Sicherheit seines ge-
heimen Schlüssels selbst zuständig.

(ii) Die Verschlüsselungsfunktion V zum ÖFFENTLICHEN
Schlüssel (R,v) operiert auf Blöcken X mit $0 \leq X < R$
nach einem der Algorithmen aus Kap. VII.3 wie folgt

$$V(X) \equiv X^v \bmod R$$

Die Entschlüsselungsfunktion E zum GEHEIMEN
Schlüssel e wirkt auf einem Block X entsprechend als

$$E(X) \equiv X^e \bmod R.$$

Wie jeder andere Blockverschlüsselungs-Algorithmus
kann man diesen Algorithmus in verschiedenen Be-
triebsarten verwenden (vgl. Kap. V.4).

(iii) Kommunikationsvorgänge

Zur Übermittlung eines Nachrichtenblocks K von
Teilnehmer A an Teilnehmer B entnimmt Teilnehmer A
den ÖFFENTLICHEN Schlüssel (R_B, v_B) von B dem Register und sendet die verschlüsselte Nachricht

$$C = V_B(K) \equiv K^{v_B} \mod R_B$$

an B.
B entschlüsselt die Nachricht, in dem er

$$K = E_B(C) \equiv C^{e_B} \mod R_B$$

bildet.

Auf praktische Einsatzmöglichkeiten dieses grundlegenden
Systems gehen wir in diesem Buch nicht ein.

VII.4 FAKTORISIERUNG

Die Komplexitätsuntersuchungen zum Problem (*) in Kap. VI.4
sind Untersuchungen, die die Sichrheit des RSA-Systems bzw.
die Verifizierung des Axioms (ASY 3) betreffen. Direkt zu sehen
ist die Äquivalenz des CT-Angriffs mit dem Berechnungsproblem
(*), von dem gezeigt wurde, daß es höchstens so schwer wie das
Faktorisierungsproblem auf $\mathbf{Z}$ ist. Für die WILLIAMS-Variante
(* *) wurde die Äquivalenz mit dem Faktorisierungsproblem auf
$\mathbf{Z}_W$ bewiesen. Einen nachdrücklichen Beweis für die Sicherheit
des RSA-Systems, der von dem Faktorisierungsproblem unabhängig
ist, sehen wir in deren erwähnten Äquivalenz zur kryptographischen Stärke (vgl. Kap. VI.5) des Pseudozufalls-Bitfolgen-
Generators PZG_{Sh}.
Allemal kann das Faktorisierungsproblem dazu dienen, den erforderlichen Aufwand zur Lösung des Berechnungsproblems (*),
also der Ausführung eines CT-Angriffs auf das RSA-System abzuschätzen, und umgekehrt eine praktische Größe des Schlüssels
zu bestimmen, die jedem realen Angriff mit realen Computern
standhält. Denn was zunächst wie ein Mangel aussehen mag, der
fehlende Nachweis der Äquivalenz zwischen CT-Sicherheit des
RSA-Verfahrens und dem Faktorisierungsproblem auf $\mathbf{Z}$, ist ein
weiteres Indiz für dessen Stärke.
Zur Begründung dieser Aussage gehen wir auf die Äquivalenz der
CT-Sicherheit der WILLIAMS'schen Variante mit der Faktorisierung auf $\mathbf{Z}_W$ ein. Die WILLIAMS'sche Variante ist nicht mehr
BK- bzw. VG-sicher. Ein Teilnehmer A kann folgenden Angriff
auf den Schlüssel eines Teilnehmers B ausführen. A wählt dazu
einen Block N mit Jacobi-Symbol $\left(\dfrac{N}{R_B}\right) = -1$ und sendet B die

Nachricht $c = V_{2,B}(N)$. Um c zu entschlüsseln berechnet B den
Block $E_B(c) = \hat{N}$. Wenn A auf irgendeine Weise den Wert $\hat{N}$ von B
erhält, wie etwa bei einem VG-Angriff, so kann er mit großer
Wahrscheinlichkeit aus der Kenntnis des Paares $(c,\hat{N})$ einen
nicht-trivialen Faktor von R_B finden, d.h. das System brechen.
Es existiert nämlich ein $k \in \mathbf{R}$ mit

$$\left(\frac{V_{1,B}(k)}{R}\right) = 1,$$

so daß

$$V_{1,B}(k)^{2v} \equiv N^{2v} \bmod R_B$$

ist, dann ist g.g.T.$(V_{1,B}(k)^v - N^v, R_B)$ ein nicht-trivialer

Faktor von R_B. A´s größes Problem liegt darin, daß er k vorher

nicht kennt. Im Fall $E_{2,B}(c) \equiv 0,1 \bmod 4$ hat

$$E_B(c) = E_{1,B}(c^e) = \begin{cases} (\frac{c^e}{4} - 1)/2 & :c^e \equiv 0 \bmod 4 \\ (\frac{R-c^e}{4} - 1)/2 & :c^e \equiv 1 \bmod 4 \end{cases}$$

möglicherweise keine ganze Zahl $E_B(c)$ als Lösung, so daß B
die Nachricht c nicht entziffern kann. In diesem Fall ist A´s
Angriff fehlgeschlagen. Andererseits gibt für mindestens 50 %
aller c eine ganzzahlige Lösung $\hat{N}$ von $E_B(c)$. Im Falle einer
bedeutungslosen Nachricht $\hat{N}$ mag B mißtrauisch gegenüber A
werden. Spezielle Nachrichten, wie z.B. kryptographische
Schlüssel, die mit dem System versendet werden, können in
dieser Hinsicht keinen Argwohn erwecken.
Zur Prüfung der Gültigkeit einer von A zugesandten Nachricht
hilft B nur ein geeignetes Kommunikationsprotokoll. Er kann
z.B. darauf bestehen, daß A ihm stets sowohl $c_B = V_B(k)$ als
auch $c_A = V_A(k)$ sendet, um neben der Entschlüsselung
$\hat{k} = E_B(c_B)$ die Kontrolle "$V_A(\hat{k}) = c_A$?" zu haben.

Der Kern der Attacke liegt darin, daß der Äquivalenz-Satz von
WILLIAMS einen *konstruktiven* Beweis für die Äquivalenz von
CT-Sicherheit und Faktorisierung liefert. Wie R. RIVEST
bemerkt hat, macht ein solcher konstruktiver Beweis stets
einen VG-Angriff möglich. Für das RSA-Verfahren ist dagegen
eben kein solcher konstruktiver Beweis bekannt - und wenn das
RSA-Verfahren im mathematischen Sinn VG-sicher sein soll,
darf es auch keinen konstruktiven Beweis zur Äquivalenz mit
dem Faktorisierungsproblem geben. Dies schließt *nicht-
konstruktive* Äquivalenzbeweise nicht aus.
Doch nun zur Bestimmung hinreichend großer Schlüssellängen
mittels geeigneter Faktorisierungsalgorithmen. Die heutigen

Algorithmen zur Faktorisierung einer Zahl N leisten natürlich
erheblich mehr als sukzessives Dividieren durch alle Primzahlen
$\leq\sqrt{N}$. Als erstes Beispiel wird dies an einem Verfahren ver-
deutlicht, welches POLLARD aus dem Algorithmus von FLOYD abge-
leitet hat (vgl. Kap. IV.1, Satz 1).
Sei $X = \{1,\ldots,N-1\}$ und f eine "zufällig" gewählte Funktion
f: $X \to X$.
Die zu f erklärte OFB-Folge $(x_i)_{i\geq 0}$ mit dem Startwert $x_0 \in X$
besitzt die Periodenlänge λ und die Vorperiode μ. Der folgende
Algorithmus PF liefert mit einer "großen" Wahrscheinlichkeit
die Primfaktoren zu einer vorgegebenen Zahl N.


```
BEGIN

    x = x_0    y = x_0
    REPEAT
        x  = f(x)
        y = f(f(y))
    UNTIL g.g.T.(ABS(x-y),N) > 1

END
```


Falls sich für den g.g.T. der Wert N ergibt, so wähle man
einen anderen Startwert x_0 oder eine andere Funktion f. Ansonsten hat man einen echten Faktor von N gefunden. Es bezeichne p den kleinsten Primfaktor von N. Um die Rechenzeit
des Algorithmus PF abzuschätzen, setzen wir weiter

$$\hat{x}_i := x_i \bmod p$$

und

$$\hat{x}_{i+1} := f(\hat{x}_i) \bmod p$$

Die Folge $(\hat{x}_i)_i$ wird periodisch mit $\hat{\mu} + \hat{\lambda} \leq p$.

Für $i \in \mathbb{N}$ mit $\hat{x}_{2i} = \hat{x}_i$ ist g.g.T.$((\hat{x}_{2i}-\hat{x}_i),N) \geq p$.

Nach den Überlegungen in Kap. IV.1 ist der Erwartungswert für
i in der Größenordnung $O(\sqrt{p})$. Da andererseits $p \leq \sqrt{N}$ ist,
erhält man als Erwartungswert für die Anzahl der zu berech-

nenden f-Werte in Algorithmus PF $O(\sqrt[4]{N})$. Diesen Überlegungen
liegt die Annahme zugrunde, "daß sich f wie eine Zufalls-
funktion von der Menge $\{0,1,\ldots,p-1\}$ in sich verhält."
In der Praxis verwendet man für f Funktionen der Form
$f(x) = x^2 + c$ mit $c \neq 0$, -2. Mit Hilfe einer modifizierten
Form von PF gelang BRENT 1980 die Faktorisierung von der
78-stelligen FERMAT-Zahl

$$F_8 = 2^{2^8} + 1.$$

Die Grundidee der wirkungsvollsten derzeit bekannten Verfahren war schon P. de FERMAT (1601-1665) bekannt.

Wenn zwei ganze Zahlen x und y existieren, die der Bedingung

$$x^2 \equiv y^2 \mod N \tag{1}$$

genügen, so daß $x \not\equiv \pm y \mod N$ ist, so sind die größten gemeinsamen Teiler

$$g.g.T.(x+y,N) \quad \text{und} \quad g.g.T.(x-y,N) \tag{2}$$

echte Teiler von N.
Die relative Häufigkeit der Paare x, y mit $|x|$, $|y| < N$, so
daß $x^2 \equiv y^2 \mod N$ und $x \not\equiv \pm y \mod N$ gilt, ist

$$1 - \frac{1}{2^{t-1}} \quad ,$$

wenn N eine Primfaktorzerlegung der Form

$$N = \prod_{i=1}^{t} p_i^{\nu_i}$$

mit $t \geq 2 \mod \nu_i \geq 1$ hat.
GAUSS (1777-1855) und LEGENDRE (1752-1833) entwickelten daraus
ein allgemeines <u>Faktorisierungsprinzip</u>:

1.) Bilde eine sogenannte *Faktorbasis* $F_k = \{p_1,\ldots,p_k\}$
    bestehend aus den ersten k Primzahlen mit $(\frac{N}{p_i}) = + 1$
    Falls für ein i $p_i | N$ gilt, so endet der
    Algorithmus bereits hier.

2.) Man suche Zahlen $a_1,\ldots,a_{k+1}$, $b_1,\ldots,b_{k+1}$

    (i) die die Kongruenzen $a_i^2 \equiv b_i$ mod N (i=1,\ldots,k)

        erfüllen und

    (ii) für die b_i eine Darstellung der Form $b_i = \prod\limits_{j=1}^{k} p_i^{c_{ij}}$

        über der Faktorbasis $\mathcal{F}$ besitzt (i=1,\ldots,k)

3.) Bilde die Binärvektoren $\underline{v}_i = (v_{ij}) \in \mathbb{F}_2^k$ vermöge

$$v_{ij} := c_{ij} \text{ mod } 2,$$

$$\text{d.h. } v_{ij} = \begin{cases} 1 \\ 0 \end{cases} \text{ falls } c_{ij} \begin{array}{l} \text{ungerade} \\ \text{gerade} \end{array} \text{ ist}$$

für i = 1,\ldots,k   j = 1,\ldots,k+1.

Dann sind $\underline{v}_1,\ldots,\underline{v}_{k+1}$ über $\mathbb{F}_2$ linear abhängig. Daher

gibt es eine Menge $S \subset \{1,\ldots,k+1\}$ von Indizes, für die

die Relation

$$\sum_{j \in S} \underline{v}_j = 0$$

besteht.

Aus der Definition schließt man, daß dies bedeutet, daß

$$2 \text{ ein Teiler von } \sum_{j \in S} a_{ij} \quad \text{für alle } i=1,\ldots,k$$

ist.

Somit hat man eine Darstellung der Form

$$\prod_{j \in S} b_j = \prod_{i=1}^{k} p_j^{\sum c_{ij}} =: y^2.$$

Mit $x = \prod\limits_{j \in S} a_j$ wird $y^2 \equiv x^2$ mod N.

Es läßt sich zeigen, daß die Anzahl der ganzen Zahlen $\leq$ N,
deren Primfaktoren in der Faktorbasis $\mathcal{F}_k$ enthalten sind
mindestens $k^r/r!$ beträgt, wobei

$$r = \left| \frac{\log N}{\log p_k} \right| \text{ ist (KNUTH 2, p.397)}$$

Die Suchverfahren im 2. Schritt werden auf verschiedene Weisen
systematisiert:

- mittels der Kettenbruchentwicklung von $\sqrt{N}$ bzw. $\sqrt{\mu N}$ mit
  $\mu \in \mathbf{Z}$, ((BRILLHART-MORRISON)),

- mittels des quadratischen Siebes (POMERANCE),

- mittels binärer quadratischer Formen ((SHANKS),
  (LENSTRA-SCHNORR)).

Auf die Details der drei Verfahren können wir hier nicht eingehen, insbesondere nicht auf das dritte. Sie sind ausführlich dargestellt und implementiert in den Kölner Diplom-
Arbeiten von P. ALBRECHT und R. KOLLBACH, wo auch die umfangreiche Originalliteratur zusammengestellt ist.
Beim Kettenbruchverfahren zur Erzeugung von Paaren (a_i, b_i)
verfährt man rekursiv nach den Formeln

$$(0) \quad D := \lfloor \sqrt{N} \rfloor, \ p_1 = d, \ B_1 = N - D^2, \ A_{-1} = D, \ A_{-2} = 1$$

$$(i) \quad D + p_n = q_n B_n + r_n, \quad 0 \le r_n < B_n$$

$$(ii) \quad A_n = q_n A_{n-1} + A_{n-2} \bmod N$$

$$(iii) \quad D + p_{n+1} = 2D - r_n$$

$$(iv) \quad B_{n+1} = B_n + q_n(r_n - r_{n-1})$$

Es ist dann $A_n^2 \equiv (-1)^{n+1} B_{n+1} \bmod N$ für alle $n \ge 0$. Die Größen
q_n sind fast alle klein (= 1 in 41 % aller Fälle), so daß
(i) durch wenige Subtraktionen bzw. Vergleichsoperationen
ausgeführt werden kann. Ebenso kann (ii) in den meisten
Fällen durch Subtraktionen erledigt werden, allerdings sind
die A's groß. Schließlich ist die Multiplikation in (iv) in
vielen Fällen trivial.
Die Grundidee des quadratischen Siebes liegt in der Verwendung
der quadratischen Form

$$Q(X) = (X+D)^2 - N$$

mit $D := \lfloor \sqrt{N} \rfloor$, für die

$$Q(X) \equiv (X+D)^2 \bmod N$$

ist. Hier ist

$$Q(X \pm kp^{\alpha}) \equiv Q(X) \bmod p^{\alpha} \text{ für alle } k \in \mathbb{Z} \text{ und } \alpha \geq 1.$$

Man bilde nun den Vektor $\underline{V} = (V_x)$ mit den Komponenten $V_x = \log Q(x)$ für alle ganzzahligen x in einem hinreichend großen Intervall $[-m,m]$. In einer Schleife über alle Primzahlen p aus der Faktorbasis F führt man folgenden "Sieb"-Prozeß aus (für $p \neq 2$, der Fall $p = 2$ ist etwas subtiler zu behandeln):

(1) Löse die quadratische Kongruenz $Q(X) \equiv 0 \bmod p$
    $x_1(p)$ und $x_2(p)$ seien die Lösungen modulo p

(2)   (i) Ersetze V_x durch $V_x - \log p$ für alle $x \equiv x_1(p) \bmod p$
$$\text{in } [-m,m] \cap \mathbb{Z},$$

     (ii) Ersetze V_x durch $V_x - \log p$ für alle $x \equiv x_2(p) \bmod p$
$$\text{in } [-m,m] \cap \mathbb{Z}.$$

(3) Verfahre ebenso für $p^2, \ldots, p^{\alpha} \leq B = \text{const.}$

Nach Beendigung des Sieb-Vorgangs sucht man die $x \in [-m,m] \cap \mathbb{Z}$, für die die Komponenten V_x "klein" sind. Für diese x wird $Q(x)$ über F faktorisiert, und man kann nach dem ursprünglichen Faktorisierungsprinzip verfahren.
Der Sieb-Prozeß kann *blockweise* in single-precision-floating-point-Arithmetik durchgeführt werden. Er ist sehr gut geeignet für Vektorrechner mit schneller Arithmetik wie z.B. die CRAY X-MP. Tatsächlich wurden die besten **bekannten** Faktorisierungsergebnisse auf solchen Rechnern am Sandia National Laboratory in den USA erzielt durch G. SIMMONS und seine Mitarbeiter ((DAVIS, HOLDRIDGE, SIMMONS)). Innerhalb eines Tages sind z.Z. ca. 72-74-stellige Zahlen faktorisierbar, über deren spezielle Struktur nichts weiter bekannt ist. Was dies

bedeutet, wird erst klar, wenn man die Zahl der Bit-Operationen
berücksichtigt, die zu einer Faktorisierung erforderlich sind.
Bei allen genannten Faktorisierungsverfahren drückt sich die
Größenordnung dieser Zahl als Potenz $T(N)^{\alpha}$, $\alpha \geq 1$, mit

$$T(N) = \exp(\sqrt{\ln N \cdot \ln \ln N})$$

aus.

Der Kettenbruch-Algorithmus ist ebenfalls teilweise vektori-
sierbar - entweder kann man verschiedene B's durch das gleiche
p teilen oder ein B durch verschiedene p's zugleich teilen -
vgl. (ALBRECHT) wo solche Experimente mit einer CYBER 205
beschreiben sind. Sogar spezielle Rechner wurden konstruiert,
die solche Parallelisierbarkeitseigenschaften hardwaremäßig
implementieren (vgl. (WUNDERLICH), (POMERANCE-WAGSTAFF)
(DAVIS-HOLDRIDGE), (WILLIAMS)).
Ebenfalls parallelisierbar ist der LENSTRA-SCHNORR-Algorithmus.
Der technische Fortschritt bei der Entwicklung von Parallel-
rechnern läßt die Faktorisierung von ca. 100-stelligen Zahlen
innerhalb weniger Tage Rechenzeit bis zum Jahr 2000 denkbar
erscheinen. Das exponentielle Wachstum von $T(N)$ macht Zahlen
N mit 512 Bits Länge heute und in Zukunft (vgl. (DAVIS,
HOLDRIDGE, SIMMONS)) zu einer unüberwindlichen technischen
Hürde - einer Hürde, die zudem noch leicht zu erhöhen ist.

VII.5   SCHLÜSSELERZEUGUNG

Die Komplexitätsanalyse zum RSA-Verfahren in Kap. VI.4 hat
erwiesen, daß für gewisse Teilmengen von $\mathbb{Z}$ das Problem (*)
besonders schwierig zu lösen ist. Qualitativ wurde verlangt,
daß die Primzahlen p und q mit $R = p \cdot q$ von der Form

$$p = ap' + 1 \quad \text{und} \quad q = bq' + 1$$

mit Primzahlen p' und q' sind, die "sehr groß" gegenüber a
bzw. b sind und daß p' und q' von der selben Struktur sind,
um Schutz vor "einfachen" Faktorisierungsalgorithmen und
Iterationsverfahren zu bieten. In diesem Abschnitt werden
diese Forderungen mit Mitteln der analytischen Zahlentheorie
präzisiert und quantitativ verschärft.

Dies garantiert einen Schutz auch vor verbesserten Faktorisierungsverfahren und den stärkeren Iterationsmethoden von
HERLESTAM (vgl. (WILLIAMS-SCHMID)), und gibt dem Designer
eines Kryptosystems auf der RSA-Basis ein zusätzliches Werkzeug in die Hand, die Komplexität seines Subsystems gegenüber
der mittleren Komplexität mit Schlüsseln $R \in \mathbb{Z}$ fester Binär-
länge noch zu steigern.
Die benötigten Ergebnisse aus der analytischen Zahlentheorie
sind im folgenden knapp zusammengefaßt.

(ZT 1) Bezeichnet man mit $\pi(x,a,b)$ die Anzahl der Primzahlen
der Form $a \cdot \mu + b$ mit g.g.T.$(a,b) = 1$ die kleiner oder
gleich x sind, so gilt in Erweiterung des allgemeinen
Primzahlsatzes

$$\pi(x,a,b) \simeq \frac{x}{\phi(a) \cdot (\ln x)}$$

Bezeichnet $p(a,b)$ die kleinste Primzahl der Form
$a \cdot \mu + b$, so gilt aufgrund dieser Tatsache

$$\frac{p(a,b)}{\phi(a) \cdot \ln p(a,b)} \simeq 1$$

und daraus $p(a,b) \simeq \phi(a) \cdot \ln a$.
Nach ELLIOT & HALBERSTAM (ELLIOT) gilt für jedes $\varepsilon > 0$
fast immer die Abschätzung

$$ak + b := p(a,b) < \phi(a) \cdot (\ln a)^{1+\varepsilon}.$$

Bei einem festen Wert b wird man deshalb wegen
$\phi(a)/a \leq 1$ mit sehr hoher Wahrscheinlichkeit erwarten,
daß $k < (\ln a)^{1+\varepsilon}$ mit kleinem ε gilt. Zwar ist das
theoretische Problem, eine Abschätzung für $p(a,b)$ zu
finden sehr schwierig, jedoch haben empirische Analysen
gezeigt, daß für die hier vorkommenden Zahlen die
Abschätzung $k < 2 \ln a$ vernünftig ist.

(ZT 2) Aufgrund einer (bislang unbewiesenen) Vermutung von
HARDY und LITTLEWOOD (HARDY) kann die Anzahl $\Pi(x)$ der
Primzahlen $p \leq x$, für die $(p-1)/2$ ebenfalls eine Prim-
zahl ist, wie folgt abgeschätzt werden:

(∗) $\Pi(x) \approx \dfrac{2c_2 \cdot x}{(\ln x)^2}$ wobei $c_2 = \prod\limits_{p=3}^{\infty} (1-(p-1)^{-2}) \approx 0,6601618 \approx \dfrac{2}{3}$ ist.

Obwohl es bis heute keinen Beweis für diese Vermutung gibt, wird sie durch viele heuristische und empirische Argumente gestützt.

Für ein festes Paar teilerfremder Zahlen a und b sind unter den $\Pi(x)$ Primzahlen ca. $\Pi(x)/\phi(a)$-viele von der Form $a\cdot\mu+b$, denn die Dichte der Primzahlen p, für die $(p-1)/2$ Primzahl ist, unter allen Primzahlen $\leq x$, ist gerade $\Pi(x)/\pi(x)$, so daß es $\Pi(x)\cdot\pi(x,a,b)/\pi(x)$ viele der Form $a\cdot\mu+b$ gibt. Daraus ergibt sich mit (ZT 1) die behauptete Größenordnung. Bezeichnet $a\cdot k_0+b$ die kleinste dieser Primzahlen, so kann man aufgrund von (∗) erwarten, daß k_0 kleiner als $3/4\cdot(\ln a)^2$ ist.

Falls man nun eine n-stellige Zahl a (etwa mit einem Pseudo-zufallszahlen-Generator) generiert hat, kann man fast immer erwarten, daß die Menge

$$S_a := \{\, s=a\cdot u+1 \mid 1\leq u\leq \lfloor 2 \ln a\rfloor \,\}$$

eine Primzahl der Form $a\cdot k+1$ enthält. Zur Auffindung solcher Primzahlen untersucht man die Elemente von S_a mittels sukzessiver Division durch die Primzahlen unter 1000. Damit eliminiert man für gewöhnlich 90 % der Zahlen aus S_a ((WILLIAMS , SCHMID)). Die übrigen unterzieht man zunächst dem FERMAT-Test mit der Basis 3:

$$3^{s-1} \equiv 1 \bmod s,$$

der für Primzahlen s stets erfüllt sein muß, und für Nicht-Primzahlen fast niemals erfüllt ist (KNUTH 2, S. 375). Ein $s \in S_a$, welches den Test besteht, also pseudoprim zur Basis 3 ist, wie man auch sagt, kann man mit dem Satz von BRILLHART, LEHMER und SELFRIDGE definitiv auf seine Primzahleigenschaft testen. Für $n < 25$ ist dies schnell durchzuführen. Durch diesen Prozeß findet man Primzahlen p mit $\log_{10}p\approx n$. Will man Primzahlen mit mindestes 2n-Stellen finden, so wählt man einfach eine n-stellige Primzahl ω , sowie eine n-stellige

Zufallszahl ν und wiederholt den obigen Prozeß mit $a := \omega \cdot \nu$.
Insgesamt erhält man ein Verfahren zur Erzeugung von Prim-
zahlen, welches keine probabilistische Komponente enthält und
ähnlich schnell zum Ziel führt!

Wie in Kap. VI.4 gezeigt wurde, hat der Iterationsexponent i
- das ist der Exponent i, für den $Cv^i \equiv C \bmod R$ gilt -
die Eigenschaft

$$v^i \equiv 1 \bmod p' \quad \text{und} \quad v^i \equiv 1 \bmod q'. \tag{1}$$

Damit i groß genug ist, hat der Designer die Möglichkeit,

$$p' = a'p'' + 1 \quad \text{und} \quad q' = b'q'' + 1 \qquad (a', b' \in \mathbb{N})$$

mit "großen" Primzahlen p'' und q'' zu wählen.
Gilt (1), so folgt $p'' \mid i$ bzw. $q'' \mid i$ und i ist ebenfalls groß
in der Stellenzahl (vgl. Lemma 7 und Korollar in Kap. VI.4).

Der Designer hat die Freiheit, den Verschlüsselungsexponenten
v so zu bestimmen, daß der Iterationsexponent i in (1) groß
sein muß.
Die folgenden Ausführungen gelten für die Primzahlen p' und q',
werden aber zur Vermeidung überflüssiger Indizierung nur für
p' notiert. Die Primzahl p' sei von der Form

$$p' - 1 = f \cdot c$$

worin die komplette Faktorisierung von f bekannt ist und die
zusammengesetzte Zahl c nur Primfaktoren p_i hat, die eine fest
vorgegebene Grenze b überschreitet. Wählt man nun $v \in \mathbb{N}$, so daß

$$v^{(p'-1)/f'} \not\equiv 1 \bmod p' \quad \text{für alle verschiedenen}$$
$$\text{Primfaktoren } f' \text{ und } f \tag{2}$$

und
$$v^{(p'-1)/c} \not\equiv 1 \bmod p' \tag{3}$$

gilt, so ist $\mathrm{ord}_{p'}(v) > b \cdot f$. Da aber $b \cdot f$ für gewöhnlich
selbst groß ist und wegen (1) $\mathrm{ord}_{p'}(v) \mid n$ gilt, ist auch n groß.
Zur Erfüllung dieser Eigenschaften sucht man v unter den Erzeugenden der primen Restklassengruppe $\bmod p'$, von denen es

$(p'-1)$-viele gibt.

Es gilt für $x > 2{,}2 \cdot 10^8$ folgende Abschätzung:

$$\frac{x}{\phi(x)} < 1{,}7811 \, \mathrm{loglog}x + \frac{5}{2 \cdot \mathrm{loglog}\ x} \, ,$$

also ist $\phi(x)$ groß, wenn x groß ist (ROSSER, SCHOENFELD).
Nach diesen Vorüberlegungen gehen wir nun an die Bestimmung
einer "sichereren" Schlüsselmenge.
Mit den oben beschriebenen Verfahren wählt man zwei
"zufällige" Primzahlen ρ, ψ mit $\log_{10}\rho, \psi \approx 50$.
ξ mit $0 < \xi < \rho$ sei eine Lösung der Kongruenz

$$x \cdot \psi \equiv -1 \ \mathrm{mod}\rho.$$

Es sei $S_{\rho,\psi}$ die Menge von Zahlenpaaren

$$S_{\rho,\psi} = \{ (s_j, t_j) \mid s_j = 2\rho\psi_j + 2\xi\psi + 1, \quad t_j = 2s_j + 1, \ j \in \{1, \ldots, B\} \}$$

mit $B := \left\lfloor \frac{3}{2} (\ln 4\rho\psi)^2 \right\rfloor$. B ist die Verdopplung der Schranke $\frac{3}{4}$
in (ZT2), die gewählt wurde, um die Wahrscheinlichkeit zu
erhöhen, daß $S_{\rho,\psi}$ ein Zahlenpaar (s_j, t_j) von Primzahlen
enthält.
Durch sukzessives Dividieren mit denPrimzahlen kleiner als
1000 siebt man die Menge $S_{\rho,\psi}$ aus. Wennentweder s_j oder t_j
durch eine dieser Primzahlen teilbar ist, so wird das entsprechende Tupel (s_j, t_j) aus $S_{\rho,\psi}$ entfernt. Dieser Prozeß
sorgt für eine Dezimierung von $S_{\rho,\psi}$ bis zu 99% (WILLIAMS).
Unter den verbleibenden Paaren wird dann eines gesucht, für
welches die beiden Kongruenzen

$$3^{s_j-1} \equiv 1 \ \mathrm{mod}\ s_j \qquad 3^{s_j} \equiv 1 \ \mathrm{mod}\ t_j \qquad\qquad (4)$$

gelten. Angenommen, dies sei für $\mu = j$ der Fall.

Bis zu diesem Zeitpunkt wurden die Zahlen s_μ, t_μ noch nicht
auf ihre Primzahleigenschaft hin überprüft, aber sie sind
potentielle Kandidaten und in den meisten Fällen bestätigt
sich ihre Primzahleigenschaft. Zunächst reicht es zu zeigen,
daß s_μ prim ist; denn es gilt der folgende

<u>Satz 4:</u>

Es sei q $\equiv$ 3 eine Primzahl. Genau dann ist auch p := 2 $\cdot$ q + 1 Primzahl, wenn

$$3^q \equiv 1 \bmod p$$

gilt.

<u>Beweis:</u>

"$\Rightarrow$ ": Wenn p $\in \mathbb{P}$ ist, muß p$\equiv-1\equiv3$ mod 4 sein, denn wäre p$\equiv$1 mod 4, so wäre q durch 2 teilbar wegen p=4$\cdot$m+1=2$\cdot$q+1.
Es ist weiter q $\equiv$ 0 mod 3.
Denn aus q $\equiv$ 1 mod 3 folgt der Widerspruch
p$\equiv$2$\cdot$1+1$\equiv$3$\equiv$0 mod 3 und aus q $\equiv$ 2 mod 3 folgt
p$\equiv$5$\equiv$2$\equiv$-1 mod 3, was nach dem obigen nicht sein kann.
Nach den quadratischen Reziprozitätsgesetz ist

$$\left(\frac{3}{p}\right) = -\left(\frac{p}{3}\right) = -\left(\frac{-1}{3}\right) = + 1, \text{ also}$$

$$3^{(p-1)/2} \equiv 3^q \equiv 1 \bmod p.$$

" $\Leftarrow$": Sei $3^q \equiv$ 1 mod p und r ein Primteiler von p.
Die Ordnung ω der Restklasse 3 mod r, $\omega=\mathrm{ord}_r 3$ in $\mathfrak{P}(r)$
teilt r-1 und q. Da $\omega\neq1$ ist, folgt ω=q.
Also hat r die Form r = k$\cdot$q+1 mit k$\in \mathbb{N}$. Wegen p = 2q+1
ist dann r > $\sqrt{p}$, also r=p. $\blacksquare$

Falls also $s_\mu=2\mu\rho\psi+2\psi\xi+1$ und $t_\mu=2s_\mu+1$ gilt, dann hat
$s_\mu-1=2\cdot\psi(\xi+\mu\rho)$ den "großen" Primfaktor, ψ , und
$t_\mu+1=2(s_\mu+1)\equiv0$ mod ρ den "großen" Primteiler ρ.
Hiermit ist man vor den effizienten Faktorisierungsalgorithmen
von (POLLARD) bzw. (WILLIAMS) sicher, die die Kenntnis einer
partiellen Faktorisierung von p-1 bzw. p+1 ausnutzen.

Es sei nun $\xi+\mu\cdot\rho=f'\cdot c$, wobei f'$\in \mathbb{N}$ vollständig faktorisiert
und c eine zusammengesetzte natürliche Zahl sei. c hat die
Darstellung

$$c = \prod_{i=1}^{r} g_i^{k_i}$$

mit paarweise teilerfremden $g_i \in \mathbb{N}$ und $k_i \geq 1$. Die Primfaktoren eines jeden g_i überschreiten eine fest vorgegebene Schranke b_i, also für $g_i = q_{i1} \cdot \ldots \cdot q_{it}$ gilt:

$$q_{ij} > b_i \qquad \text{für alle } j.$$

Mit $p' = s_\mu$ und $f := 2\psi f'$ folgt

$$p' - 1 = f \cdot c$$

mit einem f, dessen Faktorisierung vollständig bekannt ist.

Im nächsten Schritt wird die Primzahleigenschaft von p' endgültig sichergestellt.
Falls

$$p' < (1 + \prod_{i=1}^{r} b_i^{k_i})^2 \quad \text{gilt,}$$

genügt es, nach dem Satz von BRILLHART, LEHMER & SELFRIDGE zum Beweis der Primheit von p' ein $h \in {]}1,p{[} \cap \mathbb{N}$ zu finden, welches die Bedingungen

$$h^{p'-1} \equiv 1 \bmod p' \tag{5}$$

und

$$\bigwedge_{1 \leq i \leq r} \text{g.g.T.}(h^{(p'-1)/g_i} - 1, p') = 1 \tag{6}$$

erfüllt. Gleichzeitig gilt dann:

$$\text{ord}_{p'}(h) > b \cdot f$$

mit $\qquad b := \min\{b_1, \ldots, b_r\}$

Am einfachsten findet man einen solchen Wert h durch probieren. Man wählt einfach kleine Werte h aus, für die $(\frac{h}{p'}) = -1$ gilt. Falls p' tatsächlich eine Primzahl ist, was man mit großer Sicherheit annehmen darf, erfüllt ein willkürlich gewählter Wert h mit der gleichen Wahrscheinlichkeit (5) und (6), mit der er bereits eine primitive Wurzel mod p' ist. Die Wahrscheinlichkeit hierfür beträgt ungefähr 75 % (LEHMER).

Die erste Primzahl p für die Schlüsselmenge ist demnach
$p = 2 \cdot p' + 1$. Nochmaliges Durchlaufen des gesamten Prozesses
liefert einen Wert für q. Insgesamt hat man 2 Mengen $\{p, p', h_1\}$
und $\{q, q', h_2\}$ von entsprechenden Werten gefunden. Nun erzeugt
man zwei weitere Zufallszahlen k_1 und k_2, so daß

g.g.T.$(k_1, p'-1) = 1$ und g.g.T.$(k_2, q'-1) = 1$, und berechnet mit
dem Chinesischen Restsatz eine Lösung des folgenden Kongruenzen-
systems

$$v \equiv h_1^{k_1} \bmod p'$$

$$v \equiv h_2^{k_2} \bmod q'$$

$$v \equiv 1 \quad \bmod 2$$

Dies liefert einen ungeraden Wert v als Verschlüsselungsex-
ponenten mit $\mathrm{ord}_{p'}(v) > k_1 b \psi f'$ und $\mathrm{ord}_{q'}(v) > k_2 \tilde{b}\tilde{\psi}\tilde{f}'$ (wobei
$\tilde{b}$, $\tilde{\psi}$ und $\tilde{f}'$ die entsprechenden Werte für q' sind) in Übereinstimmung mit den Folgerungen aus (2), (3). Löst man nun noch
die Kongruenz

$$e \cdot v \equiv 1 \bmod (4q' \cdot p')$$

für e, so hat man die eine Schlüsselmenge $\{R = p \cdot q, v, e\}$ generiert,
die alle die Sicherheit des Systems erhöhenden Vorschläge
erfüllt. Insgesamt ist damit gezeigt, daß der folgende Algorithmus S eine "sichere" Schlüsselmenge bestimmt. Intern gespeichert ist die Folge der Primzahlen d_v, die kleiner als
1000 sind.

S 0 $k \leftarrow 0$

S 1 $j \leftarrow 1$: $\omega \leftarrow 1$

S 2   Wähle Zufallszahl a mit $\log_{10} a \approx 25$
        $B_1 \leftarrow \lfloor 2 \log a \rfloor$: $u \leftarrow 1$: $v \leftarrow 0$: $c \leftarrow 0$: $a \leftarrow a \cdot \omega$

S 3 $s \leftarrow a \cdot u + 1$

S 4 $v \leftarrow v + 1$: $v > 168$?   wenn ja: S 7

S 5 $s \equiv 0 \bmod d_v$?   wenn nein: S 4

S 6 $u \leftarrow u + 1$: $u > B_1$?   wenn ja: S 8
                                    wenn nein:S 3

S 7 $c \leftarrow c + 1$: speichere s_c : gehe zu S 6

S 8 $3^{s_c - 1} \equiv 1 \bmod s_c$?   wenn ja: S 10

S 9 $c \leftarrow c - 1$: $c < 1$?   wenn ja: S 11
                                    wenn nein:S 8

S 10 s_c prim?   wenn ja: S 12
                       wenn nein:S 9

S 11   gehe nach S 2   (kein potentieller Kandidat
                    gefunden)

S 12 $\omega \leftarrow s_c$: $j \leftarrow j + 1$

S 13 $j > 2$?   wenn nein: S 2

S 14 $k > 0$?   wenn ja: S 16

S 15 $\psi \leftarrow \omega$: $k \leftarrow k + 1$: gehe zu S 1

S 16 $\rho \leftarrow \omega$

S 17   Löse $x \cdot \psi \equiv -1 \bmod \rho$ für x: $\xi \leftarrow x$

S 18 $B_2 \leftarrow \lfloor 1,5 \, (\log 4\rho\psi)^2 \rfloor$: $i \leftarrow 0$: $c \leftarrow 0$

S 19 $i \leftarrow i + 1$: $i > B_2$?   wenn ja: S 24

S 20 $s_i \leftarrow 2\rho\psi i + 2\xi\psi + 1$: $t_i \leftarrow 2s_i + 1$: $v \leftarrow 1$

S 21   ($s_i \equiv 0 \bmod d_v$ <u>oder</u> $t_i \equiv 0 \bmod d_v$)?   wenn ja: S 19

S 22 $v \leftarrow v + 1$: $v > 168$?   wenn nein: S 21

S 23 $c \leftarrow c + 1$: speichere (s_c, t_c, i) : gehe zu S 19

S 24 $(3^{s_c-1} \equiv 1 \bmod s_c$ und $3^{s_c} \equiv 1 \bmod t_c)$? wenn ja: S 27

S 25 $c \leftarrow c - 1 : c = 0$?   wenn nein: S 24

S 26   "kein potentieller Kandidat gefunden": gehe zu S 0

S 27   Beginne mit Faktorisierung von $\xi + i\rho$, etwa durch
       "trial division", etwa $\xi + i\rho = f' \cdot k$

       $f' = \prod\limits_{i=1}^{m} g_i^{k_i}$, wobei g_i paarweise teilerfremd und jeder

       Primteiler p_i von $g_i > b_i$ sein sollte.

       Speichere $(g_1,\ldots,g_m)$; $(b_1,\ldots,b_m)$;

S 28 $(1 + \prod\limits_{i=1}^{m} b_i^{k_i})^2 > s_c$?   wenn nein: S 27

S 29 $m \leftarrow \tilde{m}$

S 30   Wähle zufällig h, $1 < h < s_c$: $(\frac{h}{s_c}) = -1$?

                                    Wenn nein: S 30

S 31 $g.g.T.(h^{(s_c-1)/g_m}-1, s_c) = 1$?   wenn nein: S 30

S 32 $m \leftarrow m - 1 : m < 0$?   wenn nein: S 31

S 33 $p' \leftarrow s_c : p \leftarrow 2p+1$

Nun müßte der gesamte Algorithmus S 0 - S 33 noch einmal
durchlaufen werden, um den Wert für q zu ermitteln. Bis
hierhin kann aber auch die Möglichkeit eines Parallelrech-
ners genutzt werden, der ab S 34 wieder konsekutiv arbeitet:

S 34   Wähle zufällig k_1, k_2 aus die

       $g.g.T.(k_1,p'-1) = 1$ und $g.g.T.(k_2,p'-1) = 1$ erfüllen.

S 35   Löse das Kongruenzensystem

       $$v \equiv h_1^{k_1} \bmod p'$$

       $$v \equiv h_2^{k_2} \bmod q'$$

       $$v \equiv 1 \quad \bmod 2 \quad \text{für } v$$

S 36   Löse die Kongruenz
       $$e \cdot v \equiv 1 \bmod (4p' \cdot q') \text{ für } e$$

S 37   Output: $\{R = p \cdot q, e, v\}$.

"Das Gesagte wird denen keineswegs
seltsam vorkommen, die wissen,
wie viele verschiedenartige Automaten
oder bewegungsfähige Maschinen
die Geschicklichkeit des Menschen
zustande bringen kann."

R. DESCARTES, Abhandlung über die Methode

Anhang A   VERZEICHNIS DER VERWENDETEN ZEICHEN UND ABKÜRZUNGEN

$\#M$	Kardinalität einer Menge M
$\mathfrak{P}(M)$	Potenzmenge einer Menge M
$K(n,r)$	Anzahl der Kombinationen von r Elementen aus einer n-elementigen Menge
$\mathbb{N}$	$\{1,2,\ldots\}$
$\mathbb{N}'$	$\{0,1,2,\ldots\}$
$\lfloor x \rfloor$	größte ganze Zahl $\leq x$
$\lceil x \rceil$	kleinste ganze Zahl $\geq x$
$\mathbb{P}$	Menge der Primzahlen
$v_2(m)$	genauer 2-Anteil von $m \in \mathbb{N}$, d.h. $v_2(m)=\max\{k \in \mathbb{N} \mid 2^k \mid m\}$
$\mathbb{Z}/n\mathbb{Z}$	oder $\mathbb{Z}_n$; Restklassengruppe modulo n
$\mathfrak{P}(n)$	prime Restklassengruppe modulo n
$\phi(n)$	EULER'sche Phi-Funktion - $\phi(n):=\#\mathfrak{P}(n)$
$\mathbb{F}_q$	endlicher Körper mit q Elementen (q = Primzahlpotenz)
ln	Logarithmus zur Basis e
ld	Logarithmus zur Basis 2
$\text{\Lightning}$	sprich: "Delphi"
$f=0(g)$	Für zwei reellwertige Funktionen f und g, so daß stets $g(x)\geq 0$ ist, schreibt man $f=0(g)$ und sagt "f ist Groß-0 von g", wenn es eine Konstante C>0 gibt, so daß $\|f(x)\|\leq Cg(x)$ für alle hinreichend großen x ist. (LANDAU'sches 0-Symbol)

Anhang B

Tabellen zum LUCIFER- und DES-Algorithmus

Die Permutationen des LUCIFER- Algorithmus

	0	1	2	3	4	5	6	7	8	9	10	11	12	13	14	15
S_0	12	15	7	10	14	13	11	0	2	6	3	1	9	4	5	8
S_1	7	2	14	9	3	11	0	4	12	13	1	10	6	15	8	5
P_f	3	5	0	4	2	1	7	6								

Auf den nächsten Seiten folgen die S-Boxen und Permutationen
des DES-Algorithmus.

429

Tafel der S-Boxen:

	0	1	2	3	4	5	6	7	8	9	10	11	12	13	14	15	
0	14	4	13	1	2	15	11	8	3	10	6	12	5	9	0	7	
1	0	15	7	4	14	2	13	1	10	6	12	11	9	5	3	8	S_1
2	4	1	14	8	13	6	2	11	15	12	9	7	3	10	5	0	
3	15	12	8	2	4	9	1	7	5	11	3	14	10	0	6	13	
0	15	1	8	14	6	11	3	4	9	7	2	13	12	0	5	10	
1	3	13	4	7	15	2	8	14	12	0	1	10	6	9	11	5	S_2
2	0	14	7	11	10	4	13	1	5	8	12	6	9	3	2	15	
3	13	8	10	1	3	15	4	2	11	6	7	12	0	5	14	9	
0	10	0	9	14	6	3	15	5	1	13	12	7	11	4	2	8	
1	13	7	0	9	3	4	6	10	2	8	5	14	12	11	15	1	S_3
2	13	6	4	9	8	15	3	0	11	1	2	12	5	10	14	7	
3	1	10	13	0	6	9	8	7	4	15	14	3	11	5	2	12	
0	7	13	14	3	0	6	9	10	1	2	8	5	11	12	4	15	
1	13	8	11	5	6	15	0	3	4	7	2	12	1	10	14	9	S_4
2	10	6	9	0	12	11	7	13	15	1	3	14	5	2	8	4	
3	3	15	0	6	10	1	13	8	9	4	5	11	12	7	2	14	
0	2	12	4	1	7	10	11	6	8	5	3	15	13	0	14	9	
1	14	11	2	12	4	7	13	1	5	0	15	10	3	9	8	6	S_5
2	4	2	1	11	10	13	7	8	15	9	12	5	6	3	0	14	
3	11	8	12	7	1	14	2	13	6	15	0	9	10	4	5	3	
0	12	1	10	15	9	2	6	8	0	13	3	4	14	7	5	11	
1	10	15	4	2	7	12	9	5	6	1	13	14	0	11	3	8	S_6
2	9	14	15	5	2	8	12	3	7	0	4	10	1	13	11	6	
3	4	3	2	12	9	5	15	10	11	14	1	7	6	0	8	13	
0	4	11	2	14	15	0	8	13	3	12	9	7	5	10	6	1	
1	13	0	11	7	4	9	1	10	14	3	5	12	2	15	8	6	S_7
2	1	4	11	13	12	3	7	14	10	15	6	8	0	5	9	2	
3	6	11	13	8	1	4	10	7	9	5	0	15	14	2	3	12	
0	13	2	8	4	6	15	11	1	10	9	3	14	5	0	12	7	
1	1	15	13	8	10	3	7	4	12	5	6	11	0	14	9	2	S_8
2	7	11	4	1	9	12	14	2	0	6	10	13	15	3	5	8	
3	2	1	14	7	4	10	8	13	15	12	9	0	3	5	6	11	

Anfangspermutation

```
58 50 42 34 26 18 10  2
60 52 44 36 28 20 12  4
62 54 46 38 30 22 14  6
64 56 48 40 32 24 16  8
57 49 41 33 25 17  9  1
59 51 43 35 27 19 11  3
61 53 45 37 29 21 13  5
63 55 47 39 31 23 15  7
```

Endpermutation

```
40  8 48 16 56 24 64 32
39  7 47 15 55 23 63 31
38  6 46 14 54 22 62 30
37  5 45 13 53 21 61 29
36  4 44 12 52 20 60 28
35  3 43 11 51 19 59 27
34  2 42 10 50 18 58 26
33  1 41  9 49 17 57 25
```

Erweiterungspermutation

```
32  1  2  3  4  5
 4  5  6  7  8  9
 8  9 10 11 12 13
12 13 14 15 16 17
16 17 18 19 20 21
20 21 22 23 24 25
24 25 26 27 28 29
28 29 30 31 32  1
```

Permutation P

```
16  7 20 21
29 12 28 17
 1 15 23 26
 5 18 31 10
 2  8 24 14
32 27  3  9
19 13 30  6
22 11  4 25
```

SP-1 - Permutation

```
57 49 41 33 25 17  9
 1 58 50 42 34 26 18
10  2 59 51 43 35 27
19 11  3 60 52 44 36
63 55 47 39 31 23 15
 7 62 54 46 38 30 22
14  6 61 53 45 37 29
21 13  5 28 20 12  4
```

SP-2 - Permutation

```
14 17 11 24  1  5
 3 28 15  6 21 10
23 19 12  4 26  8
16  7 27 20 13  2
41 52 31 37 47 55
30 40 51 45 33 48
44 49 39 56 34 53
46 42 50 36 29 32
```

Anhang C

Assemblerlisting des DES

Das untenstehende ASSEMBLER-Programm wurde auf einem (ACORN
BBC-) Mikrocomputer mit einem 6502 Prozessor entwickelt.
Grundlage für das Programm bildete die Darstellung des DES in
Kapitel V.3.1. Gegenüber dem FIPS 46-Standard bietet diese
Implementierung Zeit- und Speicherplatzersparnis - erstens
durch die Berechnung aller 16 Teilschlüssel im voraus,
letzteres weil eine Permutationstabelle weniger abgespeichert
werden muß.
Das Unterprogramm PERMUT verwendet eine spezielle Codierung
der Tabellenwerte, die die Bitpermutationen beschreiben. Die
aus [NBS] im Anhang F wiedergegebenen Tabellen werden von
links nach rechts sowie von oben nach unten gelesen. Mit der
dort angegebenen Anfangspermutation wird zum Beispiel die Bitfolge

$$b_1 b_2 \ldots b_{64}$$

in
$$b_{58} b_{50} \ldots b_7$$

überführt.
Die Tabelle wurde nicht als Folge

$$58, 50, \ldots, 7$$

im Speicher abgelegt, sondern als

$$62h, 52h, \ldots, 07h.$$

Hierbei bedeutet "h", daß die entsprechende Zahl hexadezimal
dargestellt ist. Numeriert man z.B. acht vorhandene Bytes von
0 bis 7 und deren Bits von 1 bis 8 (jeweils von links nach
rechts), so befindet sich das 58. Bit im 6. Byte an der 2.
Position. Die codierten (Hex-)Ziffern enthalten also in der
ersten Position die Bytenummer, in der zweiten die des gesuchten Bits. Da das Unterprogramm PERMUT alle verschiedenen
Permutationsabbildungen verarbeitet, muß es vor dem Aufruf
initialisiert werden. Dazu werden auf der NULL-Seite die
Basisadressen der Permutationstabelle, der Elemente auf die

diese angewendet wird und die Stelle, an der das Ergebnis abgelegt wird, hinterlegt. Die genaue Belegung der NULL-Seite
und des übrigen Speicherbereichs kann man den Tabellen 1 und 2
entnehmen. Der Zugang zu den Daten im Hauptspeicher erfolgt
über die mit "V" gekennzeichneten Vektoren auf der NULL-Seite.
Das Programm verwendet drei Betriebssystemroutinen, die an das
Betriebssystem des verwendeten Rechners angepaßt werden müssen.
Die Systemroutine OSFIND öffnet und schließt Dateien auf
externen Datenträgern. Die Routine OSGBPB liest von oder
schreibt auf so eröffnete Dateien eine spezifizierte Anzahl
von Zeichen. Das DES-Programm liest 8 Bytes als Klartext
(Chiffretext) in den Speicherbereich von 6090h bis 6097h ein,
und schreibt nach Ablauf des Programms den unter der Adresse
61B0h bis 61B7h abgelegten Chiffretext (Klartext) in die Datei.
Anstelle einer Datei ist auch ein Online-Betrieb denkbar.
Der verwendete Schlüssel wird über die Tastatur eingegeben.
Die Betriebssystemroutine OSWORD regelt die Tastaturabfrage.
Ein zweiter Aufruf dieser Routine gestattet die Eingabe des
Buchstabens "E" zur Vorbereitung des Entschlüsselungs-Modus.
Keine oder eine andere Eingabe bewirkt den Übergang in den
Verschlüsselungs-Modus.

Tabel V: Basisadresse der anzuwendenden Permutation

Arg V: Basisadresse der Bits, auf die die Permutation
                  angewendet werden soll

Erg V: Basisadresse, an welcher das Ergebnis abgelegt
                  werden soll

Pot V: Basisadresse der Potenzen 2^x, $x \in \{0,\dots,7\}$

Sig V: Basisadresse, unter der die Anzahl der Wieder-
                  holungen von σ eingetragen sind

Key V: Basisadresse 6038h; dies ist die Basisadresse
                  des Schlüssels

Mem V: Basisadresse 60A0h; hier werden verschiedene
                  Zwischenergebnisse abgelegt

Six V: Basisadresse 60A6h; dies ist die Basisadresse
                  der acht 6-Bit-Wörter, die im Unterprogramm
                  S-BOXEN ermittelt werden

Box V: wird mit der Basisadresse der jeweils benötigten
                  S-Box belegt

Adr1 V Adr2 V: Basisadressen der einzelnen S-Boxen

Partkey V: Basisadresse des Teilschlüssels für die
                  einzelnen Runden

Mem 1:   Zwischenspeicher

Round: Rundenzähler

Right: Rechts-Links-Indikator

Left: Rechts-Links-Indikator

Mem 2:   Zwischenspeicher

Mem 3:   Zwischenspeicher

Mem 4:   Zwischenspeicher

Tabelle 1: Belegung der NULL-Seite

Adresse	Inhalt
5FA0h - 5FFFh	Teilschlüssel
6000h - 6037h	SP-1
6038h - 603Fh	Schlüssel
6040h - 6046h	permutierter Schlüssel, auf den σ angewendet wird
6047h - 604Eh	2^x, $x \in \{0,\ldots,7\}$
604Fh - 605Eh	1,2,2,2,2,2,2,1,2,2,2,2,2,2,1,1
605Fh	frei
6060h - 608Fh	SP-2
6090h - 6097h	Klartext
6098h - 609Fh	permutierter Klartext (L‖R)
60A0h - 60A5h	Zwischenergebnis verschiedener Permutationen
60A6h - 60ADh	acht 6-Bit-Wörter
60AEh - 60B9h	frei
60BAh - 60D3h	OSGBPB (Kontrollblock für OS-Routine)
60D4h - 60E3h	frei
60E4h - 60E8h	OSWORD (Kontrollblock für OS-Routine)
60E9h - 60EDh	OSWORD (Kontrollblock für OS-Routine)
60EFh	Markierung für Ver- oder Entschlüsselung
60EEh	RETURN = 0Dh bei der Eingabe von "E"
60F0h - 60F7h	Anzahl der Hintereinanderausführrungen von σ im Entschlüsselungsfall
6100h - 613Fh	Initialpermutation
6140h - 617Fh	Endpermutation
6180h - 61AFh	Permutation EoP (vgl. Kap. V.3.1)
61B0h - 61B7h	Chiffretext
61C0h - 61CFh	Basisadressen der S-Boxen
61D0h - 61DFh	Basisadressen der Teilschlüssel
6200h - 63FFh	acht S-Boxen

Tabelle 2: Belegung der Speicherplätze

```
*********************************************************************
*                                                                   *
*                 6502-ASSEMBLER-IMPLEMENTIERUNG                     *
*                                                                   *
*                             des                                   *
*                                                                   *
*  DATA  ENCRYPTION  STANDARD  (DES)                                *
*                                                                   *
*                                                                   *
*         HEIDER - KRAUS - WELSCHENBACH    (1985)                   *
*                                                                   *
*********************************************************************
*                                                                   *
*                                                                   *
*                                                                   *
*          Adressendeklaration fuer die Null-Seite                  *
*                                                                   *
*                                                                   *
*                                                                   *
*     LOTABLEV=&70    :   HITABLEV=&71                               *
*     LOARGV=&72      :   HIARGV=&73                                 *
*     LOERGV=&74      :   HIERGV=&75                                 *
*     LOPOTV=&76      :   HIPOTV=&77                                 *
*     LOSIGV=&78      :   HISIGV=&79                                 *
*     LOKEYV=&7A      :   HIKEYV=&7B                                 *
*     LOMEMV=&7C      :   HIMEMV=&7D                                 *
*     LOSIXV=&7E      :   HISIXV=&7F                                 *
*     LOBOXV=&80      :   HIBOXV=&81                                 *
*     LOADR1V=&82     :   HIADR1V=&83                                *
*     LOADR2V=&84     :   HIADR2V=&85                                *
*     LOPARTKEYV=&86  :   HIPARTKEY=&87                              *
*     MEM1=&89        :   ROUND=&8A                                  *
*     RIGHT=&8B       :   LEFT=&8C                                   *
*     MEM2=&8D        :   MEM3=&8E                                   *
*     MEM4=&8F                                                       *
*                                                                   *
*          Adressenzuweisungen der Parameterbloecke                 *
*               fuer die Betriebssystemaufrufe                      *
*                                                                   *
*                                                                   *
*     &60E4 = INPUTKEY (Schluesseleingabe)                          *
*     &60E9 = INPUTENC (Tastaturabfrage zur Wahl                    *
*                des Ver-/Entschluesselungsmodus)                   *
*     &60BA = POP (Klartext einlesen)                               *
*     &60C7 = PUSH (Chiffretext auslesen)                           *
*     &60EF = FLAG (Enthaelt Anweisung Ver-/Entschluesseln)         *
*                                                                   *
*********************************************************************
```

Initialisierung des Zugriffs auf die Dateien

```
.DESIN     LDA #&0            Initialisierung mit Werten
           STA FLAG           fuer das
           STA POP+9          Unterprogramm OSGBPB,
           STA POP+10         welches eine spezifizierte
           STA POP+11         Anzahl von Bytes in
           STA POP+12         den Speicher einliest
           STA PUSH+9         oder auf die Datei
           STA PUSH+10        schreibt.
           STA PUSH+11
           STA PUSH+12
           LDA #0             Eingabe von
           LDX #&E9           "E" im Entschluesselungsfall.
           LDY #&60           Sonst irgendeine, oder
           JSR OSWORD         keine Eintragung.
           BCC f1             Bei ESCAPE
           RTS                erfolgt Ruecksprung ins BASIC.
.f1        LDA #&40           Kanal "LESEN" wird geoeffnet.
           LDX #&D4
           LDY #&60
           JSR OSFIND         Eroeffnen einer Datei
           STA POP            Kanalnummer retten.
           LDA #&80           Kanal "SCHREIBEN" wird geoeffnet.
           LDX #&DC
           LDY #&60
           JSR OSFIND         Eroeffnen der Datei
           STA PUSH           Kanalnummer retten.
           LDA #0
           LDX #&E4
           LDY #&60
           JSR OSWORD         Schluesseleingabe ueber Tastatur
           BCC DES            Bei ESCAPE erfolgt
           LDY #0             Ruecksprung ins BASIC und
           LDA #0
           JSR OSFIND         schliessen der Kanaele.
           RTS
```

Beginn des eigentlichen Algorithmus

```
.DES       LDA #&A0
           STA LOMEMV         Initialisierung des Algorithmus
           LDA #&C0           mit Werten auf der NULL-Seite
           STA LOADR1V        des Prozessors (6502-ASSEMBLER)
           LDA #&D0
           STA LOPARTKEYV     Die Belegung der NULL -Seite
           LDA #&C8           kann man der Tabelle 1
           STA LOADR2V        entnehmen.
           LDA #&98
           STA RIGHT
           LDA #&9C
           STA LEFT
           LDA #&47
           STA LOPOTV
           LDA #&61
           STA HIADR1V
           STA HIADR2V
           STA HIPARTKEYV
           LDA #&60
           STA HIPOTV
           STA HIKEYV
           STA HIMEMV
```

Schluesselerzeugung fuer alle Runden

```
            LDA #&60            Erzeugung aller Teilschluessel
            STA HITABLEV        im voraus! Dadurch Zeitersparnis
                                bei der Ver- bzw. Entschluesselung
                                mehrerer Bloecke.
            STA HIARGV          Initialisierung fuer die
            STA HIERGV          Permutation (SP-1)
            LDA #&38
            STA LOARGV
            STA LOKEYV
            LDA #&40
            STA LOERGV
            LDA #&0
            STA LOTABLEV
            STA MEM2
            LDA #&38            &38=56 Bitaenderungen sind bei
            STA MEM3            SP-1 erforderlich
            LDX #&6             Es entstehen 7 neue Bytes b(0),...,b(6)
            JSR PERMUT          (SP-1)
            LDX #&10            16 Runden
            STX ROUND           Rundenzaehler abspeichern
            LDA #&4F            Die Adressen &604F - &605E
            STA LOSIGV          enthalten Spezifikationen
            LDA #&60            fuer die Anwendung von σ.
            STA HISIGV

.nextkey    LDA#&60             Erzeugung der 16
            STA HIERGV          verschiedenen Schluessel
            LDA #&40            fuer die einzelnen Runden.
            STA LOERGV

            JSR Key             Unterprogrammaufruf zur
                                Erzeugung eines Teilschluessels.

            DEC ROUND           Schleifenzaehler dekrementieren
            BNE nextkey
```

Einlesen des Klar-/Chiffretextes

```
.nextblock  LDA #&10            Hauptschleife, die bei jedem
            STA ROUND           Block neu durchlaufen wird.
            LDA #0              Initialisierung der Routine OSGBPB.
            STA POP+3
            STA POP+4
            STA POP+6
            STA POP+7
            STA POP+8
            LDA #8              Spezifikation der Zeichenanzahl fuer OSGBPB
            STA POP+5           Adresse im Speicher
            LDA #&60            unter der die Zeichen
            STA POP+2           abgelegt werden.
            LDA #&90
            STA POP+1
            LDA #&3
            LDX #&BA
            LDY #&60
            JSR OSGBPB          Einlesen eines Klartextblocks
            PHP                 Statusregister auf Stapel
```

Beginn der Ver-/Entschluesselung (16 Runden)

```
            LDA #&61              Vorbereitung zur Initialpermutation
            STA HITABLEV
            LDA #&90
            STA LOARGV
            LDA #&60
            STA HIARGV
            STA HIERGV
            STA HIPOTV
            LDA #&O
            STA LOTABLEV
            STA MEM2
            LDA #&98
            STA LOERGV
            LDA #&40
            STA MEM3
            LDX #&7              Es entstehen 8 neue Bytes
            JSR PERMUT          Initialpermutation


Hauptschleife


.mainloop   LDA#&80             Hauptschleife,welche 16 mal
                                durchlaufen wird.
            STA LOTABLEV
            LDA #&61
            STA HITABLEV
            LDA LEFT            Rechts-Links - Indikator;
            STA LOARGV          Adresse der jeweiligen rechten
                                Haelfte holen.
            LDA #&60            Initialisierung fuer
            STA HIARGV          die Permutation (E o P)
            STA HIERGV
            LDA #&AO
            STA LOERGV
            LDA #&O
            STA MEM2
            LDA #&30            &30=48 Bitaenderungen
            STA MEM3
            LDX #&5             Das Ergebnis umfasst 6 Bytes.
            JSR PERMUT          (E o P) - Permutation der rechten Haelfte.
            LDY ROUND
            DEY
            LDA(LOPARTKEYV),Y   Adresse des jeweiligen
            STA LOKEYV          Schluessels S(i) einlesen.
            LDA #&5F
            STA HIKEYV
            LDY #&5
.B1         LDA(LOMEMV),Y       (E o P)(R) + S(i) in GF(2) -
            EOR(LOKEYV),Y       bitweise Addition ohne Uebertrag
            STA(LOMEMV),Y
            DEY
            BNE B1
            LDA(LOMEMV),Y
            EOR(LOKEYV),Y
            STA(LOMEMV),Y
            JSR SBOXEN          Bisheriges Ergebnis wird in
                                die S-Boxen gesteckt.
            LDA RIGHT          Re-Li - Indikator;
            STA LOTABLEV        jeweilige linke Seite einlesen
            LDA #&60
            STA HITABLEV
            LDY #&3
```

```
.B2        LDA(LOTABLEV),Y      linke Seite
           EOR(LOMEMV),Y        + ψ(R,S(i)) in GF(2)
           STA(LOTABLEV),Y      Ergebnis wird links abgelegt
           DEY
           BNE B2
           LDA(LOTABLEV),Y
           EOR(LOMEMV),Y
           STA(LOTABLEV),Y
           LDX RIGHT            Vertauschung
           LDY LEFT             der Zeiger fuer
           STY RIGHT            die rechten und linken Haelften
           STX LEFT
           DEC ROUND            Schleifenzaehler um 1 verkleinern.
                                Wenn Schleifenzaehler <> 0 zurueck
                                zur Hauptschleife.
           BNE mainloop
```

Ende der Hauptschleife (16 Runden).

Vertauschung der rechten und linken Haelften.

```
           LDA #&60
           STA HITABLEV
           STA HIARGV           Basisadresse der
           LDA #&98             rechten
           STA LOTABLEV         und
           LDA #&9C             linken
           STA LOARGV           Haelften in NULL-Seite schreiben
           LDY #&3
.B3        LDA(LOTABLEV),Y      Vertauschung der rechten
           TAX
           LDA(LOARGV),Y
           STA(LOTABLEV),Y      und
           TXA
           STA(LOARGV),Y        linken Haelften.
           DEY
           BPL B3
```

Initialisierung der Endpermutation

```
           LDA #&40
           STA LOTABLEV
           LDA #&61
           STA HITABLEV
           STA HIERGV
           LDA #&98
           STA LOARGV
           LDA #&60
           STA HIARGV
           LDA #&B0
           STA LOERGV
           LDA #&0
           STA MEM2
           LDA #&40             &40 = 64 Bitaenderungen sind bei
           STA MEM3             der Endpermutation erforderlich.
           LDX #&7              8 Ergebnisbytes
           JSR PERMUT           (Endpermutation)
```

Ende der Ver-/Entschluesselung.

Ausgabe des Chiffre-/Klartextes auf Datei

```
            LDA  #0              Initialisierung der Routine,
            STA  PUSH+3          OSGBPB
            STA  PUSH+4
            STA  PUSH+6
            STA  PUSH+7
            STA  PUSH+8
            LDA  #8              8 Bytes werden auf die Datei
                                 geschrieben.
            STA  PUSH+5
            LDA  #&B0
            STA  PUSH+1
            LDA  #&61
            STA  PUSH+2
            LDA  #1
            LDX  #&C7
            LDY  #&60
            JSR  OSGBPB          1 Chiffretextblock abspeichern
            PLP                  Ende des Files ?
            BCS  ready           Falls ja,dann fertig.
            JMP  nextblock       Falls nein,erfolgt
                                 Ver-/Entschluesselung des naechsten Blocks.
.ready      LDA  #0
            LDY  #0
            JSR  OSFIND          Kanaele schliessen.

            RTS                  Ende des Programms DES
```

Beginn der Unterprogramme

Unterprogramm "Permutation"


```
.PERMUT     LDY  #&8
            TXA
            PHA
.loop       TYA
            PHA
            LDY  MEM3
            DEY
            LDA(LOTABLEV),Y      Aus der Permutation wird ausgelesen,
                                 welches Bit an die Stelle Y kommt.
            STA  MEM4
            AND  #&F0            Hoeherwertiges Nibble enthaelt
            LSR  A               die Nummer des Bytes in der das
            LSR  A               gesuchte Bit steht.
            LSR  A
            LSR  A
            TAY                  Y enthaelt  die Nr. des Bytes
            LDA  MEM4
            AND  #&0F            Niederwertiges Nibble enthaelt
                                 die Bitnummer.
            TAX                  X enthaelt die Nr. des Bits aus Y
            LDA(LOARGV),Y
.wied       ASL  A
            DEX
            BNE  wied            C-Flagge enthaelt das gesuchte Bit
            PLA
            TAY                  Y enthaelt die Nr. des Bits,
                                 die geaendert wird.
            BCC  weit            C=0 erfordert keine besondere Aktion
            LDA  #&0             C=1
            DEY
            CLC
            ADC(LOPOTV),Y        Setze "1" an Position Y
            CLC
            ADC  MEM2            Addiere bislang erhaltenes
                                 Ergebnis dazu.
            STA  MEM2            Abspeichern fuer die naechste Runde.
            INY
```

```
.weit          DEC MEM3
               DEY
               BNE loop            Y<>0 ? Wenn ja, Ruecksprung zu loop.
               PLA                 Y=0
               TAX
               TAY
               LDA MEM2            8 Bits = 1 Byte permutiert.
               STA(LOERGV),Y       Fertig permutiertes Byte ablegen.
               LDA #&0
               STA MEM2
               DEX                 X zaehlt die Anzahl der Veraenderungen.
               BPL PERMUT
               RTS


Unterprogramm "SCHLUESSELERZEUGUNG"


.Key           LDA FLAG
               CMP #&45            Soll entschluesselt werden ?
               BNE KeyV
               LDA #&F0            Zeiger fuer Entschluesselung setzen.
               STA LOSIGV          Zahl der Wiederholungen von σ
                                   neu setzen
.KeyV          LDY ROUND
               DEY
               LDA(LOSIGV),Y
               BEQ mark4
               STA MEM2
.LOOP          LDY #&3             Anwendung von σ auf die
                                   unter der Basisadresse LOERGV
               LDA(LOERGV),Y       7 folgenden Bytes.
               AND #&F0            C(i) wird links geschoben;
                                   nur linke Seite des Bytes.
               ASL A               Carry enthaelt links geschobenes Bit
               STA MEM4            Zwischenspeicherung des Ergebnisses.
               DEY                 Uebertrag auf die naechsten Bytes.
.mark1         LDA(LOERGV),Y
               ROL A               Bit aus Carry an Pos.0,Bit 7 in Carry
               STA(LOERGV),Y
               DEY
               BNE mark1
               LDA(LOERGV),Y
               ROL A
               STA(LOERGV),Y
               BCC M2              C = 0 erfordert keine besondere Aktion.
               LDA MEM4
               CLC
               ADC #&10            &10 = 00010000 bin
                                   Carry an Position 4 setzen.
               STA MEM4
.M2            LDY #&6
               LDX #&3
               CLC
.mark2         LDA(LOERGV),Y       D(i) wird links geschoben
                                   D(i) = rechte Haelfte der 7 Bytes
               ROL A
               STA(LOERGV),Y
               DEY
               DEX
               BNE mark2
               LDA(LOERGV),Y       Y = 3
               AND #&0F            Vom mittleren Byte wird
                                   nur das untere Nibble benoetigt
               ROL A
               STA MEM3
               AND #&10            Bit an Position 4
               BEQ mark3
               LDY #&6
               LDA(LOERGV),Y
               CLC
               ADC #&1             Bit an Position 0 setzen.
               STA(LOERGV),Y
               LDA MEM3
               EOR #&10
               STA MEM3
```

```
.mark3      LDA MEM4
            EOR MEM3
            LDY #&3
            STA(LOERGV),Y
            DEC MEM2              Inhalt von MEM2 <> 0 ?
                                  Falls ja, wird σ erneut angewendet.

            BNE LOOP
.mark4      LDA #&60             Initialisierung von SP-2
            STA LOTABLEV
            STA HITABLEV
            STA HIARGV
            LDA #&40
            STA LOARGV
            LDY ROUND
            DEY
            LDA(LOPARTKEYV),Y
            STA LOERGV
            LDA #&5F
            STA HIERGV
            LDA #&0
            STA MEM2
            LDA #&30
            STA MEM3
            LDX #&5
            JSR PERMUT           (SP-2)
            RTS


Unterprogramm "S-BOXEN"


.SBOXEN     LDA #&60
            STA HISIXV
            LDA #&A6
            STA LOSIXV
            LDX #&2              6 Bytes normaler Wortlaenge in
                                 acht 6 Bit-Bytes
                                 transformieren
.11         LDY #&2             Die Schleife 11 ueberfuehrt
                                 3 Bytes in vier 6 Bit-Bytes.
                                 Sie wird zweimal durchlaufen

            LDA(LOMEMV),Y
            AND #&3F
            INY                  Die gewuenschten Bits werden
            STA(LOSIXV),Y        aus den vorgegebenen
            DEY                  Bytes mittels AND ausmaskiert.
            LDA(LOMEMV),Y        Sie werden in die
            AND #&C0             Positionen 0 bis 5 einer anderen
            STA MEM4             Speicherstelle eingetragen.
            DEY
            LDA(LOMEMV),Y
            AND #&0F
            ASL A
            ROL MEM4
            ADC #&0
            ASL A
            ROL MEM4
            ADC #&0
            INY
            STA(LOSIXV),Y
            DEY
            LDA(LOMEMV),Y
            AND #&F0
            LSR A
            LSR A
            LSR A
            LSR A
            STA MEM4
            DEY
            LDA(LOMEMV),Y
            AND #&FC
```

```
              LSR A
              LSR A
              STA(LOSIXV),Y
              LDA(LOMEMV),Y
              AND #&3
              ASL A
              ASL A
              ASL A
              ASL A
              CLC
              ADC MEM4
              INY
              STA(LOSIXV),Y
              LDA #&A3          Zeiger fuer die
                                folgende Runde von 11 aendern.
              STA LOMEMV
              LDA #&AA
              STA LOSIXV
              DEX
              BNE 11            11 wiederholen
              LDA #&A0
              STA LOMEMV
              LDA #&A6
              STA LOSIXV        Zeiger wieder richtig stellen
              LDY #&8
.nextbox      DEY
              LDA(LOSIXV),Y
              AND #&21          &21 = 00100001 bin
                                Bits aus Position 5 und 0 ausmaskieren.
                                Dadurch wird die S-Box naeher spezifiziert.

              ROR A
              BCC F1
              ROL A             C = 1
              CLC
              ADC #&0F          + 15
              STA MEM1          A = 16 oder 48
              JMP F2
.F1           ROL A
              STA MEM1          A = 0  oder 32
                                MEM1 enthaelt Adresse zur Spezifikation
                                der verwendeten S-Box.
.F2           LDA(LOSIXV),Y
              AND #&1E          &1E = 00011110 bin
                                Die Bits der Positionen 1 bis 4
                                werden ausmaskiert.Diese
                                4-Bit Zahl wird substituiert.
              LSR A
              CLC
              ADC MEM1
              STA MEM3          A enthaelt ein
                                Element der Menge {0,...,63}
              LDA(LOADR1V),Y    Adresse der benoetigten
              STA LOBOXV
              LDA(LOADR2V),Y    S-Box ermitteln.
              STA HIBOXV
              STY MEM4
              LDY MEM3
              LDA(LOBOXV),Y
              LDY MEM4
              STA(LOSIXV),Y     Abspeichern des ersetzten Wertes!
```

```
        INY
        DEY
        BNE nextbox
        LDY #&4          Fasse acht 4-Bit Bytes
        STY MEM4         zu vier Bytes normaler
        LDY #&6          Wortlaenge zusammen
        STY MEM2
.B4     LDY MEM2
        LDA(LOSIXV),Y
        ASL A
        ASL A
        ASL A
        ASL A
        STA MEM3
        INY
        LDA(LOSIXV),Y
        CLC
        ADC MEM3
        DEY
        DEY
        DEY
        STY MEM2
        LDY MEM4
        DEY
        STA(LOMEMV),Y
        DEC MEM4
        BNE B4
        RTS
```

Anhang D

Implementierung des Partitionsproblems auf einer nicht-deterministischen Turing-Maschine

<u>Problemstellung:</u>

Es bezeichne $0^i := \underbrace{000\ldots 0}_{\text{i-mal}}$, $i \in \mathbb{N}^+$.

Eine nicht-deterministische Turing-Maschine soll so programmiert werden, daß sie Zeichenketten der Form

$$10^{i_1}10^{i_2}\ldots 10^{i_k}$$

genau dann akzeptiert, wenn eine Menge $I \subseteq \{1,\ldots,k\}$ mit

$$\sum_{j \in I} i_j = \sum_{j \in \bar{I}} i_j, \quad (\bar{I} = \{1,\ldots,k\}\setminus I)$$

existiert.

Das bedeutet, daß eine Zeichenkette (Wort) w dann von der Turing-Maschine akzeptiert werden soll, wenn die Liste der natürlichen Zahlen $i_1,\ldots,i_k$ in 2 Teillisten aufgeteilt werden kann, deren Summen sich nicht unterscheiden. Dieses Problem ist als Partitionsproblem bekannt und es konnte gezeigt werden, daß es NP-vollständig ist, wenn die natürlichen Zahlen i_j in Binärdarstellung eingegeben werden (AHO).

Wir werden nun eine nicht-deterministische Turing-Maschine mit 3 Bändern konstruieren, die dieses Problem akzeptiert (d.h. zu einer Haltekonfiguration führt, die die richte Partition enthält). M schiebt ihr Eingabe-Band von links nach rechts und jedesmal, wenn ein Block mit Nullen - 0^{i_j} - erreicht wird, dann schreibt sie nicht-deterministisch i_j Nullen entweder auf das 2. oder 3. Band. Wenn das Ende der Eingabe erreicht wird, überprüft M, ob auf dem 2. Band genau so viele Nullen wie auf dem 3. Band sind. Wenn ja, wird die Eingabe akzeptiert, anderenfalls nicht. Die Folge der Bewegungen der Turing-Maschine die zu ungleichen Zeichenketten auf Band 2 und 3 führen sind nicht von Interesse, so lange es *eine* Folge gibt, die zu einem akzeptierenden Zustand führt. Formal gesehen sei

$$M = (\{0,1\},\{0,1,b\,\dagger\}^2,\{z_0,\ldots,z_5\},\tau)$$

mit b=blank, $\dagger$ einem Textbegrenzungssymbol und τ als Übergangsfunktion.

Die Programmierung geschieht über folgende Turingtafel:

Zustand	aktuelle Symbole auf Bd1 Bd2 Bd3			neue Symbole auf Bd1 Bd2 Bd3			nächster Zustand	Bemerkungen
z_0	1	b	b	1,S	$\dagger$,R	$\dagger$,R	z_1	Markieren die linken Enden von Band 2 und 3 mit $\dagger$ und gehe zum Zustand z_1
z_1	1	b	b	1,R	b,S	b,S	z_2	Hier wird ausgewählt, ob der nächste Block auf Band 2 oder 3 geschrieben wird.
				1,R	b,S	b,S	z_3	
z_2	0	b	b	0,R	0,R	b,S	z_2	Kopiere den Block von Nullen auf Band 2, dann kehre zum Zustand z_1 zurück, wenn eine 1 auf Band 1 erreicht wird. Wird b erreicht, gehe zu z_4, damit die Längen auf Band 2 und 3 miteinander verglichen werden.
	1	b	b	1,S	b,S	b,S	z_1	
	b	b	b	b,S	b,L	b,L	z_4	
z_3	0	b	b	0,R	b,S	0,R	z_3	Wie im Zustand z_2, nur daß auf das dritte Band geschrieben wird.
	1	b	b	1,S	b,S	b,S	z_1	
	b	b	b	b,S	b,L	b,L	z_4	
z_4	b	0	0	b,S	0,L	0,L	z_4	Vergleiche die Längen auf Band 2 und 3
	b	$\dagger$	$\dagger$	b,S	$\dagger$,S	$\dagger$,S	z_5	
z_5								Akzeptiere!

S = Stationär   R = Rechts   L = Links

Es wird nun die Zeichenkette "1010010" eingegeben. Dazu betrachten wir zwei der vielen Möglichkeiten von M.

1. Möglichkeit

$$(z_0 1010010, z_0, z_0)$$
$$(z_1 1010010, \dagger z_1, \dagger z_1)$$
$$(1 z_3 010010, \dagger z_3, \dagger z_3)$$
$$(10 z_3 10010, \dagger z_3, \dagger 0 z_3)$$
$$(10 z_1 10010, \dagger z_1, \dagger 0 z_1)$$
$$(101 z_3 0010, \dagger z_3, \dagger 0 z_3)$$
$$(1010 z_3 010, \dagger z_3, \dagger 00 z_3)$$
$$(10100 z_3 10, \dagger z_3, \dagger 000 z_3)$$
$$(10100 z_1 10, \dagger z_1, \dagger 000 z_1)$$
$$(101001 z_3 0, \dagger z_3, \dagger 000 z_3)$$
$$(1010010 z_3, \dagger z_3, \dagger 0000 z_3)$$
$$(1010010 z_4, z_4, \dagger 000 z_4 0)$$

Hier bricht die Turing-Maschine ab, da kein Folgezustand bei dieser Konfiguration vorgesehen ist. Bei der zweiten Möglichkeit führt die Sequenz der Zustände zu einer Partition, die auf beiden Bändern die gleiche Anzahl an Nullen schreibt.

2. Möglichkeit

$(z_0 1010010, z_0, z_0)$

$(z_1 1010010, \dagger z_1, \dagger z_1)$

$(1 z_2 010010, \dagger z_2, \dagger z_2)$

$(10 z_2 10010, \dagger 0 z_2, \dagger z_2)$

$(10 z_1 10010, \dagger 0 z_1, \dagger z_1)$

$(101 z_3 0010, \dagger 0 z_3, \dagger z_3)$

$(1010 z_3 010, \dagger 0 z_3, \dagger 0 z_3)$

$(10100 z_3 10, \dagger 0 z_3, \dagger 00 z_3)$

$(10100 z_1 10, \dagger 0 z_1, \dagger 00 z_1)$

$(101001 z_2 0, \dagger 0 z_2, \dagger 00 z_2)$

$(1010010 z_2, \dagger 00 z_2, \dagger 00 z_2)$

$(1010010 z_4, \dagger 0 z_4 0, \dagger 0 z_4 0)$

$(1010010 z_4, \dagger z_4 00, \dagger z_4 00)$

$(1010010 z_4, z_4 \dagger 00, z_4 \dagger 00)$

$(1010010 z_5, z_5 \dagger 00, z_5 \dagger 00)$

Nun wird die Zeichenkette akzeptiert. Daran ist deutlich die Arbeitsweise von <u>nicht-deterministischen</u> Turing-Maschinen zu erkennen. Obwohl es eine Partition gibt, wird diese nicht in allen Fällen erkannt.

Anhang E

1. Der allgemeine Primzahlsatz

Die Primzahlen werden mit wachsendem N immer seltener. Ihre
Verteilung ist recht unregelmäßig. Man bezeichnet mit
$\pi(x)$ für $x \geq 2$ die Anzahl der Primzahlen p mit $2 \leq p \leq x$.
GAUSS und LEGENDRE vermuteten schon den folgenden, von
HADAMARD und DE LA VALLEE-POUSSIN 1896 bewiesenen

<u>Primzahlsatz:</u>

$\pi(x)$ kann asymptotisch durch x/ln x dargestellt werden d.h.

$$\lim_{x \to \infty} \pi(x)/(x/\ln x) = 1$$

Für einen Beweis sei auf (HARDY-WRIGHT : An Introduction to
the Theory of Numbers, Oxford, Clarendon Press, 1960)
verwiesen.

2. Die RIEMANN´sche Vermutung

Durch

$$\zeta(z) = \sum_{n=1}^{\infty} n^{-z}$$

wird die sogenannte RIEMANN´sche ζ-Funktion als holomorphe
Funktion auf Re z > 1 definiert.
Diese ist holomorph fortsetzbar zu einer eindeutig bestimmten
Funktion $\zeta(z) : \mathbb{C}\backslash\{1\} \to \mathbb{C}$, die in 1 einen Pol erster Ordnung
hat. Aus der RIEMANN´schen Funktionalgleichung

$$\zeta(z) = 2(2\pi)^{z-1}\Gamma(1-z)\zeta(1-z)\sin((1/2)\pi z) \text{ auf } \mathbb{C}\backslash\{1\}$$

läßt sich folgern, daß $\zeta(z)$ in $-2,-4,-6,\ldots$ Nullstellen
besitzt. Außerhalb des "kritischen Streifens" 0 < Re z < 1
besitzt $\zeta(z)$ keine weiteren Nullstellen; für Re z = 1/2
existieren unendlich viele.

<u>RIEMANNsche Vermutung :</u>

Für <u>jede</u> Nullstelle $a = a_1 + ia_2$ von $\zeta(z)$ im kritischen
Streifen gilt schon: $a_1 = 1/2$.

Als Verallgemeinerte RIEMANN'sche Vermutung bezeichnet man die
Hypothese, daß die DEDEKIND'sche ζ_K-Funktion jedes endlichen
galoisschen algebraischen Zahlkörpers $K \neq \mathbb{Q}$ die entsprechende
Aussage über die Nullstellen im kritischen Streifen erfüllt
(vgl. hierzu z.B. S. LANG, Algebraic Number Theory,
Addison-Wesley, Reading, 1970).

Wir beweisen nun <u>Lemma 3</u> aus Kapitel VI.
Damit geben wir zugleich ein Beispiel für polynomielle Redu-
zierbarkeit an.
Mit einer Funktion $f : \mathbb{N} \rightarrow \mathbb{N}$ sowie $m,n \in \mathbb{N}$ betrachte man das
folgende Verfahren

(1) Überprüfe ob n eine perfekte Potenz ist, etwa

$$n = k^\mu \quad \text{mit } k,\mu \in \mathbb{N}.$$

(2) Für jedes $a \leq f(n)$ teste man

   (i) $a \mid n$

   (ii) $g.g.T.((a^{m/2^k} \bmod n)-1,n) \neq 1 \quad$ für $a \leq k \leq v_2(m)$

$[$MILLER$]$ hat unter Verwendung der verallgemeinerten RIEMANN'-
schen Hypothese eine Funktion f angegeben, so daß obige
Prozedur stets einen Teiler von n ermittelt, sofern n zu-
sammengesetzt ist und $\lambda'(n) \mid m$ gilt. Nun wird $g(n) := m$ gesetzt.
Dann weiß man nach $O((ld\ g(n)) \cdot (ld\ n)^3 \cdot M(ld\ n))$ vielen
Schritten, ob n prim ist oder einen echten Teiler n' besitzt.
$M(ld\ n)$ bezeichnet hierbei die zur Multiplikation binärer
Zahlen benötigten Schritte. Ersetzt man nun im obigen Verfahren n durch n' so gilt wieder $\lambda'(n') \mid g(n)$.
Also wird man nach $O((ld\ g(n)) \cdot (ld\ n')^3 \cdot M(ld\ n'))$ vielen
Schritten wissen, ob n' einen Teiler n'' hat. Da höchstens
ld n viele Teiler von n existieren, ist der Prozeß endlich
und man erhält eine vollständige Primfaktorzerlegung in
$O((ld\ g(n)) \cdot (ld\ n)^4 \cdot M(ld\ n))$ vielen Schritten. Nach der Vor-
aussetzung ist jedoch $ld\ g(n) = O((ld\ n)^k)$, so daß die gesamte
Laufzeit $O((ld\ n)^{k+4} \cdot M(ld\ n))$ beträgt. Mit dem Algorithmus von
SCHÖNHAGE und STRASSEN erreicht man
$M(ld\ n) = O(ld\ n \cdot ld\ ld\ n \cdot ld\ ld\ ld\ n)$. Insgesamt beträgt die
Laufzeit $O((ld\ n)^{k+5})$, ist also polynomial und damit ist
"PFZ" $\leq_p g$ gezeigt.

Anhang F

DER PRIMZAHLSATZ VON SELFRIDGE UND WAGSTAFF

<u>Satz:</u>
Jede ungerade Zahl n, welche der Bedingung

$n < 2047$	$\{2\}$
$n < 1373653$	$\{2,3\}$
$n < 10^9$, $n \neq 25326001$	$\{2,3,5\}$
$\qquad n \neq 161304001$	
$\qquad n \neq 960946321$	
$n < 25 \cdot 10^9$,	$\{2,3,5,7\}$
$\qquad n \neq 3215031751$	

genügt, hat einen Zeugen aus

<u>Beweis:</u>
Man teste dies mit einem Computer. Die Zahlen in der
linken Spalte sind zusammengesetzt:

$$2047 = 23 \cdot 89 \qquad\qquad 161304001 = 7333 \cdot 21997$$
$$1373653 = 829 \cdot 1657 \qquad\qquad 960946321 = 11717 \cdot 82013$$
$$25326001 = 2251 \cdot 11251 \qquad\qquad 3215031751 = 151 \cdot 751 \cdot 28351$$

∎

Anhang G

EIGENSCHAFTEN DES JACOBI-SYMBOLS

Sei p eine ungerade Primzahl. Für eine ganze Zahl a $\not\equiv$ 0 mod p heißt

$$\left(\frac{a}{p}\right) = \begin{cases} 1 \\ -1 \end{cases}, \text{ falls } X^2 \equiv a \text{ mod p} \quad \begin{matrix} \text{lösbar} \\ \text{unlösbar} \end{matrix} \quad \text{ist}$$

LEGENDRE-Symbol von a bei p. Es gilt

$$\left(\frac{a}{p}\right) \equiv a^{\frac{p-1}{2}} \text{ mod p.} \tag{1}$$

Das Legendre-Symbol hat folgende Eigenschaften

$$a \equiv a' \text{ mod p} \Rightarrow \left(\frac{a}{p}\right) = \left(\frac{a'}{p}\right) \tag{2}$$

$$\left(\frac{ab}{p}\right) = \left(\frac{a}{p}\right)\left(\frac{b}{p}\right) \tag{3}$$

$$\left(\frac{1}{p}\right) = 1 \text{ und } \left(\frac{-1}{p}\right) = (-1)^{\frac{p-1}{2}} \tag{4}$$

$$\left(\frac{2}{p}\right) = (-1)^{\frac{p^2-1}{8}} \tag{5}$$

Quadratisches Reziprozitätsgesetz

Sind p und q verschiedene ungerade Primzahlen, so gilt

$$\left(\frac{q}{p}\right) = (-1)^{\frac{p-1}{2}\cdot\frac{q-1}{2}} \left(\frac{p}{q}\right) \tag{6}$$

Die Beweise findet man in (VINOGRADOW, V.§2).
Das Legendre-Symbol kann auf allgemeinere Zahlen erweitert werden. Ist P $\neq$ 0 eine ganze Zahl der Form

$$P = \pm\, p_1 \ldots p_t \text{ mit Primzahlen } p_i\, (i=1,\ldots,t)$$

und Q eine ungerade natürliche Zahl der Form

$$Q = q_1 \ldots q_s \text{ mit Primzahlen } q_j \quad (j=1,\ldots,s),$$

mit g.g.T.(P,Q)=1, so definiert man als *JACOBI - Symbol*

von P bei Q

$$\left(\frac{P}{Q}\right) := \prod_{j=1}^{s} \left(\frac{P}{q_j}\right)$$

Analog zu den obigen Eigenschaften gelten die Eigenschaften
((loc.cit., V., § 3))

$$P \equiv P' \bmod Q \Rightarrow \left(\frac{P}{Q}\right) = \left(\frac{P'}{Q}\right) \tag{7}$$

$$\left(\frac{P_1 P_2}{Q}\right) = \left(\frac{P_1}{Q}\right)\left(\frac{P_2}{Q}\right) \text{ und } \left(\frac{P}{Q_1 Q_2}\right) = \left(\frac{P}{Q_1}\right)\left(\frac{P}{Q_2}\right) \tag{8}$$

$$\left(\frac{-1}{Q}\right) = (-1)^{\frac{Q-1}{2}} \tag{9}$$

Sind P und Q beides ungerade natürliche Zahlen, so gilt

$$\left(\frac{Q}{P}\right) = (-1)^{\frac{P-1}{2}\frac{Q-1}{2}} \left(\frac{P}{Q}\right) . \tag{10}$$

Im Falle Q = 2 gilt

$$\left(\frac{2}{P}\right) = (-1)^{\frac{P^2-1}{8}} \qquad (P \text{ ungerade}) \tag{11}$$

Für die explizite Berechnung betrachte man den folgenden
Algorithmus.

Angenommen man möchte das Jacobi-Symbol $\left(\frac{P_1}{P_2}\right)$ berechnen.

Für eine ganze Zahl P_i bezeichne $\alpha_i := v_2(P_i)$ den genauen
Zweiteiler von P_i, so daß also gilt

$2^{\alpha_i} \| P_i$. Ferner setzen wir zur Abkürzung $\overline{P}_i = P_i / 2^{\alpha_i}$.

Der folgende Algorithmus J berechnet das Jacobi-Symbol $\left(\frac{P_1}{P_2}\right)$:

J1: Eingabe P_1, P_2 : $s \leftarrow 0$: $i \leftarrow 1$: $P_i \leftarrow P_1$:

$$P_{i+1} \leftarrow P_2$$

J2: $\overline{P}_j \equiv \pm 1 \bmod 8$ wenn ja $\varepsilon_j \leftarrow 0$ für j=1, 2

   wenn nein: $\varepsilon_j \leftarrow 1$ für j=1, 2

J3: Berechne wie beim EUKLIDischen Algorithmus

$\overline{P}_i = k_i \cdot \overline{P}_{i+1} + P_{i+2}$ $k_i \in \mathbf{Z}$, $0 < P_{i+2} < \overline{P}_{i+1}$

J4: $P_{i+2} = 0$? wenn ja gehe zu J8

   wenn nein gehe zu J5

J5: $(\overline{P}_{i+1} \equiv 3 \bmod 4 \wedge \overline{P}_{i+2} \equiv 3 \bmod 4)$?

   wenn ja $s \leftarrow s+1$: gehe zu J7

   wenn nein gehe zu J7

J6: $P_{i+2} \equiv \pm 1 \bmod 8$?

   wenn ja $\varepsilon_{i+2} \leftarrow 0$: gehe zu J7

   wenn nein $\varepsilon_{i+2} \leftarrow 1$: gehe zu J7

J7: $i \leftarrow i+1$: gehe zu J3

J8: $m \leftarrow i$: $\overline{P}_{m+1} > 1$?

   wenn ja gebe $\left(\dfrac{P_1}{P_2}\right) = 0$ aus : STOP

   wenn nein gehe zu J9

J9: $\beta \leftarrow v_2(P_1) \cdot \varepsilon_2 + \displaystyle\sum_{i=3}^{m} v_2(P_i) \cdot \varepsilon_{i-1}$

J10: $\left(\dfrac{P_1}{P_2}\right) = (-1)^{\beta+s}$: STOP

Anhang H

Relative Buchstaben-Häufigkeiten natürlicher geschriebener Sprachen

	Deutsch	Französisch	Englisch	Italienisch	Portugiesisch	Spanisch
A	0.046	0.0735	0.073	0.102	0.135	0.13
B	0.019	0.009	0.009	0.009	0.005	0.01
C	0.031	0.0352	0.03	0.042	0.04	0.042
D	0.055	0.0462	0.044	0.037	0.055	0.046
E	0.18	0.171	0.13	0.125	0.125	0.144
F	0.015	0.0131	0.23	0.008	0.01	0.007
G	0.03	0.007	0.016	0.02	0.01	0.01
H	0.044	0.005	0.035	0.022	0.01	0.009
I	0.072	0.0693	0.074	0.115	0.06	0.071
J	0.006	0.003	0.002	0	0	0.003
K	0.013	0	0.003	0	0	0
L	0.037	0.0492	0.035	0.065	0.025	0.055
M	0.02	0.0312	0.025	0.026	0.045	0.025
N	0.094	0.0835	0.078	0.065	0.055	0.064
O	0.025	0.0663	0.074	0.086	0.115	0.084
P	0.007	0.0281	0.027	0.032	0.03	0.033
Q	0	0.007	0.003	0.006	0.01	0.015
R	0.076	0.0694	0.077	0.066	0.08	0.07
S	0.063	0.0693	0.063	0.06	0.09	0.077
T	0.066	0.0673	0.093	0.06	0.045	0.044
U	0.051	0.0673	0.027	0.03	0.04	0.04
V	0.01	0.0181	0.013	0.015	0.015	0.007
W	0.016	0	0.016	0	0	0
X	0	0.005	0.005	0	0.005	0.001
Y	0	0.003	0.019	0	0	0.01
Z	0.024	0.003	0.001	0.009	0.005	0.003

Werte nach Buchstaben-Häufigkeiten bei KULLBACK.

Literaturverzeichnis

Schluesselanleitung zur Schluesselmaschine Enigma
Berlin 1940

[ADLEMAN80]   Adleman, L.
On distinguishing prime numbers from composite numbers (Abstract)
Proc. 21st IEEE Symp. Found. Comp. Science (1980)

[ADLEMAN83]   Adleman, L.
On Breaking Generalized Knapsack Public Key Cryptosystems
Proc. 15th ACM Symp. Theory of Computation (1983), pp. 402-412

[AHO]   Aho, A.V., Hopcroft, J.E., Ullman, J.D.
Design and Analysis of Computer Algorithms
Reading, Mass. 1974

[ALBRECHT]   Albrecht, P.
Faktorisierung grosser Zahlen
Diplomarbeit an der Univ. Koeln 1985

[ANKENEY]   Ankeney, N.C.
The Least Quadratic Nonresidue
Ann. of Math. 55 (1952), pp.65-72

[ASH]   Ash, R.
Information Theory
Interscience Publishers 1965, 3rd ed. 1967

[BEN-OR]   Ben-Or, M., Chor, B., Shamir, A.
On the cryptographic security of single RSA bits
Proc. ACM Symposium on Theory of Computing (1983), pp. 421-430

[BERLEKAMP]   Berlekamp, E.R.
Algebraic Coding Theory, McGraw-Hill, N.Y. 1968

[BERLEKAMP]   Berlekamp, E.R.
   Factoring polynomials over large finite fields
   Math. Comp. 24,3 (1970), pp. 713-735

[BETH]   Beth, T., Hess, P., Wirl, K.
   Kryptographie; Teubner 1983

[BLAKELEY]   Blakeley, B., Blakeley, G.R.
   Security of Number Theoretic PKCS against Random Attack I-III
   CRYPTOLOGIA 2(1978), pp.305-325, 3(1979), pp.29-42, 105-118

[BLUM1]   Blum L., Blum. M., Shub, M.
   Comparison of two pseudorandom generators
   Advances in Cryptology, Proc. CRYPTO 83, pp. 61-78
   Plenum Press, N.Y. 1984

[BLUM2]   Blum, M., Micali, S.
   How to generate cryptographically strong sequences of pseudorandom
   bits; SIAM J. Comp. 13 (4) (1984), pp. 850-864

[BRENT80]   Brent, R.P.
   An Improved Monte-Carlo Factorization Algorithm
   BIT 20-12 (1980), pp.176-184

[BRENT81]   Brent, R.P.
   Factorization of the Eighth Fermat Number
   Math. Comp. 36,154 (1981), pp. 627-630

[BRICKELL]   Brickell, E.F.
   A Fast Modular Multiplication Algorithm with Application to Two Key
   Cryptography; unveroeffentlichtes Manuskript

[BRICKELL]   Brickell, E.F.
   Solving Low-Density Knapsacks
   Advances in Cryptology, Proc. of Crypto 83, pp.25-37

[BRIGHAM]   Brigham, E.
   The Fast Fourier Transform; Prentice Hall, Eaglewood Cliffs, 1974

[BRIGHT76]   Bright, H.S., Enison, R.L.
   Cryptography using modular software elements
   Nat. Comp. Conf. 1976, pp. 113-123

[BRIGHT]   Bright, H.S., Enison R.L.
   Quasi-Random Number Sequences from a Long-Period TLP Generator with
   Remarks on Application to Cryptography; Comp. Surveys Vol.11
   No. 4 (1979), pp. 357-370

[BRILLHART]   Brillhart, J., Lehmer, D.H., Selfridge, J.L.
   New Primality Criteria and the Factorizations of 2^m+1
   Math. Comp. 29 (1975), pp.620-647

[BURGESS]   Burgess, D.A.
   On Character Sums and Primitive Roots
   Proc. London Math. Soc.12, No.3, (1962), pp.179-192

[BUTLER]   Butler, G., Cannon, J.
   Computing in Permutation and Matrix Groups I: Normal Closure,
   Commutator Subgroups, Series
   Math. Comp. 39 (160) (1982), pp. 663-670
   .
[BUTLER]   Butler, G.
   Computing in Permutation and Matrix Groups II: Backtrack Algorithms
   Math. Comp. 39 (160) (1982), pp. 671-680

[CASSELS]   Cassels, J.W.S.
   An Introduction to Diophantine Approximation
   Cambridge Tracts in Mathematics and Math. Physics No. 45
   Cambridge Univ. Press, 1957

[CHAITIN]   Chaitin, G.J.
   Information-Theoretic Limitations of Formal Systems
   J.ACM 21,3, (1974), pp.403-424

[COLE]   Cole, F.N.
   On the Factoring of Large Numbers
   Bull. AMS 1010 (1903/04), pp.134-137

[COPPERSMITH]   Coppersmith, D., Grossman, E.
   Generators for certain Groups with Application to Cryptography
   SIAM J.Appl. Math. (1975), pp.624-627

[CRAMER]   Cramer, H.
   Mathematical Methods of Statistics
   Princton University Press 1974

[CRYPTO82]   Ed. D. Chaum, R. Rivest & A. Sherman
   Advances in Cryptology- Proceedings of CRYPTO 82 , Plenum Press 1983

[CRYPTO83]   Ed. D. Chaum, R. Rivest & A. Sherman
   Advances in Cryptology- Proceedings of CRYPTO 83 , Plenum Press 1984

[DAVIES]   Davies, D.W.
   Some Regular Properties of the Data Encryption Standard Algorithm
   Advances in Cryptology-Proc. of CRYPTO 83, Plenum Press 1984
   pp. 89-96

[DAVIS]   Davis, J., Holdridge. D, Simmons, G.
   Status Report on Factoring; Sandia National Laboratories
   Alburquerque, New Mexico, 87185, ISO/ITC 97/SC 20/WG 2/N6 (1984)

[DEAVOURS77]   Deavours, C.A.
   Analysis of the Hebern Cryptograph using Isomorphs
   CRYPTOLOGIA April 1977, pp. 167-185

[DEAVOURS80.1] Deavours, C.A
   The Black Chamber: How the British broke Enigma
   CRYPTOLOGIA 3,4 (1980), pp. 129-132

[DEAVOURS80.2] Deavours, C.A.
   The Black Chamber: La Methode des Batons
   CRYPTOLOGIA 4,4 (1980), pp. 240-247

[DEAVOURS]   Deavours C.A.
   The Black Chamber; CRYPTOLOGIA 6,1 (1982)

[DENNING]   Denning, D.E.
   Digital Signatures with RSA and Other Public-Key Cryptosystems
   CACM Vol. 27 (4) (1984), pp. 388-392

[DICKMAN]   Dickman, K.
   On the Frequency of Numbers containing Prime Factors
   of a certain Relative Magnitude. Arkiv for Matematik, Astronomi
   och Fysik, Bd. 22a, pp. 19ff, 1930

[DIFFIE76]   Diffie, W., Hellman, M.E.
   New Directions in Cryptography
   IEEE Trans. Information Theory, Vol.IT-22 (1976), pp. 644-654

[DIFFIE77]   Diffie, W., Hellman, M.E.
   Exhaustive Cryptanalysis of the NBS Data Encryptin Standard
   Computer 19 (1977), pp. 74-84

[DIFFIE79]   Diffie, W., Hellman, M.E.
   Privacy and Authentication: An Introduction to Cryptography
   Proc. IEEE, Vol.67 (1979), pp. 397-427

[DIXON70]   Dixon, W.
   BMD Biomedical Computer Programs
   University of California Press, Berkeley 1970

[DIXON]   Dixon, J.D.
   The Probability of Generating the symmetric Group
   Math. Zeitschrift 110 (1969), pp.199-205

[EHRSAM]   Ehrsam, W., Matyas, S., Meyer, C., Tuchman, C.
   A cryptographic key management scheme for implementing the
   data encryption standard; IBM Syst. Journ., Vol. 17 (2) (1978)
   pp. 106-125

[ELLIOT]   Elliot, P.D.T.A., Halberstam, H.
   The Least Prime in an Arithmetic Progression
   Studies in Pure Mathematics, pp.59-61; Academic Press,
   London 1971

[FEINSTEIN]   Feinstein, A.
   Foundations of Information Theory; McGraw-Hill, N.Y. 1958

[FELLER]   Feller, W.
   An Introduction to Probability Theory and its Applications
   Wiley, 3rd ed. N.Y. 1968

[FLOWERS]   Flowers, T.H.
   The Design of Colossus
   Annals Hist. Computing, Vol.5, No.3, (1983), pp. 239-252

[FRIEDMAN]   Friedman, W.F.
   Military Cryptanalysis Vol. 1-4
   US Gouvernment Printing Office, Washington DC 1944

[FUSHIMI]   Fushimi, M, Tezuka, S.
   The k-Distribution of Generalized Feedback Shift Register
   Pseudorandom Numbers; CACM 26,7 (1983), pp. 516-523

[GAIT]   Gait, J.
   A New Linear Pseudorandom Number Generator
   IEEE Trans. on Software Engineering, Vol. SE-3, No.5 (1977)
   pp. 359-363

[GARLINSKI]   Garlinski, J.
   The Enigma War; C. Scribners sons, N.Y. 1980

[GAUSS]   Gauss, C.F.
   Disquisitiones Arithmeticae, 1801, ges. Werke Bd. I, 1870

[GEFFE]   Geffe, P.R.
   How to protect data with ciphers that are really hard to break
   Electronics Jan. 1973, pp. 99-101

[GILL]   Gill, J.
   Computational Complexity of Probabilistic Turing-Machines
   SIAM J. Comp. 6 (4) (1977), pp. 675-695

461

[GIRSDANSKY]   Girsdansky, M.
   Cryptology, the Computer, and Data Privacy
   Computers and Automation, April 1972, pp. 12-19

[GOEBBELS]   Goebbels, F.
   Polynomiale Algorithmen zur ganzzahligen Faktorisierung
   von Polynomen und ihre Implementierung
   Diplomarbeit an der Univ. Koeln 1985

[GOLDWASSER1]   Goldwasser, S., Micali, S., Tong, P.
   Why and How to establish a Private Code on a Public Network
   Proc. of the 23rd IEEE Symposium on the Foundations of
   Computer Science (1982), pp. 134-144

[GOLDWASSER2]   Goldwasser, S., Micali, S.
   Probabilistic encryption and how to play mental poker keeping
   secret all partial information
   Proc. 14th ACM Symp. Theory of Comp. 1982, pp. 365-377

[GOLOMB]   Golomb, S.W.
   Shift Register Sequences; Holden Day, San Francisco 1967

[GOOD73]   Good, I.J.
   The Joint Probability Generating Function for Run Lengths in
   Regenerative Binary Markov Chains, with Applications
   The Annals of Statistics Vol. 1 (5) (1973), pp.933-939

[GOOD79]   Good, I.J.
   A.M. TURING's Statistical Work in WW II
   Biometrica 66,2 (1979), pp.393-396

[GOOD82]   Good, I. J.
   A Report on T.H. Flower's Lecture on Colossus
   Annals Hist. Computing, Vol.4, No.1, (1982), pp. 55-59

[GOVINDARAJULU] Govindarajulu, Z.
   Sequential Statistical Procedures
   N.Y., Academic Press 1975

[GREEN]   Green, B.F., Smith, J.E.K., Klem, L.
   Empirical Tests of an Additive Random Number Generator
   JACM, 6,4 (1959), pp. 527-537

[GROEBNER]   Groebner, J.W.
   Matrizenrechnung
   Bibliograph. Inst., Mannheim, 1966

[HAMEL]   Hamel, G.
   Anwendung der elementaren Zahlentheorie auf die Theorie einer
   Chiffriermaschine; S.B. Berl., math. Ges. 26 (1927), pp.94-110

[HARDY]   Hardy, G.H., Littlewood, J.E.
   Some problems of 'partitio numerorum'; III: on the expression of
   a number as a sum of primes; Acta Math. 44 (1923), pp. 1-70

[HEISE]   Heise, W., Quattrocchi, P.
   Informations- und Codierungstheorie, Springer, Heidelberg 1983

[HELLMAN80]   Hellman, M.E.
   A Cryptanalytic Time-Memory Trade-Off
   IEEE Trans. Information Theory, Vol.IT-26, No.4 (1980), pp. 401-406

[HELLMAN]   Hellman, M.E.
   The Mathematics of PK Cryptography
   IEEE Trans. Inf. Theory, pp. 130-139

[HERLESTAM]   Herlestam, T.
   Critical Remarks on some PKCS
   BIT 18 (1978), pp.493-496

[HILL]   Hill, L.S.
   Cryptography in an Algebraic Alphabet
   AMM (36) (1929), pp.306-312

[HUPPERT]   Huppert, B.
   Finite Groups 2; Springer Mannheim, Heidelberg, N.Y. 1967

[INGEMARSSON]   Ingemarsson, I.
   Analysis of Secret Functions with Application to Computer
   Cryptography; National Computer Conference 1976, pp. 125-127

[JUENEMAN]   Jueneman, R.
   Analysis of Certain Aspects of Output Feedback Modes
   CRYPTO 82, D.Chaum (ed.), Plenum Press, 1983, pp. 99-127

[KARP]   Karp, R.M.
   Reducibility among combinatorial Problems
   Complexity of Computer Computations, R.E.Miller
   & J.W.Thatcher (Eds.), N.Y. 1972, pp. 85-104

[KEY]   Key, E.L.
   An Analysis of the Structure and Complexity of Binary Sequence
   Generators; IEEE Trans. Information Theory Vol. IT. 22,
   No.6 (1976), pp. 732-736

[KNUTH1]   Knuth, D.E.
   The Art of Computer Programming, Vol.1, Fundamental Algorithms
   Addison-Wesley, Reading, Mass. 2nd ed. 1973

[KNUTH2]   Knuth, D.E.
   The Art of Computer Programming, Vol.2, Seminumerical Algorithms
   Addison-Wesley, Reading, Mass. 2nd ed. 1981

[KNUTH3]   Knuth, D.E.
   The Art of Computer Programming, Vol.3, Sorting and Searching
   Addison-Wesley, Reading Mass. 1973

[KNUTH65]   Knuth, D.E.
   Construction of a Random Sequence
   BIT 5 (1965), pp. 246-250

[KOLATA]   Kolata, G.B.
   Computer Encryption and the NSA Connection
   Science Vol. 197 (1977), pp. 438-440

[KOLLBACH]   Kollbach, R.
   Klassengruppenberechnung in quadratischen Zahlkoerpern und ihre
   Anwendung auf die Faktorisierung natuerlicher Zahlen
   Diplomarbeit an der Univ. Koeln 1985

[KONHEIM]   Konheim, A.G.
   Cryptography, a Primer; Wiley, N.Y. 1981

[KOOPMANS]   Koopmans, L.
   The Spectral Analysis of Time Series
   Academic Press, N.Y., London, 1974

[KORN]   Korn, W.
   Device for Coding and Decoding
   US Patent Office #1,733,886 (1929)

[KORN]   Korn, W.
   Permutating Device for Use in Coding Machines
   US Patent Office #1,705,641 (1929)

[KRUH]   Kruh, L. und Deavours, C.A.
   The TYPEX-Cryptograph; CRYPTOLOGIA April 1983, pp. 267-289

[KULLBACK]   Kullback, S.
   Statistical Methods in Cryptanalysis; Aegean Park Press,
   California 1976

[LAGARIAS]   Lagarias J.C., Odlyzko, A.M.
   Solving Low-Density Subset Sum Problems
   Proc. 24th Annual IEEE Symposium of Foundation of Comp. Science (1983),
   pp. 1-10

[LAGARIAS]   Lagarias, J.C.
   Performance Analysis of Shamirs Attack on the Basic
   Merkle-Hellman Knapsack Public Key Cryptosystem, Preprint 1984

[LANG]   Lang, S.
   Algebra, Addison-Wesley, Reading, Mass., 5th Printing 1972

[LAUER]   Lauer, R.F.
   Computer Simulation of Classical Substitution Ciphers
   Aegean Park Press, California 1981

[LEHMER]   Lehmer, D.H.
   Computer technology applied to the theory of numbers
   Studies in Number Theory, M.A.A. Studies in Math. 6 (1966)
   pp. 117-150

[LEMPEL]   Lempel, A.
   Cryptology in Transition
   Computing Surveys 11 (1979)

[LENSTRA79]   Lenstra jr., H.W.
   Millers Primality Test
   Information Proceeding Letters 8 (1979), pp. 86-88

[LENSTRA82]   Lenstra, A.K, Lenstra, H.W, Lowacz, L.
   Factoring Polynomoials with Rational Coefficients
   Math. Ann. 261 (1982), pp.515-534

[LENSTRA83]   LENSTRA jr., H.W.
   Integer Programming with a fixed number of variables
   Math. Oper. Res. 8 (4) (1983)

[LENSTRA84]   Lenstra jr., H.W.
   Integer Programming and Cryptography
   The Mathematical Intelligencer Vol.6, No.3, (1984), pp. 14-19
   Springer, N.Y.

[LEWIS]   Lewis, T.G. , Payne W.H.
   Generalized Feedback Register Pseudorandom Number Algorithm
   J.ACM 20,3 (1973), pp. 456-468

[MACWILLIAMS]   MacWilliams, F.J, Sloane, N.J.A.
   The Theory of Error-Correcting Codes
   North-Holland, Amsterdam 1977

[MARTIN-LOEF]   Martin-Loef, P.
   The definition of Random Sequences
   Inf. Contr.9,6 (1966), pp. 602-619

[MARTIN-LOEF]   Martin-Loef, P.
   Algorithms and Randomness
   Rev. Internat. Stat. Inst.37,3 (1969); pp.265-272

[MARTIN-LOEF]   Martin-Loef, P.
   Algorithmen und zufaellige Folgen; Ausarbeitung von vier
   Vortraegen, gehalten 1965 an der Universitaet Erlangen-Nuernberg

[MEIJER]   Meijer, H., Akl, S.
   Digital Signature Schemes
   CRYPTOLOGIA 6 (1982), pp.329-338

[MERKLE76]   Merkle, R., Hellman, M.E.
   Hiding Information and Receipts in Trapdor Knapsacks
   IEEE Trans. Inf. Theory, Vol. IT 24 (1976), pp. 525-530

[MERKLE81]   Merkle, R.C., Hellman, M.E.
   On the Security of Multiple Encryption; CACM 24,7 (1981),
   pp. 465-467

[MEYER]   Meyer, C.H., Matyas, S.M.
   Cryptography; Wiley, N.Y. 1982

[MICHELMAN]   Michelman, E.H.
   The design and operation of public key cryptosystems
   Nat. Comp. Conf. 1979, pp. 305-311

[MILLER]   Miller, G.L.
   Riemanns Hypothesis and Tests for Primality
   Journal of Computer and System Sciences 1976, pp. 300-317

[MIYAGUCHI]   Miyaguchi, S.
   Fast Encryption Algorithm for the RSA Cryptographic System
   Proc. COMPCON '82 25th IEEE Computer Society International
   Conference, Sept. 1982

[MONIER]   Monier, L.
   Evaluation and Comparison of two efficient probabilistic primality
   Algorithms; Theoretical Computer Science 12 (1980), pp.97-108

[MONTGOMERY]   Montgomery, H.
   Topics in Multiplicative Number Theory
   Lecture Notes Vol.227, pp. 120ff
   Springer, Berlin 1971

[MORRISON]   Morrison, M.A. Brillhart, J.D.
   A Method and Factoring and the Factorization of F7
   Math. Comp. 29 (1975) pp. 183-205

[NANCE]   Nance, R.C., Overstreet, J.R.
   Some Experimental Observations on the Behavior of Composite
   Random Number Generators; Operations Research 26,5
   Sept.-Oct. 1978, pp. 915-935

[NBS]   National Bureau of Standards
   Federal Information Processing Standard
   Publ. No.46, Jan. 1977

[NORRIS]   Norris, J., Simmons, G.J.
   An Algorithm for High Speed Modular Arithmetic
   CONGRESSUS NUMERANTIUM 35 (1980), pp. 153-160

[PLUMSTEAD]   Plumstead, J.B.
   Inferring a Sequence Generated by a Linear Congruence
   IEEE Trans. Information Theory (1982), pp. 153-159

[POHLIG]   Pohlig, S., Hellman, M.E.
   An Improved Algorithm for Computing Logarithms in GF(p) and its
   Cryptographic Significance; IEEE Trans. Inf. Theory Vol.IT 24
   (1978), pp. 106-110

[POLLARD74]   Pollard, J.M.
   Theorems on Factorization and Primality Testing
   Proc. Cambridge Phil. Society (76) (1974), pp. 521-528

[POLLARD]   Pollard, J.M.
   A Monte-Carlo Method for Factorization
   BIT 15 (1975), pp. 331-334

[POMERANCE80]   Pomerance, J.M., Selfridge, J.L., Wagstaff, S.S.
   The Pseudoprimes to 25*10^9
   Math. Comp., 1980, pp. 1003ff

[POMERANCE82]   Pomerance, C.
   Analysis and Comparison of Some Integer Factoring Algorithms
   Number Theory and Computers, ed. by H.W. Lenstra jr., R. Tijdeman
   Math. Centrum Tracts No. 154 Part 1, Amsterdam 1982, pp. 89-139

[POMERANCE84]   Pomerance, C., Smith, J., Wagstaff, S.S.
   New Ideas for Factoring large Integers
   Advances in Cryptology, Proc. CRYPTO 83, Plenum Press, N.Y. 1984,
   pp. 81-85

[PRATT]   Pratt, V.R.
   Every Prime has a Succinct Certificate
   SIAM J. Computing 4 (1975), pp. 214-222

[PURDY]   Purdy, G.B.
   A High Security Log-in Procedure; CACM Aug. 1974, pp. 442-445

[RABIN77]   Rabin, M.O.
   Complexity of Computations
   CACM 20,9 (1977), pp. 625-633

[RABIN80]   Rabin, M.O.
   Probabilistic Algorithms for testing Primality
   J. Number Theory 12 (1980), pp. 128-138

[REEDS77a]   Reeds, J.
   'Cracking' a Random Number Generator
   CRYPTOLOGIA 1,1 (1977), pp. 20-26

[REEDS77b]   Reeds, J.
   Rotor Algebra
   CRYPTOLOGIA 1,2 (1977), pp. 184-194

[REJEWSKI]   Rejewski, M.
   Mathematical Solution of the Enigma Cipher
   CRYPTOLOGIA 6,1 (1982), pp. 1-19

[RETTER]   Retter, C.T.
   Cryptanalysis of a MacLaren-Marsaglia-System
   CRYPTLOGIA 8,2 (1984), pp. 97-108

[RICHTER]   Richter, M.
   A Note on PKCS
   CRYPTOLOGIA 6,4 (1980), pp. 20-22

[RICHTMEYER]   Richtmeyer, A.D.
   Monte-Carlo-Methods; SIAM-AMS-Proceedings 1960, pp. 190-205

[RIVEST78a]   Rivest, R., Shamir, A., Adleman, L.
   A Method for Obtaining Digital Signatures
   CACM 21 (1978), pp. 120-126

[RIVEST78b]   Rivest, R.
   Remarks on a Proposed Cryptanalytic Attack on the M.I.T. PKCS
   CRYPTOLOGIA 2 (1978), pp. 62-65

[RIVEST79]   Rivest, R.
   Critical Remarks on 'Critical Remarks on some PKCS' by
   T. Herlestam; BIT 19 (1979), pp. 274-275

[RIVEST81]   Rivest, R.L.
   Statistical Analysis of the Hagelin Cryptograph
   CRYPTOLOGIA, pp. 27-32

[ROHRBACH]   Rohrbach, H.
   Mathematische und Maschinelle Methoden bei chiffrieren
   und dechiffrieren; FIAT Review of German Science, pp. 233-257
   Wiesbaden 1948

[ROSSER]   Rosser, J.B., Schoenfeld, L.
   Approximate Formulas for some Functions of Prime Numbers
   Illinois J. Math. 6 (1962), pp. 64-94

[RUBIN]   Rubin, F.
   Computer Methods for Decrypting Random Stream Ciphers
   CRYPTOLOGIA 2,3 (1978), pp. 215-231

[RYSKA]   Ryska, N., Herda, S.
   Kryptographische Verfahren in der Datenverarbeitung
   Informatik-Fachberichte (GI)
   Springer, 1980

[SACCO]   Sacco, L.
   Manuel de Cryptographie; Payot, Paris 3.ed. 1951

[SANTALO]   Santalo, L.
   Integral Geometry and Geometry Probability; Addison-Wesley 1976

[SARWATE]   Sarwate, D., Pursley, M.
   Crosscorrelation Properties of Pseudorandom and Related Sequences
   Proc. IEEE Vol. 68 (5) (1980), pp. 593-619

[SCHMITTER]   Schmitter, E.D.
   Kuenstliche Intelligenz; Hofacker, Holzkirchen, 1984

[SCHNORR]   Schnorr, C.D., Lenstra jr., H.W.
   A Monte-Carlo Factoring Algorithm with a Linear Storage
   Math. of Computation Vol. 43 (1984), pp. 289-311

[SCHOENHAGE]   Schoenhage, A., Strassen, V.
   Schnelle Multiplikation grosser Zahlen
   Computing 7 (1971), pp. 281-292

[SCHUCHMANN]   Schuchmann, H.-R.
   ENIGMA-Variations
   Lecture Notes in Computer Science, Vol.149, pp. 65-68;
   Springer 1983

[SHAMIR81]   Shamir, A.
   On the Generation of Cryptographically Strong Pseudo-Random
   Sequences; Automata, Languages and Programming, 1981, Lecture
   Notes in Computer Science, Vol. 62, pp. 544-550

[SHAMIR82]   Shamir, A.
   A Polynomial Time Algorithm for breaking the basic Merkle-Hellman
   Cryptosystem; Proc. 23rd IEEE Symposium on the Foundations
   of Computer Science (1982), pp. 145-152

[SHAMIR83]   Shamir, A.
   About the Merkle-Hellman Cipher
   Advances in Cryptology - Proceedings of Crypto 82 ed. by D.Chaum,
   R. Rivest and A. Sherman, 1983, pp. 279-288

[SHANKS]   Shanks, D.
   A Theory of Class Numbers, Factorization and Genera
   AMS Proc. Symp. Pure Math. Vol. XX (1971), pp. 415-440

[SHANNON]   Shannon, C.E.
   The Mathematical Theory of Communication
   University of Illinois Press 1949

[SHANNON]   Shannon, C.E.
   The Communication Theory of Secrecy Systems
   Bell Syst. Techn. Journal, Vol. 1949, pp. 656-715

[SIMMONS77]   Simmons, G.J., Norris, J.
   Preliminary Comments on the M.I.T. Cryptosystem
   CRYPTOLOGIA 1 (1977), pp. 406-414

[SIMMONS79]   Simmons, G. J.
   Symmetric and Asymmetric Encryption
   Computing Surveys 11 (1979), pp. 305-330

[SIMMONS83a]   Simmons, G. J.
   A Redundant Number System that Speeds up Modular Arithmetic
   89th AMS Meeting, Denver, Col., 5.-6. Jan. 1983

[SIMMONS83b]   Simmons, G. J.
   A 'Weak' Privacy-Protocol using the RSA-Crypto-Algorithm
   CRYPTOLOGIA 7 (1983), pp. 189-192

[SIMMONS]   Simmons, G.J.
   Symmetric and Asymmetric Encryption
   Computing Surveys, Vol.11 No. 4 (1979), pp. 305-330

[SIMS70]   Sims, C.C.
   Computanional Methods in the Study of Permutation Groups
   Computational Problems in Abstract Algebra, pp. 169-183, Oxford 1970

[SIMS71]   Sims, C.C.
   Determining the Conjugacy Class of a Permutation Group
   SIAM-AMS-Proceedings IV (1971), pp. 191-195

[SIMS74]   Sims, C.
   The Influence of Computers on Algebra
   Proc. Symp. Applied Math., Vol. 20 (1974), pp. 13-130

[SIMS77]   Sims, C.C.
   Computation with Permutation Groups
   Proc. 2nd Symp. on Symbolic and Algebraic Manipulation L.A. 1977
   S. Patrick (ed.), ACM, N.Y. 1971, pp. 23-28

[SINKOV]   Sinkov, A.
   Elementary Cryptanalysis. A Mathematical Approach
   New Mathmatical Library no.22; Random House 1968

[SMITH]   Smith, J.L.
   The Design of Lucifer, a Cryptographic Device for Data
   Communication; IBM Research Report RC3326 1971

[SORKIN]   Sorkin, A.
   Lucifer, a Cryptographic Algorithm
   CRYPTOLOGIA 8 (1984), pp. 22-41

[TAUSWORTHE]   Tausworthe, R.C.
   Random Numbers Generated by Linera Recurrence Modulo Two
   Math. Comp. 19,90 (1965), pp. 201-209

[TILT]   Tilt, B.
   On Kullback's Chi-Tests for Matching and Non-Matching Multinomial
    Distributions; CRYPTOLOGIA 8,2 (1984), pp. 132-141

[TOOTILL]   Tootill, J.P.R., Robinson, W.D., Adams, A.G.
   The runs up-and-down Performance of Tausworthe Random Number
   Generators; J.ACM 18,3 (1971), pp. 381-399

[TORRIERI]   Torrieri, D.J.
   Principles of Military Communication Systems; Artech House,
   Dedham, Mass. 1982

[VINOGRADOV]   Vinogradov, I.M.
   Elemente der Zahlentheorie, Oldenbourg, Muenchen 1965

[WELCHMAN]   Welchman, G.
   The Hut Six Story: Breaking the Enigma Code
   McGraw-Hill, N.Y. 1982

[WILKES]   Wilkes, M.V.
   Time Sharing Computer Systems
   American Elsevier, N.Y. 1968

[WILLIAMS79]   Williams, H., Schmid, B.
   Some Remarks Concerning the M.I.T. Public Key Cryptosystem
   BIT 19 (1979), pp. 525-538

[WILLIAMS80]   Williams, H.
    A Modification of the RSA-Public key Encryption Procedure
    IEEE Trans. Inf. Theory 26 (9180), pp. 726-729

[WILLIAMS]   Williams, H.C.
    A p+1 Method of Factoring
    Math. Comp. 39 (1982), pp. 225-234

[WINTERNITZ]   Winternitz, R.
    Security of a Keystream Cipher with Secret Initial Value
    Advances in Cryptology-Proc. CRYPTO 82, pp.133-137

[WUNDERLICH79] Wunderlich, M.C.
    A Running Time Analysis of BRILLHART's Continued Fraction Method
    J. Number Theory, Carbondale 1979

[WUNDERLICH82] Wunderlich, M.C.
    Factoring Numbers on the Massively Parallel Computer
    Advances in Cryptology, Proc. CRYPTO 83, Plenum Press, N.Y. 1984,
    pp. 87-102

[YAO]   Yao, R.
    Theory and Applications of Trapdoor Functions
    Proc. IEEE Conf. Found. Comp. Science 1982, pp. 80-91

Index